TROCKENBAUMONTEUR

Technologie

von
Manfred Boes
Dieter Leithold
Frank Hrachowy

Mit vielen Tabellen,
zahlreichen zweifarbigen Abbildungen und
einer Fragensammlung Technologie

4., durchgesehene und verbesserte Auflage

HANDWERK UND TECHNIK – HAMBURG

Bildquellenverzeichnis

Auf folgenden Seiten sind firmenspezifische Werkstoffe, Bauteile oder Konstruktionen als Grundlage der Bilddarstellungen verwendet worden:
AMF Mineralplatten GmbH Betriebs KG, Grafenau, Seite 90
Fels-Werke GmbH Baustoffwerk, Goslar, Seiten 54, 91
Fischerwerke Artur Fischer GmbH, Waldachtal, Seite 63
Goldbach GmbH, Goldbach, Seite 82
Gebr. Knauf Westdeutsche Gipswerke, Iphofen, Seiten 25, 26, 31, 62, 68, 71, 72, 90, 91, 93, 95, 110, 111
Lindner Isoliertechnik DUST Umweltschutztechnik, Arnstorf, Seite 73
Odenwald Faserplattenwerk GmbH, Amorbach, Seite 72
Promat GmbH, Ratingen, Seiten 54, 70, 71, 90, 91, 94, 97
Rigips GmbH, Düsseldorf, Seiten 25, 26, 39, 54, 91, 94, 96
Außerdem wurden aus Prospektunterlagen der nachstehend aufgeführten Firmen diverse Abbildungen als Grundlage für die zeichnerischen Darstellungen übernommen:
BASF, Ludwigshafen – Donn-Products, Viersen – Faist, Krumbach – Grünzweig und Hartmann, Ludwigshafen – Heraklith, Simbach – Industrieverband Hartschaum, Heidelberg – Industrieverband Polyurethan-Hartschaum, Stuttgart – isofloc, Hessisch Lichtenau – Mack, Schwäbisch Hall – Pavatex, Leutkirch – Protektor, Gaggenau – Rockwool, Gladbeck – Sto AG, Stühlingen

Zeichnungen: D. Lochner, Hamburg

ISBN 3.582.03589.1

Die Normblattangaben werden wiedergegeben mit Erlaubnis des DIN Deutsches Institut für Normung e.V. Maßgebend für das Anwenden der Norm ist deren Fassung mit dem neuesten Ausgabedatum, die bei der Beuth Verlag GmbH, Burggrafenstraße 6, 10787 Berlin, erhältlich ist.

Verlag Handwerk und Technik G.m.b.H., Lademannbogen 135, 22339 Hamburg; Postfach 63 05 00, 22331 Hamburg – 2004
E-Mail: info@handwerk-technik.de – Internet: www.handwerk-technik.de

Gesamtherstellung: H. Stürtz AG, Würzburg

Vorwort

Das Bauwesen ist einem ständigen Wandel unterworfen. Gestiegene Ansprüche an die Veränderbarkeit der Nutzung und die Anpassungsfähigkeit des Bauwerks und seiner Konstruktionen, die technologische Weiterentwicklung, Rationalisierungszwänge und Industrialisierungsbestrebungen führten in der Vergangenheit zu neuen Konzepten im Bauen. In diesem Zusammenhang gewann der Bereich des Gebäudeausbaus durch Trockenbaumaßnahmen sowohl für Neubauten als auch besonders für Altbausanierungen zunehmende Bedeutung.

Diese Entwicklung ist keineswegs abgeschlossen, sondern setzt sich aufgrund politischer Veränderungen und der Öffnung des europäischen Marktes fort. Das damit verbundene erweiterte Marktangebot, neue Normen und Richtlinien (zum Beispiel im Bereich des Wärme-, Schall- und Brandschutzes) sowie ein verändertes ökologisches Bewusstsein erschweren den Überblick über die Möglichkeiten des Trockenausbaus.

Das vorliegende Fachbuch soll diesen Informationsbedarf decken helfen, indem es sich berufsfeldübergreifend an die im Bauwesen mit Trockenbaumaßnahmen befassten handwerklichen, industriellen, technischen und planerischen Berufe wendet und einen ausbildungsbegleitenden Leitfaden bietet. Es werden wesentliche Teile der Lehrpläne für die Ausbildung von Trockenbaumonteuren und Stuckateuren sowie Ausbildungsteile anderer Bauberufe, wie zum Beispiel Bauzeichner und Bautechniker, aufgegriffen. Gleichzeitig werden jedoch auch dem Fortbildungswilligen ausreichende Möglichkeiten zum Selbststudium geboten.

Aufgrund des stark begrenzten Umfangs kann dieses Fachbuch nicht alle Aspekte des Trockenausbaus umfassend und detailliert erläutern. Das sehr weit gefächerte Gesamtgebiet wird begrenzt auf Ausbaumaßnahmen im Gebäudeinneren, erfasst also nicht das umfangreiche Gebiet der Fassadenkonstruktionen. Es bietet einen allgemeinen Überblick über die von Trockenbaumaßnahmen betroffenen Bauteile sowie die dabei anwendbaren Grundkonstruktionen und stellt in ausführlicher Form Beispiele für Standardkonstruktionen mit Arbeitsabläufen und Verarbeitungsregeln vor.

Diese Einschränkungen im Umfang des Buches setzen beim Benutzer das Vorhandensein von Grundkenntnissen der Baustofftechnologie und der Bauphysik (z.B. Mörteltechnologie und Bindemittel, Holz und Holzwerkstoffe, Wärme-, Schall- und Brandschutz) voraus. Ein knapp gehaltenes Kapitel über Grundbegriffe soll Hinweise bieten, in welchen Bereichen gegebenenfalls fehlende Kenntnisse aus anderen Quellen, z.B. entsprechenden Fachbüchern der Literaturliste, zu ergänzen wären.

Wir hoffen mit dieser Konzeption allen Interessenten ein Buch vorstellen zu können, das sowohl überschaubare grundlegende Informationen als auch weiterführende Anregungen bietet.

Die vorliegende Neuauflage berücksichtigt den neuesten Stand der Normung, insbesondere auch im europäischen Rahmen, sowie Weiterentwicklungen im Bereich von Werkstoffen und Konstruktionen.

Wir danken all denen, die uns durch Hinweise und Vorschläge unterstützt haben, insbesondere den Firmen, die durch Überlassen umfangreichen Informationsmaterials unsere Arbeit erleichtert haben.

Leonberg, im Herbst 2003

Inhaltsverzeichnis

Inhaltsverzeichnis

1 Gebäudeausbau mit Trockenbaumaßnahmen

1.1 Begriffsklärung, Zielsetzung und Bedeutung

Trockenbauarbeiten sind ein Teil des konstruktiven Gebäudeausbaus und erfordern als Nachfolgearbeiten das Vorhandensein einer Rohbaukonstruktion, entweder als Massivbau oder als Skelettbau.

Sie benötigen aufgrund ihrer Besonderheiten bereits auf der planerischen Ebene eine deutliche Trennung des tragenden Rohbaus von den Maßnahmen des Ausbaus.
Sie können in Abhängigkeit von den jeweiligen Nutzungsanforderungen von Gebäude und Bauherr neben der Gestaltung insbesondere Aufgaben des Wärme-, Feuchtigkeits-, Schall-, Brand- und Strahlenschutzes übernehmen.

Das gemeinsame Merkmal der Trockenbaukonstruktionen ist die Verwendung vorgefertigter Bauelemente, die meist „trocken" durch mechanische Verbindungen zu Bauteilen gefügt werden. Die verschiedenen Elemente und Schichten erfüllen im Wege der „Arbeitsteilung" unterschiedliche Aufgaben, aber nur im Zusammenwirken aller Bestandteile kann das Bauteil als Ganzes seinen vorgesehenen Zweck erfüllen.

Dieses Bauprinzip bietet so erhebliche technische, wirtschaftliche und terminliche Vorteile für das Bauwesen, dass die in der Vergangenheit rasch gewachsene Bedeutung erklärbar wird. Die objektiv vorhandenen Nachteile können durch besondere Sorgfalt bei der Bauplanung und Ausführung in Grenzen gehalten werden. Dies erfordert allerdings von allen Beteiligten besondere Kenntnisse und Fertigkeiten, damit die offensichtlichen Vorzüge des Trockenausbaus auch genutzt werden können.

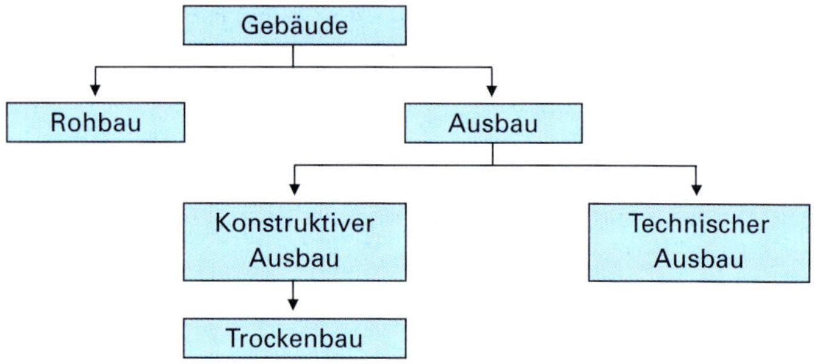

Vorteile des Trockenbaus

- geringere Baufeuchte
- kürzere Wartezeiten
- beschleunigter Bauablauf
- geringeres Bauteilgewicht
- geringere Bauteilabmessungen
- hohes Maß an Vorfertigung
- hohe Maßgenauigkeit
- sehr anpassungsfähig für Maßnahmen des Wärme-, Brand- und Schallschutzes
- einfache Anwendung für nachträgliche Baumaßnahmen (z.B. Dachgeschossausbau)
- einfach veränderbare Konstruktionen
- einfache Integration haustechnischer Installationen
- vielfältige Materialwahl
- gestalterische Vielfalt

Nachteile des Trockenbaus

- hoher Planungsaufwand in frühem Stadium (Rohbau)
- hoher Koordinationsaufwand für Maßordnungen, Fugen, Toleranzen
- besondere Fachkenntnisse der ausführenden Handwerker nötig
- meist feuchtigkeitsempfindliche Baustoffe
- in der Regel höhere Materialkosten
- meist mechanisch geringer beanspruchbare Konstruktionen
- Sonderkonstruktionen aufgrund der Vorfertigung aufwendig und teuer
- aufgrund zentraler Produktionsstandorte oft hohe Transportkosten
- Transport und Lagerung der Baustoffe und Bauteile mit besonderen Anforderungen

1.2 Bauteile und Aufgaben des Trockenausbaus

Außen- und Innenwände

Wandbekleidung mit Verbesserung des Wärme-, Feuchtigkeits-, Schall-, Brand- und Strahlenschutzes durch Trockenputz oder Vorsatzschalen.

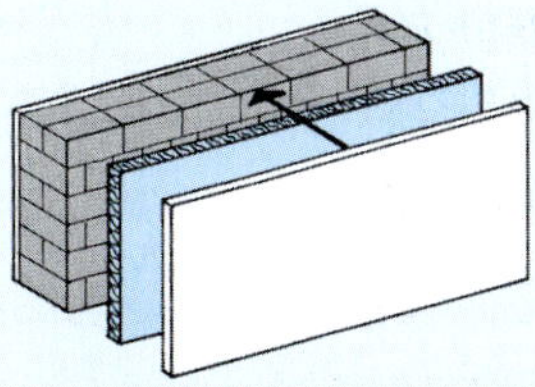

Nicht tragende innere Trennwände

Raumtrennung, bauphysikalische Aufgaben und Gestaltung durch einschalige Platten- oder mehrschalige Montagewände.

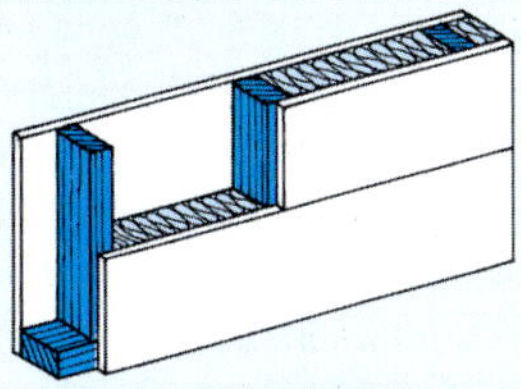

Installationswände und Vorwandinstallationen

Vereinfachung der Führung und Verkleidung haustechnischer Leitungen.

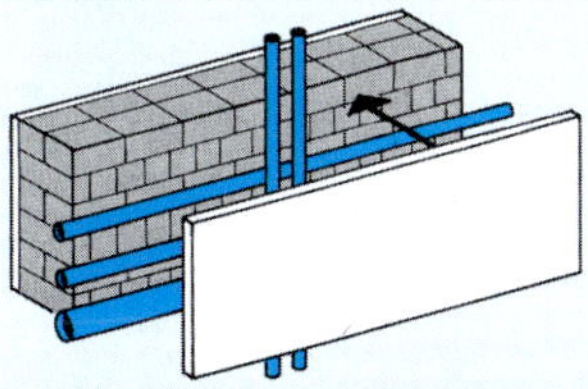

Deckenbekleidungen und Unterdecken

Verbesserung von Schall-, Brand- und Strahlenschutz für Massiv- und Holzbalkendecken, besonders bei der Altbausanierung; Vereinfachung der Führung, Integration und gestalterische Verkleidung haustechnischer Installationen.

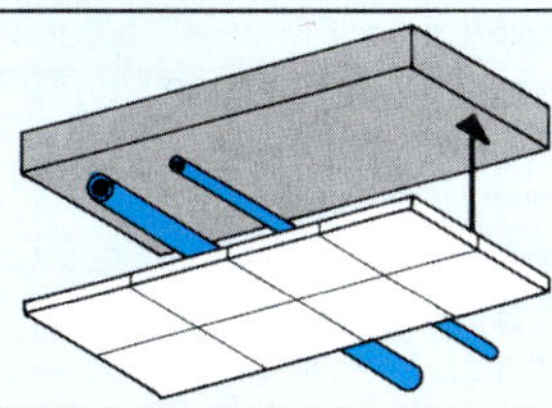

Fußbodenkonstruktionen

Verbesserung des Trittschallschutzes durch Fertigteilestriche, besonders bei der Altbausanierung; Integration von Fußbodenheizungen.

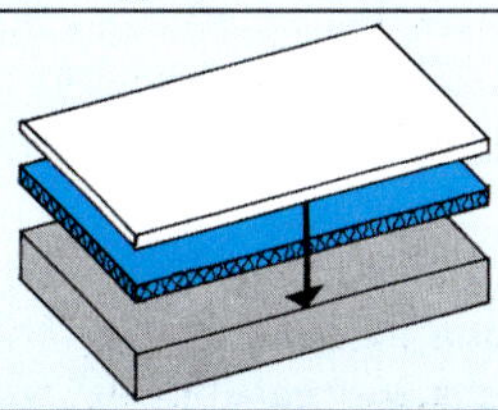

Hohlraum-/Doppelböden

Vereinfachung der Leitungsführung haustechnischer Installationen für Verwaltungs-, Industrie- und Laborbauten.

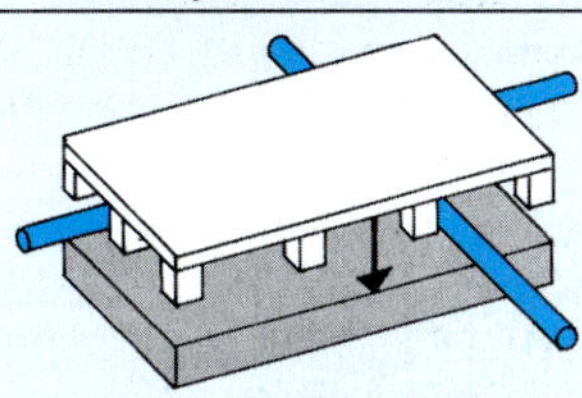

Bekleidungen für Stützen, Träger und Kanäle

Verbesserung des Brandschutzes, gestalterische Verkleidung.

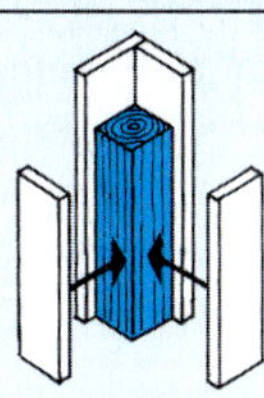

Dachgeschossausbau

Raumtrennung, bauphysikalische Aufgaben und Gestaltung durch anpassungsfähige Bauteile mit geringem Gewicht und wenig Baufeuchte.

Rationelle Schaffung neuen Wohnraums. Konstruktionen für Fußboden, Trennwände, Dachschräge, Kehlbalkenebene, Abseitenwand und Sonderbauteile (Dachflächenfenster, Gauben).

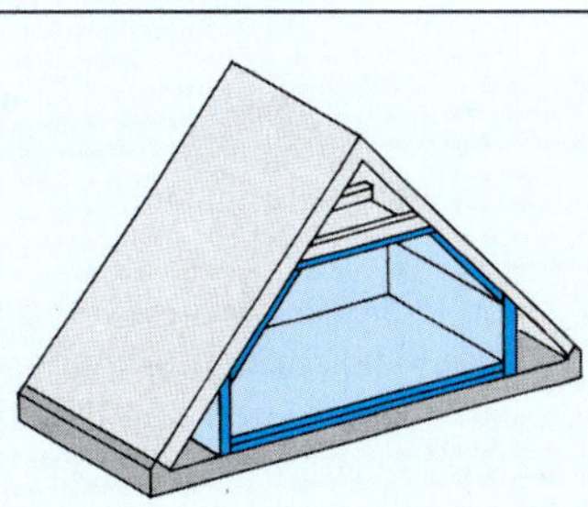

2 Grundbegriffe

2.1 Allgemeine physikalisch-chemische Begriffe

■ **1: Adhäsion und Kohäsion** (s. a. Haftung)
Adhäsion = Zusammenhangskraft zwischen Molekülen verschiedener Stoffe.
Kohäsion = Molekülzusammenhalt innerhalb desselben Stoffes.

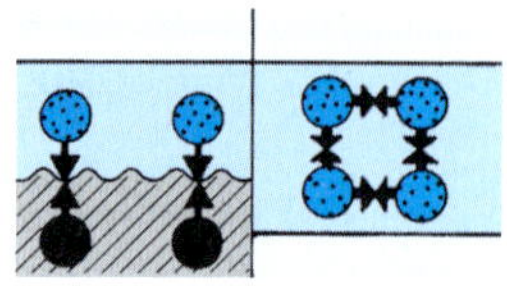
1

■ **2: Biegefestigkeit** (N/mm^2)
Widerstand eines Baustoffes gegen Biegebeanspruchung und damit verbundene Zug- und Druckkräfte. Abhängig von Größe und Form der Querschnittsfläche (Verformung von Beplankungen, Trockenestrichen).

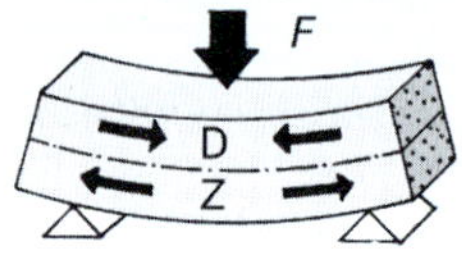

2

■ **3: Dehnung und Stauchung** (s. a. Elastizität, thermische Längenausdehnung)
Verlängerung oder Verkürzung elastisch oder plastisch verformbarer Stoffe unter Zug-/Druckbelastung oder aufgrund Temperaturänderungen (zähe Baustoffe = Bruchdehnung hoch, spröde = niedrig).

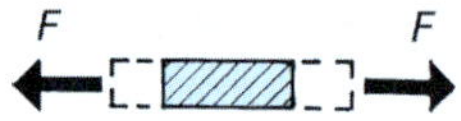

3, 6

■ **4: Dispersion**
Flüssige, physikalisch trennbare Mischung zweier Stoffe, Eigenschaften bleiben unverändert. Dispersion zweier Flüssigkeiten = Emulsion, Dispersion Feststoff in Flüssigkeit = Suspension. Im Bauwesen: Mischung von Kunstharz-Bindemitteln (Lösung oder Feststoff) in Wasser.

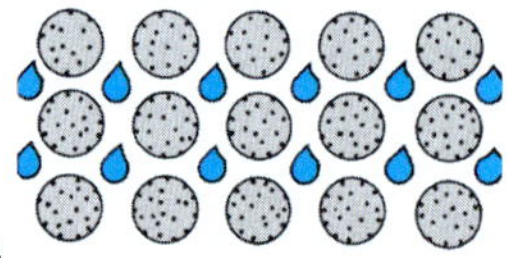
4

■ **5: Druckfestigkeit** (N/mm^2)
Innerer Widerstand eines Baustoffes gegen Verformung aus Druckkräften. Abhängig von Dichte, Gefüge- und Porenstruktur. Druckspannung, bei der der Stoff bricht = Bruchspannung.

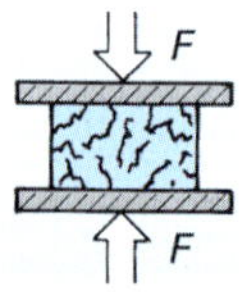

5

■ **6: Elastizität** (s.a. Dehnung)
Nach Verformung durch Krafteinwirkungen bildet sich bei Entlastung die Verformung wieder zurück.

■ **7: Emissionsklasse**
Einteilung von Holzspanplatten, die aufgrund ihrer Verleimung mit Melamin- oder Harnstoffformaldehydharz gesundheitsschädliches Formaldehydgas abgeben. Zulässig nur noch Platten mit Emissionen der Klasse E1.

Emissionsklasse		
E1	E2	E3
≤0,1 ppm	>0,1 ≤1,0	>1,0 ≤23

7

■ **8: Fungizide**
Zusatzmittel zur Verhinderung von Schimmelpilzbildung bei organischen Stoffen (Holz/Holzwerkstoffe, Karton von GK-Platten, KH-Putz).

8, 14

■ **9: Gleichgewichtsfeuchte**
Feuchtigkeitsgehalt eines Baustoffes nach Anpassung an Umgebungsklima. Abhängig von Stoffdichte, Gefüge- und Porenstruktur, relativer Luftfeuchtigkeit.

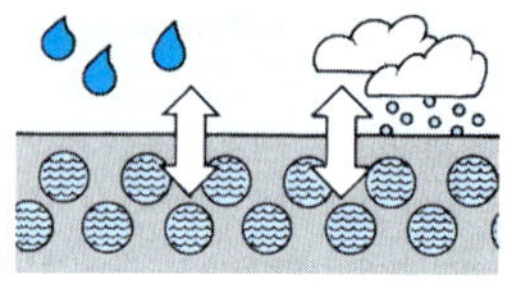
9

■ **10: Haftung**
Zusammenhangskraft zwischen Beschichtungen/Belägen und Untergrund bzw. Klebern. Abhängig von Adhäsionskräften, Rauheit und Saugfähigkeit des Untergrundes, Unterdruckbildung in Grenzschicht beim Auftragen.

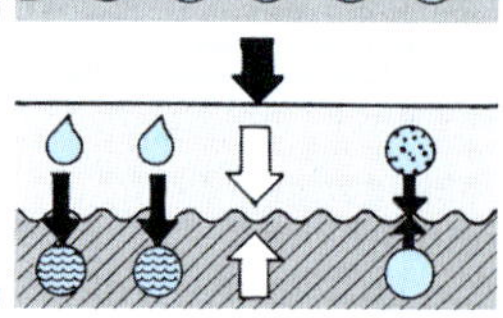
10

■ **11: Hydraulisch**
Bindemittelerhärtung unter Aufnahme von Anmachwasser zur chemischen Erhärtungsreaktion (Gips, hydraulische Kalke, Zement).

■ **12: Hydrophobierung**
Wasserabweisende Imprägnierung. Auskleidung der Kapillarporen mit adhäsionshemmenden, kapillarbrechenden Mitteln (Silane, Siloxane).

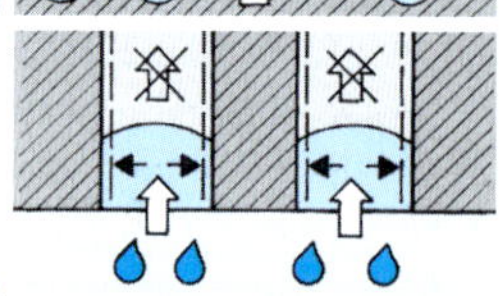
12

■ **13: Hygroskopisch**
Wasser anziehend, z. B. durch Kapillarkondensation, Adsorption durch Salze.

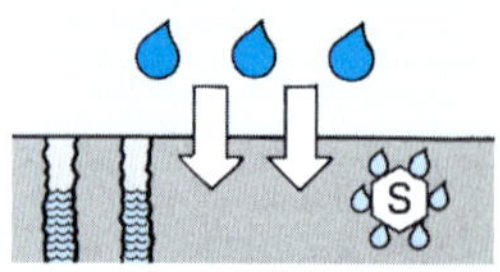

13

■ **14: Insektizide**
Zusatzmittel gegen Befall organischer Stoffe durch tierische Schädlinge (Holzschutzmittel für Holz/Holzwerkstoffe).

■ **15: Kapillarität**
Aufnahme und Transport von Wassermolekülen durch Adhäsionskräfte an den Wandungen der Kapillarporen. Abhängig von Anteil und Größe Makroporen (Porenradius *r* zwischen 0,1 mm und 0,0001 mm). Kleiner Porenradius = große Steighöhe = lange Zeitdauer. Mikroporen < 0,1 μm ohne Kapillarität, aber Wasserdampfkondensation vor Erreichen des Sättigungsdampfdrucks (Kapillarkondensation).

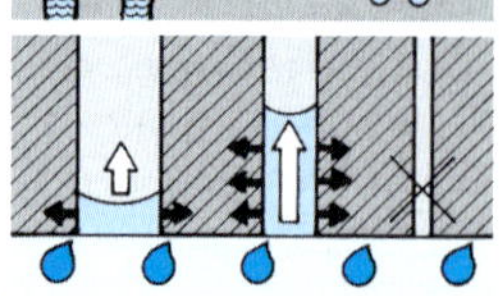
15

■ **16: Längenänderungskoeffizient α, thermisch**
Temperaturabhängige Ausdehnung bzw. Verkürzung eines Baustoffes. Hohe Werte = Haftungsprobleme, Rissgefahr für spröde Stoffe.

■ **17: Oberflächenhärte**
Widerstand gegen mechanische Beschädigung (Stoß) und Substanzverlust durch Abrieb. Abhängig von Gefügestruktur, Dichte und Porosität.

■ **18: pH-Wert**
Gliederungsmaßstab für die Stärke von Säuren und alkalischen Laugen (Basen). pH-Wert 7 = chemisch neutral.

■ **19: Plastizität**
Nach Verformungen durch Krafteinwirkungen bildet sich bei Entlastung die Verformung nicht wieder zurück.

■ **20: Porosität**
Gefügemerkmal eines Baustoffes. Menge und Art der Poren bestimmen wesentliche Eigenschaften, z. B. Rohdichte, Festigkeit, Kapillarität, Wasserdampfdurchlässigkeit, Wärmedämmung.

■ **21: Quellen**
Volumenvergrößerung durch Wasseraufnahme. Bewirkt Verformungen und Spannungen in Bauteilen, Beschichtungen, Belägen.

■ **22: Rohdichte** (ρ, kg/m^3) (s. a. Porosität)
Durch Porengehalt bestimmte grundlegende Stoffeigenschaft.

■ **23: Schwinden**
Volumenverringerung durch physikalisch oder chemisch verursachten Wasserverlust. Bewirkt Verformungen und Spannungen in Bauteilen, Beschichtungen, Belägen.

■ **24: Silikate**
Chemische Verbindungen mit Kieselsäure (SiO_2). Bei hydraulischen Bindemitteln meist mit Calcium (Ca). Beständig, mechanisch stabil.

■ **25: Spröde**
Keine oder geringe Verformung bei Krafteinwirkungen. Bruchgefahr bei geringer Stoß- oder Biegebeanspruchung.

■ **26: Temperaturbeständigkeit**
Widerstand gegen Veränderung/Zerstörung der Gefügestruktur (mechanische Eigenschaften) bei hohen bzw. sehr tiefen Temperaturen.

■ **27: Verankerung**
Mechanische Verbindung mit dem Untergrund zur Kraftübertragung (z. B. Dübel, Nägel, Schrauben, Klammern).

■ **28: Wasserabweisend**
Stark verminderte Wasseraufnahme durch Gefügestruktur oder Hydrophobierung (Wasseraufnahmekoeffizient $w \leq 0{,}5$ kg/m^{2}h^{0,5}).

■ **29: Wasseraufnahme**
Überlagerung von Kapillarität, Wasserdampfkondensation, Kapillarkondensation und hygroskopischer Wasseraufnahme. Abhängig von Menge und Art der Poren sowie von der Rohdichte eines Baustoffes.

■ **30: Wasserbeständigkeit**
Widerstand gegen Gefügeveränderung oder -zerstörung durch Wasseraufnahme, z. B. Bindemittellösung und -auswaschung bei Gipsbaustoffen.

■ **31: Wasserdampfdurchlässigkeit**
Widerstand (μ) aufgrund von Art, Menge und Größe der Baustoffporen gegen Wasserdampfdiffusion. Wesentliches bauphysikalisches Merkmal eines Bauteils, s_d-Wert abhängig von Schichtdicke und μ-Wert.

■ **32: Wasserdicht**
Durch Gefügestruktur und/oder Dichtungsmittel keine Wasseraufnahme.

■ **33: Wasserhemmend**
Verminderte Wasseraufnahme durch Gefügestruktur oder Hydrophobierung (Wasseraufnahmekoeffizient $w \leq 2{,}0$ kg/m^{2}h^{0,5}).

■ **34: Wasserrückhaltevermögen**
Bindung von Anmachwasser in Mörteln/Klebern gegen Verdunstung und Aufsaugen durch den Untergrund.

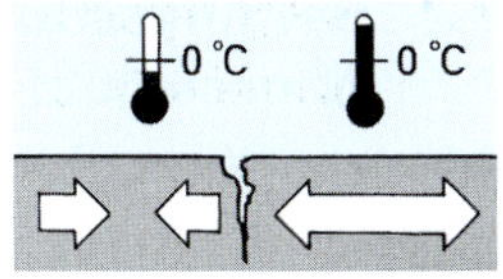

16

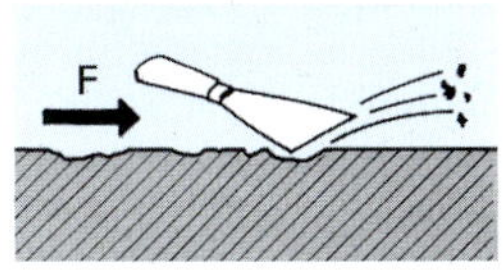

17

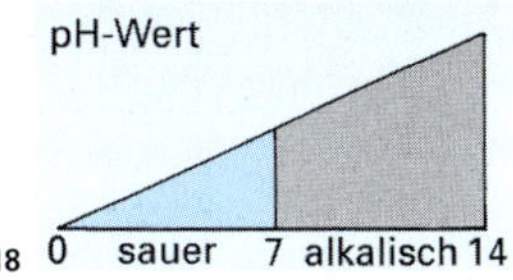

18

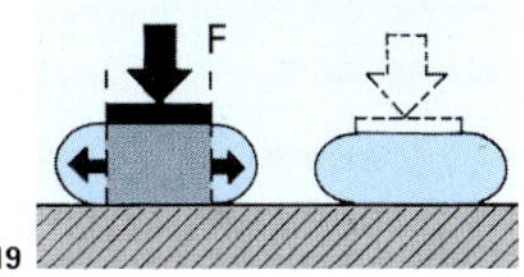

19

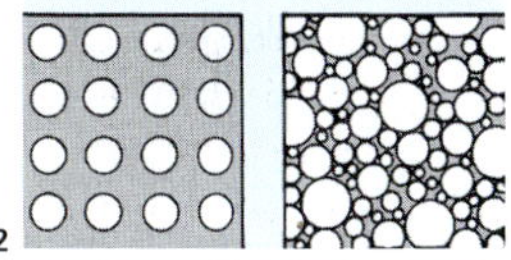
20, 22

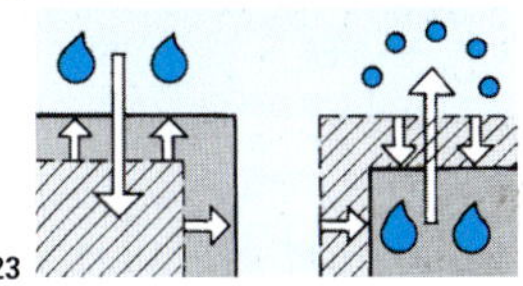
21, 23

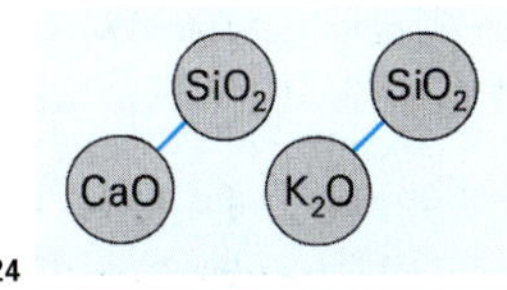

24

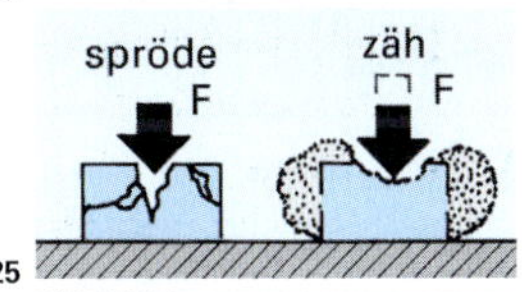

25

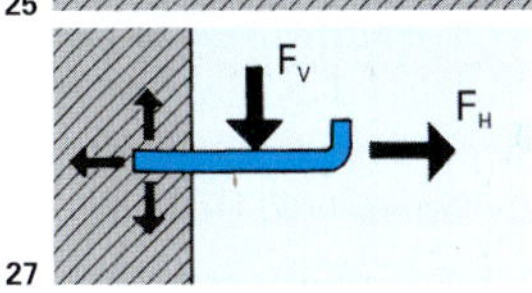

27

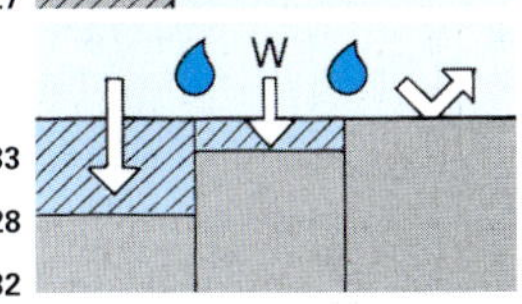

33
28
32

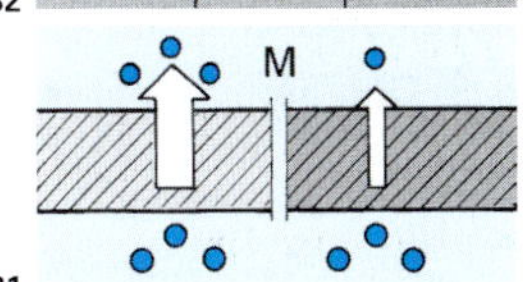

31

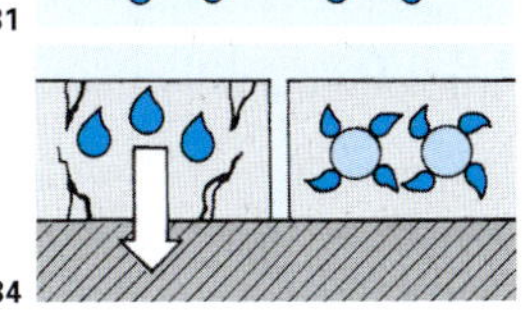
34

2.2 Bauphysikalische Grundbegriffe

2.2.1 Wärmeschutz

Baulicher Wärmeschutz, gesetzliche Grundlagen

– DIN 4108:
Mindestanforderungen an Einzelbauteile zur Vermeidung von Feuchteschäden
– Energieeinsparverordnung (EnEV) 2002:
Begrenzung von Jahresprimärenergiebedarf und Transmissionswärmeverlust bei Gebäuden (Energieeinsparung, Verringerung der Schadstoffemissionen).

(1) Wärmemenge *Q*

Einheit Joule [J], im Bauwesen Wattsekunde [Ws], 1 Ws = 1 J.

(2) Wärmeleitung

Bei festen Stoffen wird Wärme innerhalb der Stoffstruktur von Molekül zu Molekül weitergeleitet. Die Wärmeleitung hängt also von der Stoffdichte ab:
- Dichte Stoffe (hohe Dichte), z. B. Stahl, leiten Wärme gut.
- Poröse, leichte Stoffe (geringe Dichte), z. B. Wärmedämmstoffe, leiten Wärme schlecht (Luft oder allgemein Gase sind schlechte Wärmeleiter).

(3) Wärmeleitzahl λ_R $\left(\text{Einheit: } \frac{W}{mK}\right)$

Wärmeleitfähigkeit eines Stoffes (Rechenwert). Angabe der Wärmemenge [Ws], die in 1 Sekunde [s] über 1 m² Fläche einer 1 m dicken Schicht bei einer Temperaturdifferenz der Oberflächen von 1 Kelvin [K] hindurchgeleitet wird.
Wärmedämmstoffe haben kleine Wärmeleitzahlen: $\lambda_R = 0{,}025$ bis $0{,}10\ \frac{W}{mK}$.

(4) Wärmedurchlasswiderstand *R* $\left(\text{Einheit: } \frac{m^2K}{W}\right)$

Verhältnis der Schichtdicken *d* [m] zu den Wärmeleitzahlen λ_R [W/mK] eines Bauteils. Große Schichtdicken und kleine Wärmeleitzahlen ergeben einen großen Wärmedurchlasswiderstand *R* und damit eine gute Wärmedämmung.

(5) Wärmedurchgangswiderstand R_T $\left(\text{Einheit: } \frac{m^2K}{W}\right)$

Addition des Wärmedurchlasswiderstandes *R* und der Wärmübergangswiderstände R_{si} und R_{se}. Die Wärmeübergangskoeffizienten h_i und h_a kennzeichnen bei Bauteilen, die beheizte Räume gegen unbeheizte Räume oder Außenluft abgrenzen, den Wärmeübergang von warmer Raumluft auf die Innenoberfläche bzw. von der Außenoberfläche zu der kalten Raum- oder Außenluft.

(6) Wärmedurchgangskoeffizient *U* $\left(\text{Einheit: } \frac{W}{m^2K}\right)$

Kehrwert des Wärmedurchgangswiderstandes R_T. *U* gibt an, wie viel Wärme [Ws] pro Quadratmeter [m²] und Sekunde [s] eines Bauteils bei einer Temperaturdifferenz von 1 Kelvin [K] verloren geht.
Es gilt: kleiner *U*-Wert → gute Wärmedämmung → geringer Heizenergiebedarf.

(7) Wärmebrücken

Stellen, an denen die Wärmedämmung unterbrochen ist und ein verstärkter Wärmedurchgang stattfindet (siehe Bild). Bei größeren Temperaturdifferenzen besteht die Gefahr von Oberflächenkondensation (siehe Punkt 10).

2.2.2 Feuchteschutz

(8) Relative Luftfeuchtigkeit

Luft kann nur eine begrenzte Menge Wasser in Gasform (Wasserdampf) aufnehmen. Die Aufnahmefähigkeit nimmt mit steigender Temperatur zu. Geringere Wasserdampfkonzentrationen werden prozentual zur Sättigungsmenge angegeben (relative Luftfeuchtigkeit in %).

(9) Oberflächenkondensation

Kühlt warme Luft an kalten Oberflächen stark ab, kondensiert der in der Luft enthaltene Wasserdampf, wenn die Taupunkttemperatur (entspricht 100 % Luftfeuchtigkeit) unterschritten wird. Gefahr von Schimmelpilzbildung.

(10) Wasserdampfdiffusion

Bei unterschiedlichen Innen- und Außentemperaturen (Winter) wandern Wasserdampfpartikelchen aufgrund unterschiedlicher Wasserdampfpartialdrücke von der warmen zur kalten Seite durch Baustoffschichten hindurch, sofern die Porenstruktur der Baustoffe und der Porenradius eine Diffusion zulassen.

1 Einheit für die Wärmemenge *Q*: Joule [J] bzw. Wattsekunde [Ws]

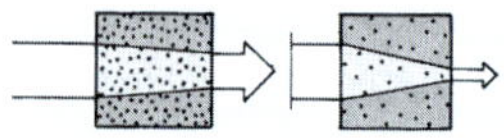

2 **Wärmeleitung**

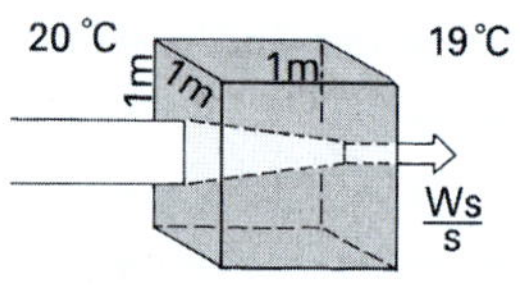

3 **Wärmeleitzahl λ_R**

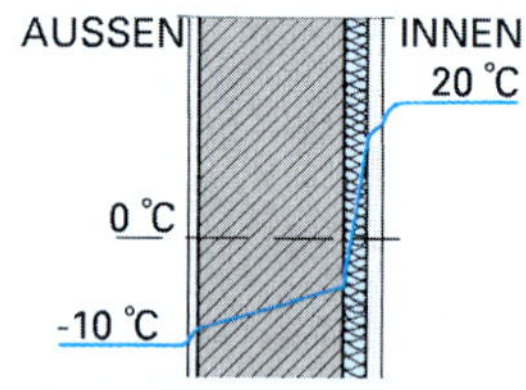

Außenwand mit Innendämmung, Temperaturverlauf (Winter)

4 $$R = \frac{d_1}{\lambda_{R_1}} + \frac{d_2}{\lambda_{R_2}} + \frac{d_3}{\lambda_{R_3}} + \ldots$$

Wärmedurchlasswiderstand

5 $$R_T = R_{si} + R + R_{se}$$

Wärmedurchgangswiderstand

6 $$U = \frac{1}{R_T}$$

Wärmedurchgangskoeffizient

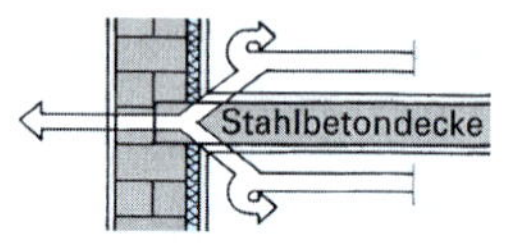

7 **Wärmebrücken**

Relative Luftfeuchtigkeit	
Lufttemp.	Feuchtegehalt
20 °C	100 % ≡ 17,3 g/m³
10 °C	100 % ≡ 9,4 g/m³
0 °C	100 % ≡ 4,84 g/m³
– 10 °C	100 % ≡ 2,14 g/m³

8

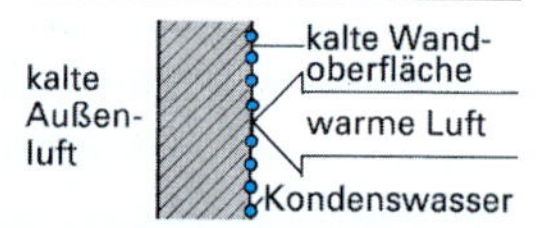

9 **Oberflächenkondensation**

10 **Wasserdampfdiffusion**

(11) Wasserdampfdiffusionswiderstandszahl μ

Dieser Baustoffkennwert gibt an, wie viel Mal größer der Diffusionsdurchlasswiderstand des Stoffs ist als der einer gleich dicken Luftschicht.

(12) Wasserdampfdiffusionsäquivalente Luftschichtdicke s_d

Errechnet sich aus der Wasserdampfdiffusionswiderstandszahl μ und der Schichtdicke s eines Baustoffs. Maß für die Wasserdampfdurchlässigkeit einer Bauteilschicht.

(13) Wasserdampfkondensation im Bauteilinneren

Zu einer Wasserdampfkondensation im Bauteilinneren kommt es, wenn die Wasserdampfdiffusion durch außen liegende diffusionsdichtere Baustoffschichten mit hohem s_d-Wert behindert wird. Von innen nach außen kleiner werdende s_d-Werte vermeiden einen Feuchtigkeitsanfall.

(14) Dampfsperre, Dampfbremse

Eine Dampfsperre bzw. -bremse verhindert bzw. vermindert die Wasserdampfdiffusion und dadurch mögliche Feuchteschäden. Sie wird von der Raumseite her gesehen vor einer Wärmedämmschicht lückenlos eingebaut.

2.2.3 Brandschutz

Baulicher Brandschutz, gesetzliche Grundlagen

– DIN 4102

Prüfung und Einordnung von Baustoffen und Bauteilen hinsichtlich ihrer brandschutztechnischen Leistungsfähigkeit. Für die Bewertung von in der Norm nicht aufgeführten Baustoffen oder Bauteilkonstruktionen sind Prüfzeugnisse oder Gutachten amtlich anerkannter Stellen erforderlich.

– Landesbauordnungen (LBO) mit Ausführungsverordnungen (AVO)

Anforderungen an den Brandschutz von Bauteilen unter Berücksichtigung der Nutzung, Größe und Nachbarschaftsbebauung eines Gebäudes.

(15) Baustoffklassen (Brennbarkeit von Baustoffen)

Einteilung der Baustoffe in nichtbrennbare und brennbare Stoffe.

(16) Feuerwiderstandsklassen

Zeitdauer in Minuten, in der ein Bauteil einer Brandbeanspruchung statisch widersteht bzw. einen Brandübertrag auf angrenzende Räume verhindert. Die Einordnung ist abhängig von der Bauteilart und seinem statischen System, dem konstruktiven Aufbau, den verwendeten Baustoffen und bei Stützen und Unterzügen von der Anzahl der brandbeanspruchten Seiten.

(17) Bauaufsichtliche Bezeichnungen

- Feuerhemmend (fh, Feuerwiderstandsklassen F 30-A, F 30-AB, F 30-B)
- Hoch feuerhemmend (Feuerwiderstandsklassen F 60-AB, F 60-A; F 60-B nur mit Brandschutzbekleidung und Dämmstoff Baustoffklasse A_1)
- Feuerbeständig (Feuerwiderstandsklassen F 90-A, F 90-AB, nicht F 90-B!)

2.2.4 Schallschutz (DIN 4109)

(18) Schall

Wellenförmige mechanische Schwingungen in einem Medium, z. B. Luft.

– Frequenz f: Einheit Hertz (Hz), Schwingungsanzahl pro Sekunde.

Menschliches Hörvermögen: ca. 16 Hz (tiefe Töne) bis 16000 Hz (hohe Töne)

Bauakustischer Messbereich: 100 Hz–3150 Hz

– Schalldruckpegel (Schallpegel) L: Einheit Dezibel (dB), Lautstärke

Logarithmische Darstellung des Verhältnisses des vorhandenen Schalldrucks p (Einheit Pa bzw. N/mm²) zum Bezugsschalldruck $p_0 = 2 \cdot 10^{-5}$ Pa (Hörschwelle = Schallpegel 0 dB). Die Schmerzgrenze liegt bei 120 dB.

(19) Schallausbreitung

- Luftschall: wellenförmige Weiterleitung der Molekülschwingungen in der Luft.
- Körperschall: wellenförmige Weiterleitung der Molekülschwingungen in festen Stoffen.
- Trittschall: Das Begehen von Decken oder Treppen erzeugt Körperschall, der z. T. als Luftschall in darunter liegende Räume abgestrahlt wird.

Beispiele für μ-Werte

Luft, Mineralfaser	$\mu = 1$
GK-Platte	$\mu = 8$
Flachpressplatten	$\mu = 50–100$
EPS-Hartschaum	$\mu = 20–100$

11

12 $s_d = \mu \cdot s$ (m)

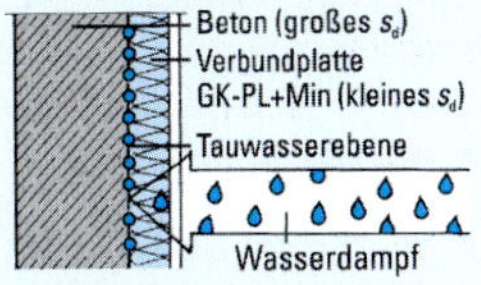

13 **Tauwasserbildung im Bauteil**

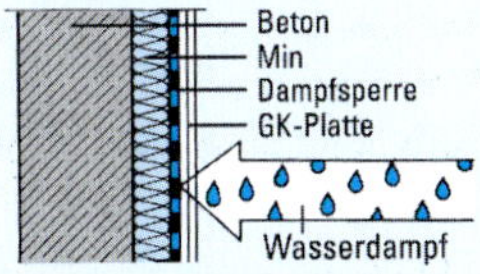

14 **Anordnung einer Dampfsperre**

Baustoffklassen nach DIN 4102		
A1	nicht brennbar (Ziegel, Stahl ...)	DIN, Pzg
A2	nicht brennbar (z. B. GK-Platten)	Pzch
B1	schwer entflammbar (PSP, HWL-Pl., ...)	DIN, Pzch
B2	normal entflammbar (PURP, Holz, ...)	DIN, Pzg
B3	leicht entflammbar (Papier ...) Verbot als Baustoff	

Pzg = amtl. anerk. Prüfzeugnis
Pzch = amtl. anerk. Prüfzeichen 15

Feuerwiderstandsklassen
F30-A*, F30-AB*, F30-B*
F60-A, F60-AB, F60-B
F90-A**, F90-AB**, F90-B
F120-A, F120-AB, F120-B
F180-A, F180-AB, F180-B

16

-A: aus nicht brennb. Baustoffen
-AB: in den wesentlichen Teilen aus nicht brennb. Baustoffen
-B: wesentliche Teile können aus brennbaren Baustoffen sein.
* feuerhemmend
** feuerbeständig 17

Frequenz f
Bauakust. Messber. 100–3 150 Hz

Schalldruckpegel L

18
$$L = 10 \lg \frac{p^2}{p_0^2} = 20 \lg \frac{p}{p_0} \text{dB}$$

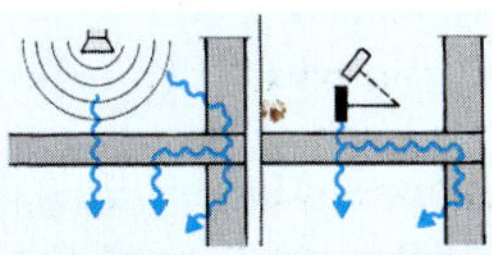

19 **Luftschall** **Trittschall**

(20) Schallübertragung

Außer der direkten Schallweiterleitung über die raumtrennenden Wände bzw. Decken (Hauptweg) gibt es Schallnebenwege:

- Flankenübertragung bzw. Schalllängsleitung: Schallübertragung über flankierende Bauteile (angrenzende Wände, Decke und Boden).
- Schallnebenwege: Lüftungsanlagen, Rohrleitungen, Undichtigkeiten usw.
- Schallbrücken: entstehen durch unsachgemäße Bauleistungen, z. B. Kontaktstellen schwimmender Estriche mit angrenzenden Wänden.

(21) Schalldämmung

Verminderung der Schallübertragung zwischen Räumen durch trennende Bauteile oder Schutz gegen Außenlärm durch Außenbauteile. Bei der schalltechnischen Bewertung der trennenden Bauteile (Wände, Decken) nach DIN 4109 ist zu unterscheiden, ob es sich um ein- oder mehrschalige Konstruktionen handelt und ob sie Bestandteil von Gebäuden in Massiv- oder Skelettbauweise sind.

(22) Schalldämpfung

Schallpegelsenkung in einem Raum durch Schallabsorption an den Raumbegrenzungsflächen (Verminderung der Schallreflexion), Regelung der Nachhallzeit.

(23)–(26) Kennzeichnung der Luft- und Trittschalldämmung von Bauteilen

- Bewertetes Luftschalldämmmaß R_w [dB]:
  Schalldämmmaß (Einzahlangabe) von Wänden und Decken ohne Berücksichtigung der Schallübertragung durch flankierende Bauteile.
- Bewertetes Luftschalldämmmaß R'_w [dB]:
  Schalldämmmaß von Wänden und Decken einschließlich bauüblicher Nebenwege. Je größer der Wert von R'_w, desto besser die Luftschalldämmung.
- Bewertetes Luftschall-Längsdämmmaß $R_{L,w}$ [dB]:
  Schall-Längsdämmmaß (Einzahlangabe) von flankierenden Bauteilen.
- Bewerteter Norm-Trittschallpegel $L'_{n,w}$ [dB]:
  Trittschalldämmmaß von gebrauchsfertigen Decken und Treppen.
  Je kleiner $L'_{n,w}$, umso besser die Trittschalldämmung.
- Äquivalenter bewerteter Norm-Trittschallpegel $L_{n,w,eq}$ [dB]:
  Einzahlangabe zur Kennzeichnung des Trittschallverhaltens einer Massivdecke ohne Deckenauflage (z. B. schwimmender Estrich).
- Trittschallverbesserungsmaß ΔL_w [dB]:
  Einzahlangabe zur Kennzeichnung der Trittschallverbesserung einer Massivdecke durch eine Deckenauflage (meistens schwimmende Estriche).

(27) Grenzfrequenz f_g [Hz]

Frequenz, bei der die Wellenlänge des Luftschalls mit der Länge der freien Biegewelle eines Bauteils übereinstimmt. Folge ist eine Verringerung der Luftschalldämmung. Die Grenzfrequenz f_g hängt ab vom Verhältnis flächenbezogene Masse m' zur Biegesteifigkeit eines Bauteils, sie ist umso niedriger, je dicker und steifer eine einschalige Wand bzw. Platte ist.

- Schwere einschalige Wände ($m' \geq 150$ kg/m^2) $\rightarrow f_g \leq 200$ Hz $\rightarrow$ biegesteif
- Leichte Trockenbauplatten ($m' \leq 15$ kg/m^2) $\rightarrow f_g \geq 2000$ Hz $\rightarrow$ biegeweich
- Leichte einschalige Trennwände ($m' \approx 100$ kg/m^2, $f_g \approx 200$ bis 500 Hz) ergeben schlechte Luftschalldämmwerte.
- Beplankungen mehrschaliger Bauteile, z. B. Montagewände, müssen biegeweich sein. Das gilt nur für dünne Platten, z. B. GK-Platten $d \leq 15$ mm. Somit ist eine doppelte Beplankung mit 2×12,5 mm GK-Platten schalltechnisch besser als eine einfache mit 25 mm dicken GK-Platten.

(27) Resonanzfrequenz (Eigenfrequenz) f_o [Hz]

Zweischalige Bauteile haben als Masse-Feder-System einen verstärkten Schalldurchgang in einem bestimmten Frequenzbereich (Resonanzfrequenz). Schalltechnisch günstige Systeme sollten ein f_o unter 100 Hz haben. Wichtig ist eine Bedämpfung des Hohlraums durch Faserdämmstoffe mit geringer dynamischer Steifigkeit und hohem Strömungswiderstand (z. B. Min; EPS-P sind ungeeignet!).

Schallübertragung

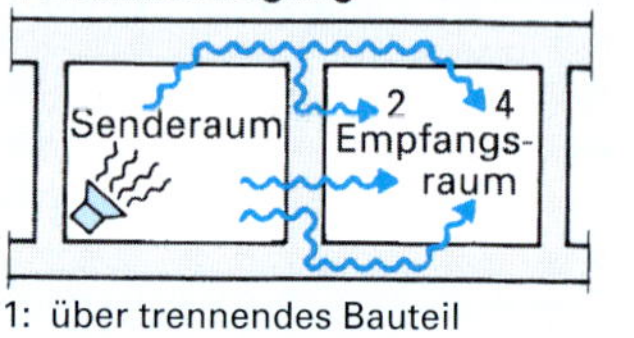

1: über trennendes Bauteil
2: über flankierendes und trennendes Bauteil
3: über flankierendes Bauteil
4: über trennendes und flankierendes Bauteil

20

21 22 **Schalldämmung Schalldämpfung**

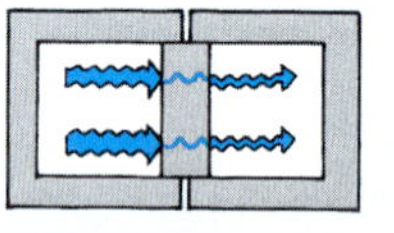

23 **Bewertetes Luftschalldämmmaß R_w**

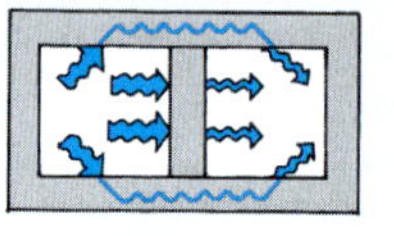

24 **Bewertetes Luftschalldämmmaß R'_w**

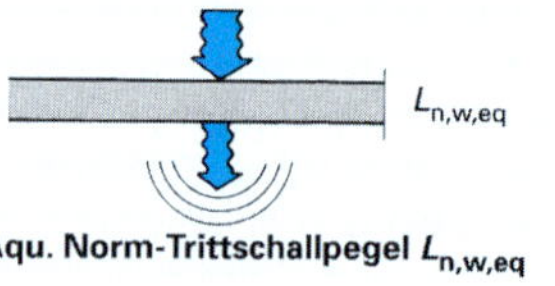

25 **Äqu. Norm-Trittschallpegel $L_{n,w,eq}$**

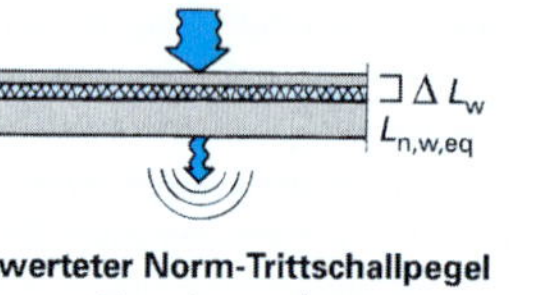

Bewerteter Norm-Trittschallpegel
$L'_{n,w} = L_{n,w,eq} - \Delta L_w$

26

Messkurve Metallständerwand

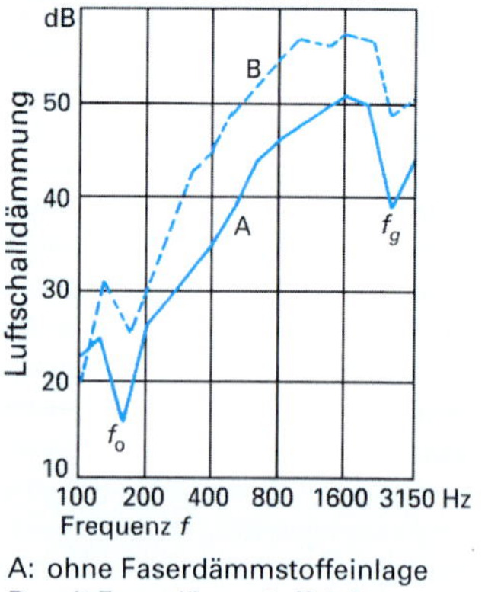

A: ohne Faserdämmstoffeinlage
B: mit Faserdämmstoffeinlage
f_o: Resonanzfrequenz
f_g: Grenzfrequenz

27

3 Werkstoffe und Werkzeuge

3.1 Trockenbauplatten

3.1.1 Gesamtübersicht

		Bezeichnung	DIN	Abkürzung
Anorganische mineralische Platten				
„massiv"	gipsgeb.	Gips-Wandbauplatten	18163	SW GW PW
„massiv"	sonstige	Porenbetonplatten	4166	
		Leichtbetonplatten	18148 18162	HPI WPL
		Kalksandstein-Bauplatten	106	KSP
		Leichtlanglochziegel	278	HT
plattenartig	gipsgebunden	Gips-Deckenplatten	18169	D S L DF, SF
		Gipskartonplatten bandgefertigt	18180	GKB GKBI GKF GKFI GKP
		Gipskarton-Zuschnittplatten	18180	Kassetten
		Gipskarton-Lochplatten	18180	Lochpl. Schlitzpl.
		Gipsvliesplatten		GV
		Gipsfaserplatten		GF
		Gipsschaumplatten		
plattenartig	sonstige	Fibersilikatplatten		FS-L FS-H
		Calciumsilikatplatten		
		Faserzementplatten		
		Perliteplatten		EPB
		Lehmbauplatten		
		Holzwolle-Leichtbauplatten zementgebunden magnesitgebunden	1101	HWL
		Mineralfaserplatten		
Anorganische metallische Platten				
		Stahlblech verzinkt	17162	
		Edelstahlbleche	17440 17441	
		Aluminiumpaneele	1745 1788	

Anmerkung:

Trockenbauplatten mit besonders niedriger Rohdichte besitzen eine gute Wärmedämmfähigkeit. Platten mit geringer dynamischer Steifigkeit oder hohem Schall-Absorptionsvermögen aufgrund ihrer Faser- oder Porenstruktur besitzen gute schalldämmende oder -schluckende Eigenschaften.

Sie sind daher ebenfalls in der Übersichtstabelle Dämmstoffe Seite 18 aufgeführt.

	Bezeichnung	DIN	Abkürzung
Organische Holzwerkstoffplatten			
gesperrte Platten	Bau-Stabsperrholz	68705	BST 20 BST 100
	Bau-Stäbchensperrholz	68705	BSTAE 20 BSTAE 100
	Sperrholz für allgemeine Zwecke	68705	
	Stabsperrholz	68705	ST-IF ST-AW
	Stäbchensperrholz	68705	STAE-IF STAE-AW
	Furniersperrholz	68705	FU-IF FU-AW
	Bau-Furniersperrholz	68705	BFU 20 BFU 100 BFU 100G
	Bau-Furniersperrholz Buche	68705	BFU-BU 100 BFU-BU 100G
Spanplatten	Flachpressplatten KH-gebunden für allgemeine Zwecke	68761	FPY FPO
	Flachpressplatten KH-gebunden für das Bauwesen	68763	V 20 V 100 V 100G
	zementgebundene Spanplatten		
	magnesitgebund. Spanplatten		
	gipsgebundene Spanplatten		
	Flachpressplatten kunststoffbeschichtet	68765	KF
	Oriented Strand Board		OSB
	leichte Flachpressplatten	68762	LF
	Strangpress-Röhrenplatten	68762	LR
	Strangpress-Voll- oder Röhrenplatten durchbrochen	68762	LMD LRD
Faserplatten	Holzfaserplatten für das Bauwesen	68750, 68754	HFM HFH 20
	harte Faserplatten	68754	HFH 20
	mittelharte Faserplatten	68754	HFM 20
	extraharte Faserplatten		HFE
	Medium Density Fibreboard		MDF
	poröse Faserplatten	68750	HFD
	Bitumen-Holzfaserplatten	68752	BPH1 BPH2
	Holzfaserplatten kunststoffb.	68751	KH
Vollholz	gehobelte Bretter	4073	
	gespundete Bretter	4072	
	Fasebretter	68122	
	Profilbretter	68126	
Organische Kunststoffplatten			
	Schichtpressstoffplatten dekorativ	EN438	HPL-S HPL-F/-P

3.1.2 Gipskartonplatten (GK) DIN 18180

Zusammensetzung und Herstellung

Ein Kern aus schnell abbindendem Stuckgips ist ummantelt mit einer stabilisierenden Deckschicht aus einem fest haftenden Karton. Der Kern enthält je nach Plattenart organische oder anorganische Zusätze.

Die wichtigsten Herstellungsschritte sind:

- Ausrollen Ansichtsseitenkarton auf Fließband
- Umbördeln der Kartonseitenränder
- Gipsbrei aufbringen, dabei mit Rückseitenkarton auf Plattendicke auswalzen und Kanten verleimen
- Erhärtung des Gipsbreis auf Abbindestrecke
- Laufstempel auf Rückseite, Schneiden des Endlosbandes auf Plattenlänge
- Platten wenden, Ofentrocknung, Palettierung

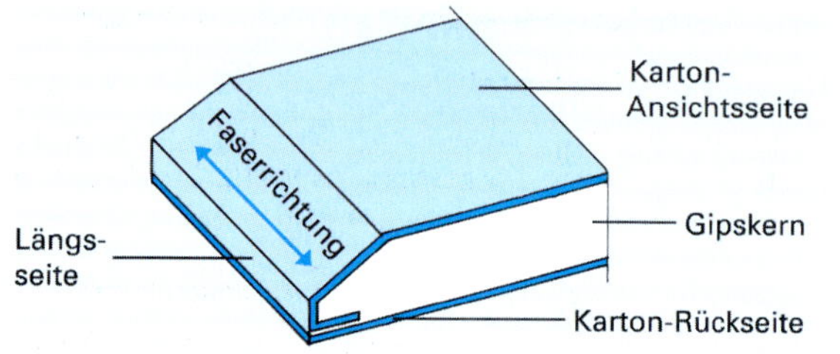

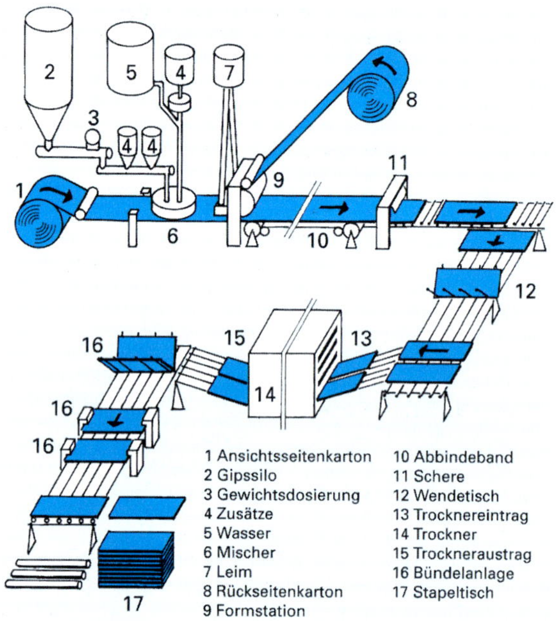

1 Ansichtsseitenkarton
2 Gipssilo
3 Gewichtsdosierung
4 Zusätze
5 Wasser
6 Mischer
7 Leim
8 Rückseitenkarton
9 Formstation
10 Abbindeband
11 Schere
12 Wendetisch
13 Trocknereintrag
14 Trockner
15 Trockneraustrag
16 Bündelanlage
17 Stapeltisch

Eigenschaften

Eine Biegebeanspruchung ist erst durch die Verbundwirkung Karton (Aufnahme Zugkräfte) — Gipskern (Druckkräfte) möglich. Die in Längsrichtung der Platten angeordneten Kartonfasern bewirken eine ca. dreifach höhere Tragfähigkeit der Platte in dieser Richtung als in Querrichtung.

Sonstige Eigenschaften, wie Brandverhalten (Baustoffklasse A2), Wasseraufnahme und Empfindlichkeit gegen Dauerfeuchtigkeit, sind bestimmt durch die Eigenschaften von Karton und Gipskern. Sie werden durch unterschiedliche Plattenarten auf den Verwendungszweck abgestimmt (Tabelle Seite 16).

Bandgefertigte Plattenarten und Besonderheiten

■ Gipskarton-Bauplatten (GKB)

■ Gipskarton-Bauplatten imprägniert (GKBI)

Langsamere und geringere Wasseraufnahme durch imprägnierten Gipskern und Karton, schnellere Austrocknung. Fungizide Ausstattung des Kartons gegen Schimmelpilzbildung. Für häusliche Feuchträume und Räume mit höherer Luftfeuchtigkeit geeignet.

■ Gipskarton-Feuerschutzplatten (GKF)

Längerer Gefügezusammenhalt im Brandfall durch Bewehrung des Gipskerns mit Glasfasern bis 30 mm Länge. Mechanisch stabiler als GKB. Für Trockenbaukonstruktionen mit Brandschutzanforderungen.

■ Gipskarton-Feuerschutzplatten imprägniert (GKFI)

Kombination GKBI-GKF

■ Gipskarton-Putzträgerplatte (GKP)

Gute Haftung für Nassputz durch rauen, saugfähigen Spezialkarton. Für Nassputzbeschichtungen von Unterdecken auf Unterkonstruktion.

Abmessungen für Gipskartonplatten mm						
Länge	Breite	Dicke				
		GKB	GKBI	GKF	GKFI	GKP
2000–4000, alle 250	1250	9,5 12,5 15	– 12,5 15	9,5 12,5 15	– 12,5 15	– – –
2000–3500	600; 1250	≥18	–	≥18	–	–
1500; 2000	400	–	–	–	–	9,5
Nicht genormte Plattenformate mm						
1500	1000	10; 12,5	–	–	–	–
2000–3000	625	18	18	12,5 20 25	25	–
Paneele	600	20	20	–	–	–

Äußere Merkmale		
	Kartonfarbe Ansichtsseite	Rückseitenstempel
GKB	grau-beige	blau
GKBI	grünlich	blau
GKF	grau-beige	rot
GKFI	grünlich	rot
GKP	grau	blau

Werksbearbeitete Plattenarten und Besonderheiten

■ Gipskarton-Zuschnittplatten

Platten mit geschlossener Sichtfläche und anderen Breiten und Längen durch Zuschnitt im Werk. Quadratische Platten werden als Kassetten bezeichnet.

■ Gipskarton-Lochplatten, Gipskarton-Schlitzplatten

Gipskern mit stabilisierender Faserarmierung und durchgehenden Löchern oder Schlitzen bis zu 20% der Fläche. Für schallschluckende Wand- und Deckenbekleidungen.

■ Kaschierte Gipskartonplatten

Folienbeschichtungen auf Vorder- oder Rückseite ab Werk für verschiedenste Verwendungszwecke (Siehe Tabelle).

■ Werksseitig gebogene Elemente

Vorgeformt für gebogene Formen. Plattendicke = 6,5 mm, Biegeradius innen > 100 mm.

■ Platten mit V-Ausfräsung

Vorder- oder Rückseite vorgefräst für gefaltete Formen. Dicken = 9,5/12,5/15/18 mm, L bis 3,00 m, B bis 1,25 m.

Kantenformen

Die mit Karton ummantelten Längskanten erhalten, abgestimmt auf die vorgesehene Fugenbewehrung und die Verspachtelungsmaterialien, unterschiedliche Profile. Bei den Querkanten liegt durch den Zuschnitt der Gipskern frei. Scharfe Kanten müssen zum Verspachteln durch Anfasen mit einem Kantenhobel vorbereitet werden.

Tragfähigkeit und Spannweiten

Die mögliche Spannweite der Platten ist von ihrer Tragfähigkeit abhängig, also von:

- **Plattendicke**: je dicker die Platte, desto tragfähiger ist sie
- **Faserrichtung Karton**: Plattenverlauf quer zur Unterkonstruktion, tragfähigere Querbefestigung
- **Belastungsrichtung**: parallel zur Plattenebene tragfähiger als senkrecht

Für keramische Beläge muss die Verformung begrenzt werden durch geringere Spannweiten (einlagige Beplankung max. 500 mm, zweilagig max. 625 mm).

Befestigungsmittel und Abstände

Befestigungsmittel sind Ansetzgips (DIN 1168) sowie Schnellbauschrauben, Spezialnägel und Klammern. Ihre Randabstände zur kartonummantelten Kante können wegen deren größerer Stabilität geringer sein als zu offenen Kanten. Klammern müssen diagonal zur Kartonfaserrichtung eingeschossen werden.

Klammern, Nägel und Schrauben erfordern aufgrund ihrer unterschiedlichen Tragfähigkeit unterschiedliche Abstände. Senkrecht zur Plattenebene belastete waagerecht montierte Deckenbekleidungen und Unterdecken benötigen geringere Abstände als senkrecht montierte Platten.

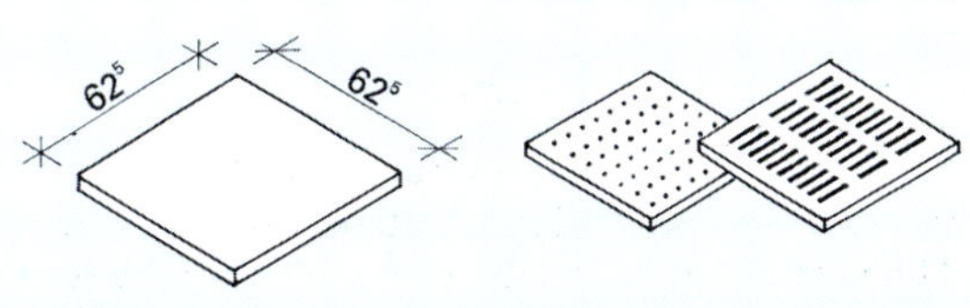

Werksseitig kaschierte Gipskartonplatten	
Kaschierung	Zweck
Aluminiumfolie	Dampfsperre
Bleifolie	Strahlenschutz
PVC-Folie	Dekoration
Faservlies	Schallschluckung

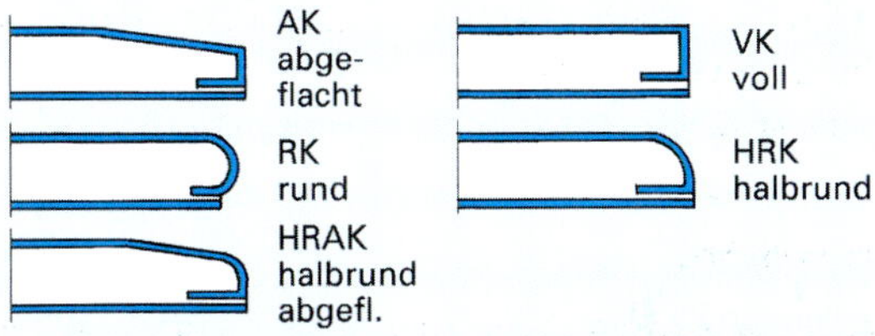

Formen Längskanten

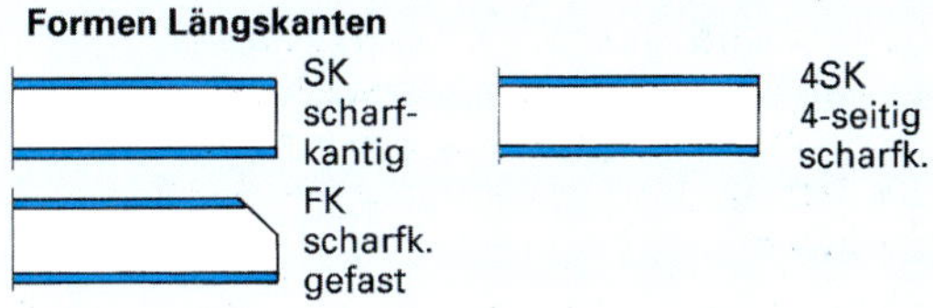

Formen Querkanten

Spannweiten GK-Platten (geschlossene Fläche) mm				
Dicke	Wände		Decken	
	quer	längs	quer	längs
12,5	625	625	500	420
15	750	625	550	420
18	900	625	625	420
25	1000	625	–	–
GKP	–	–	500	–
Lochplatten				
	–	–	320	320

Abstände Befestigungsmittel mm		
GK-Platten	Wände	Decken
Schnellbauschrauben	250	170
Nägel	120	120
Klammern	80	80
Lochplatten	Wände	Decken
Schnellbauschrauben	170	170
Nägel	120	120
Klammern	80	80

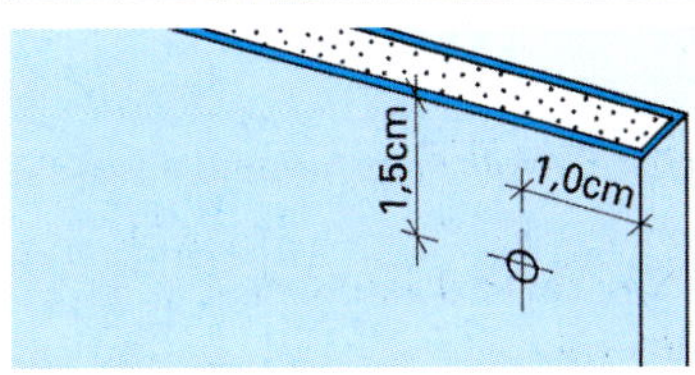

Karton-
ummantelung
Längskante

3.1.3 Gipsfaserplatten (GF)

Zusammensetzung und Herstellung

Ein Kern aus hydrophobiertem (wasserabweisendem) Stuckgips enthält eine stabilisierende Bewehrung aus 15–20% Cellulosefaseranteilen (Altpapierrecycling). Es gibt Platten ohne oder mit Deckschichten aus Karton oder oberflächennah eingebettetem Glasfasergewebe. Der Gipsfaserbrei wird unter hohem Druck zu Platten gepresst, getrocknet und auf Format geschnitten.

Eigenschaften

- aufgrund der Faserbewehrung in beiden Plattenrichtungen gleich hohe mechanische Stabilität, besonders stoßfest
- höhere Rohdichte als GK-Platten, Rückseite gewaffelt
- Baustoffklasse A2, bei Glasfasergewebeeinlage A1
- durch Hydrophobierung verzögerte Wasseraufnahme
- scharfe Kanten, bei Kartonummantelung HRK
- Verarbeitung einfach, wie GK-Platten. Offene Stoßfugen für faserverstärkten Gips-Spezialspachtel ohne Bewehrungsstreifen

Verwendung

- wie GK-Platten, aber durch Hydrophobierung und höhere Stabilität vielseitiger, auch für häusliche Feuchträume
- Feuerschutzplatte mit Glasfasergewebeeinlage für Konstruktionen mit sehr hohen Brandschutzanforderungen
- durch hohe Abriebfestigkeit und Härte Trockenestrichelemente, ein- und zweilagig, für Verbundplatten

Spannweiten und Befestigungsmittel

Die maximalen Spannweiten wachsen mit der Plattendicke, sie sind bei horizontalen Flächen (Decken) geringer als bei Schrägen, bei vertikalen Flächen (Wänden) am größten. Befestigungsmittel sind spezieller Ansetzgips, Klammern, Hohlkopfnägel oder Schnellbauschrauben. Die Abstandsmaße sind firmen- und werkstoffabhängig und unterscheiden sich z.T. erheblich!

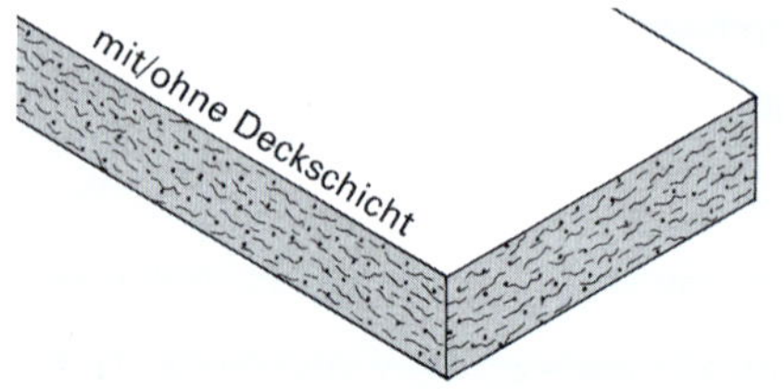

Abmessungen Gipsfaserplatten mm					
Länge	Breite	Dicken			
2000	1245	10	12,5	15	18 auf Anfrage
2500		10	12,5	15	
2540		10	12,5	15	
2750		–	12,5	15	
3000		–	12,5	15	
1500	1000	10	12,5	15	–

Spannweiten Gipsfaserplatten mm				
	Deckkarton	Faktor	d=10	d=12,5
Wände	ohne	50 x d	500	625
	mit, längs		500	
Schrägen	ohne	40 x d	400	500
	mit, längs		333	
	quer		375	
Decken	ohne	35 x d	350	435
	mit, längs		333	
	quer	375		

Abstände Befestigungsmittel mm				
	Wände		Decke	
Plattendicke mm	10	12,5	10	12,5
Schrauben	25	25	25	20
Nägel	20	20	25	20
Klammern	20	20	20	15

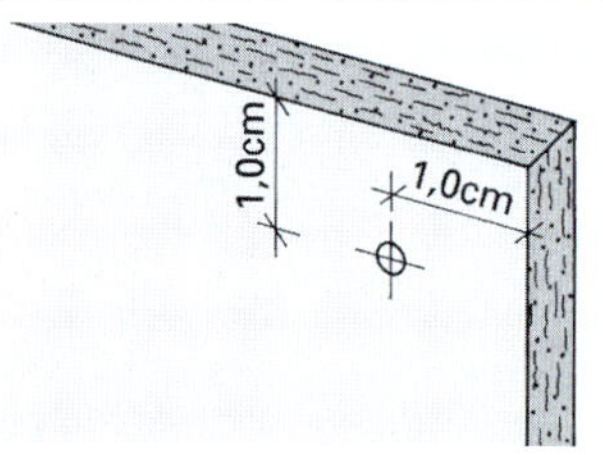

3.1.4 Gipsvliesplatten (GV)

Zusammensetzung und Herstellung

Ein Kern aus Stuckgips mit Zusätzen und stabilisierender Glasfaserbewehrung ist ummantelt mit einer oberflächennah eingebetteten, unbrennbaren Deckschicht aus einer Verbundbahn aus Glasseidengewebe und -vlies. Die Herstellung entspricht der von GK-Platten. Für gebogene Formen werden 6 mm dicke, biegbare Platten angeboten.

Eigenschaften

- ähnliche mechanische Stabilität wie GK-Platten in Längsrichtung, aber in beiden Plattenrichtungen nahezu gleich
- etwas geringere Rohdichte als GKF
- sehr guter Brandschutz, Baustoffklasse A1
- sonstige Eigenschaften ähnlich GKF
- Verarbeitung etwas aufwendiger als bei GK-Platten. Stumpfe Fugenstöße mit Glasfaser-Bewehrungsstreifen; spezieller Spachtelgips nötig.
- beim Bearbeiten können Glasfaserpartikel freigesetzt werden (Hautreizungen, Atemschutz!)

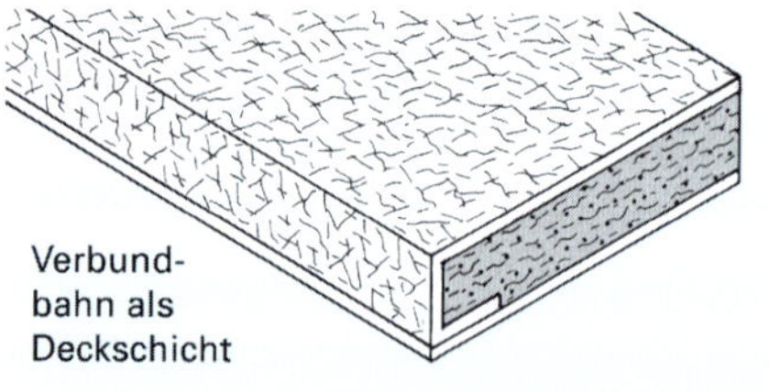

Abmessungen Gipsvliesplatten mm		
Länge	Breite	Dicken
2000	1250	25
2400; 2500; 3000	1250	6; 15; 20

Verwendung

Feuerschutzplatte für Konstruktionen mit sehr hohen Brandschutzanforderungen. Beplankung dünner als bei GKF möglich.

Spannweiten und Befestigungsmittel

Die maximalen Spannweiten sind bei allen Plattendicken gleich, aber bei Unterdecken und Deckenbekleidungen geringer als bei senkrechter Plattenanordnung. Bei keramischen Belägen verringern sie sich auf ca. 42 cm. Die Platten werden quer zur Unterkonstruktion montiert. Befestigungsmittel sind Schnellbauschrauben, bei stirnseitiger Plattenverbindung ohne Unterkonstruktion auch Stahlklammern. Die Abstände hängen von Bauteil und Beanspruchungsrichtung ab.

Spannweiten Gipsvliesplatten mm		
Dicken	Wände	Decken
15	625	400 / 500
20	625	400
25	625	400

Abstände Befestigungsmittel mm				
	Wände	Decken	Träger	Stütze
Schrauben	250	150	200	150
Klammern	–	–	120	100

3.1.5 Fibersilikatplatten (FS)

Zusammensetzung und Herstellung

Die zement- oder silikatgebundenen Platten mit porösen oder Glimmerzuschlägen und einer stabilisierenden Bewehrung aus Wolastonit-Gesteinsfasern besitzen keine Deckschichten.

Herstellungsschritte beim Hatschek-Verfahren:

- Aufnahme des Faserbreis von Siebzylindern
- Aufwalzen auf Transportband, Vliesmatte (ca. 3 mm dick) auf Formatwalzen wickeln bis zur gewünschten Dicke
- Autoklavhärtung (Druck, Temperatur), Format schneiden

Beim Siebverfahren reagieren Branntkalk, Quarzsand, Gesteinsfasern und Wasser in Reaktionsbehältern zu Silikaten (ähnlich der Kalksandsteinherstellung). Das Gemisch wird mit Sieben abgeschöpft, mit Hochtemperatur-Stempelpressen auf Plattendicke gepresst, getrocknet auf Format geschnitten.

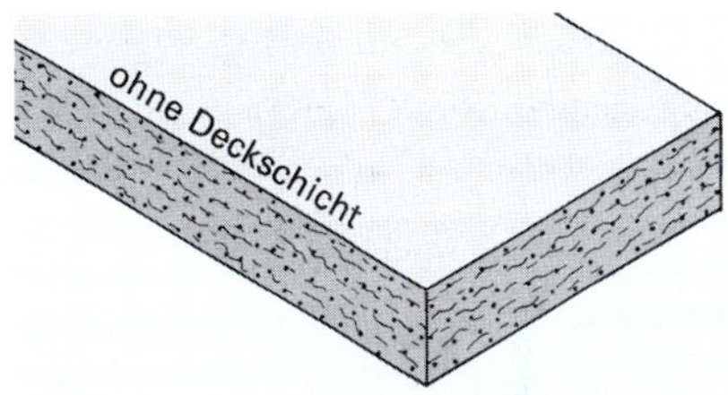

Abmessungen Fibersilikatplatten (H) mm								
Länge	Breite	Dicken						
2500	1250	6	8	10	12	15	20	25
3000	1250	–	–	10	12	15	20	25
Fibersilikatplatten (L, L-500) mm								
2500	1200	20	25	30	35	40	50	60
3000	1200	20	25	30	35	40	50	60

Eigenschaften

- Faserbewehrung bewirkt hohe Festigkeit; besonders schlagfest Typ H; Typ L geringere Rohdichte, gute Wärmedämmung
- Sichtseite glatt, Rückseite gewaffelt
- sehr guter Brandschutz, Baustoffklasse A1
- gipsfrei, daher feuchtigkeits- und witterungsbeständig. Wasseraufnahme stark, aber kaum quellend und schwindend
- Wasserdampfdurchlässigkeit gut (Typ L), mittel (Typ H)
- stark alkalisch
- Verarbeitung aufwendiger als bei GK-Platten, hartmetallbestücktes Werkzeug nötig
- beim Bearbeiten werden Glasfaserpartikel und Silikatstaub freigesetzt, Atemschutz beachten. Fugenverspachtelung mit Bewehrungsstreifen und Wasserglas-Spachtel

Spannweiten (Plattentyp H) mm		
Dicken	Wände	Decken
6	700	650
8	800	825
10	1000	850
12	1250	875
15	1500	900
20	2000	950
25	2500	1000

Spannweiten (Plattentyp L) mm		
Dicken	Wände	Decken
20	2200	1100
25	2700	1100
30	3000	1200
40	3000	1500
50	3000	1750

Verwendung

Feuerschutzplatte, wie Gipsvliesplatten für Trockenbaukonstruktionen mit besonders hohen Brandschutzanforderungen.

Spannweiten und Befestigungsmittel

Aufgrund der Plattenstabilität große Spannweiten, besonders beim Typ L. Befestigungsmittel sind Klammern, Nägel und Schnellbauschrauben.

Abstände Befestigungsmittel mm	
Schrauben	150–300
Klammern	100–150
Je nach Bauteil und Feuerwiderstandsdauer!	

3.1.6 Perliteplatten (EPB)

Zusammensetzung und Herstellung

Ein 11 mm dicker Kern aus Perlite-Leichtzuschlägen und dem Bindemittel Zement wird beidseitig mit einer Bewehrung aus Glasgittergewebe verpresst und mit Zementmörtel beschichtet

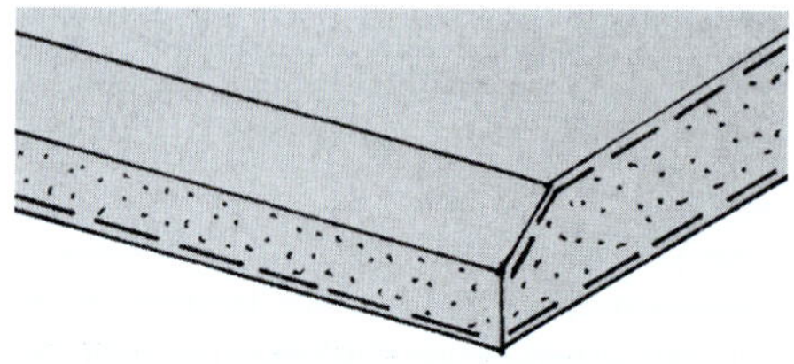

Glasgittergewebe als Bewehrung

Eigenschaften

- hohe Rohdichte, hart und biegefest
- geringe Wasseraufnahme, da Wasser abweisend hydrophobiert
- wasser- und wetterbeständig
- ausreichend wasserdampfdurchlässig
- guter Brandschutz, da Baustoffklasse A1
- 4-seitig gefaste oder gerundete Kante
- Verarbeitung mit Hartmetallsägen oder Spezialmessern
- Fugenverspachtelung mit Bewehrungsstreifen; für Anstriche oder Tapeten danach vollflächige Verspachtelung erforderlich

Abmessungen Perliteplatte mm		
Länge	Breite	Dicke
2500 1250	900 870	12,5 12,5

Verwendung

- Trockenbauplatten für Wandkonstruktionen in Nass- oder Feuchträumen, insbesondere bei Fliesenbelägen; wegen hoher Abriebfestigkeit und Härte geeignet als zweilagige Fertigteil-Estrichelemente
- Putzträgerplatten für Fassadenbekleidungen und tragende Außenwände, z. B. im Holzrahmenbau

Holzwerkstoffklassen/Verleimungsarten			
HW	20	100	100 G
Bindem.	KUF, MDI	KPF, KRF, PRF, KMF, MDI	KPF, KRF, PRF, MDI
Verwendung	nicht wetterbeständig Verwendung: Räume mit allg. niedriger Luftfeuchtigkeit	begrenzt wetterbeständig, beständig gegen hohe Luftfeuchtigkeit	wie 100, aber mit Holzschutzmittel gegen Pilzbefall
KUF	Harnstoff-Formaldehydharz		
KPF	Phenol-Formaldehydharz		
KRF	Resorcin-Formaldehydharz		
PRF	Phenol-Resorcin-Formaldehydharz		
KMF	Melamin-Formaldehydharz		
MDI	Isocyanat		

Spannweiten und Befestigungsmittel

Spannweiten für Wandkonstruktionen 62,5 cm. Befestigungsmittel sind Spezialschrauben oder Klammern, Abstände max. 25 cm. Plattentyp mit vorgebohrten Schraublöchern erhältlich. Querbefestigung der Platte vorgesehen!

3.1.7 Bau-Furniersperrholz (BFU; DIN 68705)

Zusammensetzung und Herstellung

Eine ungerade Anzahl von mindestens 3 Furnierlagen wird mit gegeneinander versetzter Faserrichtung verleimt und in der Trockenpresse ausgehärtet. Bindemittel sind Kunstharz-Leime, fungizide und flammschützende Zusätze sind möglich. Platten mit ≥5 Lagen, $d \geq 12$ mm = Multiplex-Platten.

Eigenschaften

Sie werden bestimmt durch Holzart, Lagenanzahl und Verleimungsart und können vielfältig gesteuert werden. Platteneinteilung je nach Qualität der Deckfurniere in 3 Güteklassen.

- formbeständig durch symmetrischen Schichtenaufbau
- hohe Festigkeiten, besonders Buchensperrholz BFU-BU
- Feuchtigkeitsempfindlichkeit je nach Verleimungsart
- Quell- und Schwindmaß gegenüber Vollholz vermindert
- je nach Rohdichte und Plattendicke Baustoffklasse B3/B2 (DIN 4102), durch Flammschutzmittel B2/B1 möglich
- bei Verwendung formaldehydhaltiger Leime auf die Einhaltung der Emissionsklasse E1 achten

Bindemittel BFU	
HWKL. 20	KUF
HWKL. 100	KPF, KRF, PRF
HWKL. 100 G	KPF, KRF, PRF

Abmessungen BFU mm		
Länge	Breite	Dicke
1220; 1250; 1500; 1530; 1830; 2050; 2200; 2440; 2500; 3050	1220; 1250; 1500; 1530; 1700; 1830; 2050; 2440; 2500; 3050	4; 5; 6; 8; 10; 12; 15; 18; 20; 22; 25; 30; 35; 40; 50

- sehr einfach mit den üblichen Werkzeugen und Maschinen zur Holzbearbeitung zu verarbeiten
- die Oberflächen können vielfältig bearbeitet, beschichtet oder beplankt werden

Verwendung

Die vielfältigen Anwendungsmöglichkeiten der unterschiedlichen Sperrholzarten für tragende oder aussteifende Bauteile und für den Innenausbau zeigt nebenstehende Tabelle.

Spannweiten und Befestigungsmittel

Die Spannweiten richten sich nach mechanischer Beanspruchung sowie Plattendicke, Lagenzahl und Faserrichtung der Deckfurniere. Sie werden als Teil der Bauteilkonstruktion statisch bemessen und betragen höchstens das 50fache der Plattendicke (*d*=18 mm = max. 90 cm). Befestigungsmittel sind Leime, Klammern, Nägel und Schrauben.

3.1.8 Holzspan-Flachpressplatten (DIN 68761, 68763)

Zusammensetzung und Herstellung

Späne aus Rund- oder Industrieholz werden mit Bindemitteln benetzt, mit Härtern, Hydrophobierungsmitteln und eventuell Farbstoffen gemischt. Danach erfolgt das Pressen in beheizten Flachpressen, das Besäumen und Schleifen. Die Platten bestehen heute meist aus 3 oder 5 Schichten mit zur Oberfläche hin feinerer Spanstruktur. Auch ein stetiger Übergang zwischen den Spangrößen ist möglich. OSB-Platten (Oriented Strand Board) bestehen aus groben Spänen, die ähnlich wie bei Sperrholz schichtweise versetzt angeordnet werden. Fungizide und flammschützende Zusätze sowie eine werksseitige Veredelung der Oberflächen sind möglich.

Eigenschaften

Sie werden bestimmt durch Spanstruktur und Verleimungsart.
- in beiden Richtungen gleiche Festigkeit
- quer zur Plattenebene geringere Zugfestigkeit
- Verbesserung durch mehrlagige Schichtung, OSB-Struktur
- Wasseraufnahme, Quellen und Schwinden sowie Feuchtigkeitsempfindlichkeit sehr hoch, aber je nach Verleimungsart unterschiedlich
- V100G-Platten mit Fungiziden, B1 mit Flammschutzmitteln
- zementgebundene Spanplatten höhere Rohdichten und wesentlich verbessertes Feuchtigkeitsverhalten
- unbeschichtet ist nur die formaldehydarme Emissionsklasse E1 zulässig; Isocyanat-gebundene Platten formaldehydfrei
- Verarbeitung ist einfach wie bei Vollholz; Atemschutz

Verwendung

Die Verwendungsmöglichkeiten der verschiedenen Flachpressplatten sind in nebenstehender Tabelle zusammengefasst.

Spannweiten und Befestigungsmittel

Spannweiten werden wie bei Sperrholzplatten als Teil der Bauteilkonstruktion statisch bemessen. Befestigungsmittel sind Leime, spezielle Nägel oder Spanplattenschrauben.

Verwendung Sperrholz	
Trennwände	BFU 20; BFU-BU; BST/BSTAE 20
Wand-/Deckenbekleidg.	FU- IF; Paneele
Fußböden	Fertigparkett
Dachausbau	BFU/BFU-BU/BST/BSTAE jeweils 20/100/100 G

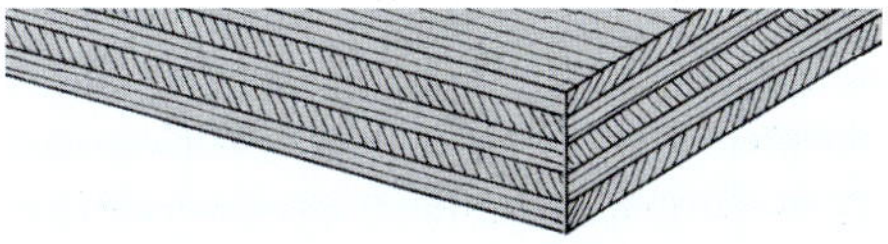

Organische Bindemittel Holzspanplatten		
HKKL. 20	KUF, MDI	
HWKL. 100	KPF, KRF, MDI	
HWKL. 100 G	KPF, KRF, KMF+KRF, MDI	
Mineralische Bindemittel Holzspanplatten		
Zement	Magnesia	Gips

Oberflächenbeschaffenheit Spanplatten	
Rohspanpl.	Veredelte Platten
ungeschliffen geschliffen	– Furniere – Kunststoffbes. – Folien (PVC) – Lacke – durchbrochene Oberflächen

Verwendung Flachpressplatten	
Trennwände	V 20
Wand-/Deckenbekleidung	V 20; LF, Paneele; FPY; FPO
Fußböden	V 20; V 100; V 100 G
Dachausbau	V 20; V 100; V 100 G

Abmessungen Flachpressplatten mm		
Länge	Breite	Dicke
3500–20000	1250–2600	6; 8; 10; 13; 16; 19; 22; 25; 28; 32; 36; 40; 45; 50; 60; 70

Spannweiten und Plattendicke Flachpressplatten mm nach DIN 4103		
	Spannw. 416	Spannw. 625
Mindestd.	8	10

3.1.9 Gips-Wandbauplatten (DIN 18163)

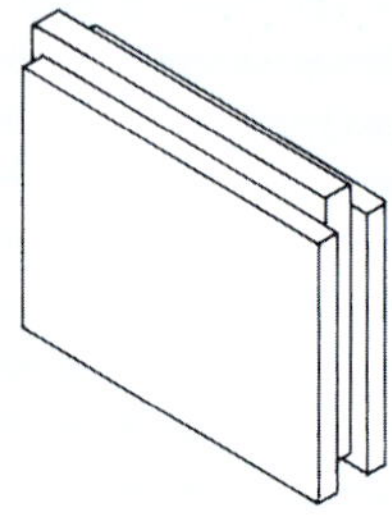

Zusammensetzung und Herstellung

Ein Brei aus schnell erhärtendem Stuckgips, Wasser und Zuschlägen oder Zusätzen (Luftporenbildner, Hydrophobierungsmittel) wird in Formen gegossen. Die Plattenkanten sind wechselseitig mit Nut und Feder ausgebildet.

Eigenschaften

- je nach Rohdichte mittleres bis hohes Gewicht
- mittlere Festigkeiten
- Luftporenbildner und spezielle Zuschläge und Füllstoffe für hochporöse Platten mit niedriger Rohdichte
- schwere Zuschläge und höhere Verdichtung für Platten mit besserer Luftschalldämmung
- besonders guter Brandschutz (A1)
- Feuchtigkeitsverhalten wie alle Gipsbaustoffe, hydrophobierte Platten mit geringerer Wasseraufnahme auch in häuslichen Feuchträumen verwendbar
- sehr ebene Plattenoberfläche, direkt zu beschichten
- Verarbeitung sehr einfach (bohren, sägen), mit Fugengips (DIN 1168) im Verband versetzen

Verwendung

Nicht tragende innere Trennwände mit gutem Brandschutz, aber ohne Schallschutzanforderungen, Wand-Vormauerungen.

Arten Gips-Wandbauplatten			
Bezeichnung	Abk.	Rohdichte kg/m³	Farbe
Porengipsplatten	PG	600– 700	weiß
Gips-Wandbauplatten	GW	700– 900	weiß
schwere Gips-Wandbauplatten	SW	900–1200	rosa
hydrophobierte Wandbauplatten			grün

Abmessungen Gips-Wandbauplatten mm		
Länge	Breite	Dicke
666	500	6; 8; 10; (12)
Materialbedarf pro m² 3 Platten		

3.1.10 Neuentwicklungen

Calciumsilikatplatten:	**Lehmbauplatten:**
Branntkalk, Quarzsand, Wasser und Faserbewehrung (Cellulose, Mineralfaser), Plattenhärtung im Autoklaven; niedrige Rohdichte, hoch porös und wärmedämmend (λ_R = 0,06), wasser- und raumbeständig, wasserdampfdurchlässig, Baustoffklasse A1; wärmedämmende, wie Trockenputz angesetzte Wandbekleidungen innen; wärmedämmende, verputzte Fassadenbekleidungen	Lehm, mineralische Zuschläge und Bewehrung (Schilfrohr, Jutegewebe), Härtung durch Trocknung; mittlere Rohdichte und Festigkeit, starke Wasseraufnahme, schwindend und quellend, nicht feuchtigkeitsbeständig, wasserdampfdurchlässig, wärmedämmend, hervorragende Feuchtigkeitsregulierung; Trockenputzplatte für Wand- und Deckenflächen; dickere Leichtlehmplatte für Trennwände, Fachwerksanierung

3.1.11 Vergleich wichtiger Eigenschaften der vorgestellten Trockenbauplatten

	GKB	GKBI	GKF	GKFI	GF	GV	FS H	EPB	BFU	FP	FPzem
Rohdichte kg/m³	800–900	800–900	800–1100	800–1100	1100–1170	780	450 (L) 870 (H)	1300–1400	400–770	550–750	1200
Biegefestigkeit N/mm²	6–11	6–11	6–11	6–11	7	3,3–6	< 7,6	15	18	18	10
Gleichgewichtsfeuchte	0,5	0,5	0,5	0,5	1,0		5–10		8–12	9–11	
Quell-/Schwindmaß %	0,03	0,03	0,03	0,03	0,05		0,04			0,35	0,35
Wasserbeständigkeit	– –	–	– –	–	–	– –	++	++	– –/o	– –/o	+
Wasserdampfdurchl. (μ)	8	8	8	8	10–20		20	22/42	50/400	50/100	45
Wärmeleitzahl λ_R	0,21	0,21	0,21	0,21	0,2–0,3		0,175	0,35	0,15	0,13	0,20
Baustoffklasse	A2	A2	A2	A2	A2/ A1	A1	A1	A1	B2/ B1	B2/ B1	B1/ A2
Ökologie *	++	+	+	+	++	+/o	+	+	+	+/o	+
Gesundheitsrisiken **	++	+	+	+	++	o	o	+	o/–	o/–	++

GF = Gipsfaserpl., GV = Gipsvliespl.; FS = Fibersilikatpl.; EPB = Perlitepl.; FP = Flachpress-Spanpl.; FPzem = Spanpl. zementgebunden;
++ = sehr gut; + = gut; o = ausreichend; – = schlecht; – – = sehr schlecht
* = Gesichtspunkte: Primärenergieaufwand, Recycling, Deponiefähigkeit; ** = bei Verarbeitung und im Einbauzustand

3.2 Dämmstoffe

3.2.1 Gesamtübersicht

	Bezeichnung	DIN-Norm	Abkürzung	Verwendung WSCH	LSCH	TRSCH	AKUST	BRSCH
Anorganische Dämmstoffe								
	Mineralfaser	18165	Min	×	×	×	×	×
	Schaumglas	18174	WDS/ WDH	×				×
	Perlite-Dämmplatten			×				×
	Calciumsilikatplatten			×				×
	Leichtlehmplatten			×				
	Gipsschaumplatten			(×)	×		×	
Organische Dämmstoffe								
natürlich	Schafwolle			×	×	×	×	
	Baumwolle			×	×		×	
	Kokosfasern	18165	Pfl	×	×	×		
	Stroh, Schilfrohr			×				
	Cellulose	18165	Pfl	×	×			
	Kork	18161	BK	×				
			IK	×		×		
	Holzfaserdämmplatten	18165/68755		×	×	×		
	leichte Flachpress-Spanplatten	68762	LF				×	
	Strangpress-Röhrenspanplatten	69762	LRD/ LMD/ LR				×	
	Holzwolle-Leichtbauplatte zementgebunden	1101	HWL	×			×	
	Holzwolle-Leichtbauplatte magnesitgebunden	1101	HWL	×			×	
künstlich	Polystyrol-Hartschaumplatten expandiert	18164	EPS	×	×*	×*		
	Polystyrol-Hartschaumplatten extrudiert	18164	XPS	×				
	Polyurethan-Hartschaumplatten	18164	PUR	×				
	Phenol-Hartschaumplatten	18164	PF	×				
	Polyethylen-Schaumbahnen		PE			×		
Anorganische Schüttungen								
	Perlite			×		(×)		(×)
	Vermiculite			×				(×)
	Blähton			×		(×)		(×)
	Natur-/Hüttenbims			×				
Organische Schüttungen								
	Korkschrot	18161	BK	×	×			
	Celluloseflocken			×	×			

WSCH = Wärmeschutz; LSCH = Luftschallschutz; TRSCH = Trittschallschutz; AKUST = Raumakustik; BRSCH = Brandschutz
* nur bei Verwendung speziell elastifizierter EPS-Platten

Hinweise:

Poröse und bituminierte Holzfaserdämmplatten (HFD DIN 68750, BPH DIN 68752) sind nach Erscheinen der DIN 68755 als Wärmedämmstoffe nicht mehr zulässig, sondern werden als gut wärmedämmende konstruktive Bauplatten verwendet.

Nassschichten wie Leichtlehm, Dämmputz und Leichtbeton werden für Trockenbaumaßnahmen nicht berücksichtigt. Transparente Wärmedämmstoffe haben nur für Außenwandfassaden oder Dächer Bedeutung.

3.2.2 Mineralfaserdämmstoffe (Min) DIN 18165

Zusammensetzung und Herstellung

Eine silikatische Schmelze aus Basalt, Diabas, Kalk- oder Dolomitstein (Steinwolle) oder Altglas (Glaswolle) wird im Blas- oder Schleuderverfahren zerfasert. Dabei erfolgt eine Faserumhüllung mit <7% Kunstharz-Bindemittel, Staub bindenden Ölen und Wasser abweisenden Hydrophobierungsmitteln. Die Aushärtung in Heißluft-Trockenöfen bewirkt eine zusätzliche Faserbindung (ø 3–6 µm, *l* = 1–20 mm).

Eigenschaften

Sie sind je nach Faserbindung und -struktur sowie Oberflächenverdichtung für vielfältige Anwendungstypen steuerbar.

- sehr niedrige, bei Brandschutzplatten mittlere Rohdichten möglich
- geringe bis mittlere Festigkeiten, je nach Anwendungstyp, bei Lamellenplatten (zur Plattenebene senkrechte Faserrichtung) hoch
- Festigkeitsverlust durch wiederholte starke Druckbeanspruchung, Säure- oder Wasserdampfbeanspruchung
- gute bis sehr gute Wärmedämmung
- weich federnd elastisch mit guter Schalldämmung
- sehr guter Brandschutz, Baustoffklasse A1/A2
- extrem wasserdampfdurchlässig
- starke, durch Hydrophobierung verzögerte Wasseraufnahme
- recycelbar
- einfach zu verarbeiten, kleben mit Bauklebern/Ansetzgips, mechanische Befestigung mit Tellerdübeln, Einklemmen oder Einhängen in sichtbare/unsichtbare Unterkonstruktion
- trotz geringem Anteil atembarer Fasern (neu: biolöslich im Körper) weiterhin ungeklärter Verdacht auf Krebs erzeugende Wirkung. Hautreizungen möglich. Atemschutz und Einbau mit Abdeckungen beachten

Handelsformen

Matten (M), Filze (F) und Platten (P), Oberflächen können profiliert und verdichtet sein, bei Filzen und Platten Beschichtung mit Aluminiumfolie, Bitumenpapier oder Glasfaservlies möglich. Keilförmige Platten für geringeren Verschnitt. Deckenplatten und Kassetten mit hoher Schallabsorption, beschichteter und/oder gelochter Sichtfläche sowie verschiedenartigsten Kantenformen.

Verwendung

Die vielfältigen Verwendungsmöglichkeiten sind in oben stehender Tabelle zusammengefasst.

Anwendungstypen Mineralfaserdämmstoffe	
W	nicht druckbelastbare Wärmedämmstoffe (Wände, Decken, Dächer)
WL	wie vor, für Zwischensparrendämmung
WD	druckbelastbare Wärmedämmstoffe unter druckverteilenden Bauteilen (Estriche ohne Trittschallanforderung, Dächer)
WV	abreiß- und scherbeanspruchte Wärmedämmstoffe (z.B. Wärmedämm-Verbundsystem ohne Unterkonstruktion)
W-w	luftschalldämmende Hohlraumdämpfung
T	Trittschalldämmstoff
TK	Trittschalldämmstoff mit besonders geringer Zusammendrückbarkeit
	schallschluckende Deckenplatten

Wärmeleitfähigkeitsgruppen Min		
035	040	045

Abmessungen MinP-W mm		
Länge	Breite	Dicken
1000 1250	600 625	20; 30; 40 50; 60; 80; 100; 120; 140
Abmessungen MinF-W mm		
4000; 10000	1200	50; 60; 80; 100; 120; 140; 160; 180
Abmessungen MinP-T und MinP-TK mm (Dickenangabe unbelastet/belastet)		
1250	600	12/10; 13/10; 20/15; 22/20; 25/20; 27/25; 30/25; 32/30; 35/30; 40/35; 42/40; 52/50; 62/60; 72/70
Abmessungen Deckenplatten mm		
300	300	15; 20; 25
312,5	312,5	
600	600	
625	625	
300	600	
312,5	625	
600	1200	
625	1250	
1200–2500	300; 312,5; 400	

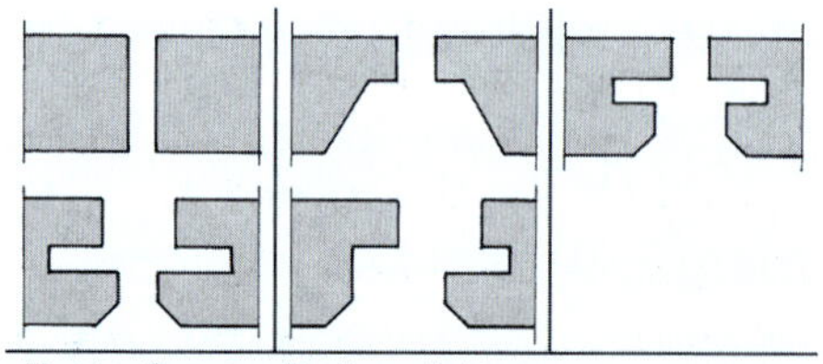

Kantenformen Deckenplatten

3.2.3 Expandierter Polystyrol-Hartschaum (EPS) DIN 18164

Zusammensetzung und Herstellung

Rohstoff ist Polystyrol-Granulat (ø <3 mm) mit FCKW-freiem Treibmittel Pentan.

Die wichtigsten Herstellungsschritte:

- Vorschäumen mit Heißdampf zu Kügelchen, Zwischenlagern
- Blockschäumen in Metallformen durch Heißdampf >90 °C
- Zuschnitt der Plattenformate mit Sägen oder Heizdraht
- Automatenplatten in Einzelformen aufschäumen, besondere Oberflächen und Kantenprofile
- Trittschalldämmplatten durch kurzzeitiges Zusammendrücken der PS-Platten „elastifiziert"

Eigenschaften

- hochporös mit sehr niedriger, aber unterschiedlicher Rohdichte
- geringe bis mittlere Druckfestigkeiten
- sehr gute Wärmedämmung, schlechte Luftschalldämmung
- stark schwindend, Mindestlagerzeit 6 Wochen einhalten
- mittlere Wasseraufnahme, rohdichteabhängig
- Wasserdampfdurchlässigkeit mittel, von Rohdichte abhängig
- wasserbeständig, aber empfindlich gegen Lösemittel, Bitumen und UV-Strahlung
- nicht wärmebeständig >80 °C, brennbar, Baustoffklasse B2/B1; im Brandfall giftige Gase
- deponiefähig, recycelbar (Leichtziegel, Dämmputze)
- einfach zu verarbeiten, aber Formanpassung durch Sägen, Schneiden, Bohren unpräzise. Kleben mit Baukleber/Ansetzgips, mechanische Befestigung mit Tellerdübeln

Handelsformen

Wärmedämmplatten EPS-P-W 15 SE bis EPS-P-W 30 SE, Bahnen Trittschalldämmplatten EPS-P-TK, grobporige Drainplatten.

Verwendung

Die vielfältigen Anwendungsmöglichkeiten sind in oben stehender Tabelle zusammengefasst.

Anwendungstypen und Rohdichteklassen EPS-Hartschaumdämmstoffe		
	kg/m³	
W	15	nicht druckbelastbare Wärmedämmstoffe (Wände, Decken, Dächer)
WD	20	druckbelastbare Wärmedämmstoffe unter druckverteilenden Bauteilen (Estriche ohne Trittschallanfordg., Dächer)
WS	30	erhöht belastbare Wärmedämmstoffe für Sondereinsatzgebiete (z.B. Parkdecks)
TK	10–12	Trittschalldämmstoffe

Wärmeleitfähigkeitsgruppen EPS	
035	040

Abmessungen EPS-P-W mm		
Länge	Breite	Dicken
1000	500	20; 25; 30 40; 50; 60 70; 80; 90 100; 120
Abmessungen EPS-P-TK mm (Dickenangabe unbelastet/belastet)		
1000	500	13/10; 18/15; 25/20; 28/25; 33/30; 38/35; 43/40

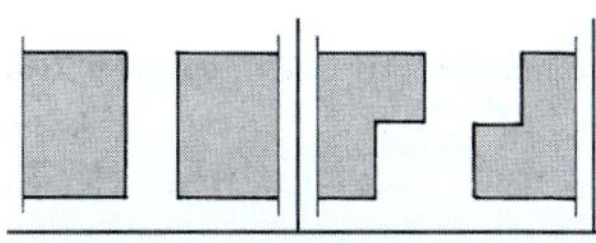

Kantenformen EPS-Platten

Anwendungstypen und Rohdichteklassen XPS-Hartschaumdämmstoffe		
	kg/m³	
W	25	wie PS
WD	25	wie PS
WS	30	wie PS

Wärmeleitfähigkeitsgruppen XPS		
030	035	040

Abmessungen XPS-P-W mm		
Länge	Breite	Dicken
1250; 2500	600	20; 30; 40; 50; 60; 70;
1265	615	80; 90; 100;
2510	610	120

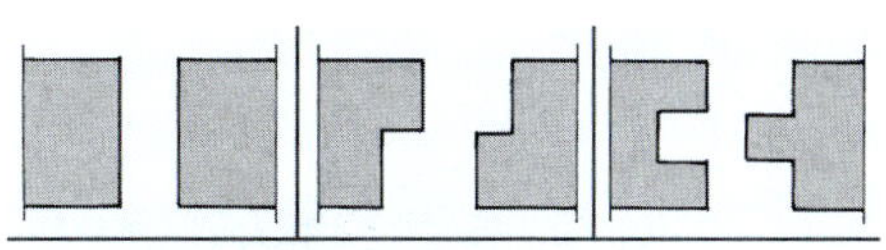

Kantenformen XPS-Platten

3.2.4 Extrudierter Polystyrol-Hartschaum (XPS) DIN 18164

Zusammensetzung und Herstellung

Wie EPS-Platten, jedoch während des Aufschäumvorganges Pressen durch eine verdichtende Extruderdüse. Dadurch geschlossenzellige, dichte Oberfläche mit Schäumhaut.

Eigenschaften im Vergleich mit EPS

- wesentlich höhere Festigkeiten
- extrem geringe Wasseraufnahme, keine Kapillarität
- deutlich wasserdampfdichter

3.2.5 Polyurethan-Hartschaum (PUR) DIN 18164

Zusammensetzung und Herstellung

Die Vermischung von Isocyanaten und Polyolen bewirkt das Verdampfen des Treibmittels Pentan bzw. die Bildung von CO_2-Gas und das Aufschäumen des Gemisches zu Blöcken in Metallformen. Danach folgt der Zuschnitt zu Plattenformaten.

Eigenschaften

- hochporös mit geschlossenzelliger Struktur
- hohe Druckfestigkeit
- sehr gute Wärmedämmung, schlechte Schalldämmung
- geringere Wasseraufnahme als EPS
- Wasserdampfdurchlässigkeit mittel
- chemisch sehr beständig, aber UV-empfindlich
- brennbar, Baustoffklasse B2/B1, giftige Gase
- recycelbar
- einfach zu verarbeiten, Kleben mit Baukleber, mechanische Befestigung mit Tellerdübeln

Handelsformen und Verwendung

Wärmedämmplatten (P); Kaschierung mit gasdichten Deckschichten (Aluminiumfolie) oder Bitumenpapier, Glasvlies möglich. Profilierte Kanten. Sandwich-Elemente mit Metall-Deckschichten. Aufsparren-Dachdämmsysteme. Ortschaum.

Anwendungstypen und Rohdichteklassen PUR-Hartschaumdämmstoffe		
	kg/m³	
W	30	wie EPS
WD	30	wie EPS
WS	30	wie EPS

Wärmeleitfähigkeitsgruppen PUR			
	025*	030	035

* nur mit gasdichten Deckschichten

Abmessungen PUR-P-W mm		
Länge	Breite	Dicken
1000; 1250 1200 1250	500 600 625	10; 15; 20; 25; 30; 35; 40; 45; 50; 55; 60; 65; 70; 75; 80; 85; 90; 95; 100; 105; 110; 115: 120; 125; 130; 135; 140

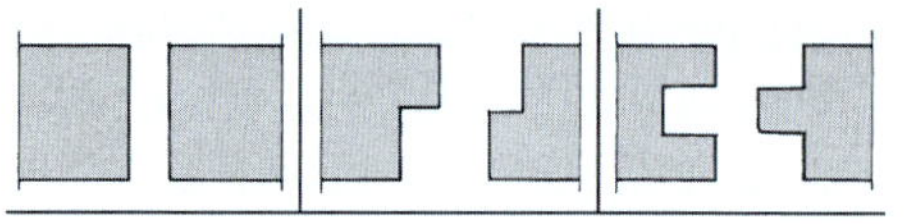

Kantenformen PUR-P

3.2.6 Kokosfaserdämmstoffe (Pfl) DIN 18165

Zusammensetzung und Herstellung

Fasern der Kokosnussschale werden durch Salzwasserbehandlung wasserbeständig und durch Trocknen und Klopfen „elastifiziert". Vernadelung ohne Bindemittel, Faserrichtung meist senkrecht zur Plattenoberfläche. Flammschutzmittel nötig!

Eigenschaften

- geringe Rohdichte
- geringe bis mittlere Festigkeiten je nach Vernadelung
- mittlere Wärmedämmung
- wasserbeständig, aber starke Wasseraufnahme
- quellend und schwindend
- Wasserdampfdurchlässigkeit sehr gut
- brennbar, Baustoffklasse B2 erst durch Flammschutzmittel
- unverrottbar, deponiefähig, recycelbar
- einfach zu verarbeiten

Handelsformen und Verwendung

Filze (F) und Platten (P) für wärme- und luftschalldämmende Hohlraumdämmung in Vorsatzschalen, Trennwänden, Böden und Dächern, Trittschalldämmung in Estrichen auf Dämmschicht (schwimmenden Estrichen).

Anwendungstypen Kokosfaserdämmstoffe	
W	wie Min-W
T	wie Min-T
TK	wie Min-TK

Wärmeleitfähigkeitsgruppen Kokosfasern	
045	050

Abmessungen Kokosfaserdämmplatten W mm		
Länge	Breite	Dicken
1250	625	10; 15; 20; 25; 28; 40
Abmessungen Kokosfaserdämmplatten T/TK mm (Dickenangabe unbelastet/belastet)		
1250	625	13/10; 18/15; 25/20; 28/25

3.2.7 Holzfaserdämmstoffe (DIN 68755)

Zusammensetzung und Herstellung

Wie poröse Holzfaserplatten HFD ohne verdichtende Pressung im Nassverfahren hergestellt. Gefügezusammenhalt durch Eigenharzgehalt und Faserverfilzung. Flammschutzmittel nötig, Hydrophobierung durch Paraffine oder Naturharze möglich.

Wärmeleitfähigkeitsgruppen von Holzfaserdämmplatten			
045	050	055	060

Abmessungen Holzfaserdämmplatten mm		
Länge	Breite	Dicken
2500	1200	18
1700	600	20; 25; 40; 50; 60; 80; 100

Eigenschaften

- niedrige Rohdichte unter 230 kg/m^3
- geringe Festigkeit
- gute Wärmedämmung
- feuchtigkeitsempfindlich; starke, bei hydrophobierten Platten verzögerte Wasseraufnahme
- Wasserdampfdurchlässigkeit sehr hoch
- brennbar, Baustoffklasse B2 durch Flammschutzmittel
- verrottbar, deponiefähig, recycelbar
- einfach zu verarbeiten

Handelsformen und Verwendung

Reine Wärmedämmplatten (P) mit scharfkantigen oder Nut-und-Feder-Kanten als Bekleidung und Hohlraumdämmung für Wände, Decken und Dächer. Wärme- und schalldämmende Trennlage in Estrichen auf Dämmschicht (schwimmenden Estrichen).

Früher als Dämmplatten eingestufte poröse Holzfaserplatten (DIN 86750, 68752) dürfen nur noch als gut wärmedämmende konstruktive Bauplatten verwendet werden.

3.2.8 Perlite-Trockenschüttung

Zusammensetzung und Herstellung

Gemahlenes Granitgestein wird bis zur Oberflächensinterung erhitzt. Das gebundene Kristallwasser dehnt sich aus und bläht das Gestein bis zu gemischten Korngrößen <6 mm auf. Hydrophobierung oder Bituminierung möglich.

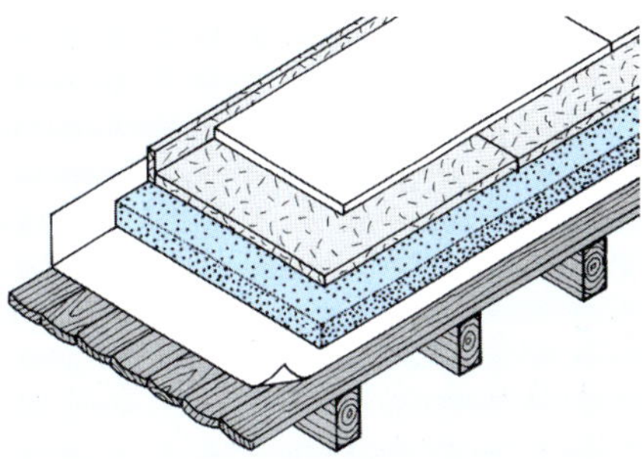

Wärmeleitfähigkeitsgruppen Perlite	
055	060

Eigenschaften

- hochporös mit niedriger Rohdichte
- rundliche, raue Kornform, druckbelastbar
- mittlere Wärmedämmung, geringe Trittschalldämmung
- starke, bei Hydrophobierung verzögerte Wasseraufnahme
- unbrennbar, Baustoffklasse A2/A1
- einfach zu verarbeiten, einzuebnen und zu verdichten. Staubfreie Ausführung bevorzugen

Handelsformen und Verwendung

Lose Schüttung als Sackware; wärmedämmender, geringfügig trittschalldämmender Ausgleich von Bodenunebenheiten für Estriche auf Dämmschicht (schwimmende Estriche), insbesondere bei Altbausanierungen.

3.2.9 Cellulosefaser-Schüttung/-Platten

Zusammensetzung und Herstellung

Cellulosefasern (ø 2–5 mm) aus Altpapier-Recycling, mit Borsalzen insektizid und flammschützend imprägniert, Bindemittel zur Plattenpressung.

Eigenschaften

- sehr niedrige Rohdichte 45–50 kg/m^3, Platten bis 100 kg/m^3;
- sehr geringe Festigkeit, aber keine Setzungen durch Verfilzung der Celluloseflocken; Platten mittlere Festigkeit;
- gute Wärmedämmung, winddicht, schalldämmend;
- starke Wasseraufnahme, stark hygroskopisch
- Wasserdampfdurchlässigkeit extrem gut
- brennbar, Baustoffklasse B2 durch Flammschutzmittel
- recycelbar, wegen Borsalzgehalt Deponieprobleme
- leicht alkalisch durch Borsalze
- Verarbeitung schwierig, nur durch Lizenz-Fachfirmen! Einblasverfahren mit/ohne Befeuchtung in Hohlräume von Bauteilen. Atemschutz wegen Staubbelastung beachten. Platten einfach.

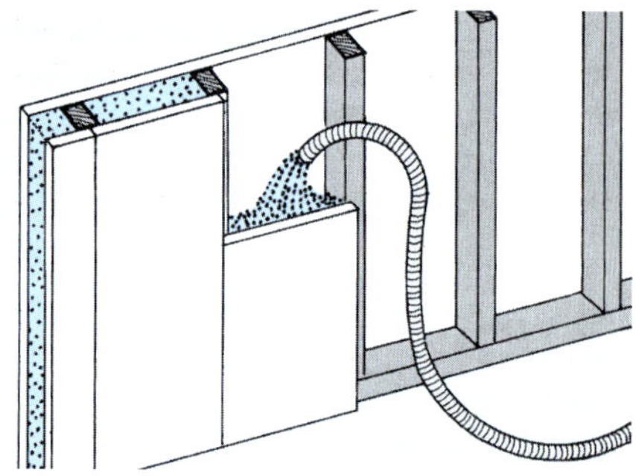

Wärmeleitfähigkeitsgruppen Cellulose	
040	045

Abmessungen Cellulosefaserplatten mm		
Länge	Breite	Dicken
1000 1250	625 600	40 – 160

Handelsformen und Verwendung

Lose Schüttungen in Flockenform als Sackware; Wärmedämmplatten (Pfl-P-W) DIN 18165. Wärme- und luftschalldämmende Hohlraumdämmung in Wänden, Böden und Dächern.

3.2.10 Neuentwicklungen

Schafwolle:	Baumwolle:
Vernadelte Schurwolle, Borsalz-Imprägnierung; Vliesbahnen und Platten zur Wärme- (035; 040) und Schalldämmung; ökologisch hervorragend, B2, wasserdampfdurchlässig, feuchtigkeitsempfindlich, fäulnisbeständig, keine Langzeiterfahrungen für Beständigkeit.	Vernadelte Vliesbahnen und Platten zur Wärme- (040) und Schalldämmung, Borsalz-Imprägnierung; ökologisch hervorragend, B2, wasserdampfdurchlässig, feuchtigkeitsempfindlich, fäulnisbeständig, keine Langzeiterfahrungen für Beständigkeit.

3.2.11 Vergleich der Eigenschaften der wichtigsten Dämmstoffe

	Min	EPS 15	EPS 30	XPS	PUR	Kokosf.	Holzf.	Kork	Perlite	Cellul.
Rohdichte kg/m^3	50–200	15	30	25–55	30–100	80	160–230	80–200	80–300	35–100
Druckfestigkeit N/mm^2	0,01– 0,09	0,07– 0,12	0,18– 0,26	0,15– 0,70	0,2– 0,9			0,10– 0,25		sehr gering
Wärmeleitfähigkeitsgruppen	035; 040 045	035; 040	035; 040	030; 035 040	025; 030 035	045; 050	045; 050 055; 060	045; 050 055	055; 060	040; 045
Luftschalldämmung	++	– –	– –	– –	– –	+	+	–	o	+
Trittschalldämmung	++(MinT)	– –(PST+)	– –	– –	– –	+(PfIT)	+(PfIT)	+/o	o	
Brandschutz*	A1	B1	B1	B1	B1	B2	B2	B2	A1	B2
Temperaturbeständigkeit	+	–	–	–	o/–		o	o	++	
Feuchtigkeitsempfindlichk.	– –(o**)	o	o	++	o/+	+	– –(o**)	+(++IK)	–(o**)	– –
Wasserdampfdurchlässigk. μ	1/2	20/50	40/100	80/250	30/100	1	5/10	5/10	3/4	1/2
Ökologie ***	o	o	o	o	o	+	++	+	+	+
Gesundheitsrisiken ****	o	+	+	+	+	++	++	++	++	o

++ = sehr gut; + = gut; o = mittel; – = schlecht; – – = sehr schlecht
* Nachweis durch Prüfzeugnis; ** bei Hydrophobierung; *** Gesichtspunkte Primärenergieaufwand, Recycling, Deponiefähigkeit
**** bei Verarbeitung und im Einbauzustand; IK = imprägnierter, bituminierter Kork

3.3 Verbundplatten

Schichtenaufbau, Vorteile und Verwendung

Trockenbauplatten werden mit Dämmplatten werkseitig verklebt. Zwischen beiden Schichten können dampfbremsende Folien angeordnet werden. Die Eigenschaften ergeben sich aus der Kombination der Eigenschaften der Einzelschichten. Die Anwendung von Verbundplatten ist meist einfacher und zeitsparender als die getrennte Verlegung von Dämm- und Trockenbauplatten. Sie werden verwendet für wärme- und schalldämmende Vorsatzschalen und als schwimmende Trockenestrich-Elemente. Diese sind für größere punktförmige Belastungen ungeeignet.

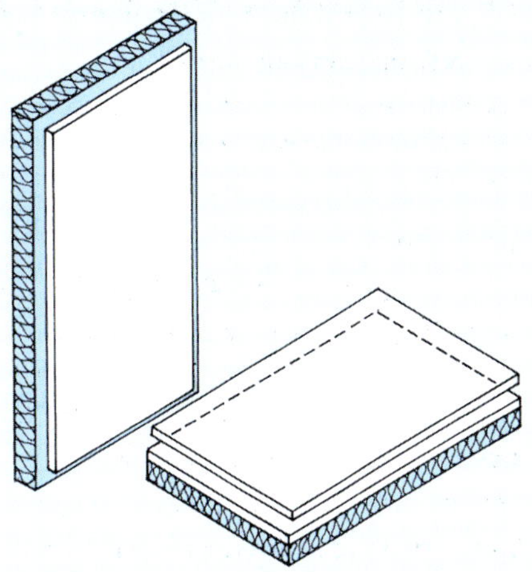

3.3.1 Gesamtübersicht

Mineralische Dämmschichten				**Verwendung**					
Dämmschicht	Trockenbauplatte	DIN-Norm	Kurzbez.	Wand		Decke/Dach		Estrich	
				WSCH	SCH	WSCH	SCH	WSCH	SCH
Mineralfaser	Gipskartonplatten		VBMinP	×	×	(×)	(×)		
Mineralfaser	Gipsfaserplatten							×	×*
Mineralfaser	Holzwolleleichtbaupl.	1101	Min-ML/2, -3	×	×	×	×		
Mineralfaser	FP-Spanplatten							×	×*
Organische Dämmschichten									
EPS-Hartschaum	Gipskartonplatten	18184	VBEPSP	×		×		×	×*
EPS-Hartschaum	Gipsfaserplatten			×		×		×	×*
EPS-Hartschaum	Holzwolleleichtbaupl.	1101	HS-ML/2, -3	×		×			
PUR-Hartschaum	Gipskartonplatten			×		×			
PUR-Hartschaum	FP-Spanplatten	18184	VBPURP	×		×			
Holzfaserdämmplatten	Holzfaserhartplatten							×	×*

WSCH = Wärmeschutz; SCH = Schallschutz; * = bei Verwendung spezieller Trittschalldämmplatten

3.3.2 Verbundplatten für Wände und Decken, Beispiele

MinP + GK-Platten (VBMinP)

Guter Wärme-, Schall- und Brandschutz; an Außenbauteilen dampfbremsende Schichten gegen Tauwasserbildung nötig; Kantenausbildung mit Stufenfalz und HRAK; einfache Verarbeitung durch Kleben mit Ansetzgips oder Verdübeln.

Abmessungen VBMinP mm			
Länge	Breite	D GK	D Min
2500; 2550 2600	900	12,5	20; 30 40; 50

EPS-P + GK-Platten (VBEPSP) DIN 18184

Guter Wärme-, schlechter Schall- und Brandschutz; Rohdichteklasse PS 15; an Außenbauteilen eventuell dampfbremsende Schichten nötig; Kantenausbildung mit Stufenfalz und HRAK; einfache Verarbeitung, Kleben mit Ansetzgips oder Verdübeln.

Abmessungen VBEPSP mm			
Länge	Breite	D GK	D EPS
2500; 2600 2750; 3000	1250	9,5	20; 30
		12,5	20; 30 40; 50 60; 80

3.3.3 Verbundelemente für Trockenestriche, Beispiele

EPS-P + GK-Platten

3-schichtig verklebtes GK-Element mit EPS-P-T-Platten; Nut-und-Feder-Kanten. Guter Wärme-, mittlerer Trittschallschutz.

Abmessungen Element EPS + GK mm			
Länge	Breite	D GK	D EPS
2000	600	25	20; 30

MinP + GF-Platten

2-schichtig verklebtes GF-Element mit Stufenfalz-Kanten und Min-T-Platte; guter Wärme-, Schall- und Brandschutz.

Abmessungen Element Min + GF mm			
Länge	Breite	D GK	D Min
1550	550	2 × 10 = 20 2 × 12,5 = 25	12/10

3.4 Unterkonstruktionen und Zargen

3.4.1 Holzlatten und Kanthölzer

Bestehen hinsichtlich des Schall- und Brandschutzes keine besonderen Anforderungen, kann die Unterkonstruktion von Montagewänden, Vorsatzschalen und Unterdecken aus Holz sein.

Auf dieser Unterkonstruktion werden die Trockenbauplatten je nach Material mit Schrauben, Nägeln oder Klammern befestigt (siehe Befestigungsmittel).

Das Holz muss mindestens der Sortierklasse S 10 entsprechen sowie scharfkantig und im eingebauten Zustand eben und verwindungsfrei sein. Sein Feuchtigkeitsgehalt darf beim Einbau 20% nicht überschreiten. Eine Behandlung mit Holzschutzmitteln ist in der Regel nicht erforderlich.

3.4.2 Profile aus Stahlblech nach DIN 18182, Teil 1

Statt Holz werden als Unterkonstruktion für Montagewände, frei stehende Vorsatzschalen und Unterdecken immer häufiger Stahlprofile verwendet. Mit ihnen werden ein höherer Ebenheitsgrad und bauphysikalische Vorteile für Schall- und Brandschutzkonstruktionen erreicht.

Diese Metallprofile werden aus korrosionsgeschütztem dünnwandigem Stahlblech durch Kaltverformung hergestellt.

Die in der nebenstehenden Tabelle aufgeführten Standardprofile sind teilweise auch noch in anderen Abmessungen und Blechdicken erhältlich. Die C-Wandprofile haben vorgestanzte Öffnungen, die eine Installationsführung im Wandhohlraum begünstigen. CW-Profile mit unterschiedlichen Flanschbreiten (Differenz 1,2 mm) können entgegengesetzt zusammengeschoben werden (Vertikalstoß).

Die erforderlichen Konstruktionsabstände der Metallprofile sind ebenso wie bei der Holzunterkonstruktion abhängig von der Belastung aufgrund des Einsatzbereiches, der Tragfähigkeit der Profile und der Art der Beplankung.

Die Befestigung der Trockenbauplatten auf diesen Profilen erfolgt mit Schrauben (siehe Befestigungsmittel).

Holzquerschnitte für Unterkonstruktionen

	Breite [mm]	Höhe [mm]	Anwendungsbereiche
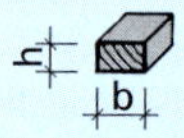	48 50 60	24 30 40	Unterkonstruktion für Unterdecken und Wandvorsatzschalen
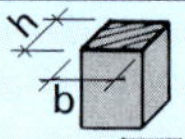	60 60	60 60	Ständer für Montagewände und Wandvorsatzschalen
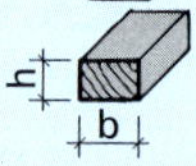	40 40	60 80	Boden- und Deckenanschluss für Montagewände und Wandvorsatzschalen
Für Systemelemente werden von den Herstellern auch Spezialquerschnitte (meist verleimte Holzwerkstoffe) geliefert.			

Standardprofile für Wand- und Deckenkonstruktionen
(Auszug aus DIN 18 182, Teil 1, Tabelle 1)

	Kurzzeichen	Höhe [mm]	Breite [mm]	Stärke [mm]	Anwendungsbereiche
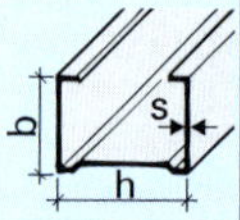	CW 50 CW 75 CW 100	48,8 73,8 98,8	50 50 50	0,6 0,6 0,6	Ständerprofile für Montagewände und Wandvorsatzschalen
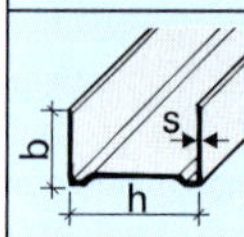	UW 50 UW 75 UW 100	50 75 100	40 40 40	0,6 0,6 0,6	Anschlussprofile an Boden und Decke für Montagewände und Vorsatzschalen
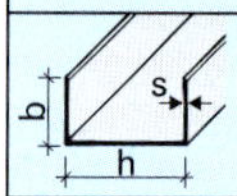	UA 50 UA 75 UA 100	48,8 73,8 98,8	40 40 40	2,0 2,0 2,0	Aussteifungsprofile für Montagewände, z.B. für Türleibungen
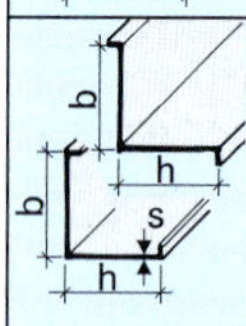	L Wi 60	60	60	0,6	L-Wandinneneckprofil
	L Wa 60	60	60	0,6	L-Wandaußeneckprofil für Montagewände
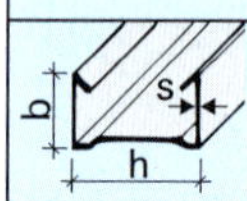	CD 60	60	27	0,6	Profile für Unterdecken
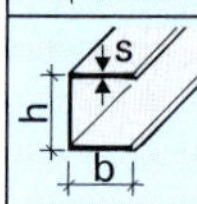	UD 28	28	27	0,6	Wandanschlussprofil für Unterdecken

	Spezielle Profilformen mit Sicken oder Faltungen; damit höhere Elastizität, besserer Schallschutz

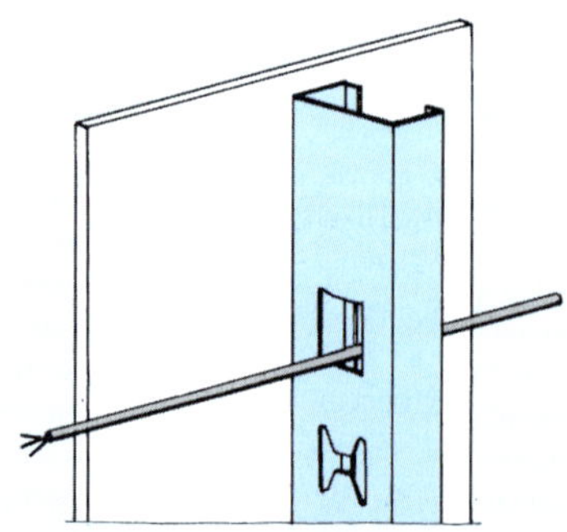

Ausstanzung bei CW-Profilen

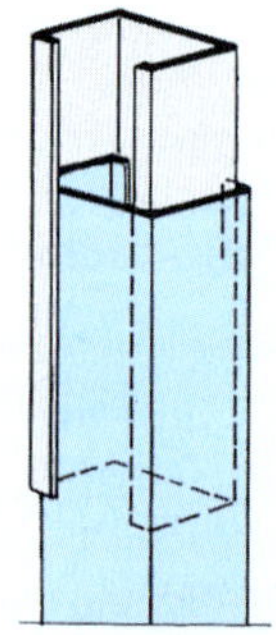

Vertikalstoß von CW-Profilen

3.4.3 Weitere Profile aus verzinktem Stahlblech

Profile als Unterkonstruktion für Wand- und Deckenbekleidungen

Trockenputzprofil:

Bei unebenen Wänden können diese Profile mit Ansetzbinder an der Rohbauwand genau justiert werden. Die Beplankung wird auf die Trockenputzprofile aufgeschraubt.

Hut-Deckenprofil:

Diese Profile werden anstelle von Holzlatten für die Direktmontage an Holzbalkendecken, Dachsparren und für Wandvorsatzschalen auf Holzfachwerkwänden verwendet.

Federschiene:

Der Einsatzbereich entspricht dem des Hut-Deckenprofils, jedoch hat die Federschiene aufgrund ihrer hohen Elastizität einen günstigen Einfluss auf die Schalldämmung der Konstruktion.

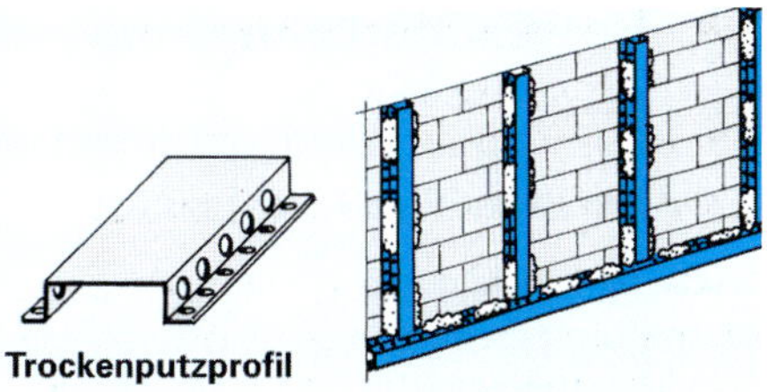
Trockenputzprofil

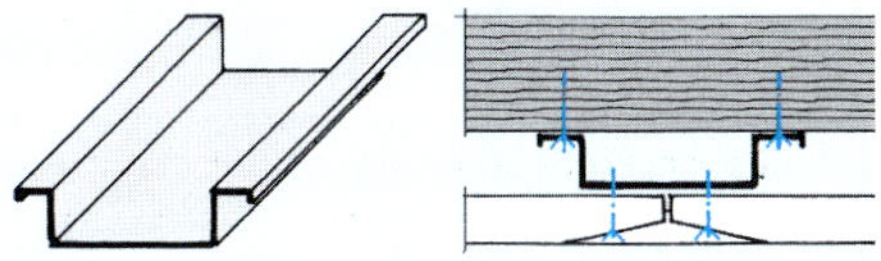
Hut-Deckenprofil

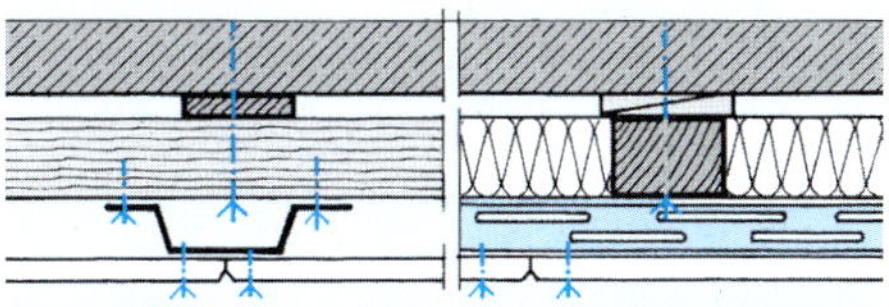
Federschiene

Profile als Unterkonstruktion für abgehängte Deckensysteme

T-Tragschiene:

Dieses Profil dient als Unterkonstruktion für Paneel- und Kassettendecken (Clip- oder Einschubmontage).

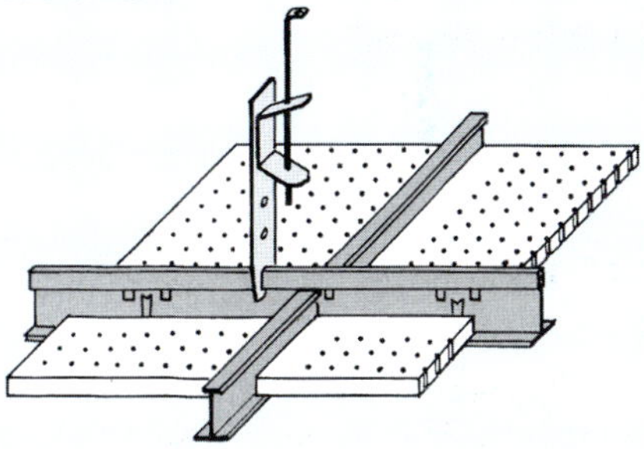
T-Tragschienen

3.4.4 Traversen und Tragständer

Zur Befestigung wandhängender Lasten, wie zum Beispiel Waschbecken und WC-Elemente, werden im Wandhohlraum von Montagewänden Traversen oder Tragständer zwischen die Wandständer montiert. Sie ermöglichen die Lastabtragung über die Wandständer oder bei Tragständern als Punktlasten direkt in die Bodenkonstruktion.

Ihre Abmessungen sind in der Regel abgestimmt auf die Systemmaße von Montagewänden (Achsabstand der Ständer 62,5 cm und Mindesthohlraumdicke 50 mm). Die konstruktive Ausbildung der Traversen und Tragständer ist firmenabhängig.

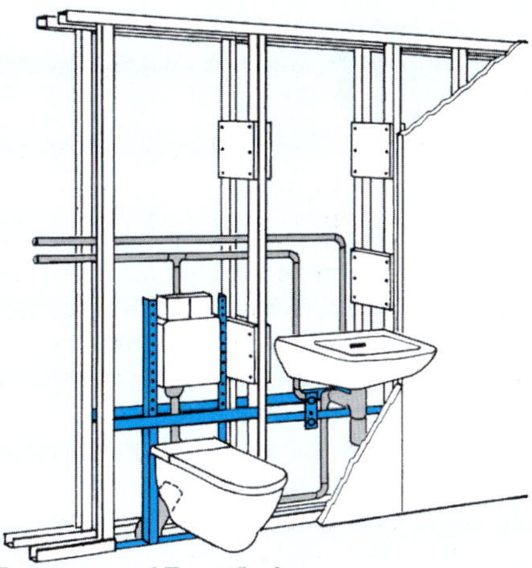
Traversen und Tragständer

3.4.5 Tür- und Fensterzargen

Im Trockenausbau werden Zargen passend zu den standardisierten Öffnungsmaßen und Wandstärken geliefert.

Zargenarten:

- Einteilige Umfassungszargen werden vor oder während der Wandmontage eingebaut.
- Mehrteilige Umfassungszargen werden nach der Wandmontage und gegebenenfalls nach den Maler- und Tapezierarbeiten eingebaut.

Materialien:

- Holzwerkstoff furniert
- Stahlblech (rostgeschützt für bauseitige Oberflächenbehandlung oder werksseitig endlackiert)
- Aluminium

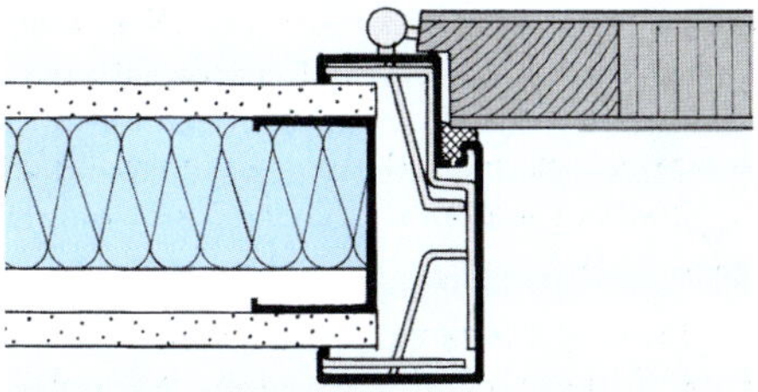
Mehrteilige Stahlzarge

3.5 Verbindungs- und Befestigungsmittel

3.5.1 Befestigung der Unterkonstruktion bei Wandvorsatzschalen

Justierschwingbügel:
Er dient zur Befestigung der vertikalen Holz- oder Metallprofile von Wandvorsatzschalen an der Massivwand.

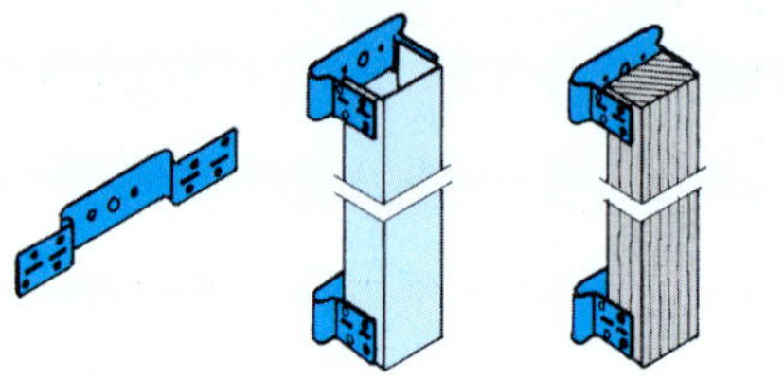

Justierschwingbügel

3.5.2 Verbindung von Deckenprofilen

Kreuzschnellverbinder:
Sie dienen zur Verbindung von kreuzweise verlaufenden CD-Grundprofilen und CD-Tragprofilen.

Winkelanker:
Paarweise eingesetzt erfüllen sie dieselbe Aufgabe wie der Kreuzschnellverbinder.

CD-Profilverbinder:
Diese Elemente werden für die Stoßverbindung von CD-Profilen verwendet.

Niveauverbinder:
Mit diesem Verbindungselement können CD-Profile kreuzweise niveaugleich angeordnet werden.

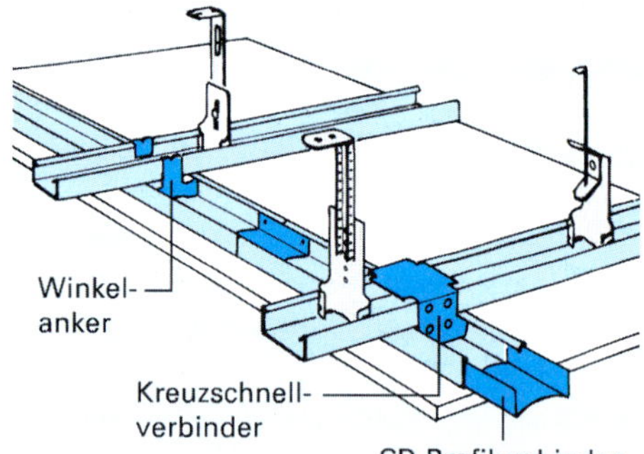

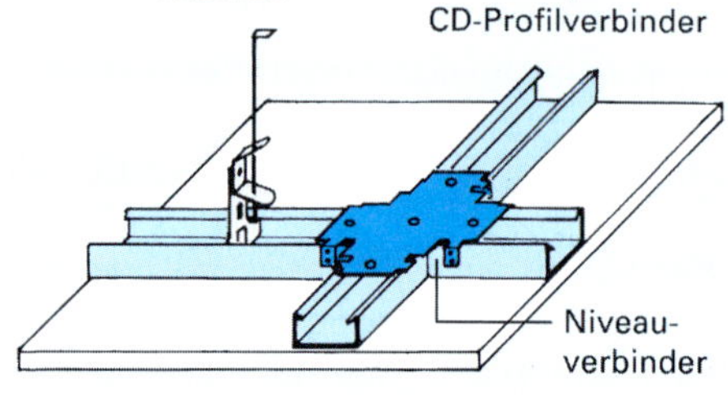

3.5.3 Abhänger für Deckenbekleidungen und Unterdecken

Direktabhängung:
Bei Holzbalkendecken kann die Traglattung der Deckenbekleidung mit dem **Federbügel** an den Deckenbalken oder an der Grundlattung befestigt werden. Dieser elastische Anschluss ist bei Schallschutzanforderungen einer starren Verbindung bei direkt befestigten Holzlatten vorzuziehen.

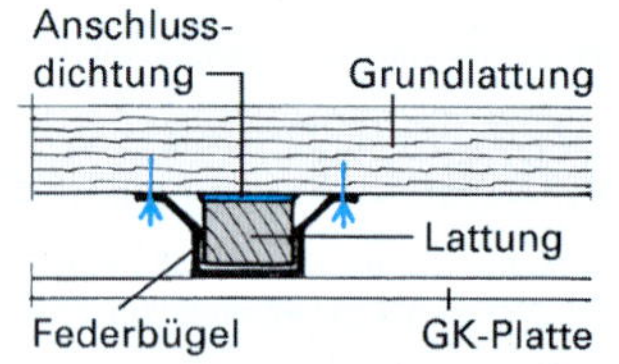

Justierbare Direktabhängungen:
Die Direktabhänger werden an der Rohdecke befestigt, sie tragen die mit ihnen verschraubten Holzlattungen oder die eingeklipsten CD-Profile. Diese Systeme ermöglichen entsprechend ihrer konstruktiven Ausbildung eine Höhenjustierung der Latten und Profile.

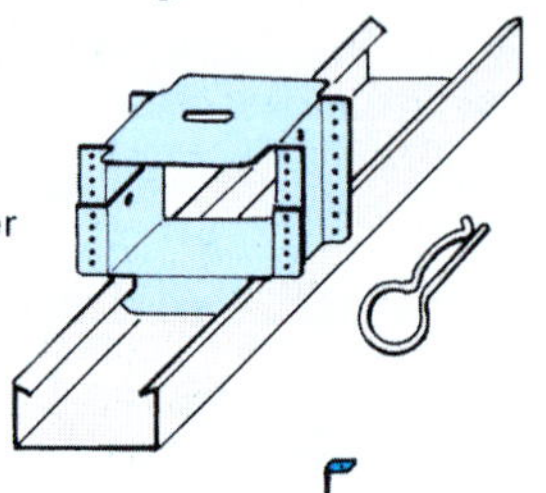
Justierbarer Direktabhänger

Abhänger für Deckenunterkonstruktionen:
Im Wesentlichen kommen zwei Ausführungen in der Praxis zum Einsatz: der **Schnellabhänger** und der **Noniusabhänger**.

Der **Schnellabhänger** hat eine Spezialspannfeder, die den Abhängedraht sicher hält. Wird die Feder zusammengedrückt, kann der Abhängedraht vertikal justiert werden.

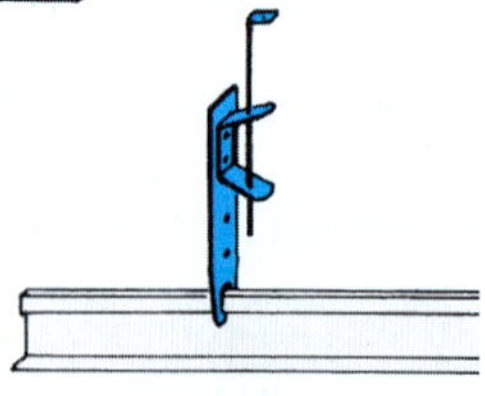
Schnellabhänger

Für größere Abhängehöhen ist die drucksteifere **Noniusabhängung** vorzuziehen. Die exakte Höhenjustierung wird durch die unterschiedlichen Lochabstände von Justierstab und Abhänger ermöglicht. Beide Teile müssen mit zwei Sicherungsklammern miteinander verbunden werden.

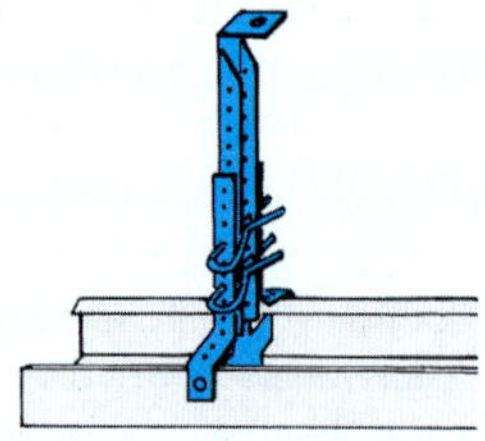
Noniusabhänger

Das untere Ende der beiden Abhängesysteme ist je nach Unterkonstruktion (Holzlattung, CD-Profile oder T-Tragschienen), das obere Ende je nach Deckenverankerung (Massivdecke, Holzbalkendecke, Stahlträger) ausgebildet.

3.5.4 Dübel

Dübel werden benötigt für die Befestigung von:

- Unterdecken an Massivdecken
- Vorsatzschalen mit Unterkonstruktion an Massivwänden
- Montagewänden an den angrenzenden Bauteilen
- Lasten an der Beplankung von Vorsatzschalen, Montagewänden und Unterdecken

Für die unterschiedlichen Einsatzbereiche muss die jeweils geeignete Dübelausführung gewählt werden. Besondere Anforderungen werden an Dübel zur Befestigung von Unterdecken gestellt, es dürfen nur bauaufsichtlich zugelassene Dübel verwendet werden.

Die Einbaubedingungen (zulässige Lasten, Anwendungsbereiche, Randabstände) sind den Zulassungsbestimmungen zu entnehmen.

Dübel für verschiedene Anwendungsbereiche – Beispiele

	Dübelart	Anwend.-Bereich
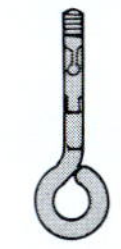	Nagelanker: zul. $F = 0{,}5$ kN Galvanisch verzinkter Stahldübel; Spreizung erfolgt bei Zugbelastung.	Decken aus Normalbeton, Festigkeitsklasse B≥25
	Keilnagel: zul. $F = 0{,}5$ kN Verz. Stahldübel; Spreizung erfolgt wegkontrolliert zwangsweise durch Einschlagen des Spreizkeils.	Decken aus Normalbeton, Festigkeitsklasse B≥25
	Kunststoffdübel: zul. $F = 0{,}3$ kN Spiralförmige Außenrippen, Spreizung erfolgt durch Eindrehen der Spezialschrauben.	bewehrte Dach- und Deckenplatten aus Porenbeton
	Nageldübel: Kunststoffhülse mit verz. Stahlnagel, Durchsteckmontage bei Befest. von Holzlatten und Metallprofilen	Montagewände: Befestigung an Massivdecken und -wänden
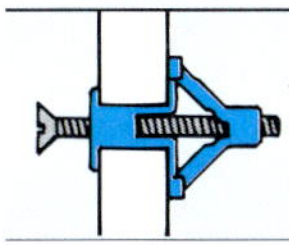	Hohlraum-Metalldübel: Dübelschaft spreizt sich hinter der Beplankung durch Eindrehen der Maschinenschraube.	Befestigung von Lasten an Montagewänden und -decken

3.5.5 Befestigung von Trockenbauplatten

Trockenbauplatten können auf verschiedene Arten befestigt werden:

- mit Schrauben, Nägeln oder Stahlklammern
- mit Klemmprofilen
- mit Ansetzbinder auf Massivwänden
- durch Einschieben von Platten mit profilierten Kanten in Tragprofile

Die Wahl der Befestigungsmittel hängt von dem Plattenmaterial und der Art der Unterkonstruktion ab.

Schrauben, Nägel und Stahlklammern sind materialgerecht zu verarbeiten und dürfen eine nachfolgende Oberflächenbearbeitung nicht durch eine Oberflächenbeschädigung oder Überstände erschweren.

Bei Gipskartonplatten muss im Besonderen darauf geachtet werden, dass der Karton von den Befestigungsmitteln nicht durchstoßen wird.

Klemmprofile sind zur Befestigung von Trockenbauplatten sinnvoll, die eine fertige Oberflächenkaschierung haben. Konstruktionen mit dieser Plattenbefestigungsart sind zudem leichter demontierbar.

Für Trockenputzarbeiten werden häufig Ansetzbinder verwendet. Welches Material verwendet wird, hängt von der Plattenart, dem Untergrund sowie äußeren Bedingungen ab.

Befestigung von großformatigen Trockenbauplatten – Beispiele

	Befestigungsmittel	Plattenart, Unterkonstr.
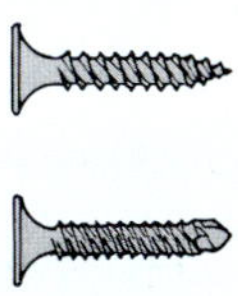	Schnellbauschrauben (z.B. nach DIN 18182) Korrosionsschutz durch Phosphat- oder Zinkschicht – mit Trompetenkopf und reduzierter Spitze – mit Trompetenkopf und Bohrspitze	nahezu alle Plattenarten, besonders GK-Platten, GF-Platten und Gipsvliesplatten auf Holz oder Metallprofilen bis 0,7 mm Blechdicke für Befestigung auf Metallprofilen mit Blechdicken bis zu 2,25 mm
	Spanplattenschrauben – verzinkt, mit Senkkopf und Kreuzschlitz	außer Holzwerkstoffplatten auch Fibersilikatplatten auf Holzunterkonstruktion
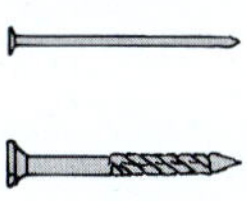	Nägel, Stahl verzinkt – glatt, Spitze darf beharzt sein – profiliert (Schraub- oder Rillennägel)	nahezu alle Platten auf Holzunterkonstruktion, für Wandkonstruktionen und Unterdecken (nur profilierte Nägel)
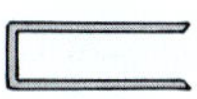	Stahlklammern, verzinkt und mit beharzten Spitzen, maschinelle Verarbeitung	nahezu alle Platten auf Holzunterkonstruktion, für Wand- und Deckenkonstruktionen
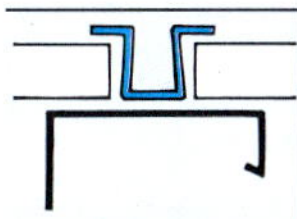	Klemmprofile Ausführungen sind herstellerabhängig	in der Regel für die Klemm-Montage von Platten mit fertiger Oberfläche bei Wandkonstruktionen
pulverförmig (Sackware) gebrauchsfertig (Gebinde)	Ansetzbinder – Gipsmörtel (DIN 1168) – organisch vergüteter Zementmörtel – Dispersionskleber mit Zementzugabe	hauptsächlich GK-Platten, GF-Platten, Verbundplatten und Dämmstoffplatten. Verwendung für Wandtrockenputz und angesetzte Vorsatzschalen
	Verleimung	systemabhängig (Plattenart, Unterkonstruktion)

3.5.6 Verbindung von Profilen untereinander

Die Verbindung von Metallprofilen bis 0,7 mm Blechdicke erfolgt mit

- Blechschrauben (Flachkopf und Kreuzschlitz)
- Alu-Blindnieten (Vorbohren erforderlich)
- Crimperzangen (Durchstanzen und Umbördeln der Blechzungen)

Für größere Blechdicken bis 2,25 mm eignen sich

- Blechschrauben mit Selbstbohrspitze
- Alu-Blindnieten

Bei Holzunterkonstruktionen ist eine Verbindung der Profile außer mit den üblichen mechanischen Holzverbindungsmitteln durch Verleimung möglich.

Blechschraube　　Blechschraube mit Selbstbohrspitze　　Alu-Blindniete

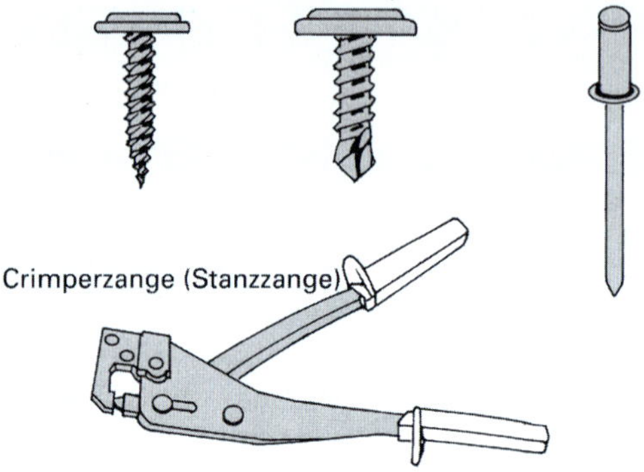

3.6 Weitere Hilfsmittel für Trockenbauarbeiten

Um den technisch einwandfreien und gebrauchsfertigen Zustand einer Trockenbaukonstruktion zu erreichen, ist der Einsatz weiterer Baustoffe nötig.

3.6.1 Dichtungsbänder und -stoffe

Ein dichter, aber gleichzeitig elastischer Anschluss von Trockenbaukonstruktionen, insbesondere von nicht tragenden inneren Trennwänden und Vorsatzschalen mit Unterkonstruktion an den angrenzenden Bauteilen, erfordert den Einbau von Dichtungsbändern oder Dichtungsmassen. Dieser elastische Anschluss sorgt nicht nur für die Rissfreiheit der Konstruktionen, er ist auch erforderlich bei Anforderungen an den Schall-, Brand- und Wärmeschutz.

In manchen Fällen ist ein auf die Plattenart abgestimmtes dauerelastisches Dichtungsmaterial für die Randfugenabdichtungen erforderlich.

3.6.2 Verfugungsmaterialien

Die Fugen zwischen Trockenbauplatten müssen verspachtelt werden, wenn eine geschlossene Oberfläche erreicht werden soll. Die Wahl des hierfür geeigneten Materials ist abhängig von:

- der Plattenart
- der Entscheidung, ob mit oder ohne Bewehrungsstreifen verspachtelt werden soll
- der Verarbeitbarkeit (Verarbeitungszeit, Maschinen- oder Handverarbeitung)
- der Feinheit (Erscheinungsbild)
- raumklimatischen Bedingungen (Feuchtigkeit)
- der mechanischen Belastung der Fuge (Zug- und Scherkräfte)

Aufeinander folgende Arbeitsgänge (Vor- und Nachspachtelung) dürfen nur bedingt mit unterschiedlichen Spachtelmaterialien erfolgen (siehe Kap. 4.2.2).

Anschlussdichtungen für Montage- und Plattenwände, Materialbeispiele

- Filzstreifen
- Bitumenfilzstreifen
- Bitumenkorkfilzstreifen
- Presskorkstreifen
- Schaumstoffstreifen
- Mineralfaserstreifen
- Trennwandkitt (dispersionsgebundene, plastoelastische Masse aus Kartusche für Metallständerwände)

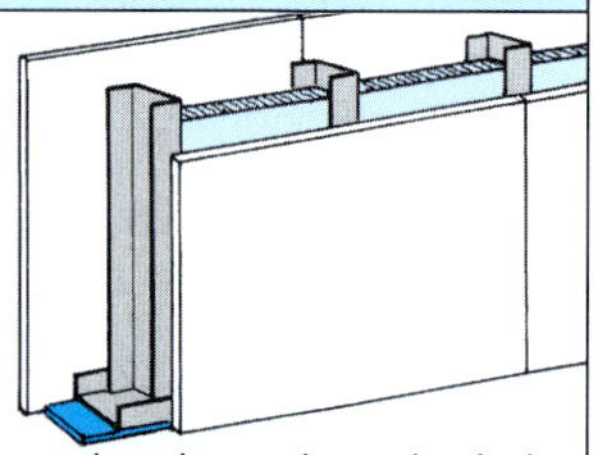

Die Breite der Randdämmstreifen (b = 50–100 mm) richtet sich bei Montagewänden nach den Abmessungen der Holz- oder Metallprofile, bei Plattenwänden nach der Wanddicke.
Die Dicke beträgt d = 3–5 mm (in besonderen Fällen bis 20 mm). In der Regel sind die Dämmstreifen ein- oder zweiseitig selbstklebend lieferbar.

Spachtelmassen zur Fugenverspachtelung

■ Fugengips nach DIN 1168

Verfugen von GK-Platten mit Fugenbewehrungsstreifen. Feinkörnig, hohes Wasserrückhaltevermögen.

■ Vergüteter Fugengips, faserbewehrt

Zur Fugenverspachtelung ohne Bewehrungsstreifen von GK-Platten mit entsprechender Kantenausbildung (HRK, HRAK), GF-Platten und Glasvlies-Platten.
Hohes Wasserrückhaltevermögen.

■ Jointfiller (organische Bindemittel, faserbewehrt)

Maschinell verarbeitbar (Ames-Spachtelgerät), Verfugen von GK-Platten mit Bewehrungsstreifen.
Hohes Wasserrückhaltevermögen, lange Verarbeitungszeit.
Gipsfrei, Erhärtung durch Austrocknung.

■ Dispersionsspachtel (gebrauchsfertig, als Gebinde)

Verwendung zur Fugennachspachtelung (Feinspachtelung). Erhärtung durch Austrocknung. Anwendungsbereiche sind herstellerabhängig.

■ Fugenkleber (organischer Kleber, in Kartuschen)

Verkleben der Fugen bei GF-Platten und manchen Holzwerkstoffplatten (herstellerabhängig).

Achtung: Zur Fugensicherheit und aus Gewährleistungsgründen sind die Fugen nach Angaben der Trockenbauplattenhersteller systemabhängig zu verspachteln.

3.6.3 Fugenbewehrungsstreifen

Je nach der Art der Trockenbauplatten, ihrer Kantenausformung, des Verfugungsmaterials und den Ansprüchen an die Konstruktion müssen Bewehrungsstreifen im Fugenbereich eingespachtelt werden. Diese nehmen Zugspannungen (zum Beispiel thermische Spannungen) auf, die im Fugenbereich zu Rissen führen können.

Kann systembedingt auf sie verzichtet werden, muss ein vergüteter und faserbewehrter Fugenspachtel diese Aufgabe übernehmen.

Fugenbewehrungsstreifen

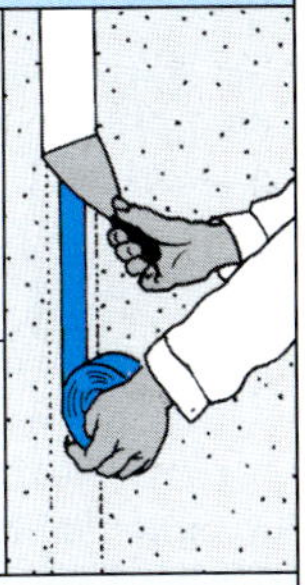

- Papierbewehrungsstreifen

Perforiertes Spezialpapier mit Mittelfalz zum Knicken für Eckverspachtelung. Notwendig für maschinelles Verspachteln. Einbetten in die Vorspachtelung, Überspachteln.

- Glasfaserbewehrungsstreifen

Nicht maschinell verarbeitbar, für Eckverspachtelung nur bedingt geeignet. Verarbeitung wie Papierstreifen.

- Selbstklebende Bewehrungsstreifen (Glasgittergewebe)

Verklebung direkt auf dem Karton von GK-Platten, die Vorspachtelung entfällt.
Nicht geeignet für die Verspachtelung mit Jointfiller.

3.6.4 Spachtelmassen

Bei bestimmten Plattenarten (z.B. Glasvliesplatten ohne werksseitige Flächenspachtelung) und zur Erzielung besonderer Oberflächenstrukturen werden die Plattenflächen großflächig überspachtelt. Je nach Art des Bindemittels werden die Spachtelmassen pulverförmig zum Anmachen oder gebrauchsfertig in Gebinden geliefert.

Spachtelmassen

Achtung: Die Wahl des geeigneten Materials für großflächiges Überspachteln von Trockenbauflächen hängt von dem Untergrund und den äußeren Vorgaben (Oberflächenstruktur, bauphysikalische Anforderungen) ab. Bei der Verarbeitung sind die Herstelleranweisungen zu beachten.

3.6.5 Dünnbettmörtel für Plattenwände

Einschalige Trennwände, z. B. Wände aus Gipswandbauplatten, müssen wie Mauerwerk verklebt werden. Das dafür notwendige Material ist abgestimmt auf die Art der Wandplatten und die feuchtetechnischen Anforderungen an die Wand.

Dünnbettmörtel für Plattenwände

- Gipsgebundene Mörtel

Verwendung für Gipswandbauplatten, auf die jeweilige Plattenart abgestimmt (z.B. hydrophobiert). Feuchtigkeitsempfindlich (bei Wasserbeaufschlagung).

- Hydraulisch erhärtende Mörtel (meist organisch vergütete Zementmörtel)

Verwendung für Porenbetonelemente oder vergleichbare Wandbauelemente. Sie sind feuchtigkeitsbeständiger.

3.6.6 Materialien zur Oberflächenvorbehandlung

Oberflächenvorbehandlungen von Trockenbauflächen sind immer dann durchzuführen, wenn die nachfolgenden Arbeiten (z.B. Verfliesung oder Tapezierarbeiten) sowie die äußeren Bedingungen (z. B. Wasseranfall im Duschbereich) dies erfordern.

Die Materialien für eine entsprechende Vorbehandlung sind von den Herstellern auf den Untergrund eingestellt, ihre Verarbeitungsanweisungen müssen befolgt werden. Außer den werksseitig empfohlenen Maßnahmen sind die Richtlinien der Farben-, Tapeten-, Fliesen- und Kleberhersteller zu beachten.

Oberflächenvorbehandlungsmaßnahmen

Vorbehandlungen sind erforderlich als:

- Grundierung oder Wechselgrund bei Tapezierung
- Grundanstrich für Anstriche
- Grundierung für Dünnputze
- Grundierung bzw. Flächendichtung vor Verfliesung

Die Eigenschaften der dafür verwendeten Materialien sind auf den Untergrund und die Folgearbeiten abgestimmt.

3.6.7 Anschluss-, Abschluss-, Dehnfugenprofile

Wenn Randabschlüsse von Unterdecken und Wandkonstruktionen nicht verspachtelt werden sollen, zum Beispiel bei Schattenfugen, müssen die Plattenränder mit geeigneten An- oder Abschlussprofilen gehalten werden.

Zur Ausbildung von Dehn- und Bewegungsfugen sind besondere Profile im Handel erhältlich. Bei Anforderungen an den Schall- und Brandschutz einer Konstruktion müssen in dem Bereich dieser Fugen meist zusätzliche Maßnahmen ergriffen werden.

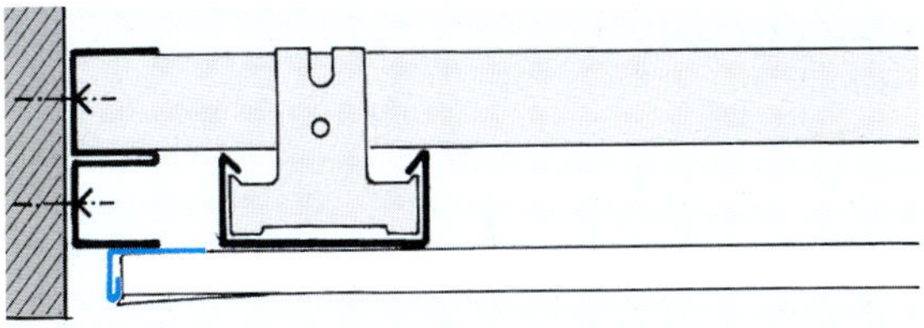

Randabschlussprofil für eine Unterdecke, mit Schattenfuge

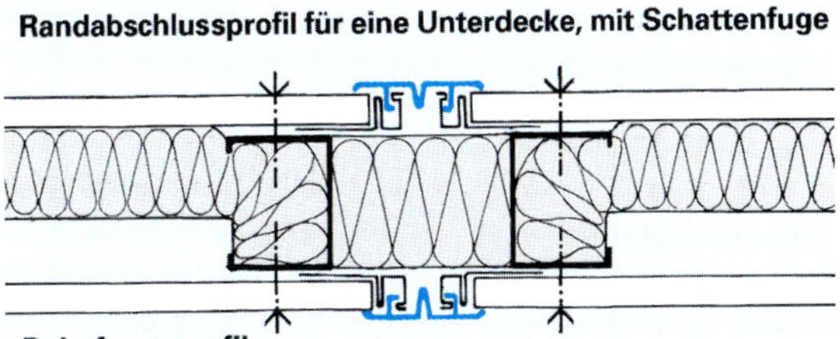

Dehnfugenprofil

3.7 Werkzeuge

Trockenbauarbeiten erfordern neben einem hohen Maß an handwerklichem Geschick vor allem solides Fachwerkzeug. Nur so lassen sich die präzisen Anforderungen privater und öffentlicher Bauherren erfüllen. Schon oft musste so mancher Verarbeiter Mängel beseitigen, weil er auf solides Fachwerkzeug verzichtete. Es hat sich als Trugschluss erwiesen, dass man „mal eben schnell ein paar Trockenbauplatten bearbeitet". Die Auftraggeber achten immer mehr auf eine solide Ausführung, bei der Maßtoleranzen von einem Millimeter entscheidend sind. Diese Facharbeiten lassen sich nur mit Fachwerkzeugen erzielen.

Facharbeiten erfordern Fachwerkzeuge!

Empfehlenswert ist daher, dass sich jeder Verarbeiter einen Grundstock an Fachwerkzeugen zulegt. Eine kleine Auswahl, abgestimmt auf die Verarbeitung von Gipskartonplatten, ist auf nebenstehendem Foto abgebildet. Sie sollte in keiner Werkzeugkiste fehlen.

Ergänzende Erläuterungen

Fachunternehmer, die sich auf Trockenbau spezialisiert haben, ergänzen selbstverständlich o.g. Werkzeuggrundstock. Für zügiges Verschrauben wird auf den Bauschrauber der **Magazin-Schraubvorsatz** befestigt. Mit der Verwendung der Schnellbauschrauben auf **Magazinstreifen** (TN 25 und TN 35) entfällt das ständige manuelle Aufstecken der Schrauben auf den Bit.

Bei Deckenkonstruktionen (bis zu 3 m) hat sich der **Montagehelfer** bewährt. Somit wird zeitaufwendiges Aufbauen von Rüstungen vermieden. Gipsgebundene Trockenbauplatten werden schnell auf Breiten bis zu 70 cm mit dem **Plattenschneider** geschnitten. Gipsfaser- und Gipsvliesplatten können entweder mit dem Klingenmesser, mit der Handsäge oder mit der Kreissäge (angeschlossener Staubsauger ist zu empfehlen) bearbeitet werden. Fibersilikatplatten erfordern hartmetallbestückte, die sehr harten Perliteplatten diamantbestückte Sägeblätter bzw. HSS-Messer.

3.7.1 Handhabung

Platten- oder Klingenmesser: Bearbeitung der Gipskartonplatte, um den Karton zu durchtrennen

Surformhobel: Ebnen von Schnittstellen an Gipskartonplatten

Handschleifer: Entfernen von Kartonresten und überstehender Spachtelmassen in Fugen

Kantenhobel: nachträgliches Anfasen einer Kantenform (22,5° oder 45°)

Streifentrenner: Abschneiden kleiner Streifen von Gipskartonplatten bis 12 cm, auch geeignet für runde Schnitte

Stichling: manuelles Herstellen von Öffnungen in der Beplankung, z. B. für WC-Tragständer

Hohlraumdosenfräser: maschinelles Herstellen von Öffnungen in der Beplankung, z. B. für Elektrodosen

Stanzzange: Verbinden von U- und C-Profilen (Stärke 0,6 mm)

Plattenheber: Montagehilfe zum Befestigen der Beplankung an der Unterkonstruktion

Bauschrauber: maschinelle Befestigung der Beplankung an der Unterkonstruktion mittels Schnellbauschraube

Werkzeugtasche (und Textilgürtel): Verstauen von Werkzeugen und Hilfsmitteln für ein schnelles Arbeiten auf Gerüsten, Leitern, u. Ä.

Kammschlitten: dient zum Auftragen des Ansetzbinders für das Trockenputzverfahren

Eckensetzer und **Gummihammer**: Hilfsmittel zum Befestigen der Eckschutzschienen in der Beplankung

Spachtelkasten (und Außeneckspachtel, Inneneckspachtel, Kellenspachtel, Breitspachtel, Schraubgriffspachtel): Spachtelwerkzeuge aus nicht rostendem Material zum Herstellen ebener Flächen und sauberer Kanten

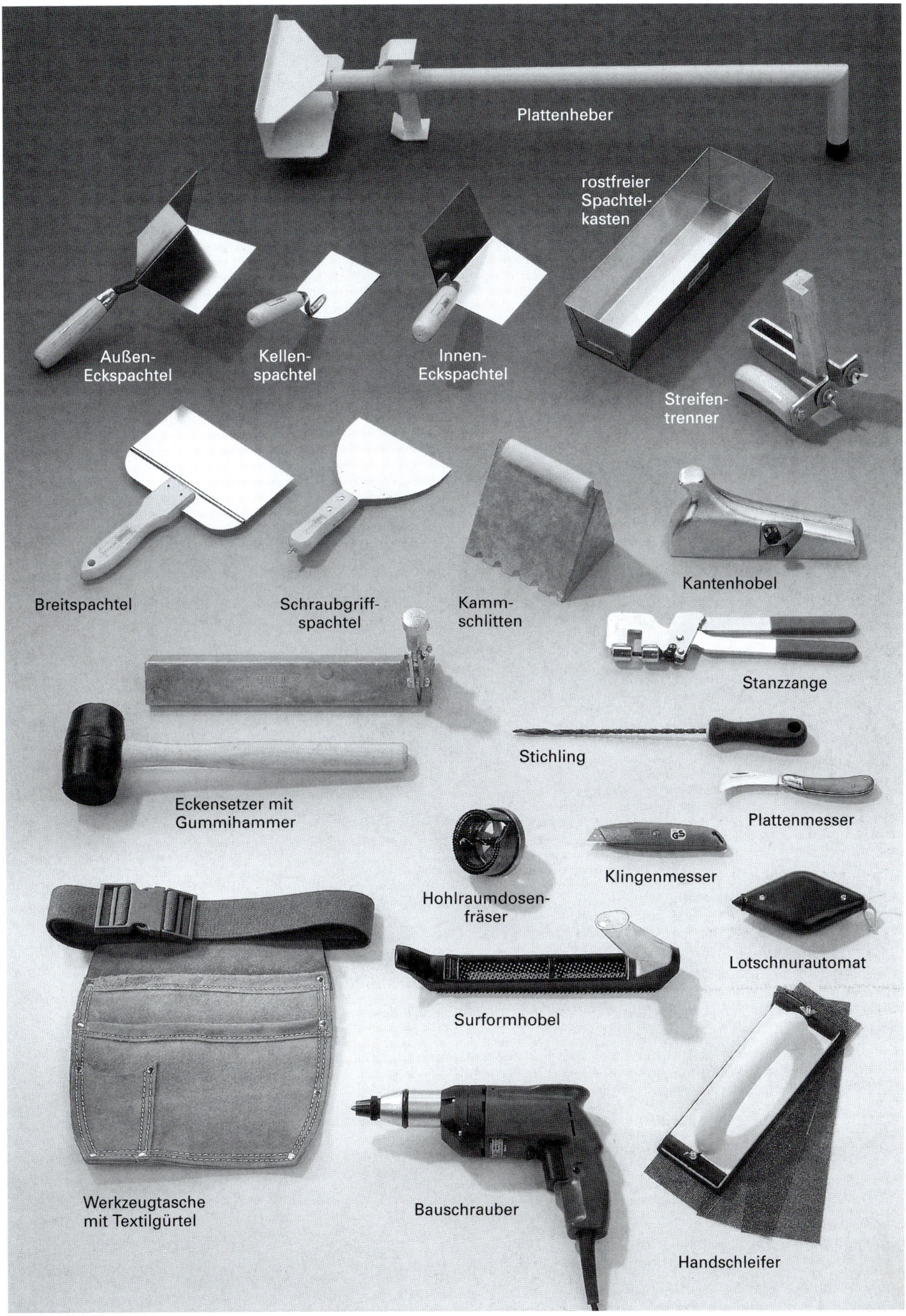
Plattenheber
rostfreier Spachtelkasten
Außen-Eckspachtel
Kellenspachtel
Innen-Eckspachtel
Streifentrenner
Breitspachtel
Schraubgriffspachtel
Kammschlitten
Kantenhobel
Stanzzange
Eckensetzer mit Gummihammer
Stichling
Plattenmesser
Hohlraumdosenfräser
Klingenmesser
Lotschnurautomat
Surformhobel
Werkzeugtasche mit Textilgürtel
Bauschrauber
Handschleifer

4 Wandkonstruktionen

4.1 Gesamtübersicht

Der Übergang von flächenhaft am Untergrund befestigtem Trockenputz über die Vorsatzschalen mit Hohlraumdämmung bis zu den frei stehenden, eventuell sogar umsetzbaren Montagewänden zeigt eine stufenweise zunehmende Unabhängigkeit der Trockenbaukonstruktion von den umgebenden Rohbauteilen.

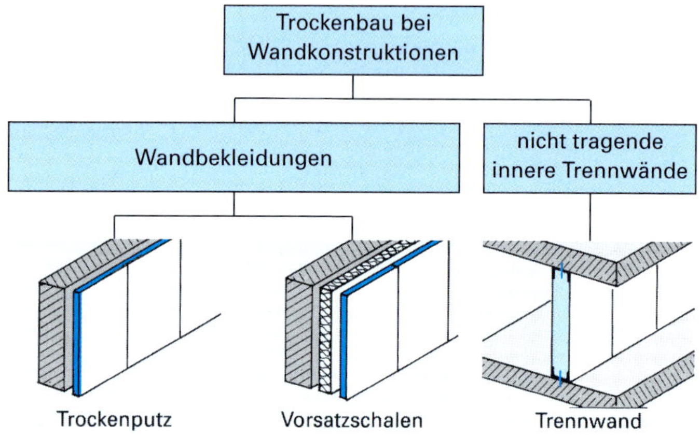

Trockenputz

Trockenputz aus Trockenbauplatten wird direkt auf die massive Wandkonstruktion geklebt und statt eines Nassputzes angewendet, wenn keine weiteren bauphysikalischen Anforderungen erfüllt werden müssen. Bauplatten mit besonderen Wärme- oder Brandschutzeigenschaften verbessern zusätzlich auch die bauphysikalische Leistungsfähigkeit der Wandkonstruktion. Durch die starre Verbindung der Trockenbauplatten mit dem Untergrund wird jedoch die Luftschalldämmung der Wandkonstruktion verschlechtert. Dies ist insbesondere bei Mauerwerkswänden mit offenen Mörtelfugen der Fall!

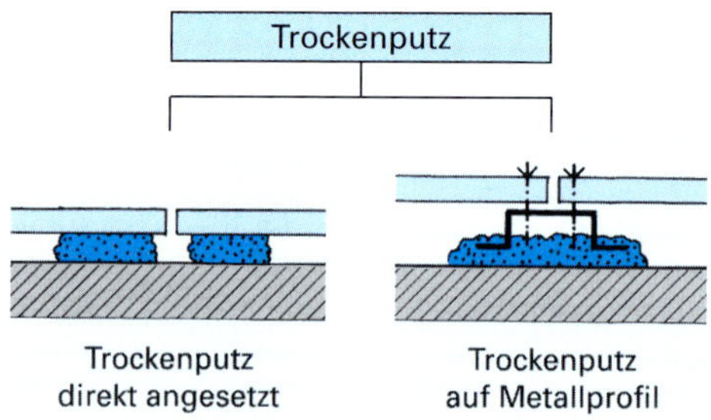

Vorsatzschalen

Die Trockenbauplatten sind vom Untergrund durch eine Dämmschicht getrennt. Es gibt zwei Verbindungsmöglichkeiten mit dem Untergrund:

■ direkt befestigt

Dämm- und Trockenbauplatten werden mit Mörtel oder Bauklebern mit dem Untergrund und untereinander verbunden. Im Vergleich dazu bieten direkt angesetzte Verbundplatten Rationalisierungsvorteile, aber weniger Auswahlmöglichkeiten für Plattenarten und -dicken.

■ an Unterkonstruktion befestigt

Bei höheren bauphysikalischen Anforderungen müssen die Trockenbauplatten auf einer Unterkonstruktion aus Holz- oder Metallprofilen befestigt werden. Beplankungen können je nach Anforderungen ein- oder zweilagig ausgeführt werden.

– Unterkonstruktion mit Wandverankerung

  Grund- und Traglattungen aus Holz oder Metallprofile (bei Fachwerkwänden oder Dachschrägen) werden direkt am Untergrund verankert. Holzständer oder CW-Metallprofile können mittels Metallwinkeln oder -bügeln verankert, der Hohlraum kann mit Dämmstoffen gefüllt werden.

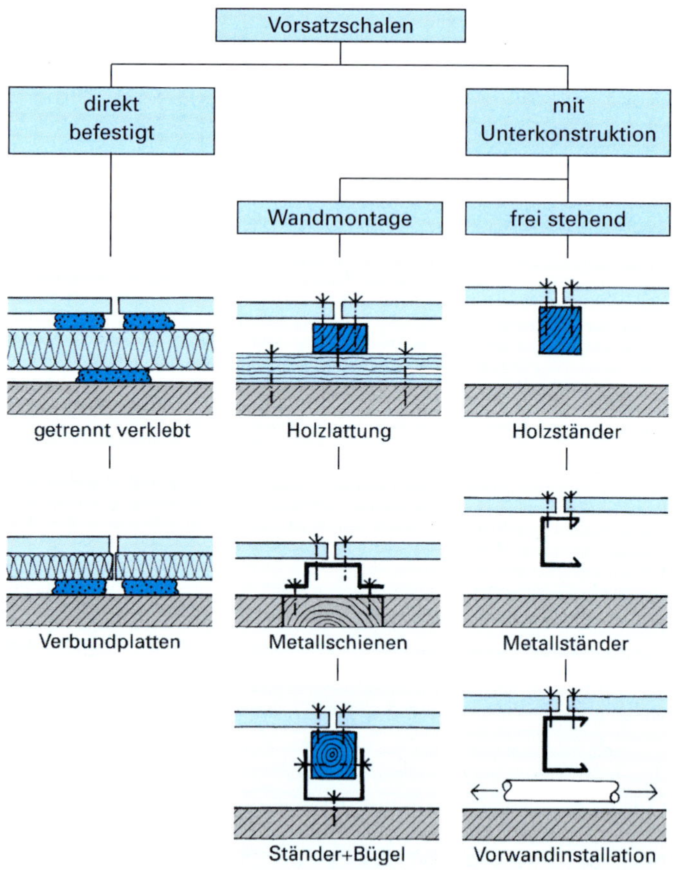

– frei stehende Unterkonstruktionen

Holzständer mit Bodenschwelle und Deckenriegeln oder CW-/UW-Metallprofile bilden den Übergang zu den mehrschaligen Montagewänden, da sie ohne Boden- und Deckenverankerung ebenfalls keine selbständige Standsicherheit besitzen. Diese Vorsatzschalen ermöglichen konstruktiv, bauphysikalisch und gestalterisch vielfältige Kombinationsmöglichkeiten, bei ausreichendem Wandabstand auch Vorwandinstallationen in Sanitärräumen.

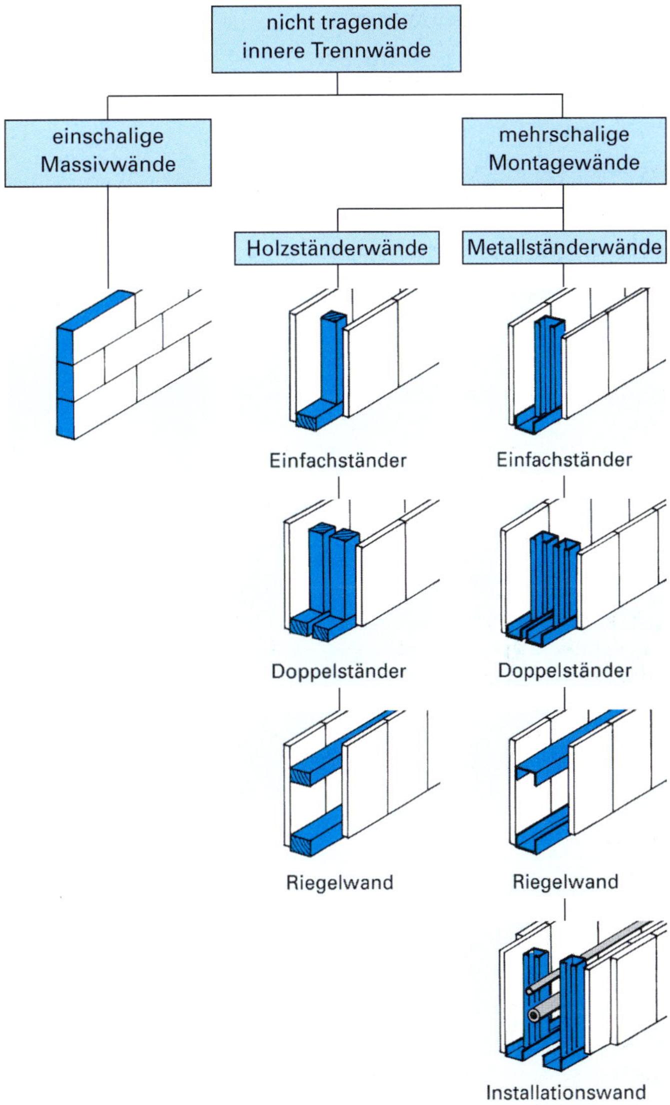

Nicht tragende innere Trennwände (DIN 4103)

Die raumtrennenden Wandkonstruktionen können je nach Raumnutzung auch bauphysikalische Anforderungen erfüllen. Ihre Standsicherheit wird durch Verankerung an den umgebenden Bauteilen sichergestellt. Wandabmessungen sind, von Konstruktion und Beanspruchung abhängig, begrenzt.

Unterschieden werden:

- einschalige Massivwände

  aus großformatigen, leichten Wandbauplatten, z.B. aus Gips, gemauert

- mehrschalige Montagewände

  eine Unterkonstruktion mit beidseitig ein- bis dreifacher Beplankung und Dämmstoffen im Hohlraum

– **Holzunterkonstruktionen** aus Ständern aus Vollholz oder Spanplatten mit Bodenschwelle und Deckenriegel als **Einfach-** oder **Doppelständerwand**. Bei **Holzriegelwänden** steifen horizontale Kanthölzer die Beplankung aus.

– **Metallunterkonstruktionen** aus Ständern mit Boden- und Deckenanschlussprofilen (CW- und UW-Profile nach DIN 18182, Spezialprofile) als **Einfach-** oder **Doppelständerwand** oder als **Installationswand.** Horizontale Profile als Unterkonstruktion für **Metallriegelwände.**

Man unterscheidet außerdem:

- fest eingebaute Montagewände
- umsetzbare Montagewände

  spezielle Holz- oder Metallständer mit Steck- oder Klemmverbindungen als tragendes Gerippe, das mit Boden und Decke verdübelt oder verspannt wird

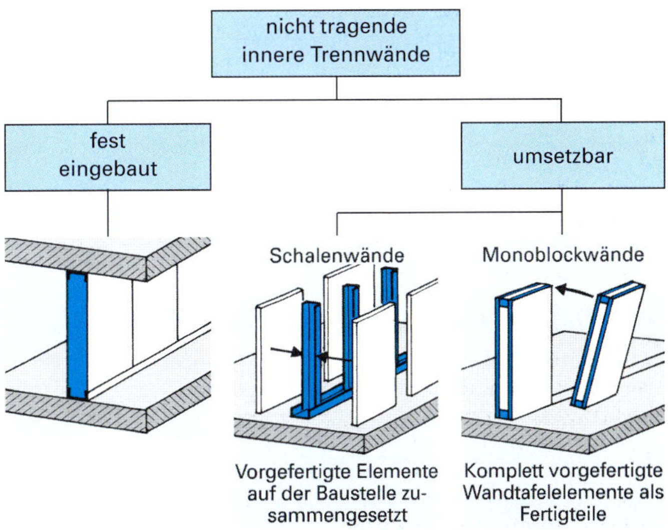

4.2 Wandbekleidungen und Vorsatzschalen

4.2.1 Trockenputz

Als Trockenputz werden Trockenbauplatten mit Mörteln oder Bauklebern direkt auf den Untergrund angesetzt. Als Nassputzersatz verkürzen sie Bau- und Wartezeiten und vermindern die Baufeuchtigkeit.

Trockenbauplatten

- GK-Platten (GKB, GKBI, GKF, GKFI)
- Gipsfaserplatten
- Fibersilikatplatten leicht (H)
- Calciumsilikatplatten
- Holzwolleleichtbauplatten (+Putz)

Ansetzmörtel, -kleber

Hersteller- und systemgebunden, ihre Eigenschaften sind auf die Trockenbauplatten abgestimmt.

- Ansetzgips nach DIN 1168 für GK-Platten
- Ansetzgips mit Spezialvergütung (Haftzusätze, Wasserrückhaltemittel) für Gipsfaserplatten
- PII/PIII-Ansetzmörtel oder hydraulische Baukleber für HWL-Platten
- vergüteter Baukleber für Calciumsilikatplatten

Untergrundanforderungen

- eben und vollfugig vermauert
- ausreichend fest, tragfähig, rau und haftfähig
- trocken und frostfrei
- gleichmäßig und nicht zu stark saugend
- sauber, staub- und fettfrei

Herstellungsschritte für Trockenputz mit GKB-Platten auf unebenem Untergrund

- Aufmaß von Wandlängen und Wandhöhen
- Plattenzuschnitt raumhoch; Bodenfuge (1–2 cm) und Deckenfuge (0,5 cm) zur Klebertrocknung berücksichtigen
- Ansetzgips anmachen und in Batzen auf Plattenrückseite auftragen,
  dünne Platten sind weniger tragfähig: engere Batzenabstände,
  dickere Platten tragfähiger: weitere Abstände möglich
- Platten aufrichten, mit Keilen unterfüttern, vorsichtig an die Wand drücken, anklopfen
- Platten mit Richtscheit ausrichten
- Plattenfugen systemgerecht verspachteln
- Austrocknungszeiten einhalten und Anschlussfugen fachgerecht herstellen (siehe Kap. 4.2.2)

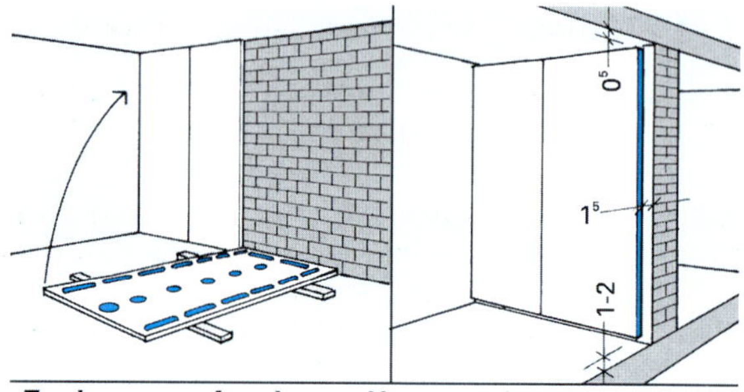

Trockenputz auf unebenem Untergrund

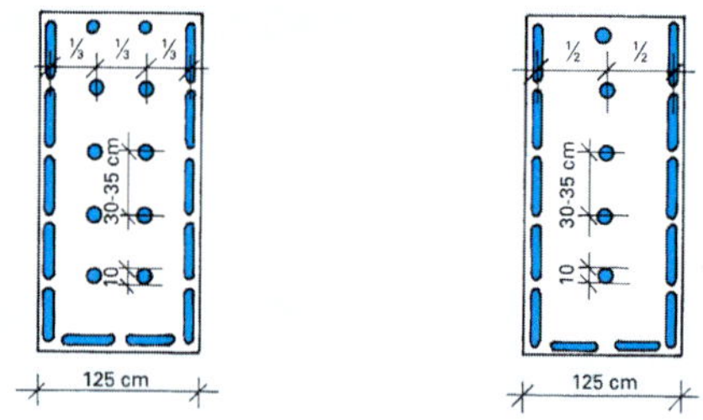

Kleberauftrag abhängig von Plattendicke:

9,5 mm	GK-Platten	12,5 mm
10 mm	GF-Platten	12,5 mm

Trockenputz auf planebenem Untergrund:

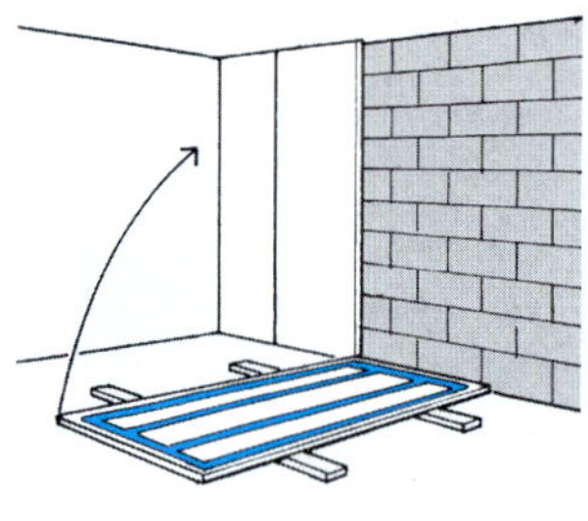

(Porenbeton, Beton)
Die Trockenbauplatten werden im Dünnbett angesetzt. Der Fugengips wird mit einem Zahnspachtel in Streifen auf der Plattenrückseite aufgetragen. Streifenabstand abhängig von Plattendicke wie beim Auftrag von Batzen

Trockenputz auf stark unebenem Untergrund:

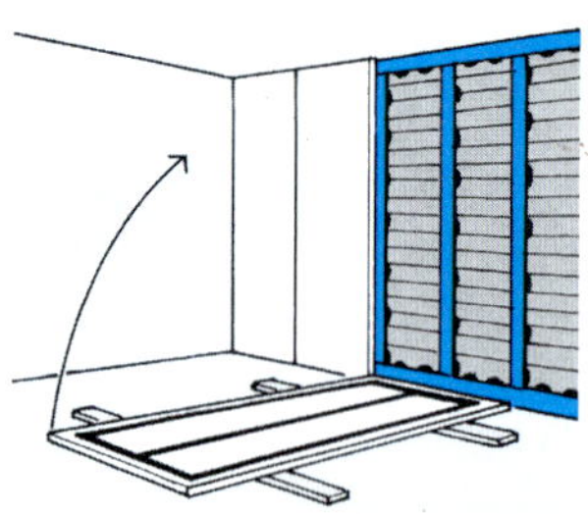

Zunächst 10 cm breite GK-Plattenstreifen mit Batzen aus Ansetzgips ankleben und ausrichten. Darauf Beplankung mit Fugengips im Dünnbett kleben und ausrichten. Alternativ Trockenputzprofile aus Metall mit Ansetzgips ansetzen, Beplankung darauf verschrauben

Vollflächiger Kleberauftrag wird nötig bei:

- Schornsteinen
- Bereichen mit höheren Wandlasten, z.B. Waschbecken oder Hängeschränke
- Fenster- und Türleibungen, Rollladenkästen

4.2.2 Verfugung von Trockenbauplatten

Wenn eine geschlossene Oberfläche des Trockenputzes erzielt werden soll, müssen die Plattenfugen fachgerecht verspachtelt werden.

Die Wahl der Verspachtelungstechnik ist abhängig vom System der Plattenhersteller, der Wahl der Verfugungsmaterialien (Kapitel 3.6.2–3.6.4) und der Entscheidung über Hand- oder Maschinenverarbeitung. Je nach Plattenart, Kantenform, gewähltem Verfugungsmaterial und Beanspruchung der Konstruktion werden Systeme mit und ohne Bewehrungsstreifen angeboten. Wird auf sie verzichtet, muss ein systemgebundener, besonders vergüteter und faserbewehrter Fugenspachtel verwendet werden.

Verfugung von GK-Platten mit AK-Kanten und Bewehrungsstreifen

- Querfugen anfasen (Kantenhobel, Schleifpapier) und annässen zur Staubbindung
- Längs- und Querfugen dicht stoßen
- Fugenbereich **vorspachteln** (Fugengips DIN 1168)
- Papierbewehrungsstreifen vollflächig einbetten und glatt streichen, dünn überspachteln, glätten
- **alternativ:** selbstklebendes Glasgittergewebe ohne Vorspachtelung aufkleben und überspachteln
- **bei Verschraubung auf Unterkonstruktion:** mit Überschussmaterial Schraubköpfe verspachteln
- erhärten lassen, Grate mit Kelle abstoßen
- **nachspachteln** (Fugengips, Jointfiller, gebrauchsfertige Spachtelmasse), breitflächig auf null ausziehen
- erhärten lassen, eventuell schleifen
- bei Bedarf Fläche **feinspachteln** (Spachtelgips, Jointfiller, gebrauchsfertige Spachtelmasse)

GK-Platte mit HRK/HRAK-Kante ohne Bewehrungsstreifen

- Querfugen mit Kantenhobel anfasen und annässen
- Längs- und Querfugen dicht stoßen
- Fugenbereich mit vergütetem, faserbewehrtem Fugengips ausdrücken, trocknen lassen
- Grate abstoßen, nachspachteln
- erhärten lassen, eventuell nachschleifen
- bei Bedarf Fläche **feinspachteln**

Gipsfaserplatten scharfkantig

- Längs- und Querfugen 5–7 mm offen lassen
- Fugen mit bewehrtem Spezialspachtel ausdrücken
- erhärten lassen, Unebenheiten schleifen
- nachspachteln

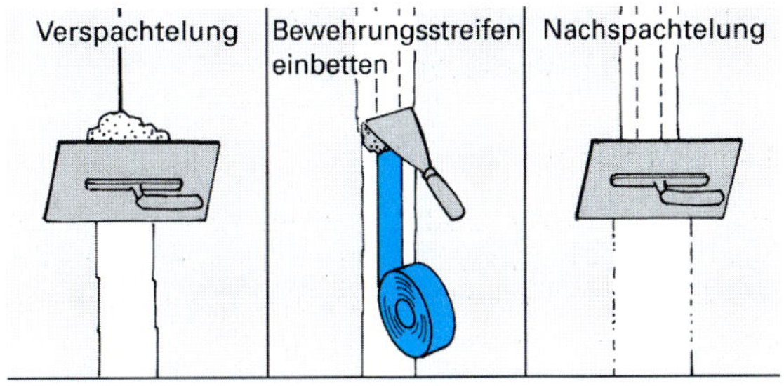

Verfugung mit Bewehrungsstreifen

Kantenformen der GK-Platten und Verfugungsmaterial

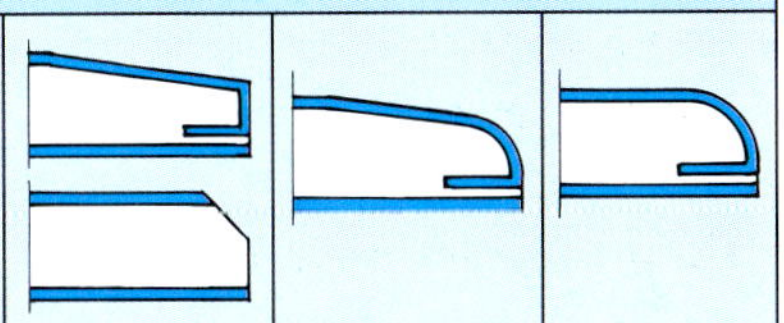

	AK/SK			HRAK			HRK		
Fugengips DIN 1168	V	PB GFB*	N	V	PB	N	–	–	–
Fugengips Vergütet	–	–	–	V	– GFB*	N	V	–	N
Jointfiller	V	PB	N	V	PB	N	–	–	–
Gebrauchsf. Spachtelmasse	–	–	N		–	N	–	–	N

V = Vorspachteln; N = Nachspachteln;
Bewehrungsstreifen: PB = Papier; GFB* = auch Glasfaser möglich

Kombinationsmöglichkeiten der Verfugungsmaterialien

	Vorspachteln	Nachspachteln
Fugengips		
Jointfiller		
Gebrauchsf. Spachtelmasse		
Fugengips		
Jointfiller		
Gebrauchsf. Spachtelmasse		

Ausbildung der Anschlussfugen für GK-Platten

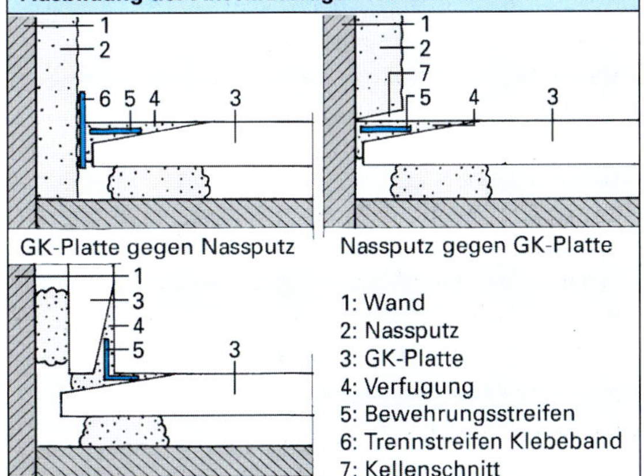

GK-Platte gegen Nassputz

Nassputz gegen GK-Platte

GK-Platte gegen GK-Platte

1: Wand
2: Nassputz
3: GK-Platte
4: Verfugung
5: Bewehrungsstreifen
6: Trennstreifen Klebeband
7: Kellenschnitt

4.2.3 Vorsatzschalen

Aufgabenstellung

- Ausgleich von Unebenheiten der Rohbauwand
- bauphysikalische Aufgabenstellungen:

  Wärmeschutz, Feuchteschutz, Schallschutz, Brandschutz, Strahlenschutz
- Raumgestaltung
- Verkleidung haustechnischer Installationen

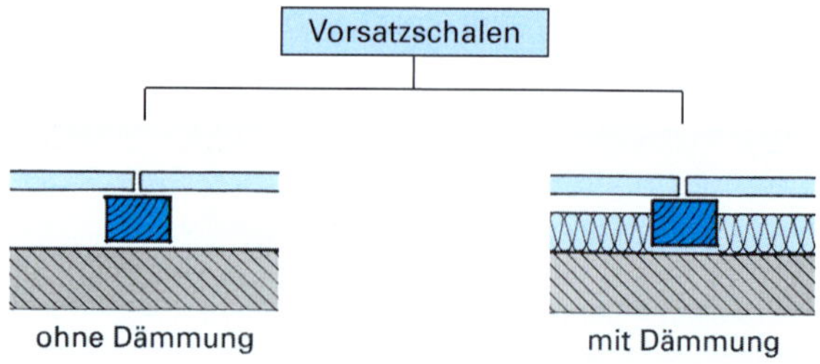

ohne Dämmung:
- Gestaltung
- Raumakustik

mit Dämmung:
- Gestaltung
- Raumakustik
- Wärmedämmung
- Schalldämmung

Vorsatzschalen ohne Hohlraumdämmung

Sie dienen bei Außenwänden und inneren Trennwänden hauptsächlich zur Raumgestaltung, bei biegeweicher Ausführung und entsprechender Formgebung auch zur Verbesserung der Raumakustik.

Sie benötigen für die Beplankung eine Unterkonstruktion aus Holz- oder Metallprofilen. Die Beplankung selbst kann bestehen aus fugenlos verputzten oder verspachtelten Trockenbauplatten oder aus ebenen Stäben, Brettern, Paneelen, Tafeln oder Platten. Material, Format und Fugenbild ermöglichen vielfältige gestalterische Wirkungen. Räumlich verformte Vorsatzschalen können außerdem besondere raumakustische Aufgabenstellungen, beispielsweise in Versammlungsstätten, erfüllen.

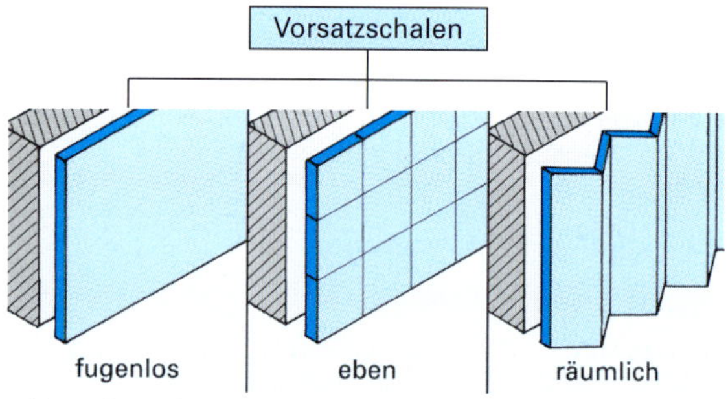

fugenlos:
- Putzträger+Putz
- Trockenbauplatten verspachtelt

eben:
- Vollholzbretter
- Holzwerkstoffe
- Metallpaneele
- Kunststofftafeln
- Gipsbauplatten Kassetten, Lochplatten

räumlich:
- Vollholzbretter
- Holzwerkstoffe
- Metallpaneele
- Kunststofftafeln

Gestaltungsmöglichkeiten für ebene Vorsatzschalen

Vorsatzschalen mit Hohlraumdämmung

Sie können zusätzlich zu den oben angeführten Aufgabenstellungen zur Verbesserung einer nicht ausreichenden Wärmedämmung von Außenwänden dienen, wenn eine außen liegende Dämmung nicht möglich ist (gestalterisch hochwertige Fassade, Einzelmaßnahme im Geschosswohnungsbau).

Je nach Schichtenaufbau und Materialien der Rohbauwand können jedoch erhebliche Probleme mit Kondenswasserbildung im Bauteilquerschnitt aufgrund von Wasserdampfdiffusion auftreten, insbesondere bei Verwendung von Faserdämmstoffen (z.B. Min) für die Vorsatzschale (siehe Kapitel 4.2.4.1). Die Anordnung einer Dampfbremse auf der Raumseite der Dämmschicht muss von Fall zu Fall rechnerisch überprüft werden. Ihre fachgerechte Ausführung stellt allerdings erhebliche Anforderungen an den verarbeitenden Handwerker.

Für eine bessere Luftschalldämmung der Rohbauwand muss die Vorsatzschale biegeweich konstruiert sein. Dicke Trockenbauplatten mit höherer flächenbezogener Masse und Dämmstoffe mit hoher dynamischer Steifigkeit (Hartschaum) sind ungeeignet, sie verschlechtern die Luftschalldämmung (siehe Kapitel 4.2.4.2).

4.2.3.1 Vorsatzschale mit Verbundplatten

Das direkte Ansetzen von Verbundplatten mit Ansetzgips ist die einfachste und preiswerteste Methode der Herstellung einer Vorsatzschale mit Dämmschicht. Plattenkombinationen mit nicht elastifizierten Hartschaumdämmstoffen (EPS, PUR) haben nur wärmedämmende, solche mit Min-Dämmstoffen auch luftschalldämmende Wirkung. Verbundplatten mit Min-Dämmstoffen sind werksseitig mit Dampfsperrfolien kaschiert.

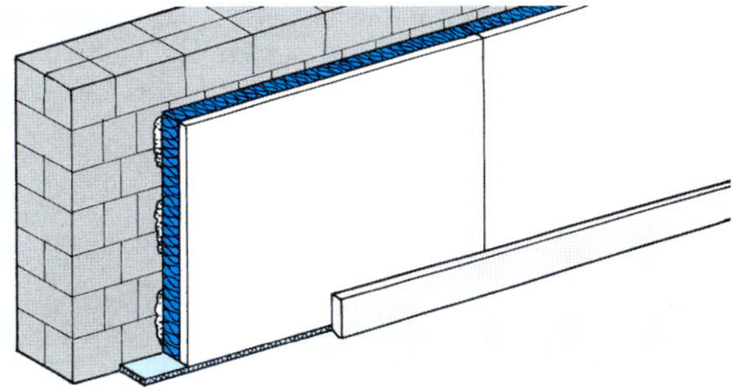

Herstellungsschritte

- Vorbereitung wie bei Trockenputz
- Ansetzgips in Batzen auftragen (EPS-Verbundplatten mit 9,5-mm-GK-Platten in vier Reihen, mit >12,5 mm und Min-Platten in drei Reihen)
- an Plattenrändern geschlossene Gipsstreifen, um Hohlraum gegen warme Raumluft abzudichten
- Platten ansetzen wie bei Trockenputz
- Dämmstoff fugendicht stoßen, um das Eindringen von Ansetzgips oder Spachtelmasse zu vermeiden (Wärmebrücke)
- Platten ausrichten und systemgerecht verfugen wie bei Trockenputz
- Austrocknungszeiten einhalten
- Anschlussfugen an flankierende Bauteile mit Min-Dämmstoff ausfüllen, um Schall- und Wärmebrücken zu vermeiden
- Eckverspachtelung wie bei Trockenputz
- bei Verbundplatten mit Dampfsperre Stoß- und Anschlussfugen mit Elastomeren ausspritzen oder mit selbstklebenden Alu-Bändern hinterlegen (Plattenkanten als Stufenfalz schneiden)
- Verfahren bei planebenem oder sehr unebenem Untergrund wie bei Trockenputz

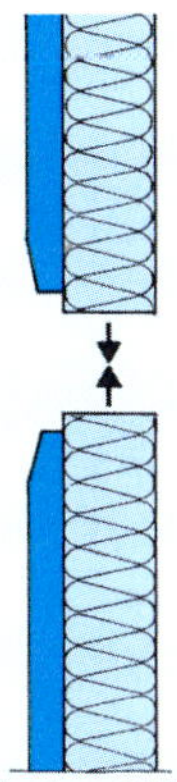
Plattenstöße

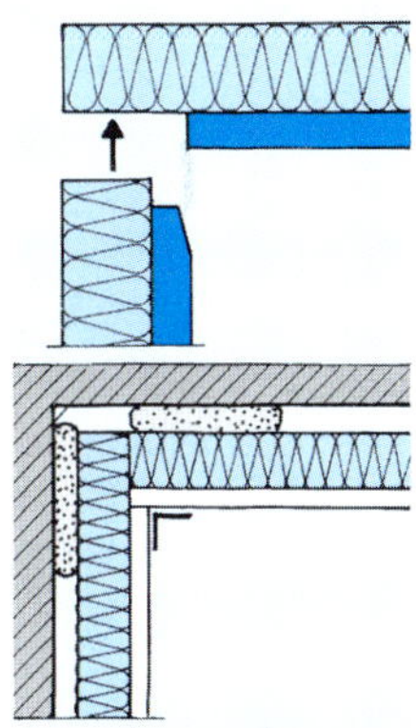
Innenecke

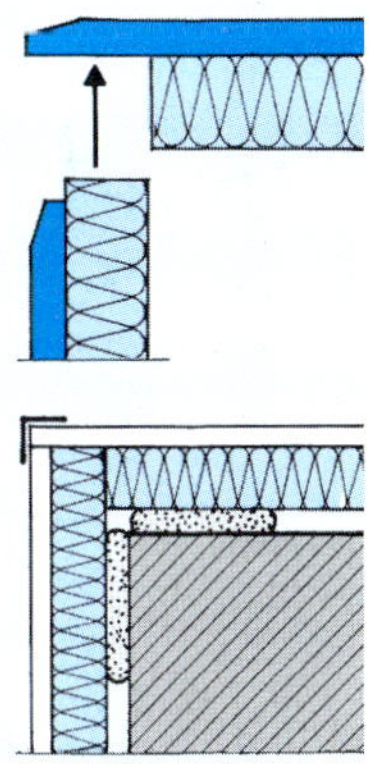
Außenecke

Anschlüsse

Bei Boden-, Wand- und Deckenanschlüssen Wärme- und Schallbrücken vermeiden!

- am Boden Vorsatzschale bis auf Rohdecke führen, Estrich auf Dämmschicht dagegen laufen lassen (Dämmstreifen)
- an Decke Vorsatzschale gegen Nassputz/Rohdecke führen, Deckenbekleidungen/Unterdecken dagegen laufen lassen
- bei Trennwandanschlüssen Trennwand bis Massivwand führen, Vorsatzschale dagegen laufen lassen. Auf durchlaufende Dampfsperren achten

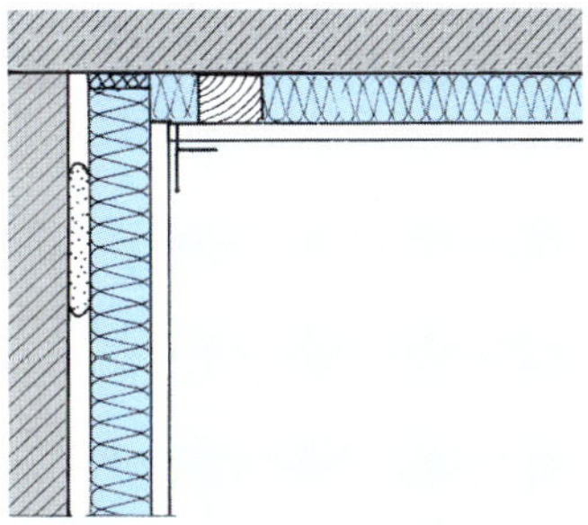
Außenwandanschluss Unterdecke

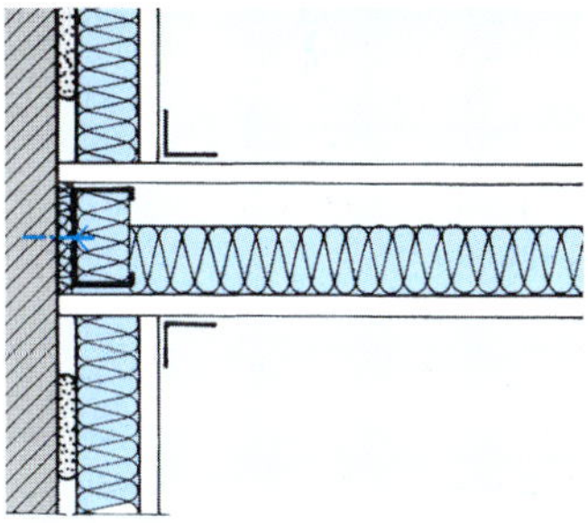
Anschluss Trennwand

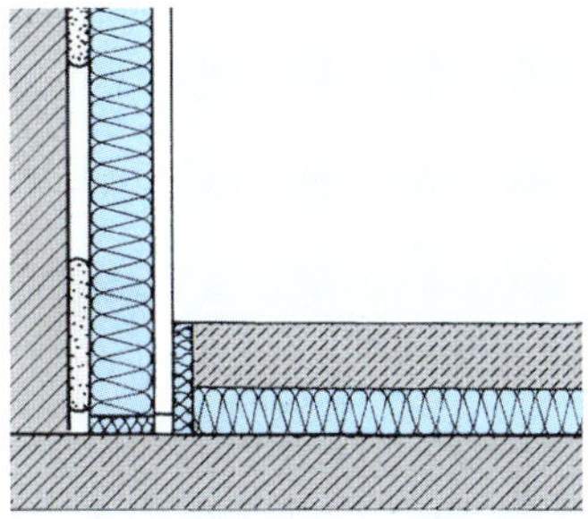
Außenwandanschluss Estrich

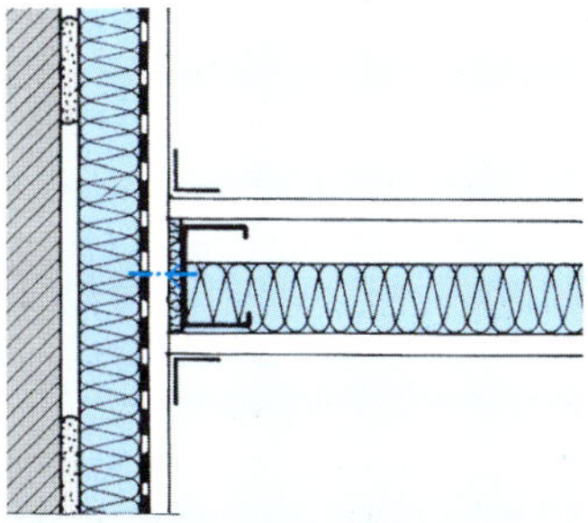
Anschluss Trennwand/Dampfsperre

4.2.3.2 Vorsatzschale mit Holz-Unterkonstruktion und Wandmontage

Eine Traglattung, an der die Beplankung befestigt wird, kann direkt an der Rohbauwand verankert oder mit einer Grundlattung verschraubt werden. Die Anordnung einer Grundlattung (Konterlattung) ermöglicht eine bessere Schall- und Wärmedämmung und einfachere Hinterlüftung der Vorsatzschale. Die Anordnungsmöglichkeiten der Beplankung aus Trockenbauplatten, Paneelen oder Vollholzbrettern hängt von der Anordnung von Grund- und Traglattung ab.

Für Beplankungen aus Vollholz oder Holzwerkstoffen ist eine Hinterlüftung wichtig, insbesondere in Feuchträumen, um Fäulnisschäden durch eingedrungene Feuchtigkeit zu verhindern sowie Quell- und Schwindverformungen von Beplankung und Unterkonstruktion zu begrenzen.

Konstruktion mit Bretterschalung

- **Traglattung** vertikal oder horizontal, je nach Schalungsrichtung, Abstand 40–60 cm
- **Grundlattung vertikal**, Abstand < 100 cm, mit **horizontaler Traglattung**, Abstand 40–60 cm
- **Grundlattung horizontal**, Abstand < 100 cm, mit **vertikaler Traglattung**, Abstand 40–60 cm
- Verankerung an der Rohbauwand direkt mit Dübeln, Abstand 50–80 cm; Ausgleich der Unebenheiten durch Unterlegkeile. Alternativ: Montage mit Abstandsbügeln
- gegebenenfalls Wärmedämmung zwischen Grundlattung befestigen
- Beplankung mit Glattkant- oder Profilbrettern (überfälzt, genutet, gefedert), Holzwerkstoffpaneelen
- Anordnung waagerecht, senkrecht oder diagonal je nach Richtung Traglattung
- Befestigung sichtbar oder unsichtbar (verdeckt nageln oder tackern in Nut, Montageklammern)

Anschlüsse

Randanschlüsse müssen Verformungen aus Quellen und Schwinden der Beplankung und gegebenenfalls eine Hinterlüftung zulassen. Daher werden in der Regel Schattenfugen oder Deckleisten ausgeführt.

Innen- und Außenecken können mit Gehrung, Überdeckung, mit oder ohne Schattenfugen oder mit Eckleisten ausgeführt werden.

Abmessungen mm

	Breite	Dicke
Gehobelte Bretter	75–300	12,5; 15,5; 19,5
Profilbretter gefast	95; 115	15,5; 19,5
Profilbretter Schattennut	95; 115	12,5; 15,5; 19,5
Traglattung	48/24; 50/30	
Grundlattung	50/30; 60/40	

Anordnung von Unterkonstruktion und Bretterschalung

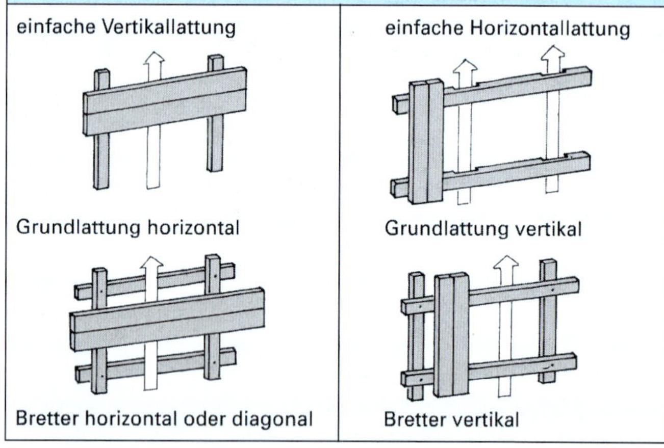

Beplankung Bretter

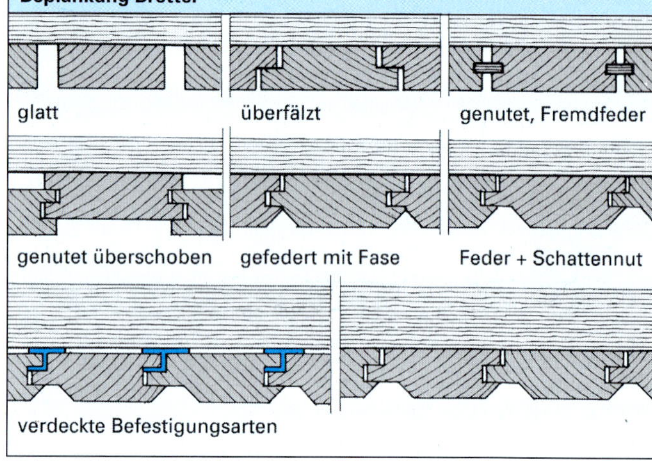

Anschlüsse

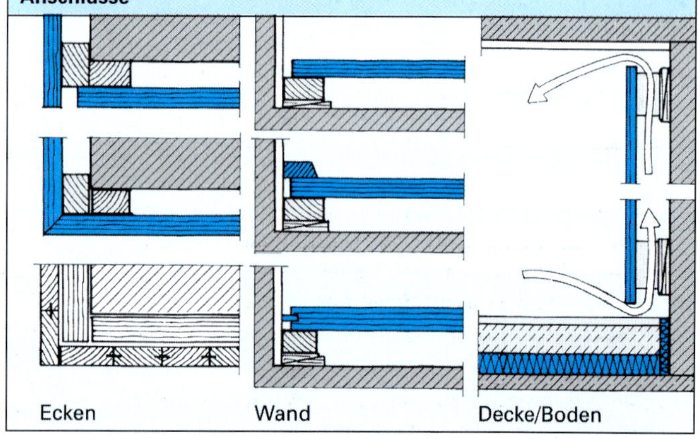

4.2.3.3 Vorsatzschale mit Metall-Unterkonstruktion und Wandmontage

Ist der Untergrund zum direkten Ansetzen von Vorsatzschalen ungeeignet oder werden höhere bauphysikalische Anforderungen gestellt, werden Vorsatzschalen mit Unterkonstruktion verwendet.

Senkrechte UW- oder CD-Metallständer werden mittels elastisch federnder Metallbügel (Direktabhänger, Justierschwingbügel) an der Rohbauwand montiert. Bodenanschlüsse (herstellerabhängig auch Deckenanschlüsse) werden ähnlich wie bei Montagewänden (Kap. 4.3.2) durch Verankerung von UW- oder UD-Metallprofilen hergestellt. Die Beplankung erfolgt meist in Längsverlegung mit raumhoch zugeschnittenen Trockenbauplatten. Vorsatzschalen mit ≥ 15 m Länge benötigen Dehnfugen.

Die Hohlraumdämmung mit Faserdämmstoffen (z. B. Min $d > 40$ mm) und die Hinterlegung der Metallbügel und Anschlussprofile mit Dämmstreifen sowie eine doppelte Beplankung ermöglichen eine gegenüber einer Vorsatzschale mit VBMinP bessere Schalldämmung.

Herstellungsschritte für einlagige Beplankung mit GK-Platten

- Aufmaß von Wandlängen und Wandhöhen
- Plattenzuschnitt raumhoch –1,5 cm
- Ständer- und Anschlussprofile mit Blechschere ablängen
- Ständerstellung auf der Wand im vorgesehenen Abstand, Lage der Anschlussprofile am Boden im vorgesehenen Wandabstand aufreißen
- Metallbügel mit Dämmstreifen hinterlegen und auf Ständerachsen mit Wand verdübeln, Bügelabstand untereinander und Bodenabstand ≤ 1,25 m
- Anschlussprofile mit Dämmstreifen oder Trennwandkitt hinterlegen, im Abstand von ≤ 100 cm mit Boden verdübeln
- Faserdämmplatten (z. B. Min) über Bügel schieben, horizontal im Verband fugendicht verlegen
- Metallständer in Bodenanschlussprofil einkippen, ausrichten und mit Metallbügeln verschrauben oder vernieten. Dämmstoff dabei zusammendrücken
- Trockenbauplatten einkippen, Bodenfuge unterlegen, an Randständern beginnend verschrauben (Schnellbauschrauben TN 25, Abstand = 25 cm)
- Querstöße im oberen Wandbereich um ≥ 40 cm versetzt anordnen, UW/UD-Profile hinterlegen
- bei Außenwanddämmung mit Faserdämmstoffen GK-Platten mit Dampfsperre (Rückseite kaschiert mit Aluminiumfolie) verwenden. Stoß- und Anschlussfugen gegebenenfalls zur Sicherung mit selbstklebenden Alu-Bändern hinterlegen oder mit Elastomeren ausspritzen
- Platten- und Anschlussfugen fach- und systemgerecht verspachteln (siehe Kapitel 4.2.2)

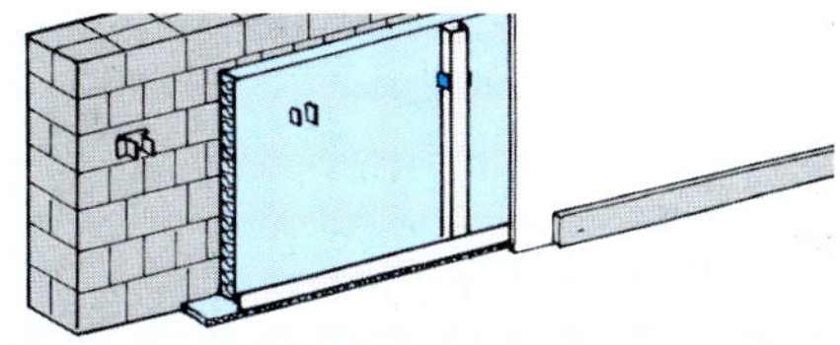

Profilabmessungen mm	
CD 60/27 + UD 28/27	UW 50 + ~~UW 50~~ CW 60

Verankerungsabstände cm			
Metallbügel – Bügel bzw. Bügel – Boden	≤ 125	Anschlussprofile	≤ 100

Ständerabstände mm				
Plattendicke mm	10	12,5	15	18
GK-Platten längs	–	625	625	625
quer	–	625	750	900
GF-Platten	500	625	750	750

Doppelte Beplankung wird notwendig bei:
- keramischen Belägen
- höheren Konsollasten
- höherer Luftschalldämmung

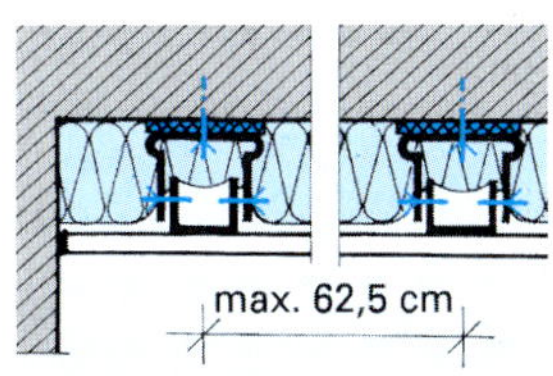

Grundriss/Wandanschluss

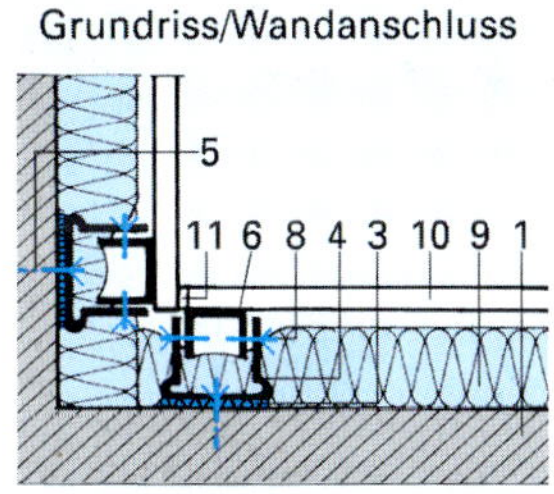

Innenecke

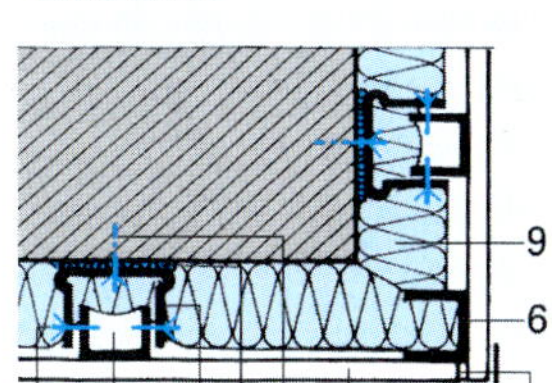

Außenecke

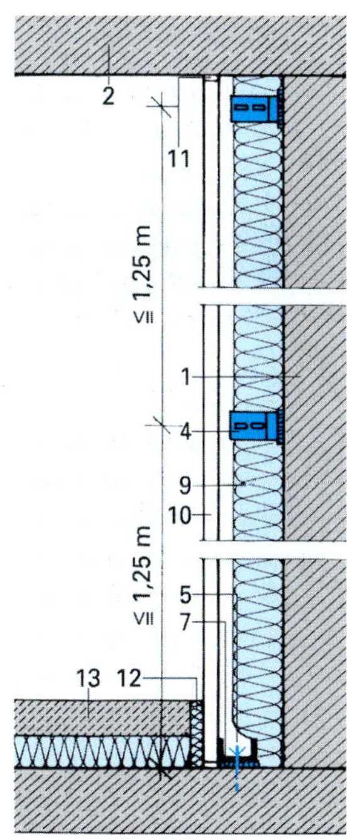

Schnitt Boden-/Deckenanschluss

1: Wand
2: Decke
3: Dämmstreifen
4: Metallbügel
5: Verdübelung
6: CD/UW-Metallständer
7: UD/UW-Anschlussprofil
8: Schnellbauschrauben
9: Min-Hohlraumdämmung
10: GK-Platte
11: Verspachtelung
12: Estrich-Randstreifen
13: Estrich a. Dämmschicht

4.2.3.4 Vorsatzschale mit frei stehender Metallständer-Unterkonstruktion

Frei stehende Unterkonstruktionen für Vorsatzschalen entsprechen denen für nicht tragende innere Trennwände (DIN 4103 bzw. 18183). Sie sind nicht selbständig standsicher und müssen daher an Boden, Decke und an angrenzenden Wänden verankert werden.

Die **Wandhöhen** sind begrenzt, abhängig von:

- Querschnitt und Tragfähigkeit Unterkonstruktion
- Art, Anordnung und Dicke der Beplankung
- mechanischer Beanspruchung durch Nutzung (Einbaubereich 1 oder 2)

Metallständer ermöglichen aufgrund ihrer größeren Stabilität größere Wandhöhen als Holzständer sowie besseren Schall- und Brandschutz.

Herstellungsschritte für ein- oder zweilagige Beplankung mit GK-Platten

- Aufmaß, Zuschnitt der Platten und Profile wie in Kap. 4.2.3.3
- Lage der UW-Anschlussprofile an Boden und Decke aufreißen
- UW-Profile mit Dämmstreifen oder Trennwandkitt hinterlegen, mit Boden und Decke verdübeln (Abstand ≤ 1,00 m)
- CW-Randständer ebenso hinterlegen, in Bodenanschlussprofil einführen, einkippen, mit angrenzenden Wänden an mindestens drei Punkten verdübeln (Abstand ≤ 1,00 m)
- CW-Ständer in Bodenprofil einstellen und ausrichten (Abstand = 62,5 cm)
- haustechnische Installationen einbauen
- Hohlraumdämmung (z.B. Min) zwischen Profile klemmen, Zuschnitt Ständerabstand + 1 cm
- gegebenenfalls Dampfsperrfolie abgleitsicher horizontal aufkleben, Folienstöße mit Alu-Klebeband dampfdicht abkleben, alternativ mit Dampfsperre kaschierte GK-Platten verwenden
- GK-Platten senkrecht in Längsbefestigung auf Metallständer schrauben (Schnellbauschrauben TN 25, Abstand = 25 cm), an Randständern beginnend, stegnahe Schrauben zuerst eindrehen
- Querstöße im oberen Wandbereich anordnen, um ≥ 40 cm versetzen, mit CW-Profilen hinterlegen
- doppelte Beplankung nötig bei Keramikbelägen, höheren Konsollasten, höheren Schallschutzanforderungen. Plattenfugen zur 1. Lage versetzen
- bei doppelter Beplankung 1. Lage Schraubabstand 75 cm, 2. Lage 25 cm (Schnellbauschrauben ≥ TN 35)
- Platten- und Anschlussfugen fach- und systemgerecht verspachteln (Kap. 4.2.2)

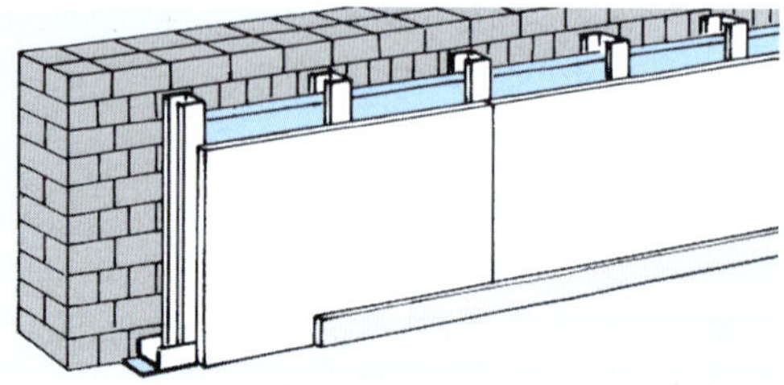

Vorteile frei stehender Vorsatzschalen:

- frei wählbarer Wandabstand
- leistungsfähige Schall- und Wärmedämmung durch einfaches Einlegen der Hohlraumdämmung (z. B. Min)
- einfache Führung haustechnischer Leitungen
- gestalterisch vielfältig
- Vorwandinstallationen für Sanitärräume möglich (Befestigungstraversen, doppelte Beplankung)

Abmessungen Vorsatzschale/Metallprofile		
V-CW 50/62,5	V-CW 75/87,5	V-CW 100/112,5

Verankerungsabstände

für Randprofile, Ständerabstände und Beplankung entsprechen den Werten der Vorsatzschale aus Metallständern mit Wandmontage (Kap. 4.2.3.3)

Grundriss

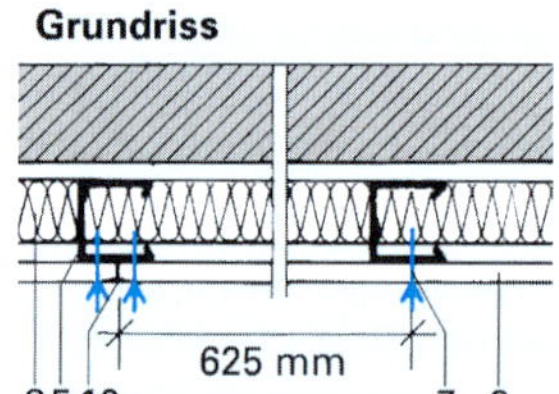

Schnitt

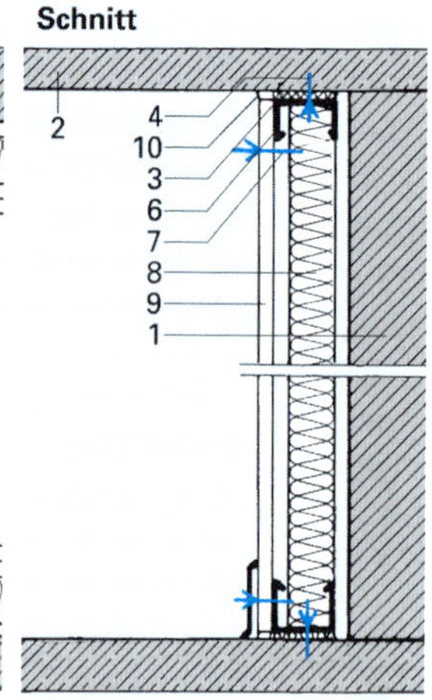

Innenecke

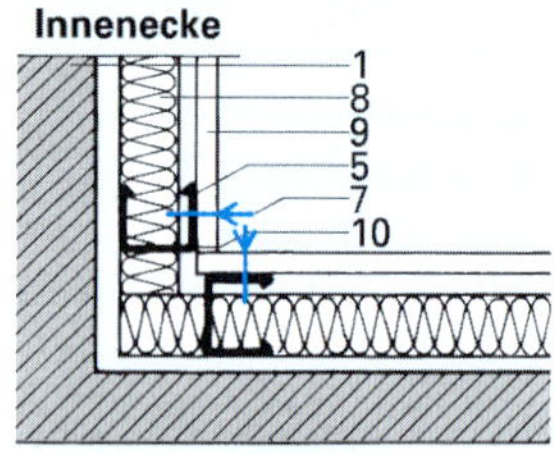

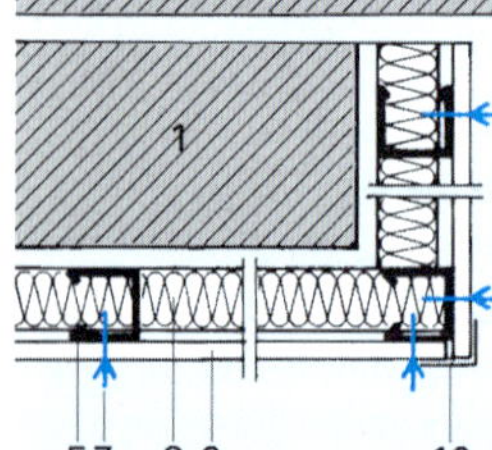

Außenecke

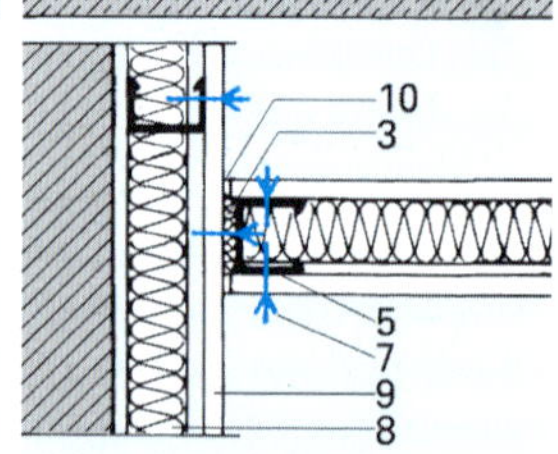

Anschluss Trennwand

1: Wand
2: Decke
3: Anschlussdichtung
4: Verdübelung
5: CW-Metallständer
6: UW-Anschlussprofil
7: Schnellbauschrauben
8: Min-Hohlraumdämmung
9: GK-Platte
10: Verspachtelung

4.2.4 Bauphysikalische Eigenschaften von Vorsatzschalen

4.2.4.1 Wärme- und Feuchteschutz

Dämmschichten

Innen liegende Vorsatzschalen verbessern die Wärmedämmung von Außenwänden, auch bei der Sanierung von Altbauten. Die erforderliche Dicke der Dämmschicht kann dann nach der Energieeinsparverordnung 2002 (EnEV) berechnet werden, sie hängt ab von:

- erforderlichem *U*-Wert der Außenwand
- *U*-Wert vorhandener Schichtenaufbau Außenwand
- Wärmeleitfähigkeit der Dämmschicht

Dampfsperren

Wenn die Außenwand einen nach außen stärker wasserdampfbremsenden Schichtenaufbau aufweist (s_d-Wert steigt), kann bei diffusionsoffenen innen liegenden Dämmschichten (z.B. Min) eine Tauwasserbildung im Bauteilquerschnitt Durchfeuchtung und Bauschäden verursachen. Dies muss durch eine Tauwasserberechnung (Glaser-Verfahren) überprüft werden.

Die Anordnung einer Dampfsperre (Alu- oder PE-Folie) auf der Raumseite der Dämmschicht, diffusionsdichtere Innenanstriche, Beläge oder Dämmstoffe (EPS 30, XPS) können erforderlich werden. Dichte, nicht elastifizierte Hartschaum-Dämmstoffe verschlechtern jedoch den Schallschutz der Wandkonstruktion erheblich, insbesondere bei flächiger Verklebung.

Wärmebrücken

Innen liegende Dämmschichten werden an Außenwänden durch einbindende Decken und Trennwände unterbrochen. Diese Wärmebrücken können wegen der niedrigeren Oberflächentemperaturen im Anschlussbereich zu Tauwasser- und Schimmelpilzbildung führen.

Im Randbereich angebrachte Zusatzdämmungen von ca. 1 m Breite (Vorsatzschalen, Deckenbekleidungen) könnten dieses Problem lösen, sind jedoch technisch und gestalterisch problematisch, da sie einen Absatz bilden. Ganzflächige Vorsatzschalen wären jedoch zu aufwendig. Nicht tragende innere Trennwände, Estriche und Unterdecken sollten daher die Dämmschichten von Vorsatzschalen nicht unterbrechen, sondern dagegen laufen. Die Unterkonstruktion von Montagewänden muss dann an der Vorsatzschale verankert werden.

Der Schallschutz der Trennwand wird durch die Längsleitung über die durchlaufende Vorsatzschale allerdings verschlechtert. Die Beplankung muss also getrennt werden. Die Leistungsfähigkeit der Trennwand im Brandfall wird durch durchlaufende Vorsatzschalen ebenfalls eingeschränkt, wenn keine Abschottung erfolgt.

Erforderliche Dicke der Wärmedämmschicht

Beispiele für Außenwand mit erforderl. U-Wert = 0,35 (W/m²K)

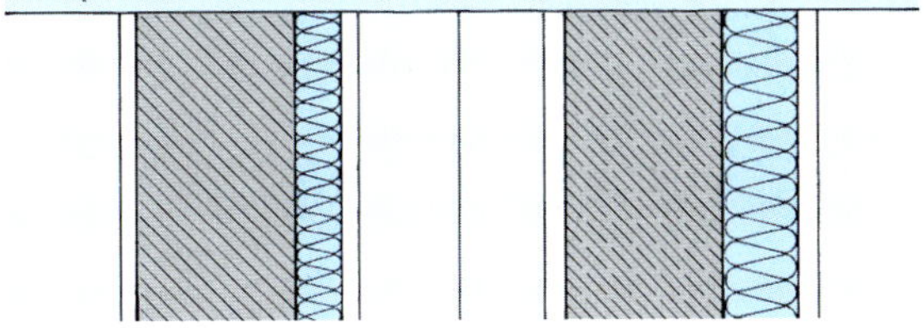

Außenputz PII, 20 mm Mauerwerk Hlz A, 24 cm Rohdichte 1000 kg/m³ VBEPSP Schichtdicke ≥ 7,5 cm	Außenputz PII, 20 mm Stahlbeton 25 cm VBEPSP Schichtdicke ≥ 9 cm

Notwendigkeit einer Dampfsperre

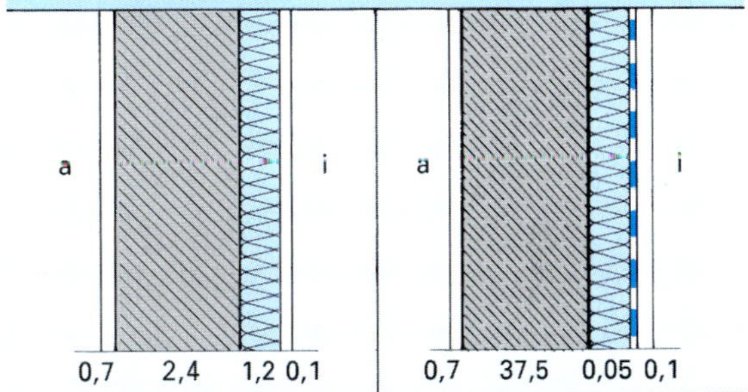

s_d-Werte der Schichten nach außen nicht anwachsend	s_d-Werte nach außen anwachsend: Dampfsperre innen
VBEPSP 6 cm Mauerwerk Hlz wie oben	VBMinP 6 cm Stahlbeton wie oben

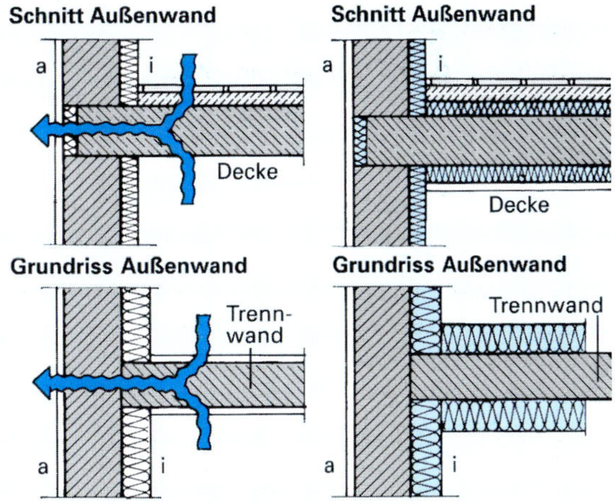

Wärmebrücken bei Innendämmungen

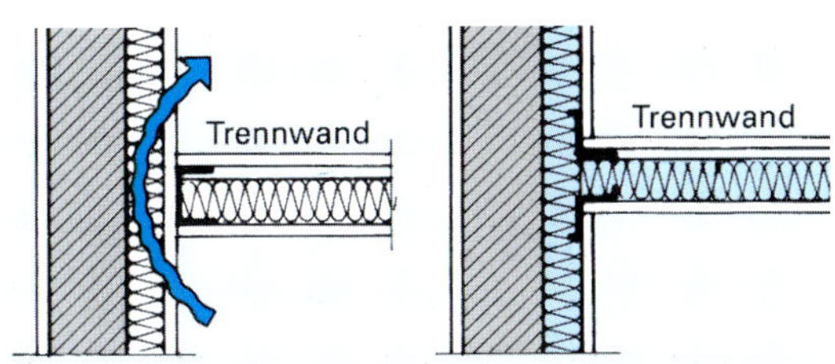

Vermeiden gleichzeitiger Schallbrücken: Beplankung trennen

4.2.4.2 Schallschutz

Die Leistungsfähigkeit einer biegeweichen schalldämmenden Vorsatzschale hängt im Wesentlichen ab von:

- der flächenbezogenen Masse *m'* der biegesteifen Massivwand
- der konstruktiven Ausbildung der Vorsatzschale
- der Ausbildung der flankierenden Bauteile

Flächenbezogene Masse *m'* der Trennwand

Je höher das Flächengewicht der biegesteifen Massivwand, desto besser ist bereits ihre Luftschalldämmung. Eine biegeweiche Vorsatzschale wirkt sich dann nur noch mit einem geringen Verbesserungsmaß aus.

Eine 25 cm dicke Stahlbetonwand übertrifft nach DIN 4109 die Anforderungen an Wohnungstrennwände bereits um 4 dB und kann durch Vorsatzschalen nur noch um ca. 1 dB verbessert werden. Eine verputzte Leichtziegelwand (d=11,5 cm) mit einem Luftschalldämmmaß von 37 dB kann dagegen durch eine Vorsatzschale um 12 dB verbessert werden.

Konstruktion der Vorsatzschale

Vorsatzschalen mit frei stehender oder „federnd" mit der Massivwand verbundener Unterkonstruktion sind aufgrund fehlender Schallbrücken nach DIN 4109 um ca. 1 dB leistungsfähiger als Konstruktionen mit starrer Verbindung zur biegesteifen Massivwand (Unterkonstruktion mit Wandverankerung). Voraussetzungen sind Hohlraumdämpfung (z.B. mit Min-Platten oder -matten) und Mindestwandabstand 20 mm. Die Wirksamkeit der Vorsatzschale kann verbessert werden durch:

- dickeren Dämmstoff (> 60 mm)
- doppelte Beplankung
- Metall- statt Holzständer

Flankierende Bauteile

Die angegebenen Werte gelten für Massivbauten mit einer mittleren flächenbezogenen Masse *m'* der flankierenden Bauteile von ca. 300 kg/m². Sind diese Bauteile leichter, so müssen bis zu 4 dB schlechtere Dämmwerte, sind sie schwerer, können bis zu 2 dB bessere Dämmwerte angesetzt werden. Voraussetzung sind außerdem biegesteife und dichte Anschlüsse der Trenn- oder Außenwand an die flankierenden Bauteile. Im Skelettbau mit biegeweichen Anschlüssen ohne Flankenübertragung gelten andere Gesetzmäßigkeiten und Zahlenwerte.

4.2.4.3 Brandschutz

Vorsatzschalen mit brennbaren Stoffen (z.B. Hartschaum) sind bei Wänden mit Brandschutzanforderungen, auch wenn im Einzelfall erlaubt, allgemein nicht empfehlenswert. Unzulässig sind sie für Wände, bei denen die Baustoffklasse A vorgeschrieben ist (durch brennbare Stoffe Einordnung z.B. in F 90-AB statt F 90-A). Durch eine Beplankung kann im Dachgeschossausbau (15 mm GKF) und an Fachwerkwänden (12,5 mm GKF) die Feuerwiderstandsklasse F 30-B erreicht werden.

Verbesserungsmaß von Vorsatzschalen an biegesteifen Massivwänden (dB)

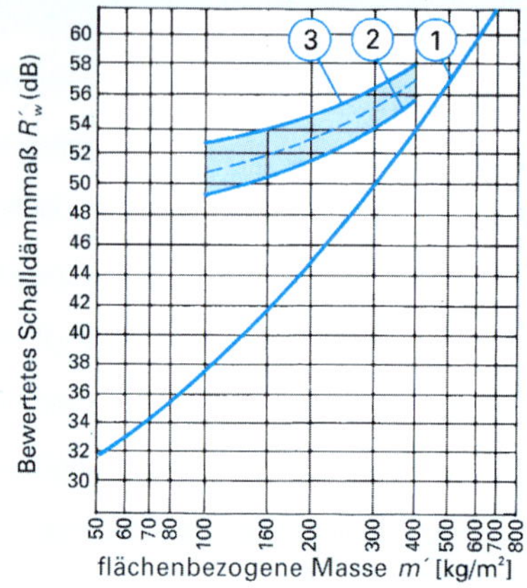

Kurve 1: Wand ohne, Kurven 2–3: mit Vorsatzschale

Beispiele Verbesserungsmaß Vorsatzschalen (dB)				
	Flächengewicht	R'_w ohne V	R'_w mit V	Verbesserung
Stahlbeton 25 cm	605 kg/m²	57	58	1
HLz 24 cm, ρ = 1200	313 kg/m²	50	54	4
Leichtziegel 11,5 cm, ρ = 600	100 kg/m²	37	49	12

Holzlattung direkt mit Massivwand verdübelt, Dämmung zwischen Grund- und Traglattung	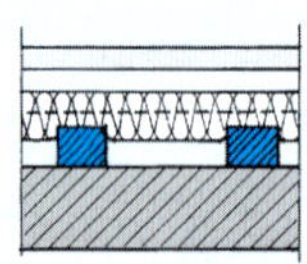	ca. +11 dB
Metall- oder Holzständer mit starrer Wandverankerung, Dämmung zwischen Ständern	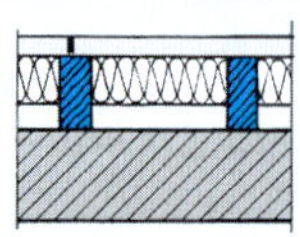	ca. +11 dB
Metall- oder Holzständer mit Federbügel oder -schiene, Dämmung zwischen Ständern	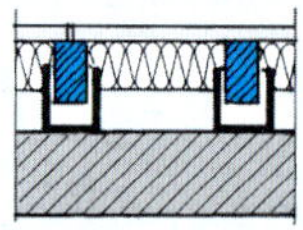	ca. +11/ +12 dB
frei stehende Metall- oder Holzständer, Dämmung zwischen Ständern	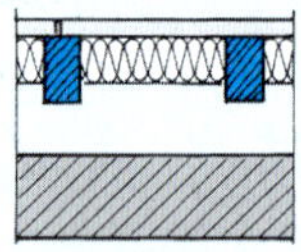	ca. +12 dB
Verbundplatte punkt- oder streifenförmig auf Massivwand geklebt	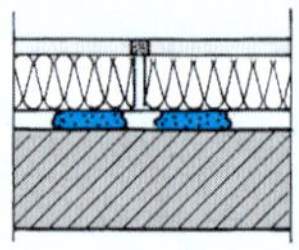	ca. +12 dB

Werte gültig für Massivbau mit flankierenden Bauteilen mit mittlerer flächenbezogener Masse *m'* von ca. 300 kg/m².

4.3 Nicht tragende innere Trennwände (DIN 4103)

Merkmale und Aufgabenstellung

- raumtrennende Wände im Inneren von Bauwerken
- nicht tragend, nicht aussteifend
- mechanisch nur begrenzt belastbar
- Standsicherheit erst durch Verbindung mit angrenzenden Bauteilen
- Begrenzung der Wandabmessungen
- geringe flächenbezogene Masse
- fest eingebaut oder umsetzbar
- ein- oder mehrschalig
- Beitrag zur Raumgestaltung
- Aufnahme haustechnischer Installationen
- eventuell Aufgaben des Brand-, Wärme-, Feuchtigkeits-, Schall- oder Strahlenschutzes

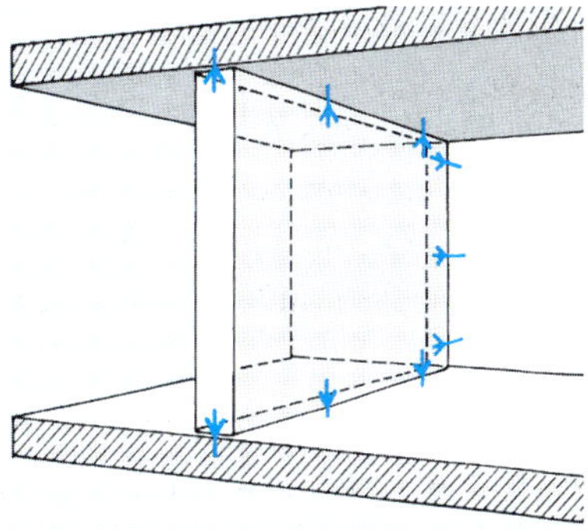

Randverankerung von Trennwänden

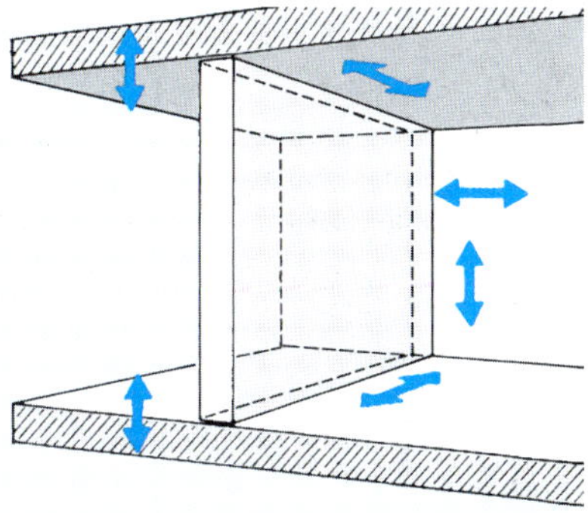

Mögliche Verformungen flankierender Bauteile

Anforderungen an die Konstruktion

Die Wandkonstruktionen und ihre Anschlüsse müssen alle üblichen Beanspruchungen aufnehmen, die durch die Raumnutzung (Einteilung in Einbaubereiche 1 oder 2) entstehen können. Hierzu gehören horizontale Kräfte aufgrund von Menschenansammlungen (statischer Biegezug oder stoßartige Belastungen) ebenso wie die Aufnahme leichter Konsollasten aus Bildern, Buchregalen oder Wandschränken an jeder Stelle der Wand.

Die Formänderungen anschließender Bauteile (z.B. Längenänderungen oder Deckendurchbiegungen) müssen durch die Ausbildung der Wandkonstruktion und der Anschlüsse aufgenommen werden können.

Aufgrund der Beanspruchung und der begrenzten Standsicherheit dieser Trennwände sind je nach Konstruktionsart und verwendeten Baustoffen die maximalen Wandhöhen oder auch Wandlängen eingeschränkt.

Einbaubereich 1
Bereiche geringer Menschenansammlungen, z.B. Wohnungen, Hotels, Büros, Krankenräume einschließlich Flure
Einbaubereich 2
Bereiche großer Menschenansammlungen, z.B. Versammlungsräume, Schulräume, Hörsäle, Verkaufsräume Räume mit Höhenunterschied der Fußböden > 1,0 m

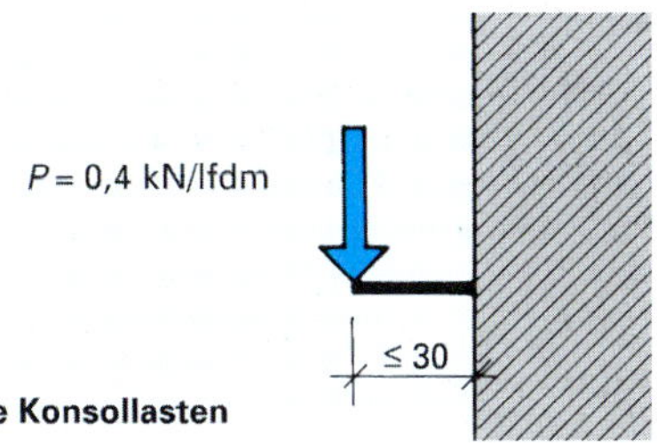

Leichte Konsollasten

4.3.1 Einschalige Trennwände

Sie werden in massiver Bauart aus leichten Wandbauplatten (meist Gips oder Porenbeton) hergestellt. Da diese mit speziellen Dünnbettmörteln oder -klebern mit durchlaufenden waagerechten Lagerfugen im Verband „gemauert" werden, stellen sie den Übergang zwischen dem Mauerwerksbau und dem reinen Trockenbau dar.

Vorteile

- schnell und rationell herstellbar
- gut geeignet für Anstrich oder Tapeten
- für einfache Raumtrennung ohne besondere bauphysikalische Anforderungen
- abhängig vom verwendeten Baustoff bei entsprechender Dicke hohe Brandschutzanforderungen erfüllbar

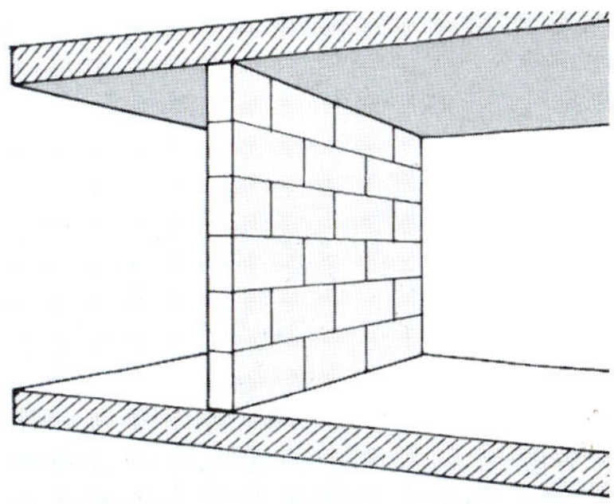

Konstruktion einschaliger Trennwände

4.3.1.1 Trennwände aus Gips-Wandbauplatten (DIN 4103 T.2)

Wandabmessungen

Die Trennwände können ohne besonderen Nachweis ausgeführt werden, wenn die in der DIN festgelegten zulässigen Längen und Höhen eingehalten werden.

Die Abmessungen sind abhängig von:

- Plattenart (PW, GW, SW)
- Plattendicke (60, 80, 100 mm)
- Einbaubereich 1 oder 2
- Randlagerung (Anschluss vierseitig, dreiseitig oder nur Boden und Decke)
- Größe von Öffnungen (z.B. Türen)

Herstellungsschritte für elastischen Anschluss

- Aufmaß von Wandhöhen und -längen
- Wandverlauf mit Schlagschnur an angrenzenden Bauteilen aufreißen (1)
- Anschlaglatte an Wänden lotrecht befestigen
- eventuell Sperrstreifen gegen Bodenfeuchtigkeit auslegen
- Bodenunebenheiten mit Stuckgips ausgleichen
- Fugengips anmachen
- Dämmstreifen umlaufend mit Fugengips verlegen, am Boden auf Ausgleichsschicht (2)
- 1. Reihe Wandplatten auf Dämmstreifen in Fugengips versetzen. Wenn Nut nach oben, untere Plattenfeder absägen. Fugen satt mit Fugengips füllen (3)
- letzte Platte am Wandanschluss durch Absägen einpassen
- Platten lot-/fluchtrecht ausrichten
- 2. Reihe mit versetzten Stoßfugen im Verband mit Fugengips versetzen (4)
- mit herausgequollenem Fugengips Fugen verspachteln (5)
- oberste Plattenreihe zusägen, Oberseite abschrägen und einkippen (6)
- Anschlussfuge zum Dämmstreifen füllen (Fugengips, Mischung Stuck–Fugengips)
- Wand gegebenenfalls flächig verspachteln. Unzulässig, wenn keramische Fliesen als Wandbeläge vorgesehen
- Wandecken, T-förmige Anschlüsse oder Kreuzungen immer im Verband verzahnt ausführen (7, 8)

Zulässige Wandhöhen in m bei beliebiger Wandlänge sowie großen Wandöffnungen und Anschluss an Boden und Decke

Plattendicke cm	6	8		10
Plattenart	PW, GW, SW	PW	GW, SW	PW, GW, SW
Einbaubereich 1	3,50	4,50		7,00
Einbaubereich 2		2,75	3,50	5,00

Höhe auf Nachweis

Zulässige Wandlängen in m ohne große Öffnungen, Anschluss vierseitig

Plattendicke cm		6	8		10
Wandhöhe m	Plattenart	PW, GW, SW	PW	GW, SW	PW, GW, SW
3,00	Einbaubereich 1				
3,50					
4,00		8,00			
4,50					
5,00			12,50		
5,50			13,75		
6,00					
6,50					
7,00					
3,00	Einbaubereich 2	4,50	6,00		
3,50			7,00		
4,00			8,00	10,00	
4,50					
5,00					
5,50					16,50

Länge auf Nachweis   Länge beliebig

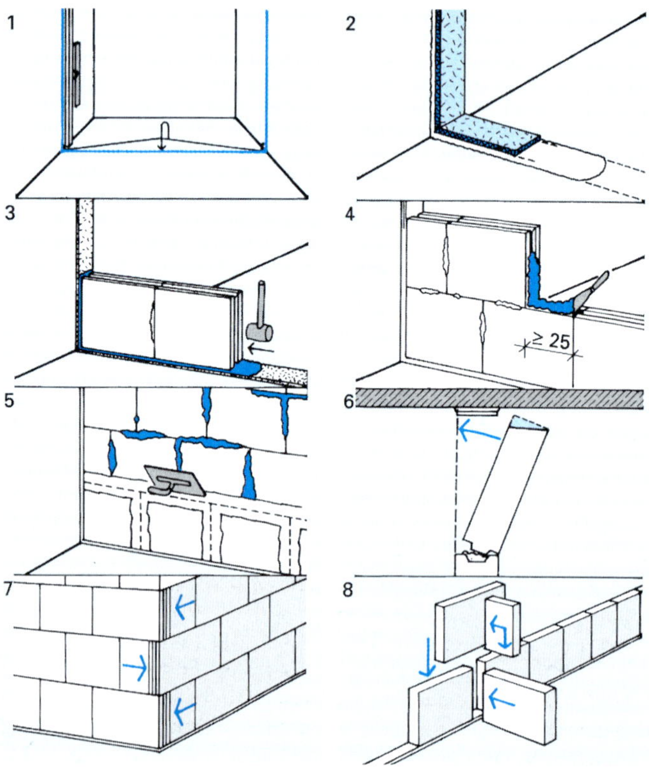

Wandöffnungen

Große Öffnungen (z.B. für Türen) sind im Plattenverband anzulegen oder später auszusägen. Kleine Öffnungen und Installationsschlitze können ausgesägt, gefräst oder gebohrt, dürfen aber keinesfalls mit Hammer und Meißel gestemmt werden.

Beim Plattenverband dürfen keine Stoßfugen in Verlängerung der senkrechten Leibung angeordnet werden. Über Türöffnungen sind Schlitzbandeisen als Sturzbewehrung in die Lagerfuge einzulegen. Sie müssen seitlich ≥50 cm in die Wand einbinden.

Rostgeschützte Metall-Umfassungszargen werden beim Anlegen der Wand aufgestellt. Die Platten werden in die Zarge eingeschoben, die Schiebeanker in die Lagerfugen mit Fugengips eingebettet, die Zargenhohlräume mit Stuckgips ausgegossen. Mehrteilige Zargen werden nachträglich eingebaut.

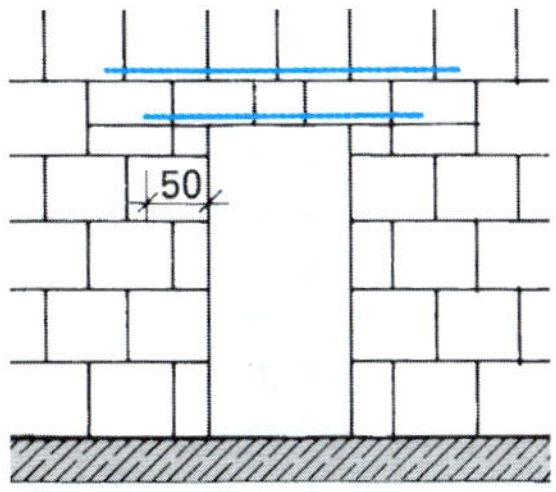

Sturzbewehrung

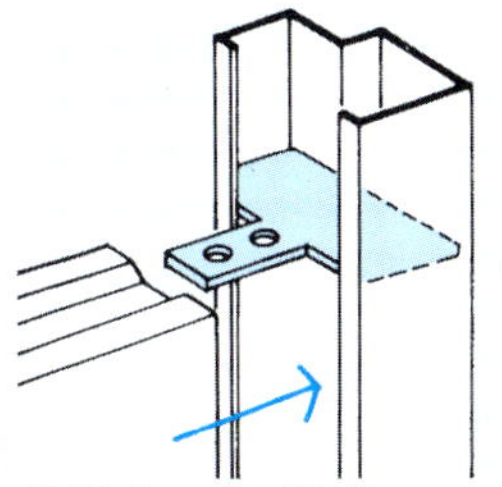

Schiebeanker für Zargen

Anschlüsse

Je nach dem Ausmaß der Verformung der angrenzenden Bauteile werden unterschieden:

- starre Anschlüsse

  Anschlussfugen mit Stuckgips ausfüllen. Nur bei sehr geringen Verformungen möglich

- elastische Anschlüsse

  umlaufender trennender Dämmstreifen, Aufgabe:
  - Ausgleich von Unebenheiten
  - Aufnahme von geringfügigen Verformungen
  - dichter Anschluss für Schall- und Brandschutz
  - gegen Übertragung von Baufeuchtigkeit

  Die Anschlüsse dürfen nicht überspachtelt, allenfalls mit überstreichbaren dauerelastischen Fugendichtungsmaterialien geschlossen werden

- gleitende Anschlüsse

  Aufnahme starker Verformungen, z.B. Deckendurchbiegung, durch L- oder U-Profile aus Stahlblech oder Kunststoff, die die Wandbauplatten ohne feste Verbindung umfassen (gestalterisches Problem). Sie werden im Abstand von ≤1 m mit angrenzenden Bauteilen verdübelt. Der entstehende Hohlraum wird bei Schall- und Brandschutzanforderungen mit Min-Dämmstoffen ausgefüllt.

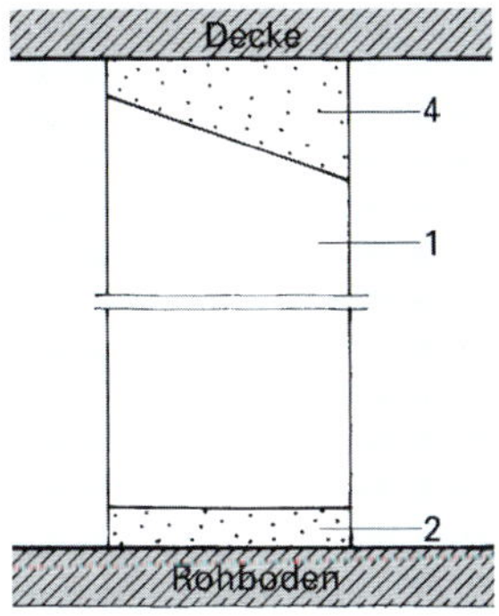

Schnitt

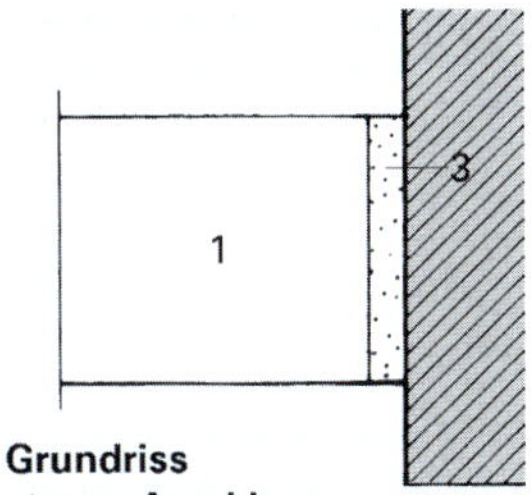

Grundriss starrer Anschluss

1: Wandbauplatte
2: Stuckgips
3: Fugengips
4: Gipsmörtel

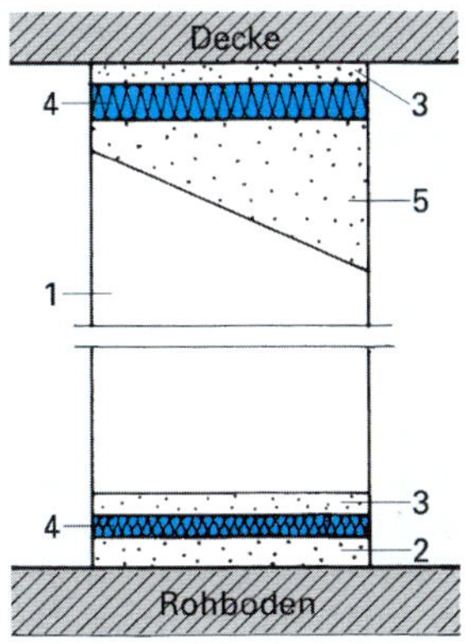

Schnitt

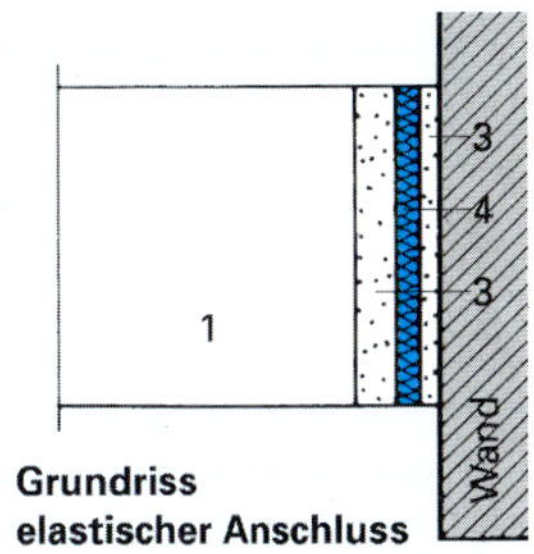

Grundriss elastischer Anschluss

1: Wandbauplatte
2: Stuckgips
3: Fugengips
4: Dämmstreifen
5: Gipsmörtel

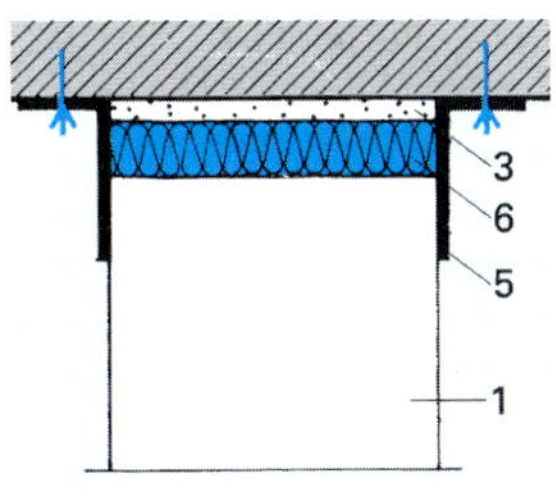

Schnitt

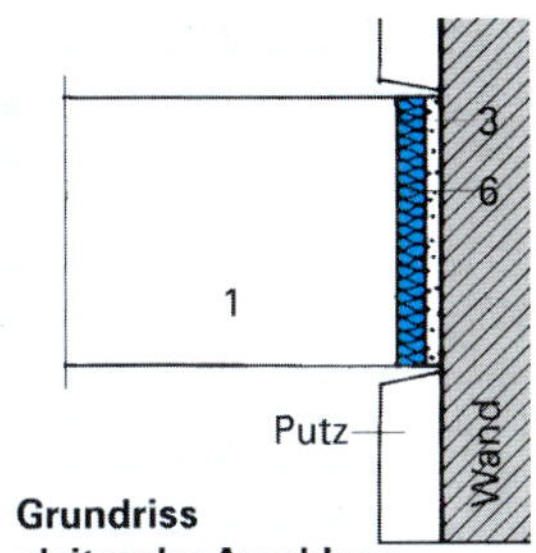

Grundriss gleitender Anschluss

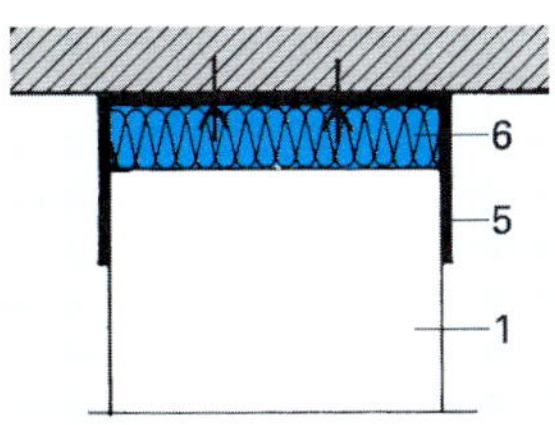

Schnitt nicht bei Brandschutzanford.

1: Wandbauplatte
2: Stuckgips
3: Fugengips
4: Dämmstreifen
5: Metall-Profil
6: Min-Dämmstoff

Konsollasten

Die Wände können leichte Konsollasten bis 0,4 kN/m Wandlänge bei einem Hebelarm von 30 cm an jeder Stelle durch Haken, Spreiz- oder Schraubdübel aufnehmen. Größere Konsollasten bis 1 kN/m und Hebelarmen bis 50 cm können ohne Nachweis aufgenommen werden, wenn die Wanddicke mindestens 8 cm beträgt und ihre Höhe 2/3 der Werte der Tabelle 1 auf der linken Seite nicht überschreitet.

4.3.2 Mehrschalige Trennwände (Montagewände)

Eine Unterkonstruktion aus Holz- oder Metallprofilen trennt eine ein- oder mehrlagige Beplankung aus Trockenbauplatten. Diese werden mechanisch an der Unterkonstruktion befestigt. Sie bildet einen Hohlraum, der Dämm- und Sperrstoffe aufnehmen kann. Dadurch wird eine große Anpassungsfähigkeit der Wandkonstruktion, die auf der Baustelle montiert wird, an verschiedenartige mechanische, bauphysikalische und gestalterische Anforderungen ermöglicht.

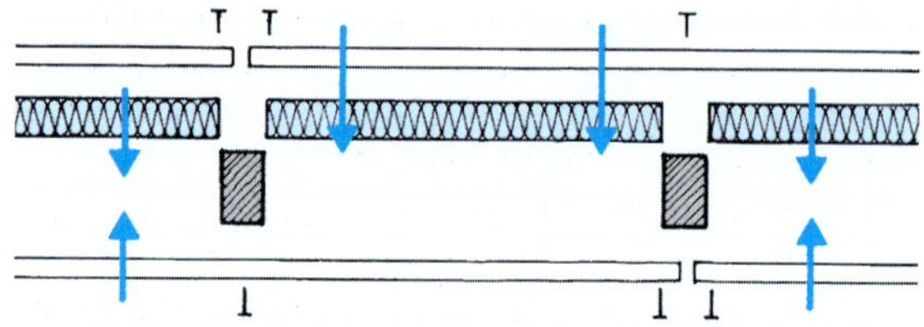

Konstruktionsprinzip mehrschaliger Trennwände

4.3.2.1 Metallständerwände mit GK-Platten (DIN 18183)

Wie bei allen nicht tragenden inneren Trennwänden ist aufgrund der begrenzten Standsicherheit die maximale Wandhöhe der Metallständerwände eingeschränkt. Sie ist abhängig von:

- Stegtiefe der Stahlblechprofile
- Blechdicke der Profile
- Dicke der GK-Beplankung
- Einbaubereich 1 oder 2 (Belastung)
- zulässige Durchbiegung *f* (Horizontalkräfte)
- Unterkonstruktion (Einfachständerwand, Doppelständerwand gegeneinander abgestützt, durch Verlaschung getrennt)

Maximale Wandhöhen für GK-Montagewände in m für Durchbiegung *f* = 1/500

Wand-Kurzbezeichnung	Einbaubereich 1	Einbaubereich 2
Einfachständerwände		
CW 50/75	3,00	2,60
CW 50/100	4,00	2,60
CW 75/100	4,50	3,75
CW 75/125	5,50	3,75
CW 100/125	5,00	4,25
CW 100/150	6,50	5,75
Doppelständerwände		
CW 50+50/155	4,00	2,60
CW 75+75/205	6,00	2,60
CW 100+100/255	6,50	6,00
Vorsatzschalen oder getrennte Doppelständerwände		
V- CW 50/75	2,60*	
V- CW 75/87,5	3,00	2,50*
V- CW 75/100	3,50	2,75*
V- CW 100/112,5	4,00	3,00
V- CW 100/125	4,25	3,50

* bei Durchbiegung $f = 1{:}350–1{:}500$

4.3.2.2 Einfachständerwand einfach beplankt

Herstellungsschritte

- Aufmaß von Wandlängen und Wandhöhen
- Lage der Wandachse mit Schnurschlag am Boden aufreißen, mit Lot oder Laser auf Wände und Decke übertragen (1)
- Zuschnitt der GK-Platten und Metallprofile
- Unebenheiten an angrenzenden Bauteilen mit Gipsmörtel ausgleichen (2)
- UW-Anschlussprofile mit Dämmstreifen oder Trennwandkitt versehen (3)
- UW-Profile an Boden und Decke verankern. Abstand ≤ 1,00 m, Massivdecken Drehstiftdübel (4)
- CW-Profile in UW-Profile einstellen und eindrehen, offene Profilseite in Montagerichtung der Beplankung anordnen (5)
- Profillänge muss ca. 10–15 mm kürzer als Lichtmaß zwischen UW-Profilen sein, um Deckendurchbiegungen ohne Zwängung zu ermöglichen. Einstandsmaß in UW-Profile mindestens 15 mm (6)
- CW-Randanschlussprofile zuvor mit Dämmstreifen oder Trennwandkitt versehen, mit Wänden an mindestens drei Stellen verdübeln, max. Dübelabstand ca. 1,00 m

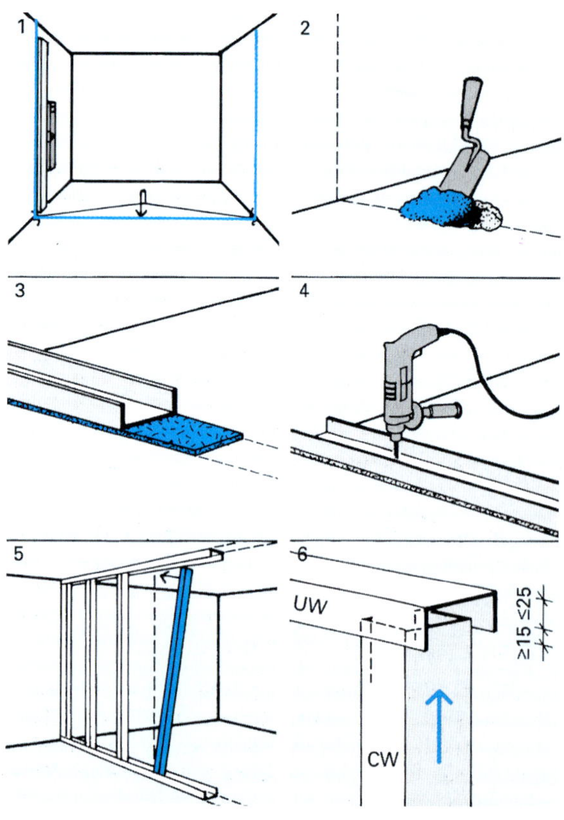

- erste Wandseite mit senkrecht angeordneten GK-Platten (12,5 mm, Längsbefestigung) beplanken, CW-Profile dabei exakt auf Abstand 62,5 cm ausrichten. Plattenlänge ca. 15–20 mm kürzer als lichte Raumhöhe (7)
- GK-Platten fest an Unterkonstruktion drücken, mit Schnellbauschrauben verschrauben (TN 25, Schraubabstand 25 cm), Randabstände beachten. Stegnahe Schrauben zuerst eindrehen, vom Plattenrand zur gegenüberliegenden Seite fortlaufend verschrauben, um Stauchungen zu vermeiden (8)
- oberste Schrauben nicht mit UW-Anschlussprofil verschrauben, sondern ca. 1 cm tiefer mit CW-Profil für ungehinderte Deckendurchbiegung (9)
- Horizontalstöße bei nicht raumhohen Platten im obersten Wandbereich anordnen, um mindestens 40 cm gegeneinander versetzen, mit horizontalen CW-/UW-Profilen hinterschrauben
- Installationsleitungen im Hohlraum verlegen. H-Ausstanzungen der Profile für Elektroleitungen aufbiegen
- Min-Hohlraumdämmung zwischen CW-Profile klemmen, Zuschnitt ca. 1 cm breiter als Profilabstand (10)
- zweite Wandseite beplanken, Plattenstöße zur gegenüberliegenden Wandseite versetzen (11)
- Plattenfugen und Schraubköpfe fachgerecht verspachteln (12)
- Anschlussfugen je nach Anschlussart fachgerecht fertig stellen

7

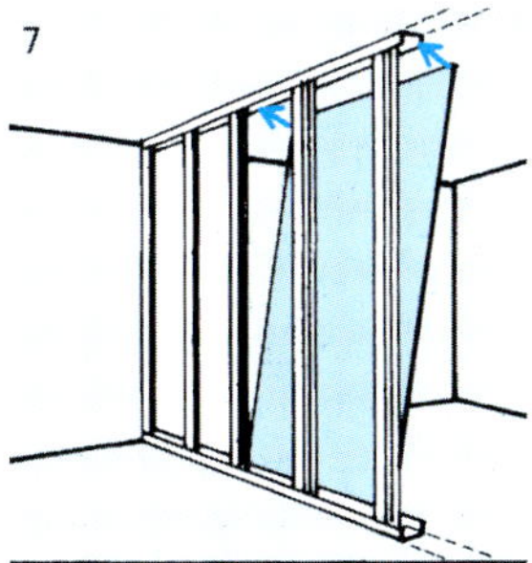

8

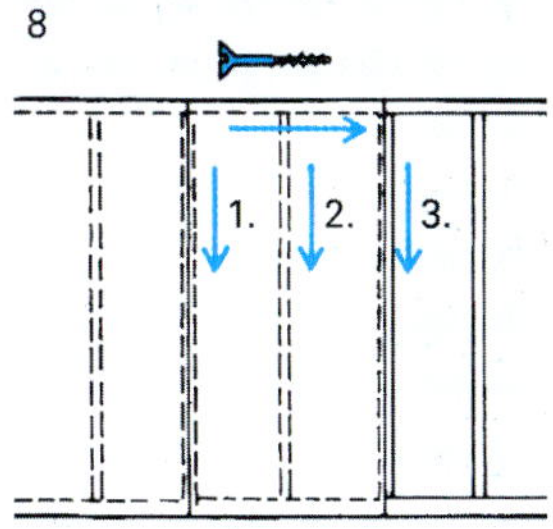

9

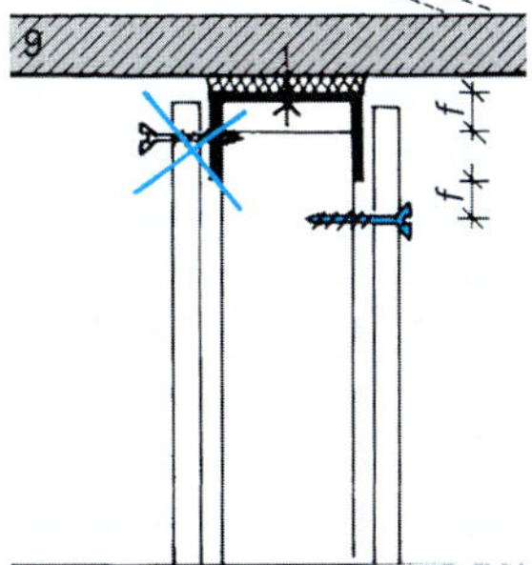

10

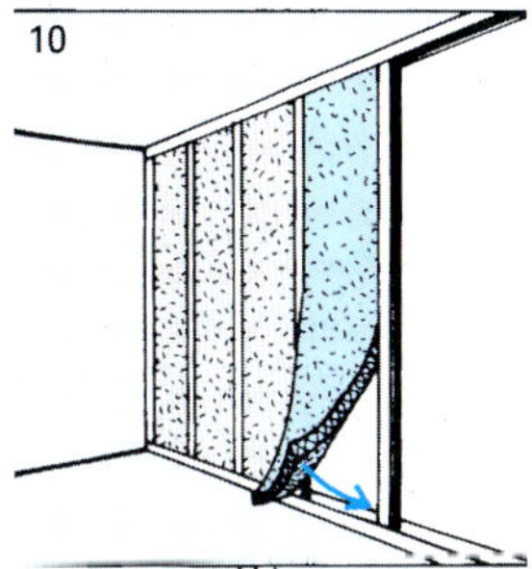

11

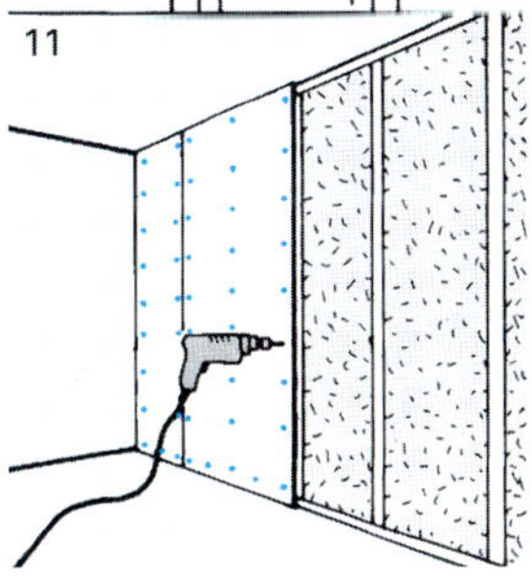

12

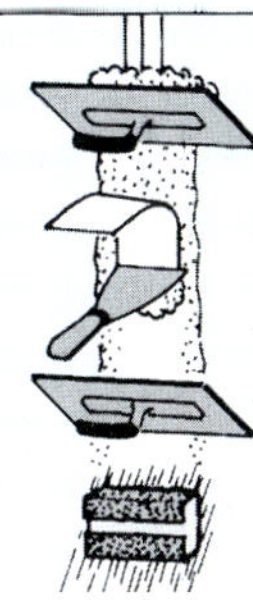

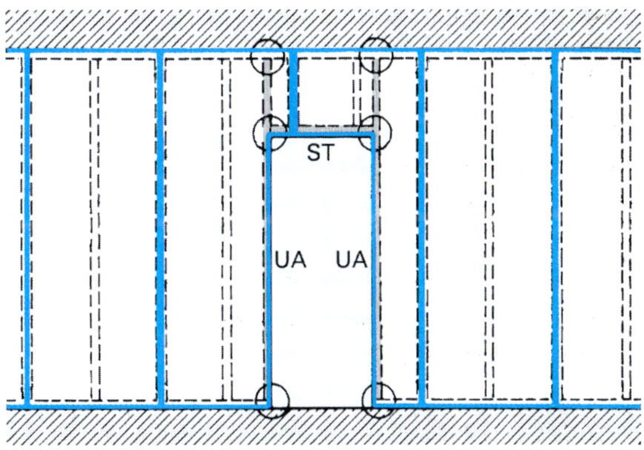

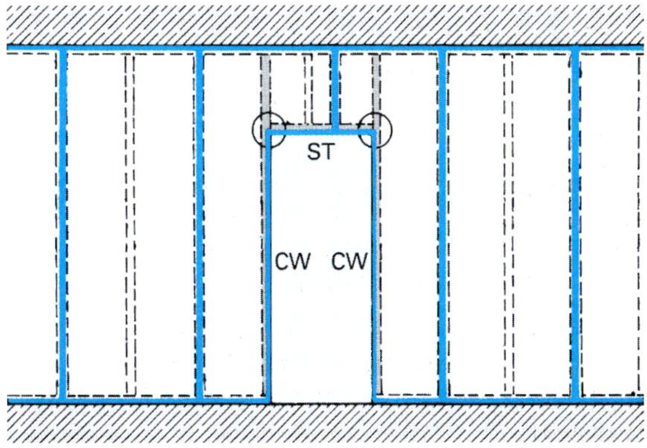

Wandöffnungen

Türöffnungen müssen vor Montage der UW-Bodenprofile eingemessen werden, die in diesem Bereich auszusparen sind.

Über Wandöffnungen müssen horizontale UW-Profile angeordnet werden, die seitlich mit UA-Aussteifungsprofilen verschraubt werden. Die UA-Profile werden mittels Winkellaschen mit Boden und Decke verdübelt, dabei werden sie aber nicht in die UW-Anschlussprofile eingestellt. Der Deckenanschluss muss Durchbiegungen ermöglichen. Daher sind die UA-Profile mit Langlöchern zur beweglichen Verschraubung der Winkellaschen versehen.

Bei leichten Türblättern im Wohnungsbau (Türhöhe < 3,00 m, Breite < 88,5 cm, Türblattgewicht < 30 kg) können die Sturzprofile auch mit den begrenzenden CW-Ständern vernietet werden, in die zur Aussteifung Kanthölzer stramm eingepasst werden.

Bei der Beplankung ist unbedingt darauf zu achten, dass keine Plattenstöße in der Verlängerung der Türzarge liegen. Sie müssen zur Vermeidung von Rissbildungen oberhalb des Sturzes auf gesondert eingestellten CW-Profilen angeordnet werden.

Türzargen

Einteilige Stahl- oder Holz-Umfassungszargen werden während des Wandaufbaus in die Unterkonstruktion eingestellt und mit den UA- oder CW-Profilen verschraubt. Mehrteilige Zargen können nachträglich eingebaut werden.

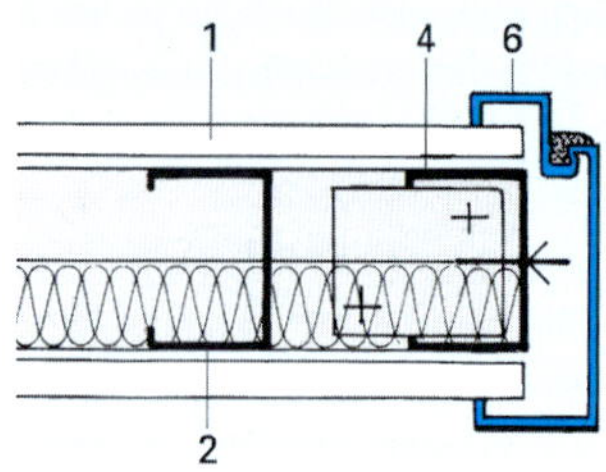

Stahlzarge an Aussteifungsprofil

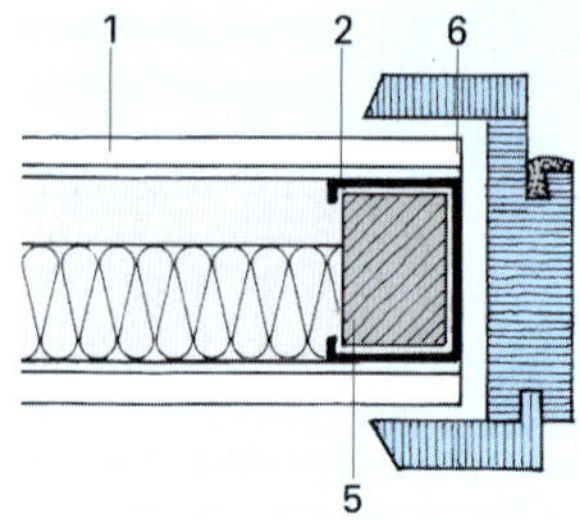

Holzzarge an CW-Profil

Bewegungsfugen

Konstruktive Dehnfugen müssen in die Wandkonstruktion übernommen werden, bei größeren Wandlängen müssen alle 15 m Bewegungsfugen angeordnet werden. Dabei werden Unterkonstruktion und Beplankung jeweils um das Maß der Bewegungsfugenbreite getrennt. Die Verbindung der beiden Teile erfolgt über Dehnfugenprofile oder kleinere CW-Ständer mit hinterlegten GK-Platten. An den freien Plattenkanten werden Abschlussprofile eingespachtelt.

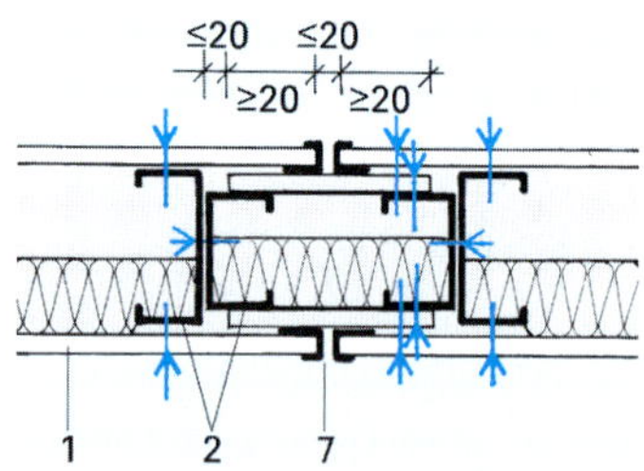

Bewegungsfuge F30

1: GK-Platte
3: UW-Profil
5: Kantholz
7: Bewegungsfuge

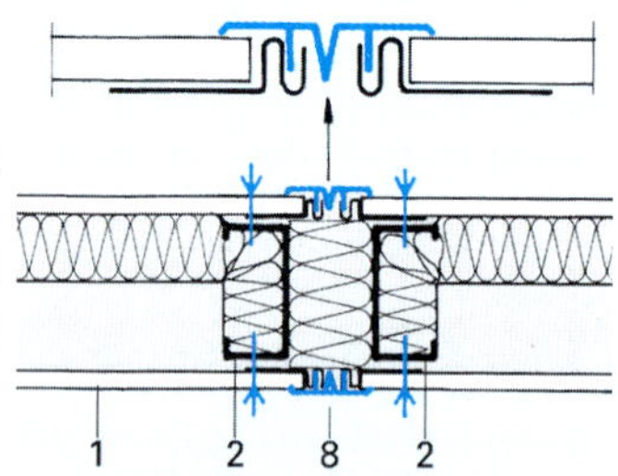

Bewegungsfugenprofil

2: CW-Profil
4: UA-Aussteifungsprofil
6: Umfassungszarge Stahl/Holz
8: Bewegungsfugenprofil

Anschlussarten

- starre Anschlüsse

  Die Unterkonstruktion ist über die UW-/CW-Anschlussprofile mit den angrenzenden Bauteilen verdübelt.

- gleitende Anschlüsse

  Bei größeren Deckendurchbiegungen ($f > 10$ mm) wird ein Paket aus GK-Streifen und UW-Profil von der Beplankung ohne Verbindung, also verschieblich, überdeckt. Es muss ein Deckenabstand im Maß der zu erwartenden Durchbiegung eingehalten werden. Wegen der Länge der UW-Profilschenkel (40 mm) und des Ständereinstandes (≥15 mm) können dabei höchstens 25 mm Verformung aufgenommen werden.

  Bei Brandschutzanforderungen darf die Bewegungsfuge 20 mm nicht überschreiten. Bei Einfachständerwänden ist aufgrund des nicht getrennten Anschlusspaketes eine Minderung des Luftschallschutzmaßes von 1–3 dB zu erwarten. Doppelständerwände mit getrennten Anschlusspaketen sind hier günstiger.

  Die Beplankung wird nur an den CW-Ständern oder an zusätzlich eingeschobenen horizontalen UW-Profilen verschraubt. An den oberen freien Plattenkanten werden Abschlussprofile eingespachtelt.

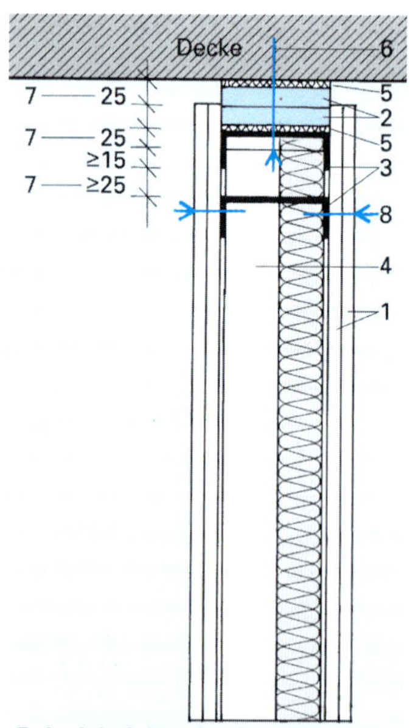

Beispiel gleitender Anschluss

1: GK-Platte
3: UW-Profil
5: Anschlussdichtung
7: Durchbiegungsmaß *f*

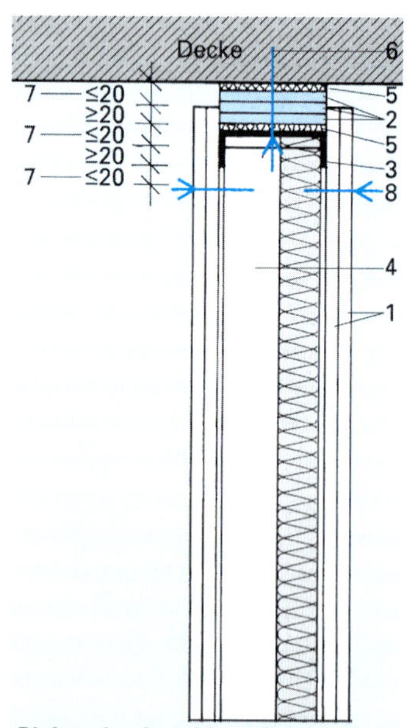

Gleitender Anschluss Brandschutz

2: GK-Plattenstreifen
4: CW-Profil
6: Verdübelung
8: Schnellbauschrauben

Anschlussdetails

- Sockelanschluss

Bei Bodenanschlüssen an Rohdecken können Fußleisten auf die Beplankung montiert werden. Dafür müssen sie an den CW-Ständern oder an zusätzlich als Verlängerung der UW-Schenkel einmontierten Stahlblechen verschraubt werden. Flächenbündige Sockel, bei denen ein oder mehrere GK-Plattenstreifen ausgespart werden, müssen zur Sicherung der Schall- und Brandschutzfunktion im Wandhohlraum in entsprechender GK-Plattendicke hinterlegt werden.

- Wandecken und -stöße

Wandecken können durch ein zusätzlich eingestelltes CW-Profil hergestellt werden. Bei Anforderungen an den Schallschutz müssen jedoch zur Verminderung der Schall-Längsleitung die durchgehenden Beplankungen unterbrochen werden. Spezielle Innen-LW-Profile, die mit den UW-Profilen vernietet werden, vereinfachen in diesen Fällen die Konstruktion und ermöglichen zusammenhängende Hohlräume und Dämmschichten.

- Anschluss an Rohbauteile oder Putz

Um unkontrollierte Rissbildungen aufgrund von Verformungen zu vermeiden, sollten sie immer ohne Eckverspachtelung bzw. mit Kellenschnitt im Putz erfolgen (siehe Kap. 4.2.2).

- Anschluss an Estrich oder Unterdecken

Werden Trennwände nachträglich auf einen Estrich auf Dämmschicht gestellt, sollte dieser durch einen Flex-Schnitt mit Min-Füllung getrennt werden, um Schallbrücken zu vermeiden. (Vorsicht bei Fußbodenheizungen!) Ebenso sollte die durchgehende Beplankung von Deckenbekleidungen oder Unterdecken, an welche die Trennwand befestigt wird, unterbrochen werden.

Die schall- und brandschutztechnisch leistungsfähigsten Anschlüsse entstehen jedoch durch das Trennen von Estrich oder Unterdecke und das Heranführen der gesamten Wandkonstruktion an das Rohbauteil (Abschottung).

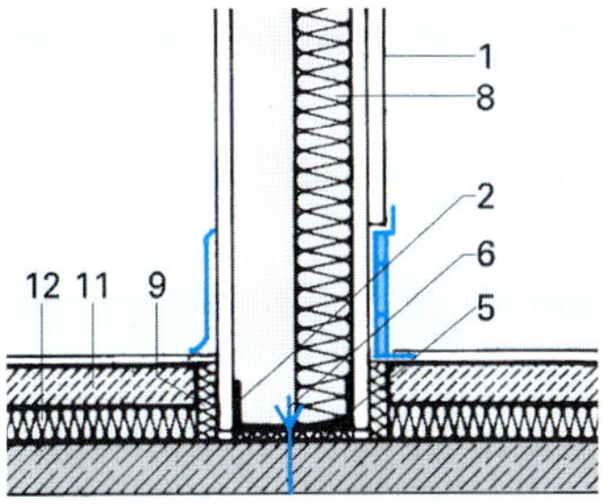

Ausbildung von Fußleisten

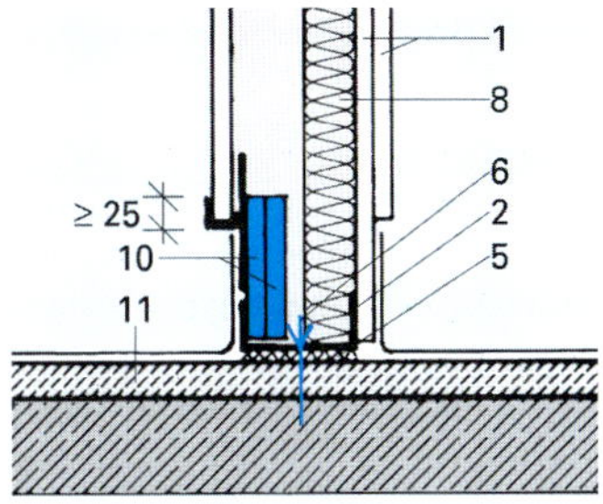

Hinterlegen von Plattenstreifen

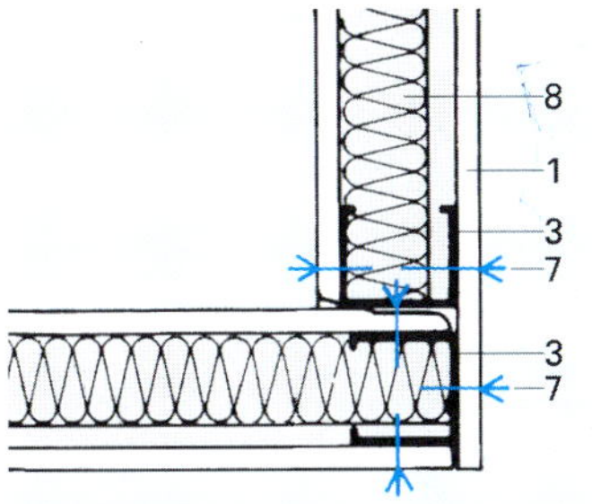

Wandecke

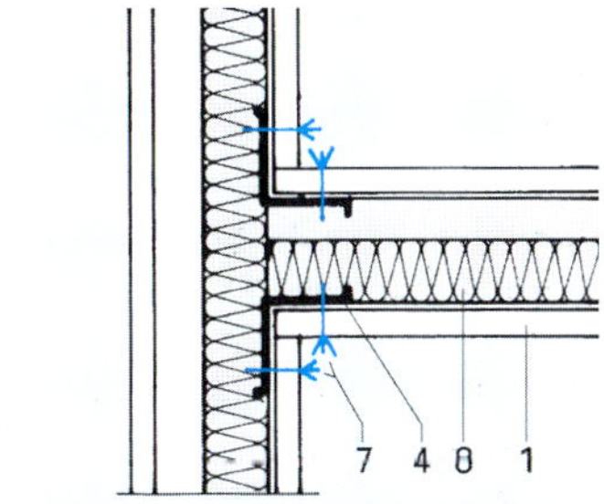

T-förmiger Wandanschluss

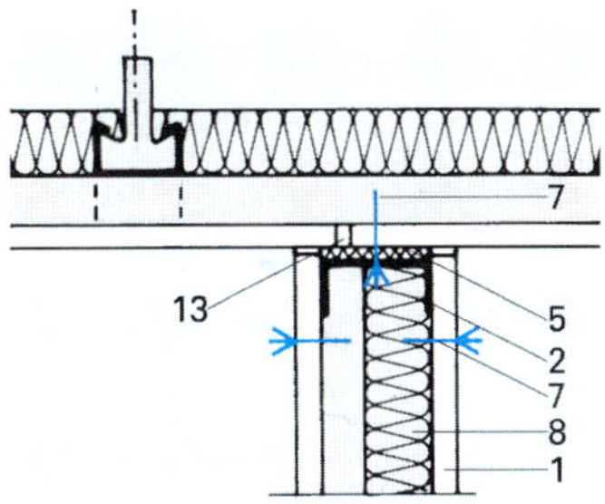

Deckenanschluss mit Trennfuge

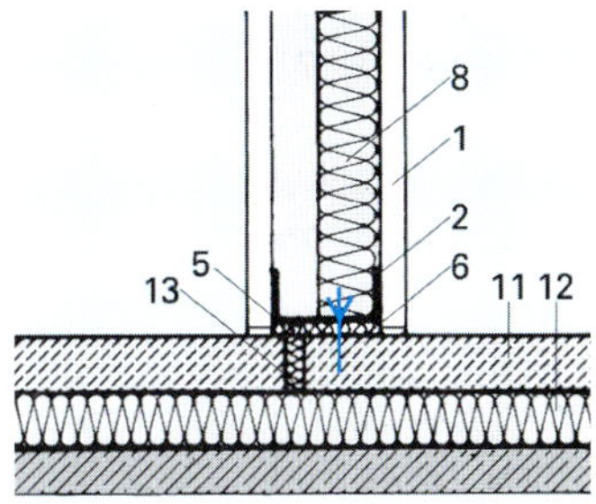

Estrichanschluss mit Trennfuge

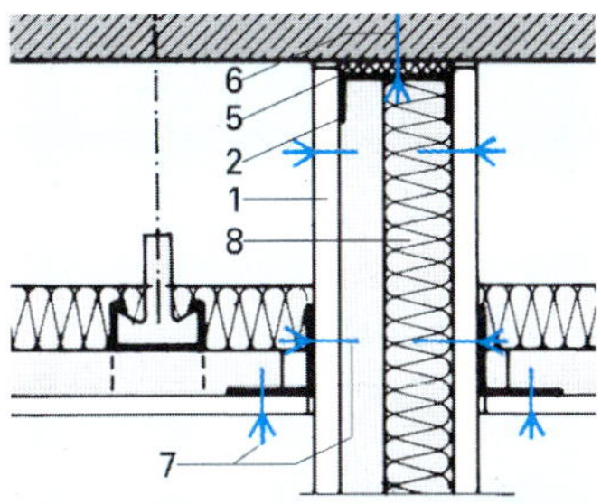

Deckenanschluss an Rohdecke

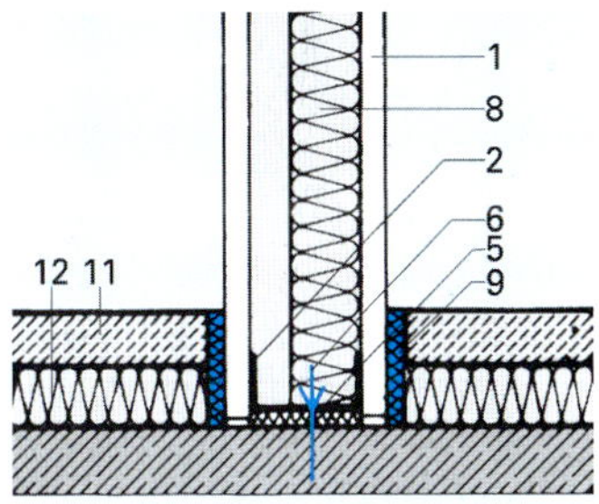

Bodenanschluss an Rohboden

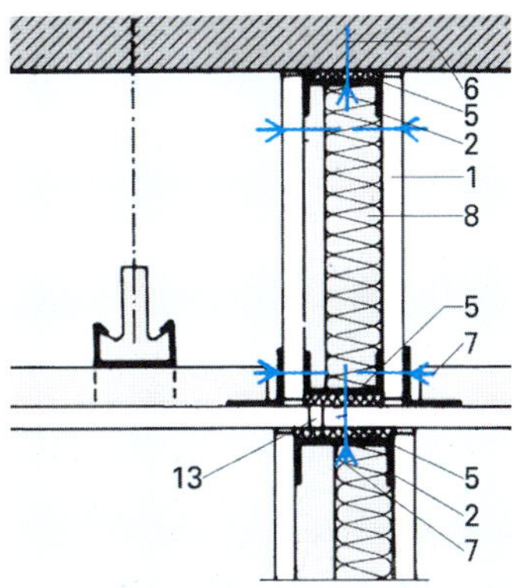

Deckenanschluss mit Abschottung

1: GK-Platten
2: UW-Profile
3: CW-Profile
4: LW-Profil
5: Anschlussdichtung
6: Verdübelung
7: Schnellbauschrauben
8: Min-Dämmstoff
9: Randstreifen
10: GK-Plattenstreifen
11: Estrichschicht
12: Trittschalldämmung
13: Trennfuge

4.3.2.3 Einfachständerwand doppelt beplankt

Doppelte Beplankungen verbessern durch ihre größere Beplankungsdicke den Brandschutz der Wandkonstruktion. Es werden Feuerwiderstandsklassen bis F 120-A erreicht, bei dreifacher Beplankung sogar F 180-A bzw. mit besonderer Unterkonstruktion auch Brandwände (siehe Kap. 4.3.2.6 bzw. 4.3.3.2). Durch das höhere Flächengewicht der doppelten Beplankung verbessert sich jedoch auch der Schallschutz der Wandkonstruktion, während getrennt verschraubte Beplankungslagen im Gegensatz zu dickeren Platten (> 18 mm) den biegeweichen Charakter der Wand erhalten. Doppelständerwände mit ihrer höheren Schalldämmung werden daher kaum einlagig beplankt.

Sind keramische Fliesenbeläge vorgesehen, so wird ebenfalls eine doppelte Beplankung nötig, um die Durchbiegung der Wand und damit die Rissgefahr für die Beläge zu mindern. Ein Verringern der Ständerabstände (statt 62,5 z.B. 42 cm) wäre die schlechtere Lösung, da damit auch eine Verschlechterung der Schalldämmung aufgrund der stärkeren Koppelung der beiden Beplankungsschalen verbunden wäre.

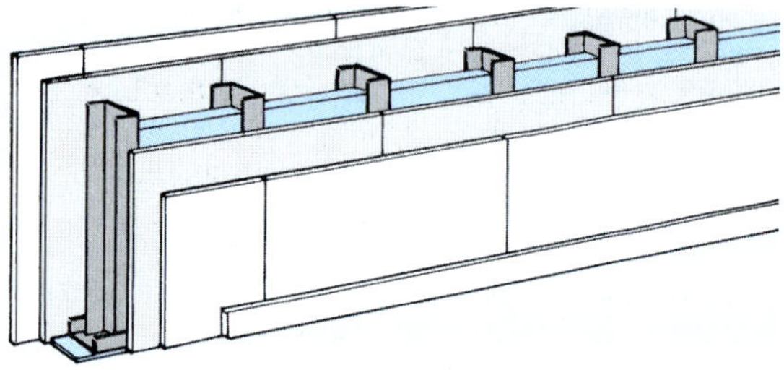

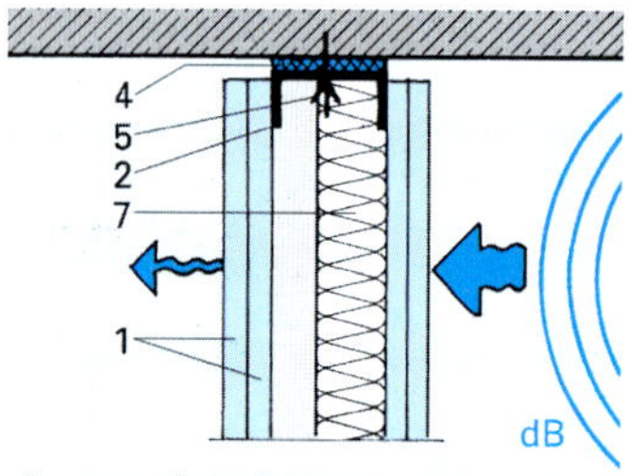

Bessere Schalldämmung

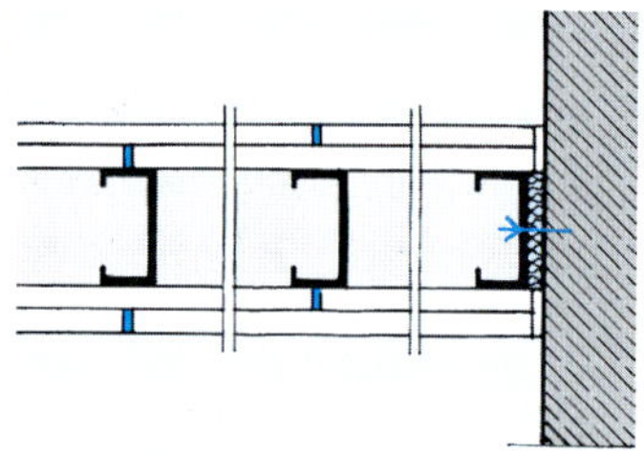
Versatz der Stoßfugen

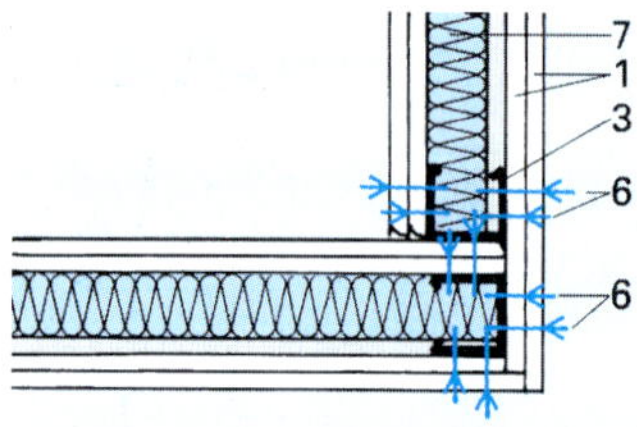

Wandecke

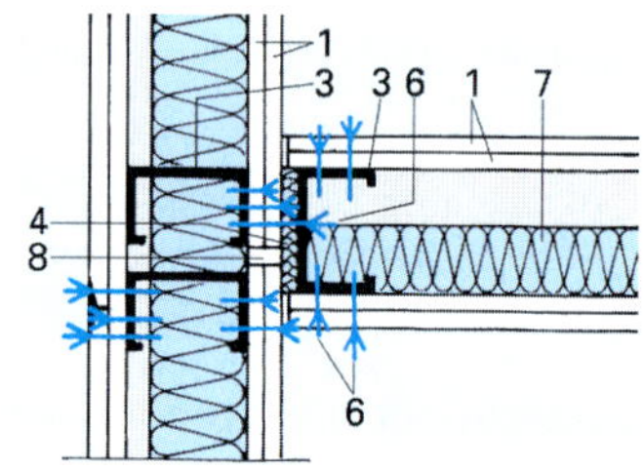

T-Anschluss mit Trennfuge

Besonderheiten bei Herstellungsschritten

- auch die Stoßfugen der 1. und 2. Plattenlage gegeneinander versetzt anordnen
- beide Beplankungslagen immer getrennt verschrauben. Schnellbauschrauben 1. Lage TN 25, 2. Lage ≥ TN 35, für 1. Lage dreifacher Schraubabstand (75 cm) zulässig
- beide Beplankungslagen getrennt verspachteln

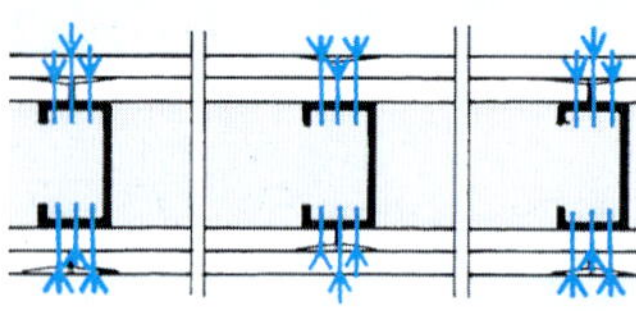
Fugenversatz und Verschraubung

1: GK-Platte
2: UW-Profil
3: CW-Profil
4: Anschlussdichtung
5: Verdübelung
6: Schnellbauschrauben
7: Min-Dämmstoff
8: Trennfuge
9: Dämmstreifen

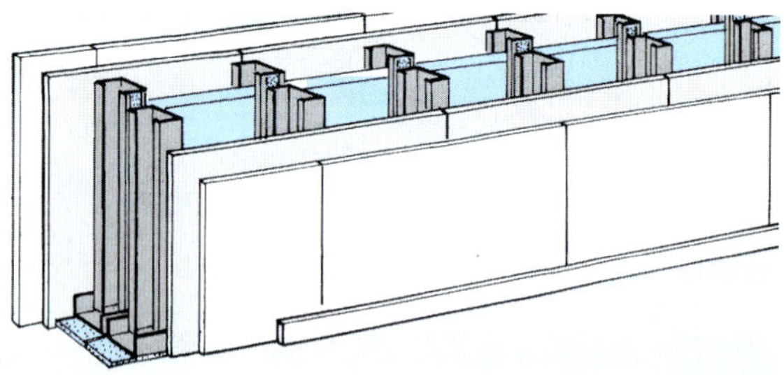

4.3.2.4 Doppelständerwand doppelt beplankt

Doppelständerwände bieten durch die Trennung der Unterkonstruktion in zwei Ständerreihen mit zwischengelegtem Dämmstreifen (5 mm) bessere Schalldämmung. Über den Dämmstreifen können sich beide Seiten der Unterkonstruktion gegeneinander abstützen, so dass sie eine den Einfachständerwänden vergleichbare Stabilität erhalten.

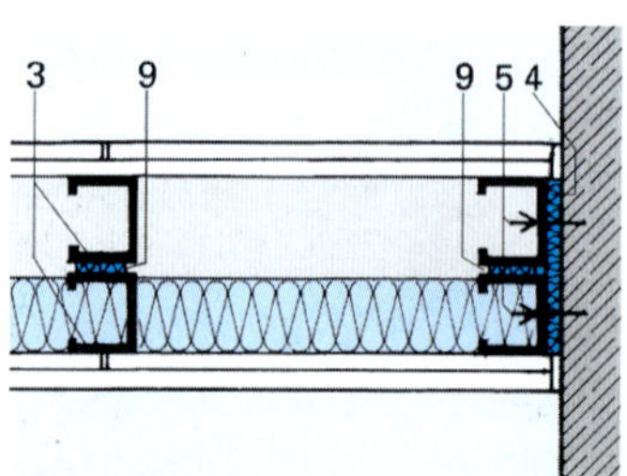

Trennung durch Dämmstreifen

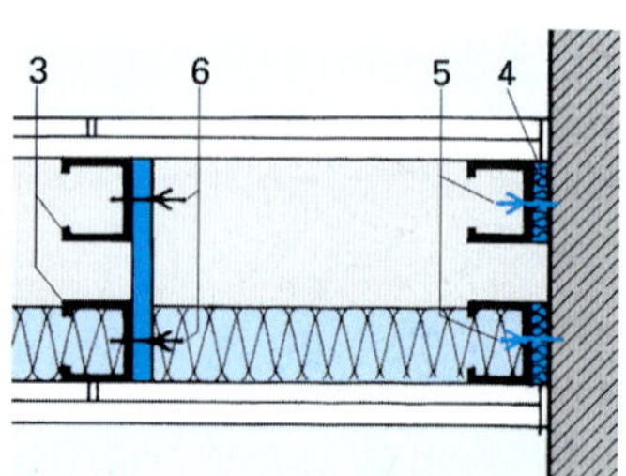

Verlaschung der Ständerreihen

Werden zur Führung umfangreicherer Leitungsinstallationen tiefere Hohlräume notwendig, so müssen die Ständerreihen in den Drittelspunkten zur Verbesserung ihrer Stabilität mit GK-Plattenstreifen (ca. 30 cm hoch, je drei Schrauben) zug- und druckfest verlascht werden (siehe Installationswände 4.3.2.5). Diese Verbindung der beiden Wandschalen bewirkt jedoch eine Schallbrücke und verschlechtert das Schallschutzmaß deutlich.

Besonderheiten bei Herstellungsschritten

- getrennte CW- und UW-Anschlussprofile selbständig mit angrenzenden Bauteilen verdübeln
- CW- und UW-Profile der ersten Ständerreihe vor dem Einstellen der zweiten Reihe mit Dämmstreifen versehen
- zur Dämmstoffhalterung kurze UW-Profilstücke auf Stegseite der CW-Ständer schrauben

4.3.2.5 Installationswände

Besondere **Anforderungen** in Feuchträumen:

- Beanspruchung durch hohe Luftfeuchtigkeit und Spritzwasser
- geringe Verformung der Beplankung für rissfreie Fliesenbeläge
- hohe Konsollasten durch schwere, ausladende Sanitärgegenstände
- horizontale und vertikale Führung von Installationsleitungen in Wandhohlräumen oder Vorwandinstallationen
- Schallschutzanforderungen gegenüber Körperschallübertragung aus Sanitärgegenständen und Leitungsrohren

Konstruktive Maßnahmen können sein:

- Beplankung mit möglichst feuchtigkeitsunempfindlichen Trockenbauplatten (GKBI, GF-Platten, Faserzementplatten, Perliteplatten, Spanplatten V100G/zementgebunden)
- geringere Ständerabstände oder doppelte Beplankung
- vollflächige Abdichtungsmaßnahmen im Spritzwasserbereich, z.B. durch bituminöse Beschichtungen
- Metall-Doppelständerwand als Installationswand
- spezielle Traversen oder Tragständer für hohe wandhängende Lasten (Waschtisch, WC)

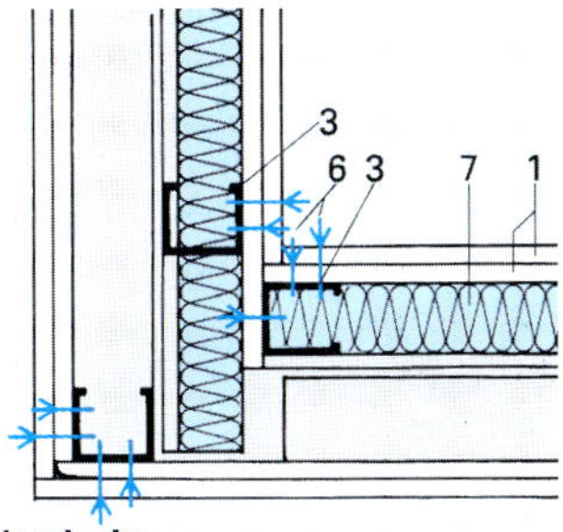

Wandecke

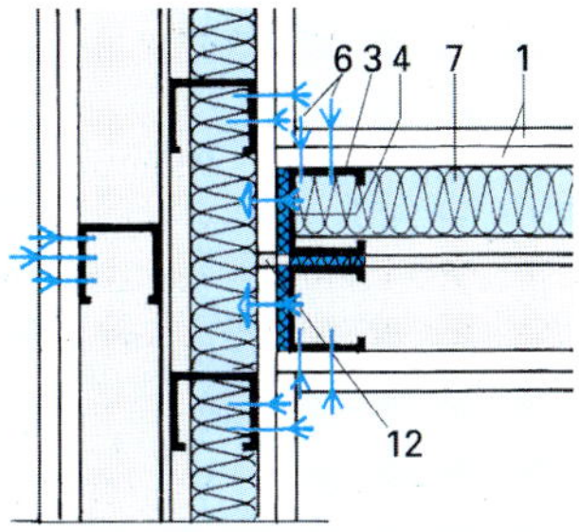

T-Anschluss mit Trennfuge

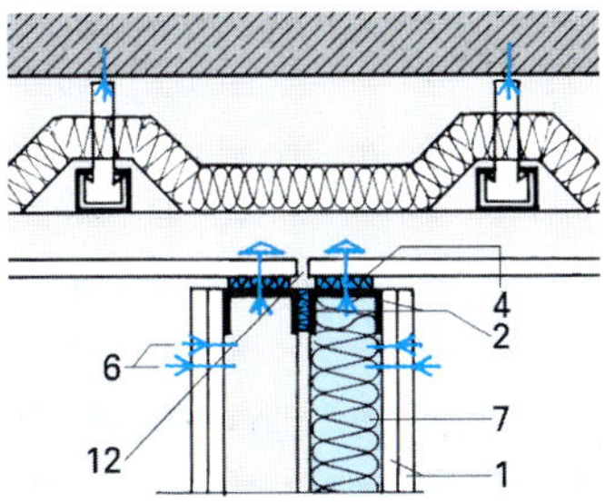

Deckenanschluss mit Trennfuge

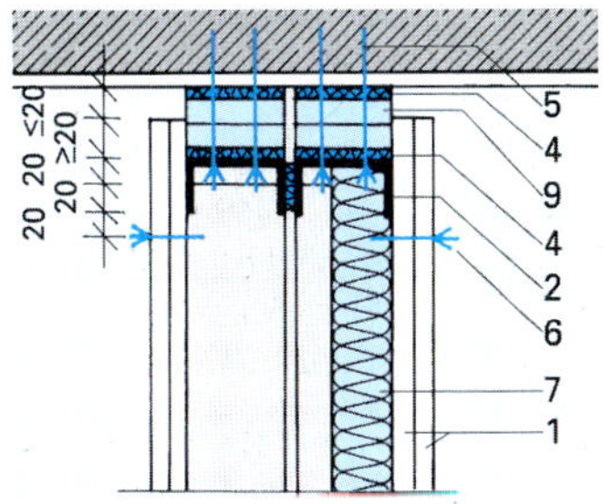

Gleitender Deckenanschluss

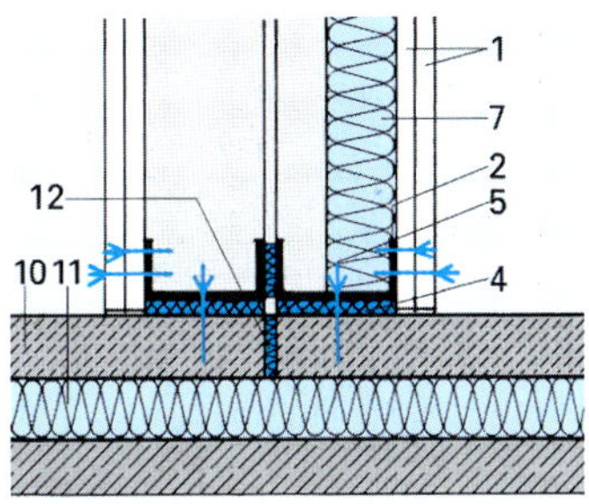

Estrichanschluss mit Trennfuge

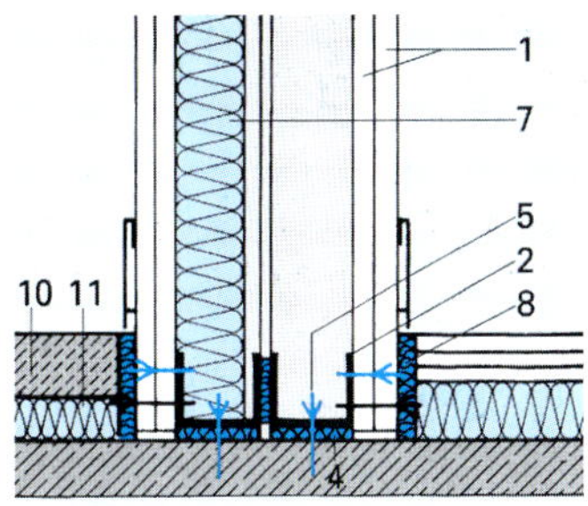

Bodenanschluss an Rohboden

1: GK-Platten
2: UW-Profile
3: CW-Profile
4: Anschlussdichtung
5: Verdübelung
6: Schnellbauschrauben

7: Min-Dämmstoff
8: Randstreifen
9: GK-Plattenstreifen
10: Estrichschicht
11: Trittschalldämmung
12: Trennfuge

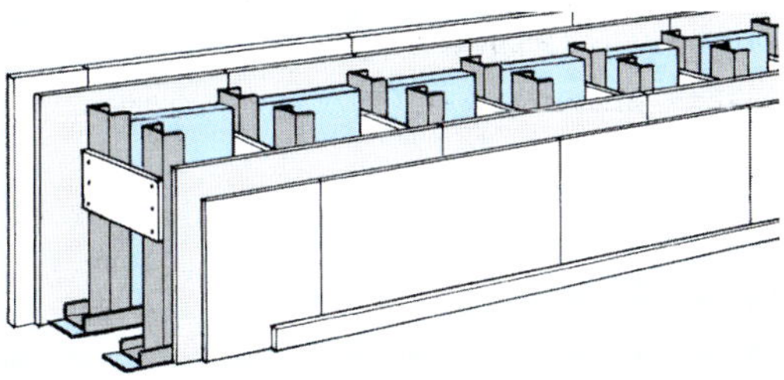

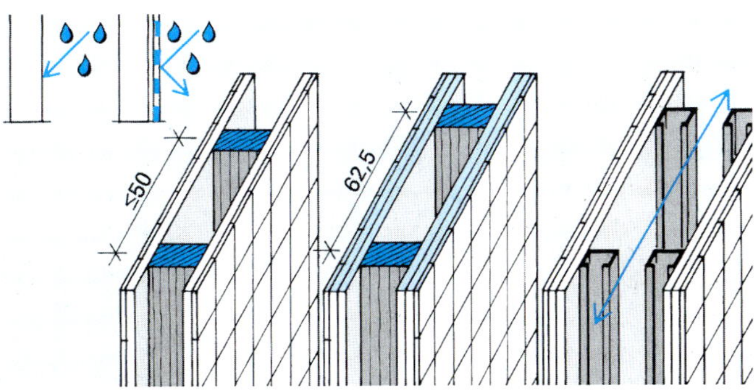

Inwand-Installationen

Zur Führung von Elektroleitungen sind die CW-Profile mit H-förmigen Ausstanzungen versehen, die aufgebogen werden können. Für Installationsleitungen mit größeren Durchmessern können die Profile nachträglich mit weiteren Aussparungen versehen werden. Bei doppelter Beplankung dürfen bei CW-50-Profilen je eine, bei CW-75- und CW-100-Profilen je zwei Öffnungen in gesamter Stegbreite vorgesehen werden. Maximale Höhe = Stegbreite.

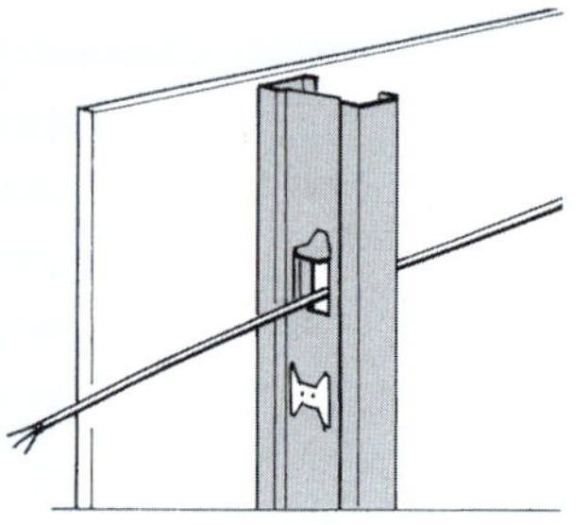

Ausstanzung für Elektroleitungen

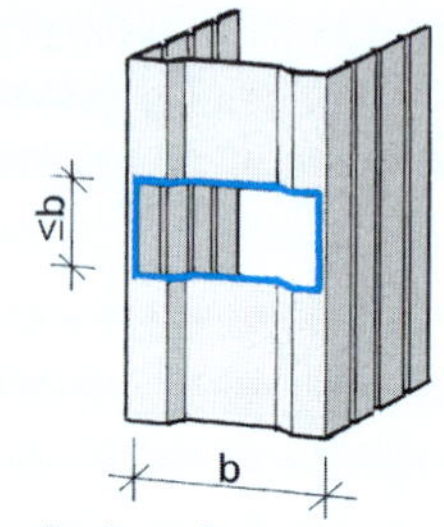

Installations-Aussparungen

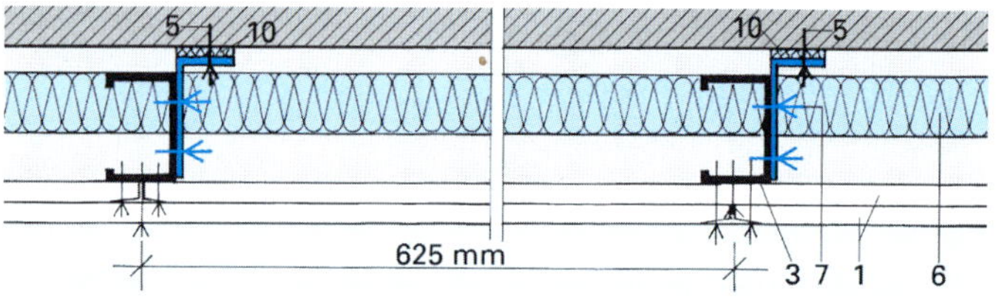

Vorwandinstallation Grundriss

Vorwand-Installation

Die Grundkonstruktion entspricht der Vorsatzschale mit Metall-Unterkonstruktion, die frei stehend oder mit Metalllaschen oder -bügeln an der Rohbauwand verankert wird (siehe Kap. 4.2.2.3 und 4.2.2.4). Sie kann raumhoch oder halbhoch ausgeführt werden. Die Tiefe des Hohlraumes wird durch die Durchmesser der Rohrleitungen bestimmt und durch die Schenkellänge der Laschen fixiert.

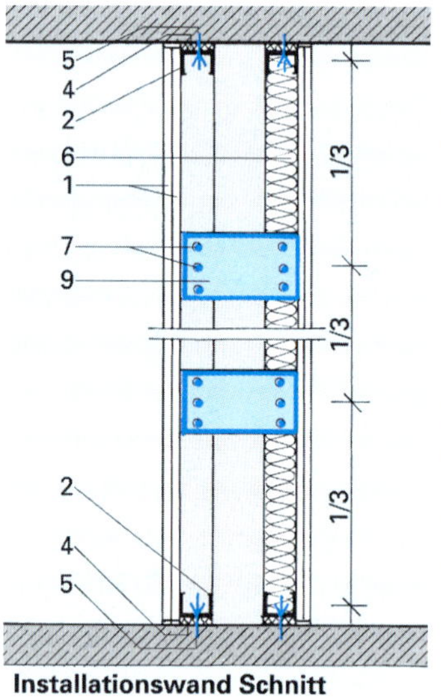

Installationswand Schnitt

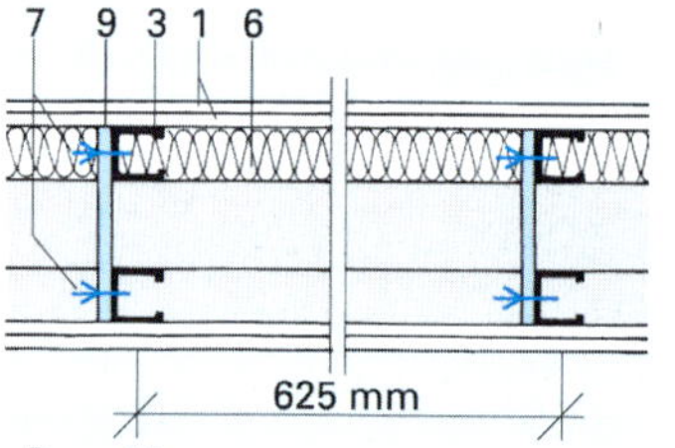

Grundriss

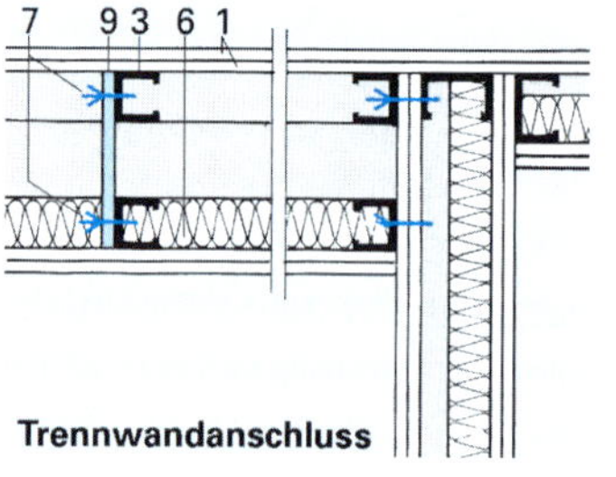

Trennwandanschluss

Besonderheiten der Herstellung von Installationswänden

- Verwendung von UW- bzw. CW-50-Profilen
- doppelte Beplankung mit GKBI- bzw. GKFI-Platten
- Abstand der Ständerreihen voneinander entsprechend dem Durchmesser der Rohrleitungen. Bei Vertikalführung von WC-Rohren zwischen CW-Profilen ist ein Abstand von 7 cm (Wandstärke 22 cm), bei Horizontalführung von 12 cm (Wandstärke 27 cm) ausreichend
- Verlaschen der Ständerreihen in ca. 85 und 170 cm Höhe (Drittelspunkte) durch GK-Plattenstreifen, 30 cm hoch
- nach Beplankung der ersten Wandseite Installation der Leitungsführung. Ummantelung aller Rohrleitungen mit körperschalldämmenden Dämmstoffen
- im Spritzwasserbereich bituminöse Flächenabdichtung auftragen
- Rohrdurchführungen mit 10 mm größerem Durchmesser aus der Beplankung schneiden
- Vorbehandlung der offenen Plattenkanten mit Haftgrundierung, Anschlussfuge auf Plattentiefe dauerelastisch verfugen

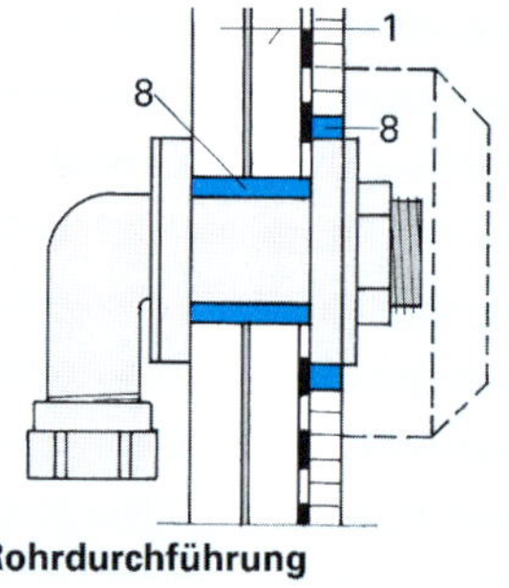

Rohrdurchführung

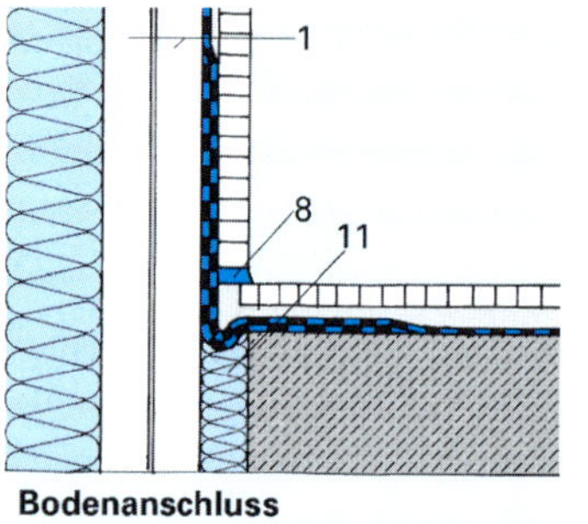

Bodenanschluss

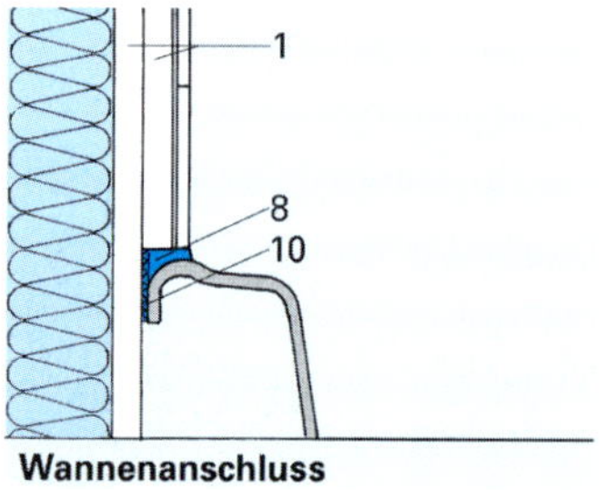

Wannenanschluss

1: GK-Platte
2: UW-Profil
3: CW-Profil
4: Anschlussdichtung
5: Verdübelung
6: Min-Dämmstoff
7: Schnellbauschrauben
8: dauerelast. Verfugung
9: GK-Plattenstreifen
10: Dämmstreifen
11: Randstreifen

- nach Verfliesung Anschlussfuge im Farbton der Fliesenverfugung fungizid dauerelastisch verfugen
- Armaturenanschlüsse im Spritzwasserbereich mit Quetsch- oder Manschettendichtungen abdichten
- Anschlussfugen an Bade- und Duschwannen sowie Aufkantung der Bodenabdichtung durch Aussparen der zweiten Beplankungslage hinterschneiden
- Dämmstreifen zwischen erster Beplankungslage und Wannenrand einlegen, Anschlußfuge zum Fliesenbelag dauerelastisch verfugen

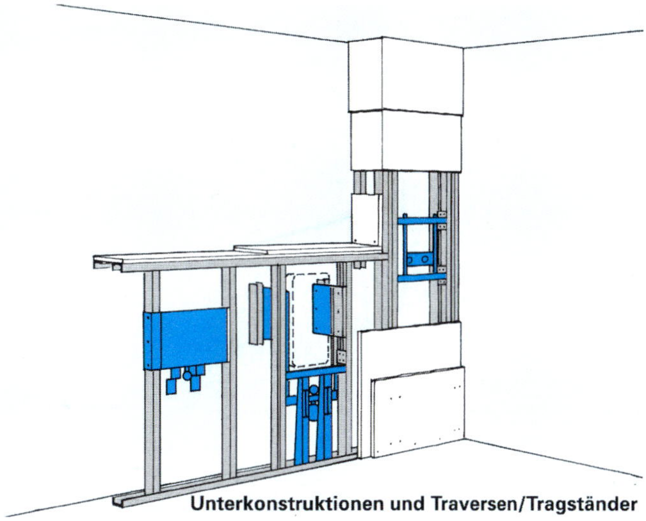
Unterkonstruktionen und Traversen/Tragständer

Traversen

Die tragfähigen Platten aus Holzwerkstoffen bzw. Stahlblech oder aus Stahlprofilen werden zwischen die CW-Ständer geschraubt. Sie dienen zur ein- oder zweiseitigen Befestigung von Waschtischen, Urinalen oder Spülkästen mit mittleren Konsollasten bis 1,5 kN/m Wandlänge. Die Holzwerkstoffplatten besitzen den Vorteil, dass die Verankerung der Sanitärgegenstände ohne vorherige Justierung der Traversen erfolgen kann.

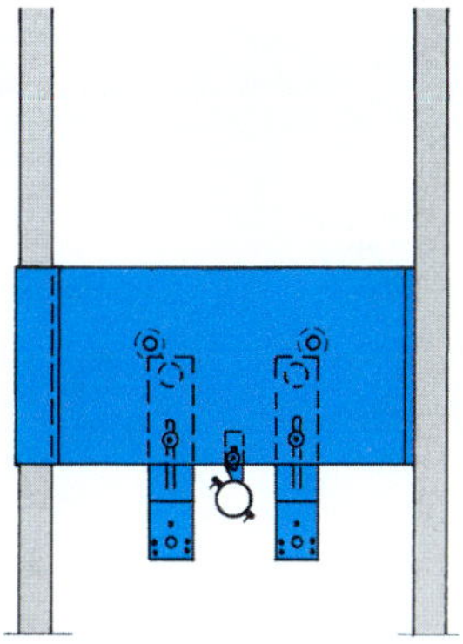
Universaltraverse

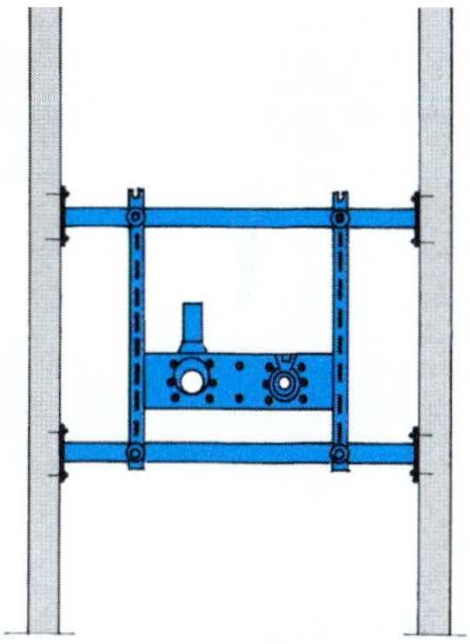
Traverse für Wandbatterie

Tragständer

In der Höhe und gegebenenfalls auch in der Breite verstellbare Metallprofile leiten die vertikalen Lasten schwerer Sanitärgegenstände (wandhängende WC oder Bidets, größere Waschtische) unabhängig von der Wandkonstruktion über Fußplatten, die in die durchlaufenden UW-Anschlussprofile eingestellt werden, in die Rohdecke ein. Sie werden mit dieser verdübelt und mit den CW-Ständern seitlich verschraubt.

Zubehörteile zur Montage innen liegender Spülkästen oder Druckspüler ergänzen das System ebenso wie spezielle Tragständer für größere Waschtische.

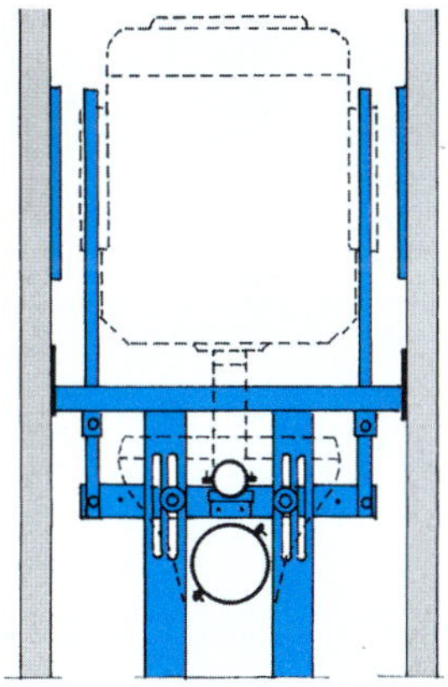
Tragständer für WC+Spülkasten

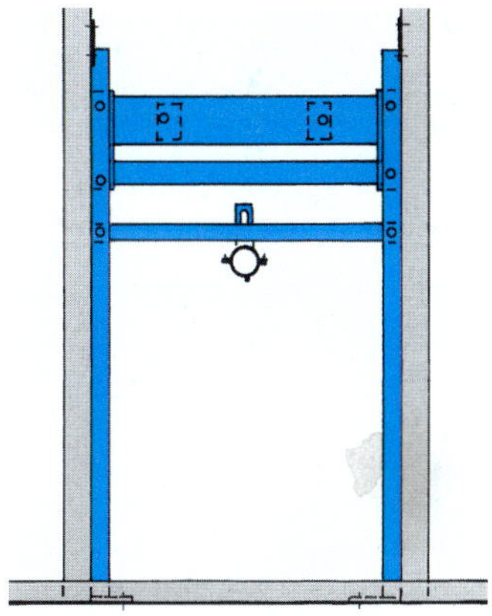
Tragständer für Waschtisch

Rohrbefestigung

Waagerechte Metallprofile mit verstellbar verschraubten Rohr-Montageplatten werden seitlich in der erforderlichen Höhe mit den CW-Ständern verschraubt. Die Montageplatten besitzen vorgestanzte Rohrdurchführungen für verschiedene Durchmesser.

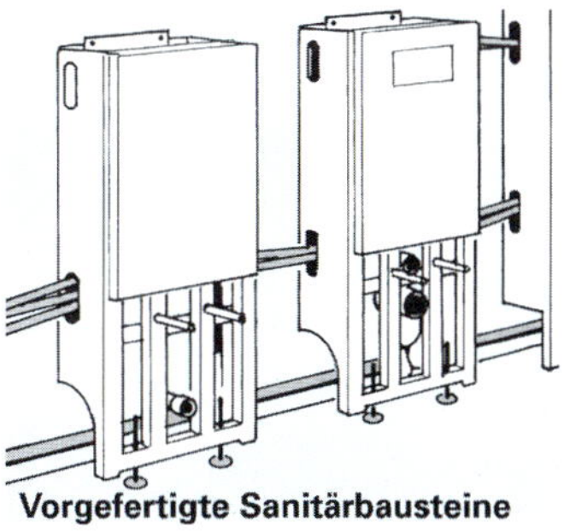
Vorgefertigte Sanitärbausteine

4.3.2.6 Brandwände

Begriff und Anforderungen

Die Landesbauordnungen schreiben für große zusammenhängende Nutzflächen mit Längen über 40 m die Bildung von Brandabschnitten durch Brandwände vor, ebenso für Gebäudetrennwände oder Treppenraumwände größerer Gebäude. Die Wandkonstruktionen müssen feuerbeständig mit Feuerwiderstandsklassen von F 90-A bis F 180-A sein, besondere Stoßbeanspruchungen aufnehmen können und dürfen nur aus Baustoffen der Baustoffklasse A bestehen. Neben der Feuerwiderstandsdauer sind also Stabilität und Standsicherheit besonders wichtig, weshalb meist Stahlblechtafeln eingelegt werden.

Konstruktionen

- Massive Mauerwerkswände, z.B. aus 24 cm dicken HLz-Ziegeln, nach DIN 4102
- Montagewände (Prüfzeugnisse), z.B.:

- CW- und UW-Metallprofile, drei- oder dickere zweilagige Beplankung GKF/GF-Platten, Einlagen Stahlblechtafeln
- CW-Doppelständerwand, beidseitige Beplankung (mit Stahlblechtafeln hinterlegt) und Mittellage zwischen CW-Ständern FS-H-Platten
- tragende Trapezblechprofile in U-Anschlussprofilen, zweilagige Beplankung dickere GKF-Platten, Einlage Stahlblechtafeln
- IPE-Stahlstützen, zweilagige Beplankung Fibersilikatplatten und aussteifende Plattenstege

4.3.2.7 Metall-Riegelwände

Eine Unterkonstruktion aus horizontalen Metallprofilen ($a \leq 0{,}9/1{,}0$ m) steift eine Beplankung aus GK-Platten ($b = 62{,}5$ mm, $d = 18/25$ mm) aus. Senkrechte UW-Ständer sind außer an Wand- und Öffnungsanschlüssen nur bei Wandlängen über 2,6/4,0 m nötig. Wandhöhen bis 2,75/3,0 m sind möglich, Verbesserung von Schall- und Brandschutz kann durch Min-Hohlraumdämmung erfolgen.

Merkmale und Vorteile

- einfache und rationelle Herstellung
- sehr einfache horizontale Führung von Installationsleitungen bis ø 80 mm
- massive Beplankung = hohe Belastbarkeit
- Eignung für wohnungsinnere Trennwände ohne besondere bauphysikalische Anforderungen
- Min-Dämmung = guter Brand-/Schallschutz

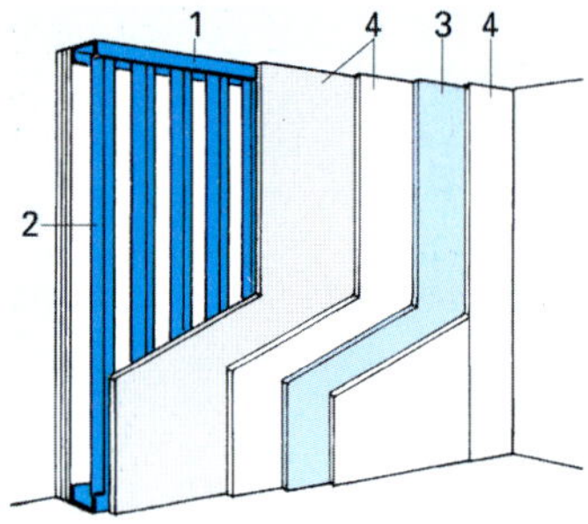

F 90-A
3x12,5 mm (1x20+12,5 mm)
GKF oder GF

1: UW-Profile vernietet mit
2: CW-Profilen $a = 31{,}25$ cm
3: Stahlblechtafeln beidseitig
4: GKF/GF-Platten

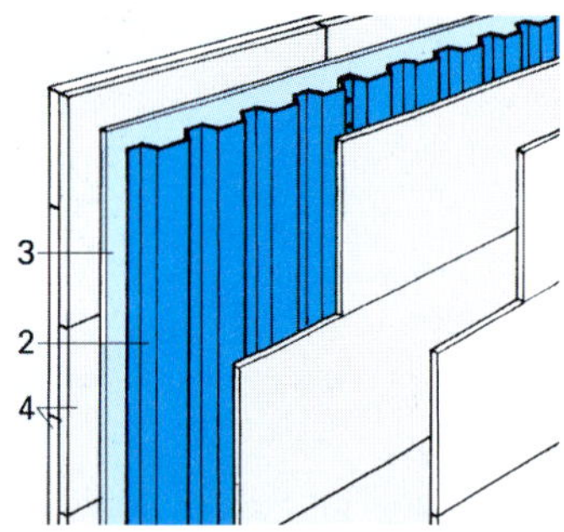

F 90-A
2x20 mm GKF

1: U-Profile vernietet mit
2: Trapezblechtafeln $d = 1$ mm
3: Stahlblechtafel einseitig
4: GKF-Platten

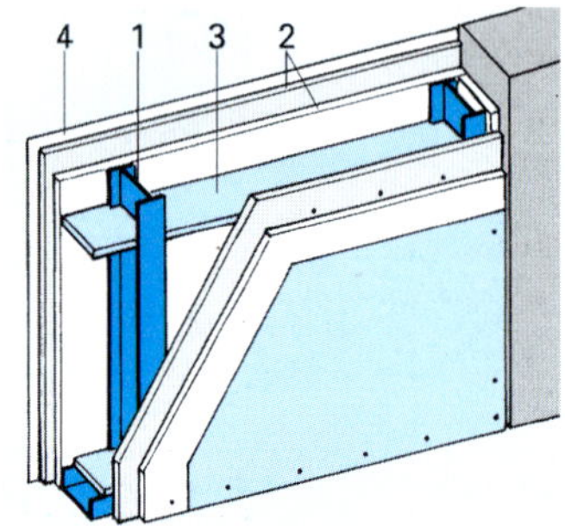

F 90-A: 15 + 8 mm
F 180-A: 25 + 10 mm
F 240-A: 25 + 20 mm
Fibersilikatplatten

1: Stahlprofil IPE 80 oder 100 $a < 62{,}5$ cm
2: Fibersilikat-H-Platten
3: Fibersilikat-Riegel $a = 41/62{,}5$ cm
4: Stahlblechtafeln $d = 0{,}75$ mm

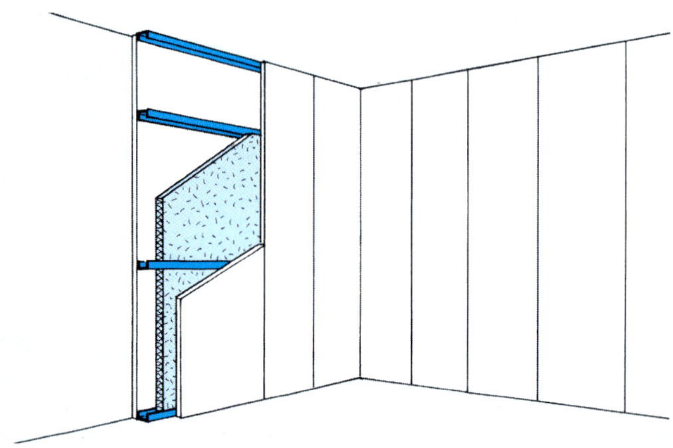

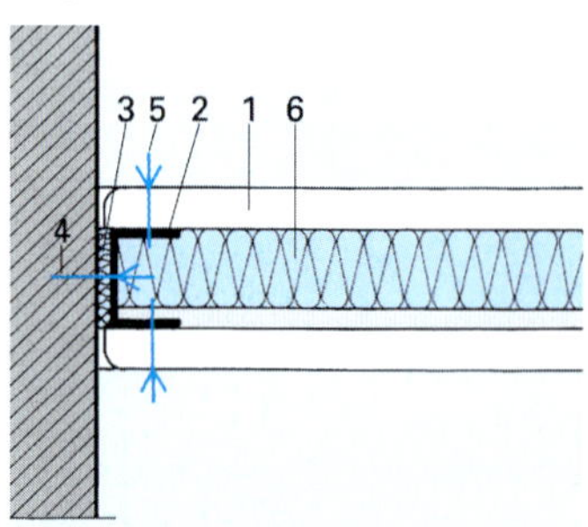

Grundriss und Wandanschluss

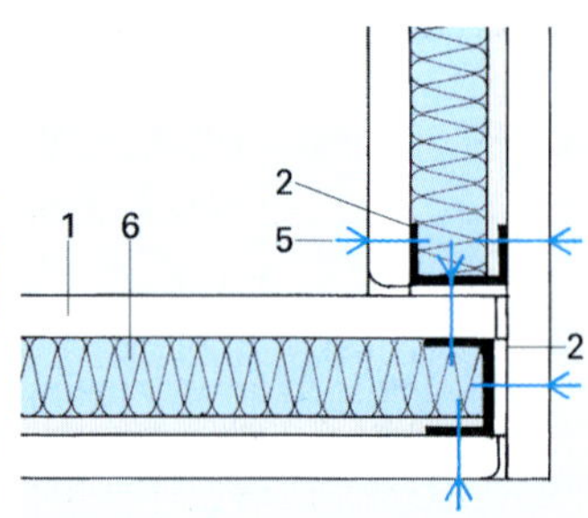

Wandecke

Besonderheiten bei der Herstellung

- umlaufende UW-Randprofile mit Dämmstreifen versehen und mit angrenzenden Bauteilen verdübeln
- raumhohe GK-Platten der ersten Beplankungsseite mit Randprofilen verschrauben. Schnellbauschrauben TN35, vier Stück je Plattenbreite
- zusätzliche senkrechte UW-Ständer einstellen und mit GK-Platten verschrauben
- horizontale Metallprofile im Abstand von max. 0,90 bzw. 1,0 m ausrichten und mit GK-Platten verschrauben

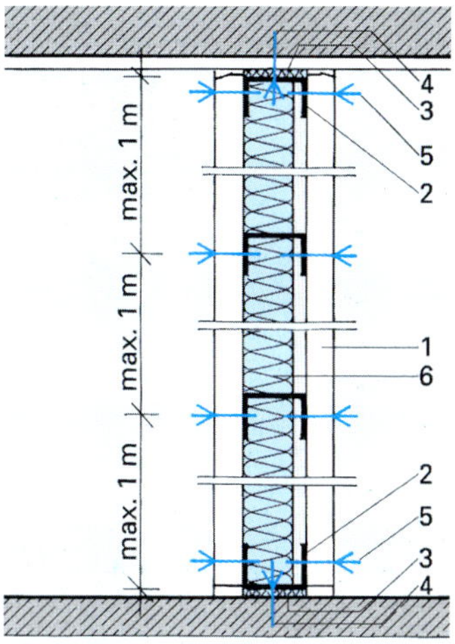

Schnitt

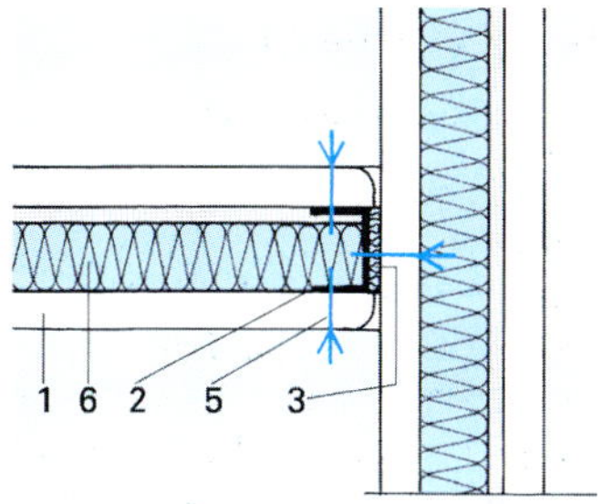

T-förmiger Wandanschluss

1: GK-Platte
2: UW-Profil
3: Anschlussdichtung
4: Verdübelung
5: Schnellbauschrauben
6: Min-Dämmstoff

4.3.3 Bauphysikalische Eigenschaften nicht tragender Trennwände

4.3.3.1 Schallschutz

Die Leistungsfähigkeit einer leichten Trennwand im Schallschutz hängt ab von:

- der flächenbezogenen Masse bei einschaligen Massivwänden
- der konstruktiven Ausbildung bei mehrschaligen Montagewänden
- der Ausbildung der flankierenden Bauteile

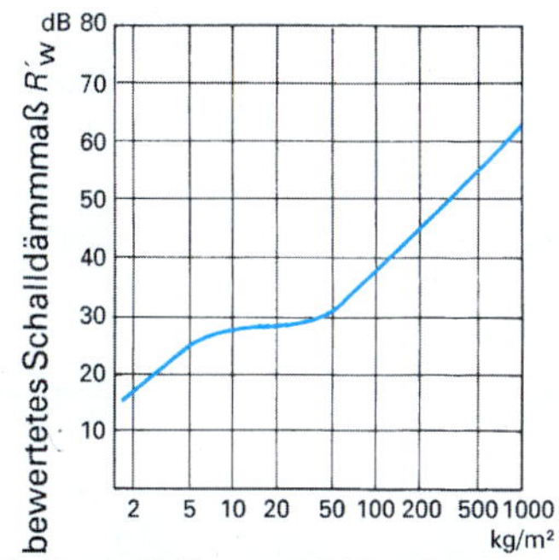

Luftschalldämmmaß Massivwände

Korrekturwerte:
– Wände aus Porenbeton oder Blähton-Leichtbeton, verputzt, < 250 kg/m² = + 2 dB
– Wände aus Gipswandbauplatten mit umlaufendem Dämmstreifen = +2 dB

Flächenbezogene Masse (Massivwand)

Aufgrund ihres geringen Flächengewichtes weisen biegesteife einschalige Trennwände nur ein geringes Luftschalldämmmaß von unter 40 dB auf. Sie können auch mit Vorsatzschalen nur schwer die Anforderungen der DIN 4109 an Wohnungstrennwände (R'_w = 53 dB) erfüllen (siehe Kap. 4.2.4.2).

Beispiele Luftschalldämmung massive einschalige Trennwände (dB)			
Plattendicke cm	6 (5)	8 (7,5)	10
Gips-Wandbauplatten GW	33	35	37
Porenbetonplatten $\rho = 0{,}6$ *	31	33	35

* verputzt

Konstruktion von Montagewänden

Eine zweischalige Trennwand mit Unterkonstruktion und relativ dünner biegeweicher Beplankung stellt ein „Masse-Feder-System“ dar, bei dem im Hohlraum angeordnete Dämmstoffe die Schallübertragung dämpfen. Die Leistungsfähigkeit der Konstruktion hängt ab von:

- Unterkonstruktion (Holz, Metall)
- Einfach- oder Doppelständerwand
- Tiefe des Hohlraumes
- Beplankungsdicke und Masse
- biegeweicher Charakter der Beplankung
- Dicke der Min-Hohlraumdämpfung
- dichte Randanschlüsse

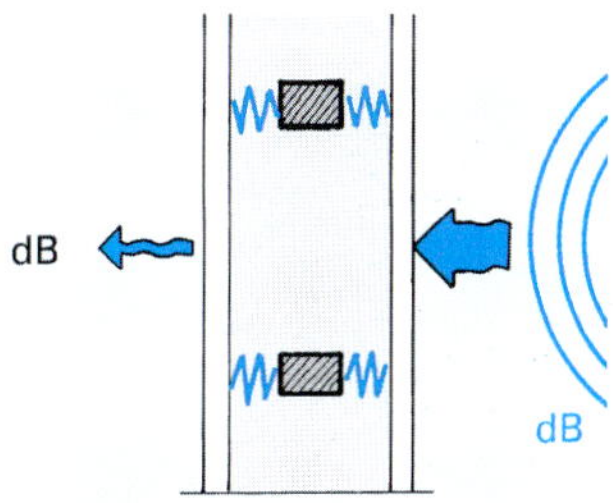

Masse-Feder-System = Schalldämmung

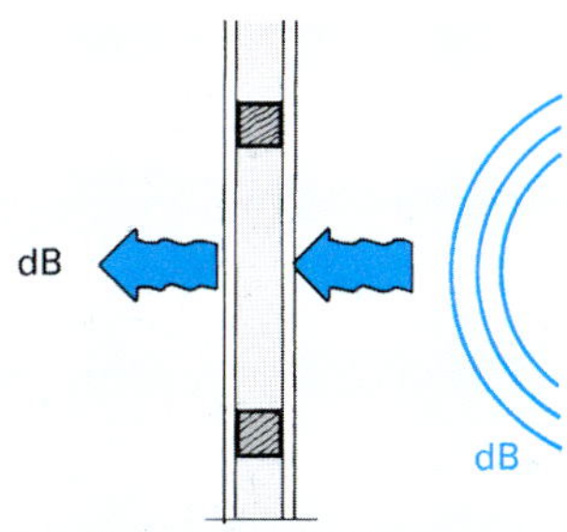

Schalldämmung schlecht

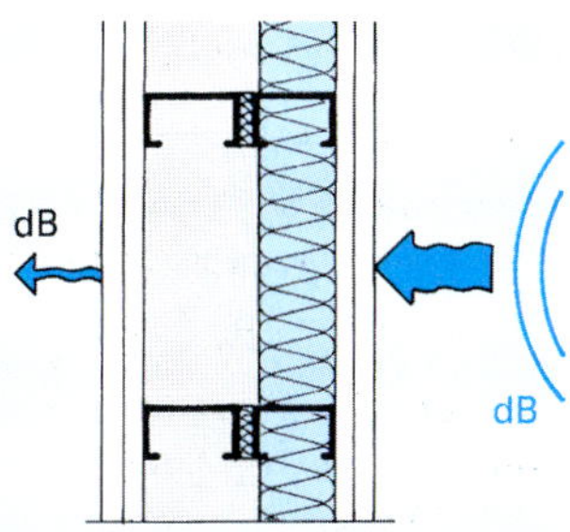

Schalldämmung verbessert

Holzständerwände weisen aufgrund des Übertragungsquerschnitts und der höheren Steifigkeit schlechtere Dämmwerte als die elastischeren Stahlprofile auf. Die Trennung auch der Unterkonstruktion in zwei Schalen mit zwischengelegten Dämmstreifen dämpft die Schallübertragung ebenso wie der im Vergleich mit einer Montagewand CW 50/75 tiefere Hohlraum einer Wand CW 100/125.
Ein höheres Flächengewicht der Beplankung mit höherer Plattenrohdichte (z.B. GF- statt GK-Platten) oder größerer Dicke ist günstiger, solange die Beplankung den biegeweichen Charakter beibehält. Ab einer Dicke von ca. 18 mm ist daher eine doppelte Beplankung aus 2x12,5 mm günstiger als 1x25 mm.
Eine Hohlraumdämmung aus 60 oder 80 mm dicken Mineralfaserplatten weist eine bessere Schalldämpfung als die geforderte Mindestdämmstoffdicke von 40 mm auf.
Wegen des niedrigeren Flächengewichtes der heutigen Beplankungen und Dämmschichten sowie anderer Profil- und Verschraubungstechnik müssen die Tabellenwerte der DIN 4109 für $R'_{w,R}$ jeweils um 8 dB herabgesetzt werden, falls keine Herstellerkonstruktionen mit Prüfzeugnissen vorliegen.

Flankierende Bauteile

Die in den Tabellen angegebenen Werte gelten für Massivbauten mit einer flächenbezogenen Masse der flankierenden Bauteile von m' = ca. 300 kg/m². Bei leichteren Bauteilen müssen bis 4 dB schlechtere Dämmwerte, bei schwereren bis zu 2 dB bessere Dämmwerte angesetzt werden.
Randanschlüsse mit Lücken (z.B. im Dämmstreifen) oder starren Verbindungen verschlechtern die Leistungsfähigkeit der Wandkonstruktion erheblich, da über Schallbrücken eine Flankenübertragung stattfindet. Durchgehende Beplankungen von Vorsatzschalen oder Unterdecken müssen daher durch Trennfugen oder Heranführen der Trennwandkonstruktion an den massiven Rohbauteil unterbrochen werden.

Skelettbauweise

Hier ist keine biegesteife Anbindung der Trennwände an die flankierenden Bauteile mit Flankenübertragung vorhanden. Das Labor-Schalldämmmaß R_{wR} der Trennwand und das Schall-Längsdämmmaß $R_{L,wR}$ der flankierenden Bauteile sind für das Schalldämmmaß $R'_{w\,res}$ entscheidend. Beim vereinfachten Nachweis nach DIN 4109 müssen trennende und flankierende Bauteile mit ihren Prüfzeugnissen einen im Vergleich zum erforderlichen Wert $R'_{w\,res}$ um 5 dB höheren Rechenwert für R_{wR} bzw. $R_{L,wR}$ aufweisen.

Beispiele Luftschalldämmmaß R'_{wR} Montagewände in Massivbauten (dB)

Kurzbezeichnung		Min d	GK	GF	FS
Holzständerwände					
HW 60/85		40	38	42*	29*
HW 80/105		40	38	42*	29*
HW 60/110		40	46	48*	
HW 80/130		40	46	48*	
Metallständerwände					
CW 50/75		40	45	46*	47*
CW 75/100		40 60	45–46* 46–47*	48* 50*	
CW 100/125		40 60 80	45–46* 46–47* 48–49*	48* 50*	50*
CW 50/100		40	43–44*		
CW 75/125		40	43–44*		
CW 100/150		40	42–45*	50*	
CW 50/100		40	48–49*	51*	
CW 75/125		40 60	48–49* 49–51*	53*	
CW 100/150		40 60 80	49–50* 50* 50–53*	53*	52*
CW 75/150		60	50*		
CW 100/175		40–80	50*		
CW 125/200		40	50*	55*	
CW 50+50/155		40	50–53*		
CW 75+75/205		40	50–54*		
CW 100+100/255		40 80	50–54* 50–55*		
Inst. 50+50/220		40	49–51*		
Metallriegelwände					
50/100		40	44*		
75/125		40	44*		
100/150		40	45*		

* Herstellerangaben mit Prüfzeugnis
GK = Gipskartonplatten, GF = Gipsfaserplatten, FS = Fibersilikatplatten
Gültig für Massivbauten, flankierende Bauteile Flächengewicht m' = 300 kg/m²

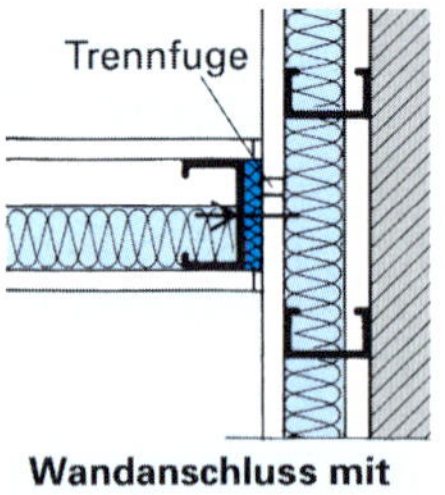

Wandanschluss mit Trennfuge

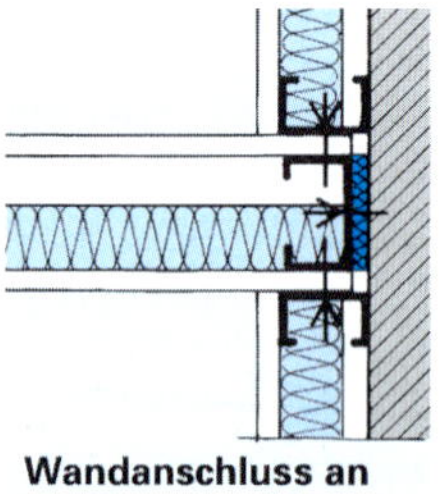
Wandanschluss an Rohbauteil

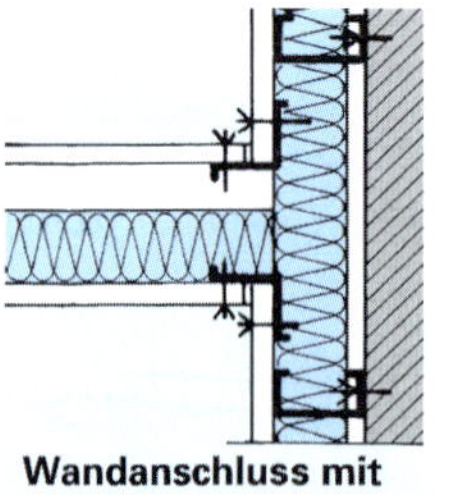
Wandanschluss mit L-Profilen

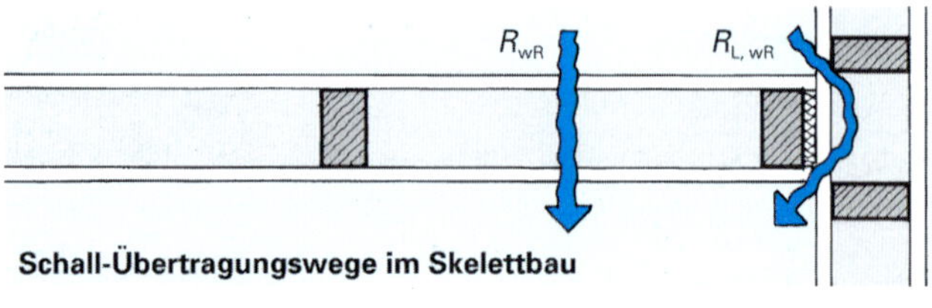

Schall-Übertragungswege im Skelettbau

4.3.3.2 Brandschutz

Die Landesbauordnungen fordern von Bauteilen je nach Aufgabenstellung, Lage und Gebäudenutzung unterschiedliche Feuerwiderstandsklassen. Wohnungstrennwände in Zweifamilienhäusern beispielsweise müssen feuerhemmend (F 30), in sonstigen Gebäuden unter 8 m Höhe feuerbeständig (F 90-A; F 90-AB) ausgeführt sein.

Feuerwiderstandsklasse von Trennwänden

Die erreichbare Feuerwiderstandsklasse hängt bei **Massivwänden** ab von:

- Wandbaustoff und Baustoffklasse
- Dicke der Wand
- dichten Anschlüssen

bei **zweischaligen Montagewänden** von:

- Baustoffklasse der Unterkonstruktion
- Baustoffklasse der Beplankung
- Dicke der Beplankung
- Rohdichte der Min-Hohlraumdämmung
- Dicke der Min-Hohlraumdämmung
- dichten Anschlüssen

Als Dämmstoffe sind Mineralfaserdämmstoffe nach DIN 18165 der Baustoffklasse A mit einem Schmelzpunkt ≥ 1000 °C erforderlich. Diese Anforderung erfüllen Schlacke- oder Steinwolledämmungen.

Die Platten sind unbedingt gegen Herausfallen zu sichern, z.B. durch das stramme Einpassen zwischen die Ständer (Zuschnitt ca. 1 cm breiter als Ständerabstand). Stumpfe Plattenstöße müssen dicht sein. Zweilagige Dämmschichten mit versetzten Stößen sind daher günstiger.

Steckdosen dürfen grundsätzlich an beiden Wandseiten nicht unmittelbar gegenüber eingebaut werden, sondern sind zu versetzen. Dämmschichten dürfen dabei bis auf 30 mm zusammengedrückt werden.

Dämmstreifen an Wandanschlüssen müssen der Baustoffklasse A entsprechen (Mineralfaser). Streifen aus Baustoffen der Klasse B sind zulässig, wenn sie < 5 mm dick sind und durch die Beplankung in voller Stärke abgedeckt oder in Beplankungsdicke fest verspachtelt werden.
GK-Streifen für gleitende Anschlüsse oder bei Schattenfugen müssen je nach Feuerwiderstandsklasse eine Mindestbreite entsprechend nebenstehender Tabelle aufweisen.

Feuerwiderstandsklasse von massiven Trennwänden, Mindestdicke (cm)

	F 30	F 60	F 90	F 120	F 180
Gipswandbauplatten	6	8	8	8	10
Porenbetonplatten	5	7,5	7,5	7,5	11,5

Feuerwiderstandsklasse von Montagewänden, Anforderungen

		Min-Dämmschicht		Beplankungsmaterial je Seite, Dicke (mm)				
		d (mm)	*ρ*	GKB	GKF	GF	GV	FS
Holzständerwände	F 30-B	40	30	18, 2× 9,5	12,5			
		40	40	18, 2× 9,5	12,5	12,5		
		40	50			10		
		50	35					8
	F 60-B	40	40		25, 2×12,5			
	F 90-B	60	50			12,5+10		
		80	100		2×12,5			
		2×40	50					12+ 12 Str.
Metallständerwände	F 30-A	40	30	18, 2× 9,5	12,5	12,5		
		40	40	18, 2× 9,5	12,5	12,5		
		50	40					8
	F 60-A	40	40		25, 2×12,5	2×12,5		
		60	50			12,5		
	F 90-A	40	40		15+12,5	12,5+ 10+10	20	
		50	40					15
		50	50		15+12,5	12,5+10	20	
		80	30		2×12,5			
		60	50		2×12,5	18		
		40	100		2×12,5		20	
	F 120-A	40	40		2×18, 3×12,5	12,5+ 10+10		
		80	50		2×15			
		60	100		2×15			
	F 180-A	80	50		3×12,5 25+12,5			
		60	100		3×12,5 25+12,5			

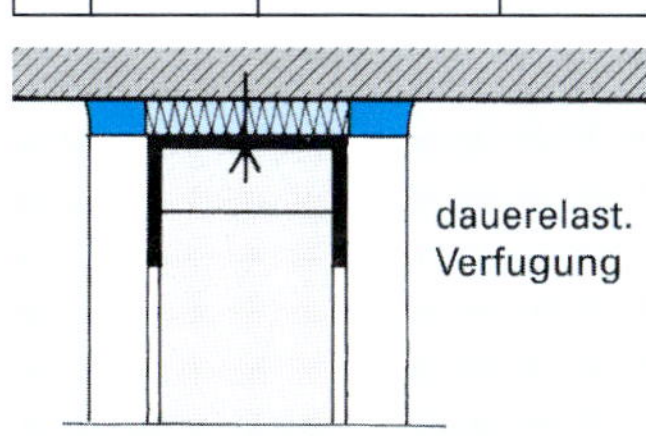

Dämmstreifen Baustoffklasse A

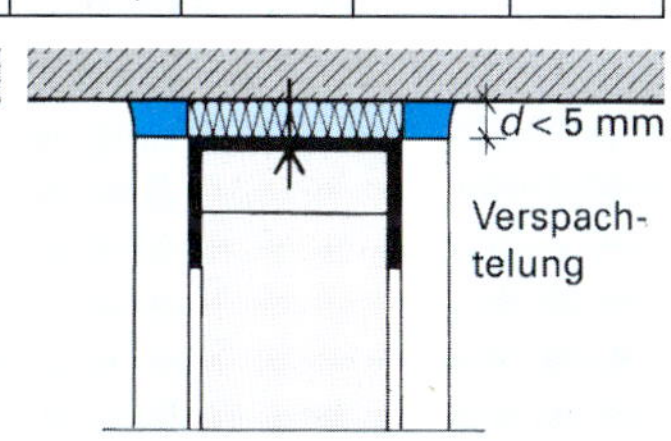

Dämmstreifen Baustoffklasse B

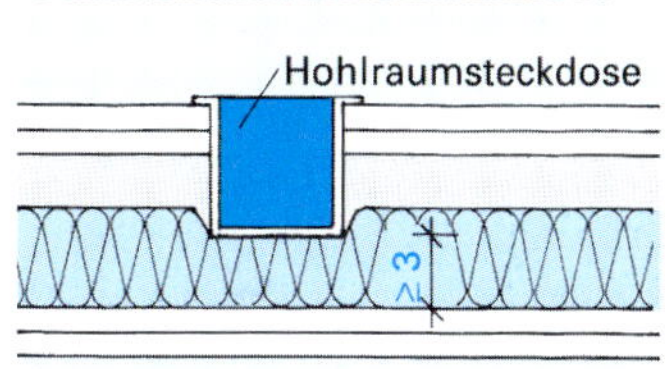

Mindestdicke Dämmstoff

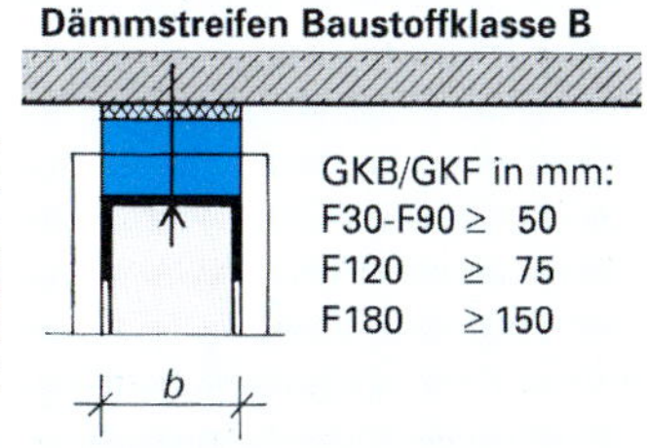

Mindestbreite GK-Streifen

4.3.3.3 Strahlenschutz

In Krankenhäusern, Arztpraxen und Laboratorien müssen gesundheitsschädigende Röntgenstrahlen aus Therapie, Diagnose- und Messbereichen abgeschirmt werden.
Dazu müssen umgebende Bauteile eine hohe Baustoffdichte und Dicke aufweisen.
Für Diagnoseräume mit relativ niedriger Strahlungsintensität wäre beispielsweise eine 22 cm dicke Stahlbeton-Massivwand ausreichend. Sie könnte jedoch durch leichtere und dünnere Trockenbausysteme ersetzt werden, bei denen die Trockenbauplatten mit einer aufkaschierten Walzbleifolie versehen sind.

Auch die Stoß- und Anschlussfugen müssen mit Walzbleistreifen hinterlegt werden, die auf die UW- und CW-Profile geklebt werden. Das System wird durch Strahlenschutz-Türelemente, Verglasungen und Schutzkappen für Steckdosen ergänzt. Zweiseitige Beplankungen mit Strahlenschutzplatten bewirken höhere Abschirmungen.

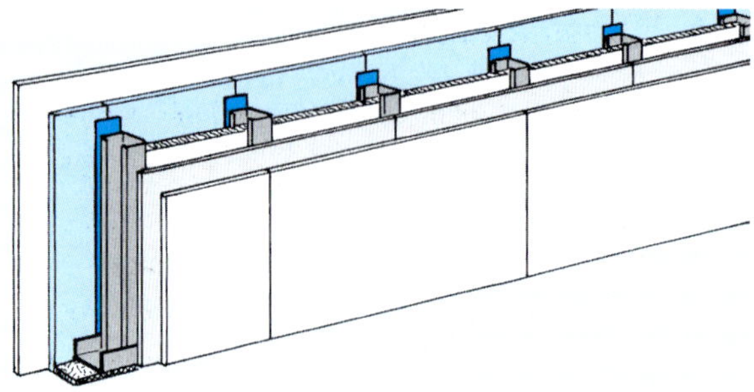

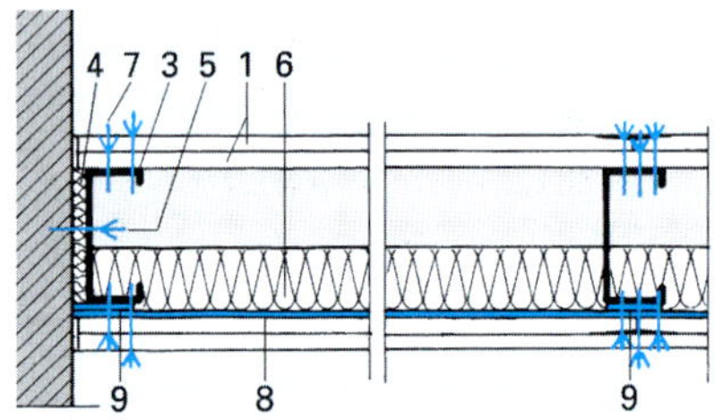

Grundriss und Wandanschluss

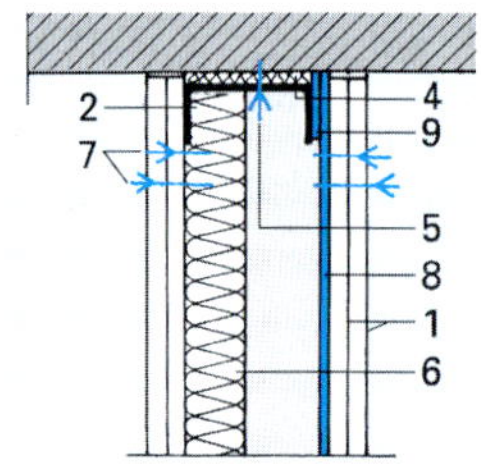

Deckenanschluss

1: GK-Platte
2: UW-Profil
3: CW-Profil
4: Anschlussdichtung
5: Verdübelung
6: Min-Dämmstoff
7: Schnellbauschrauben
8: Bleifolie
9: Walzbleistreifen

4.3.3.4 Vergleich von Trennwandkonstruktionen

Beispiele für die Leistungsfähigkeit von Trennwänden im Schall- und Brandschutz (GK- und GF-Platten)

Brandschutz: ohne Anforderung			F 30-A (B)		F 90-A (B)		F 180-A	
Schallschutz	GKB	GF	GKF	GF	GKF	GF	GKF	GF
Anforderung $R'_w < 53$ dB	HW 60/85 40/30 12,5 o. 13 ** CW 50/75 40/30 12,5 o. 13 **	HW 60/80 40/30 10 CW 50/70 40/30 10	HW 60/85 40/30; 12,5 o. 40/50; 13 ** CW 50/75 40/30 12,5 CW 50/86 40/30 18*	HW 60/85 40/40 12,5 CW 50/75 40/40 12,5 CW 75/100 40/20 12,5	HW 80/130 80/100 25 o. 2×12,5 CW 75/125 40/100; 60/50 25 o. 2×12,5 HW 100/163 100/100 12,5+19 **	HW 60/105 60/50 12,5+10 CW 50/95 50/50 12,5+10	CW 75/150 60/100 3×12,5 CW 100/175 80/50 3×12,5	
	Gipsplattenwand $d = 6$ cm				Gipsplattenwand $d = 8$ cm		Gipsplattenwand $d = 10$ cm	
$R'_w \geq 53$ dB (Wohnungs- trennwand)	CW 100/150 80/30 2×12,5 CW 50+50/155 40/30 2×12,5 CW 75+75/205 40/30; 60/50 2×12,5 CW100+100/255 40/100; 2×12,5	CW 75/120 50/30 12,5+10	CW 100/150 80/30 2×12,5 CW 50+50/155 40/30 2×12,5 CW 75+75/205 40/30; 60/50 2×12,5 CW 125/190 40/40 12,5+10+10	CW 75/120 50/50 12,5+10	CW 100/150 80/30 2×12,5 CW 50+50/155 40/100; 2×12,5 CW 75+75/205 40/100 2×12,5 CW100+100/255 40/100; 2×12,5	CW 75/120 50/50 12,5+10		
$R'_w \geq 55$ dB	CW100+100/255 80/30; 2×12,5	CW 125/190 40/30 12,5+10+10	CW100+100/255 80/30; 2×12,5	CW 125/190 40/40 12,5+10+10	CW100+100/255 80/30; 2×12,5	CW 125/190 40/40 12,5+10+10		

* Verwendung von Gipskartonplatten GKB statt GKF   ** 13 oder 16 mm Spanplatten nach DIN 68763
Der Nachweis erfolgt entsprechend DIN 4109/4102 oder durch Prüfzeugnis der Hersteller
Voraussetzungen für Angaben zum Schallschutz: Massivbau, flankierende Bauteile flächenbezogene Masse $m' = 300$ kg/m²

4.4 Konsollasten

Nach DIN 4103 müssen nicht tragende innere Trennwände leichte Konsollasten bis zu 0,4 kN/m Wandlänge und Hebelarmen bis 30 cm an jeder Stelle der Wand aufnehmen können. Dies wäre z.B. ein 60 cm tiefer Küchenhängeschrank, der pro m Länge ca. 40 kg Masse aufweist.

Die Aufnahmefähigkeit für höhere Konsollasten richtet sich nach Konstruktion und Baustoff der Trennwand. Sie ist entweder genormt oder durch bauaufsichtliche Zulassungen für bestimmte Wandkonstruktionen geregelt oder muss statisch nachgewiesen werden. Hohe Konsollasten, z.B. wandhängende WC oder Schultafeln, müssen durch spezielle Tragständer in zweischaligen Wandkonstruktionen aufgenommen werden (siehe Kap. 4.3.2.5).

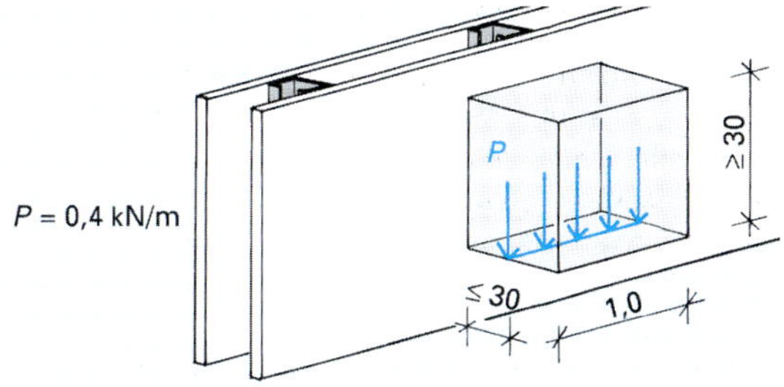

Konsollasten für Trennwände

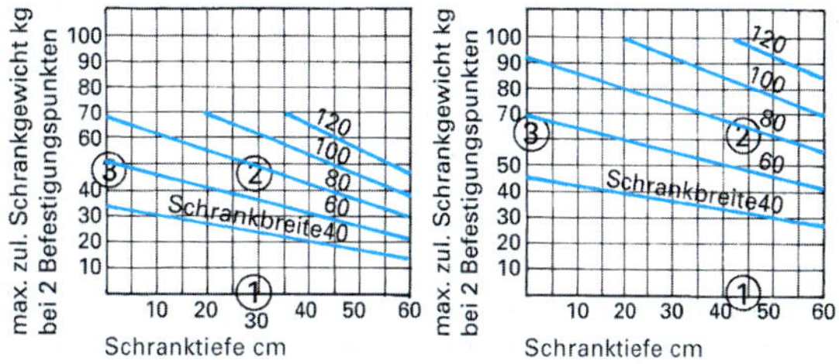

Beplankungsdicke 12,5-15 mm | Beplankungsdicke 18-25 mm

Konsollasten in GK-Montagewänden nach DIN 18183

Massivwände: zulässige Dübellasten (kg)				
	Injektionsanker		Porenbetondübel	
	FIM 8	FIM 12	HGS 6	HGS 10
Gips-Wandbauplatten	120	250	55	140
Porenbeton-Platten GP 2	70	100	40	80
GP 4	120	160	80	150

Wahl der Befestigungsmittel

Sie hängt ab von:

- Art und Masse der anzubringenden Gegenstände
- Art und Tragfähigkeit der Trennwandkonstruktion

*Die **Tragfähigkeit** der Konstruktion hängt ab von:*

- ein- oder mehrschalige Konstruktion
- bei einschaligen Wänden Dicke und Tragfähigkeit des Wandbaustoffes
- bei zweischaligen Montagewänden Dicke und Tragfähigkeit der Beplankung

Einschalige Massivwände

- **leichte Einzellasten** bis zu 15 kg (Bilder) können mit Nägeln oder Bilderhaken befestigt werden
- **leichte Konsollasten** mit Kunststoff-Spreiz- oder Schraubdübeln, bei Porenbeton auch mit Spezialdübeln
- **mittlere Konsollasten** mit Injektionsankern oder Schwerlastdübeln

Mehrschalige Montagewände

- **leichte Einzellasten** bis 15 kg mit Bilderhaken
- **leichte Konsollasten** (leichte Regale) mit Hebelarmen bis 15 cm mit Kunststoff-Spreiz- oder Hohlraumdübeln
- **mittlere Konsollasten** (Küchenhängeschränke) mit Hebelarmen bis 30 cm mit Kunststoff- oder Metall-Hohlraumdübeln

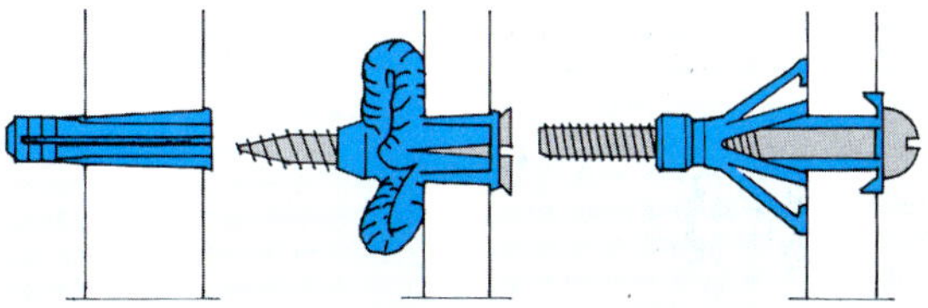

Spreizdübel | Kunststoff-Hohlraumdübel | Metall-Hohlraumdübel

Dübelarten für Konsollasten bei Montagewänden

Montagewände: zulässige Belastung durch leichte Gegenstände (kg)			
Bilderhaken	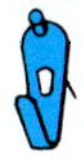		
GK-Plattenwand	5	10	15
GF-Plattenwand	15–20 *	25–30 *	35–40 *

* je nach Plattendicke

Montagewände: zulässige Dübellasten (kg)									
Hohlraumdübel	GK-Plattendicke mm				GF-Plattendicke mm				
	12,5	15	18	2× 12,5	10	12,5	15	18	10+ 12,5
Kunststoff ø 6	20	20	30	35					
ø 8	25	25	35	40	35	50	55	55	60
Metall ø 6	30	30	40	50					
ø 8	30	30	40	50					

5 Deckenkonstruktionen

Decken lassen sich in 3 Bauteilgruppen gliedern:

- tragendes Deckensystem (Rohdecke)
- Deckenbekleidungen und Unterdecken (Kap. 5.1)
- Deckenauflagen (Kap. 5.2)

Diese Teilelemente einer Decke können insbesondere hinsichtlich ihrer bauphysikalischen Wertung nicht gesondert, sondern nur im Zusammenhang betrachtet werden („Integriertes System").

Grundsätzlich können alle tragenden Deckensysteme mit einer Deckenbekleidung bzw. Unterdecke und einer Deckenauflage versehen werden, sofern in statisch-konstruktiver und funktioneller Sicht keine Einwände bestehen. Der Gesamtdeckenaufbau ist bei der Planung eines Bauwerks zu berücksichtigen und in der Bauvorlage anzugeben.

5.1 Deckenbekleidungen und Unterdecken

5.1.1 Gesamtübersicht

Deckenbekleidungen und Unterdecken sind an tragenden Deckenkonstruktionen befestigte Bauteile. Sie bestehen aus Unterkonstruktion und flächenbildender Decklage. Man unterscheidet nach Art der Befestigung der Unterkonstruktion an der Rohdecke:

- **Deckenbekleidungen:**
  Unterkonstruktion direkt befestigt
- **Unterdecken:**
  Unterkonstruktion abgehängt befestigt

Aufgaben von Deckenbekleidungen und Unterdecken

- dekorative Gestaltung der Deckenuntersicht
- Verkleidung von Rohbaukonstruktionen oder von den unter der Rohdecke geführten Sanitär- und Elektroinstallationen sowie Klimakanälen
- Verbesserung der Luft- und Trittschalldämmung
- Beeinflussung der Raumakustik
- Gewährleistung des geforderten Brandschutzes
- Verbesserung des Wärme- und Feuchteschutzes
- Sicherstellung des Strahlenschutzes in Krankenhäusern, Arztpraxen und Laboratorien
- Träger haustechnischer Elemente, z.B. Beleuchtungskörper und Sprinkleranlagen

Deckenbekleidungen und Unterdecken erfüllen je nach Ausführung eine oder mehrere dieser Aufgaben.

Anforderungen an Deckenbekleidungen und Unterdecken

- ausreichende Tragfähigkeit und Verformungssicherheit aller Konstruktionselemente
- Aushängesicherheit, z.B. bei Luftdruckschwankungen
- Korrosions- und Alterungsbeständigkeit der Unterkonstruktion und Decklagen
- Einsatz von ökologisch und gesundheitlich unbedenklichen Materialien
- möglichst einfache Montage und Demontage, um Reparaturen und eine Wiederverwendung der Deckenelemente zu ermöglichen

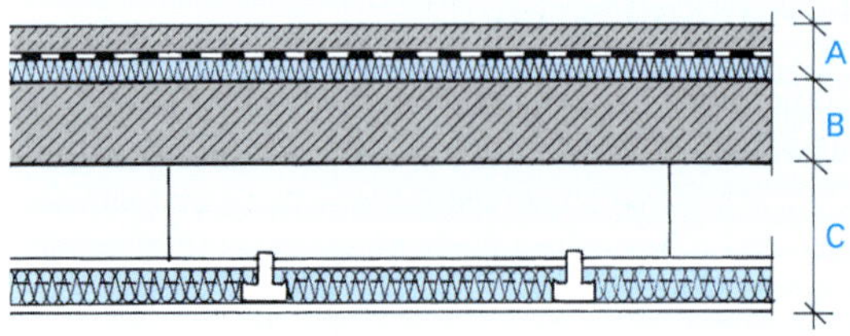

A: Deckenauflage
z.B. Estrich auf Dämmschicht

B: Tragendes Deckensystem
z.B. Stahlbetonplattendecke

C: Unterdecke
z.B. abgehängte Metallunterkonstruktion, Beplankung und Faserdämmstoffeinlage

„Integriertes System"
Stahlbetondecke mit Deckenauflage und Unterdecke

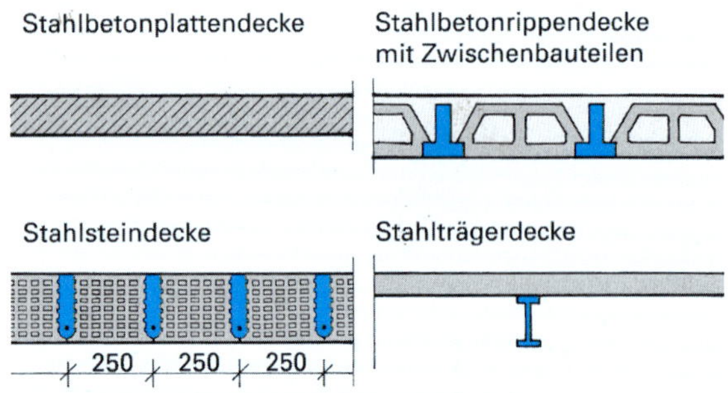

Beispiele für Massivdecken

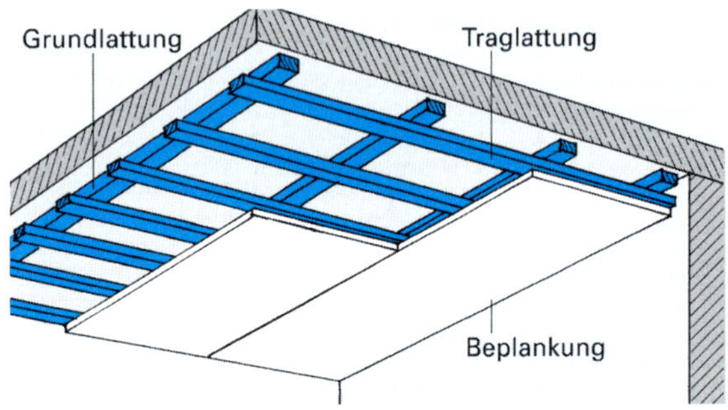

Deckenbekleidung mit Holzunterkonstruktion

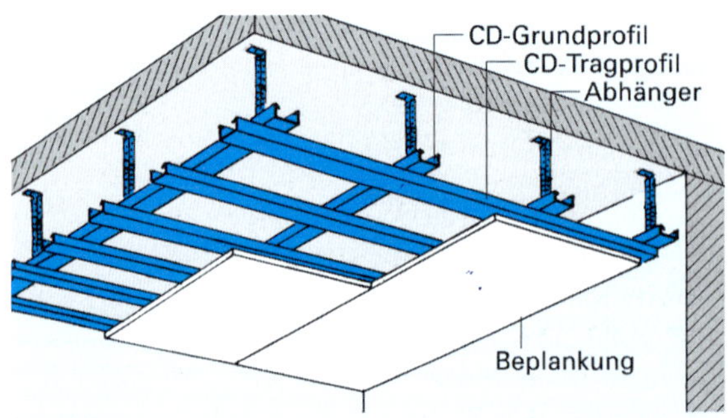

Unterdecke mit abgehängter Metallunterkonstruktion

5 Deckenkonstruktionen

Ausführungsarten der Decklagen

In Abhängigkeit von dem Anwendungsbereich, den daraus folgenden Anforderungen und den gestalterischen Ansprüchen erfolgt die Wahl des geeigneten Deckensystems. Gestaltungstechnisch unterscheidet man folgende Decklagenarten:

Fugenlose Deckenbekleidungen und Unterdecken

Die Beplankung erfolgt mit großformatigen Platten (Halbfertigteile) mit geschlossenen Stoßfugen. Die Decklagen bestehen z.B. aus

- Gipskarton-, Gipsvlies- und Gipsfaserplatten
- Faserzement- und Fibersilikatplatten
- Holzwerkstoffplatten
- Gipskarton-Putzträgerplatten mit Putzauftrag

Rasterdecken

Die Ansichtsseite dieser ebenen, meist geschlossenen Deckensysteme ist gegliedert (gerastert). Rasterdecken lassen sich unterscheiden in:

Linienrasterdecken

Die vorgefertigten quadratischen Kassetten oder Langfeldplatten können in Einschub- oder Einlegemontage angebracht oder direkt an der Unterkonstruktion befestigt werden. Je nach System sind die Tragschienen sichtbar oder verdeckt angeordnet.

Bandrasterdecken

Diese Decken unterscheiden sich von den Plattendecken durch eine deutlicher sichtbare Trennung einzelner Deckenfelder in einachsiger (Längs-Bandraster) oder in zweiachsiger Richtung (Kreuz-Bandraster). In der Regel sind die Bänder Teil der Tragkonstruktion (z.B. Metallprofile) für die Decklage.

Materialien für die Decklage von Rasterdecken:

- GK-Zuschnittplatten, gefaltete GK-Platten
- Fibersilikatplatten
- Holzwerkstoff-Elemente
- Mineralfaserplatten
- Metall-Elemente
- Gips-Deckenplatten
- HWL-Platten
- Kunststoff-Elemente

Paneel- und Lamellendecken

Die starke einachsige Betonung der Deckenuntersicht wird durch die Verwendung langer, schmaler Bauelemente erzeugt, die sowohl flach (Paneele) wie auch hochkant (Lamellen) angeordnet werden können. Besonders Lamellendecken sind meist offene Systeme. Für Paneel- und Lamellendecken werden z.B. folgende Materialien verwendet:

- Metall-Elemente (Stahlblech oder Leichtmetall)
- Holz- und Holzwerkstoffprofile
- Mineralfaserlamellen

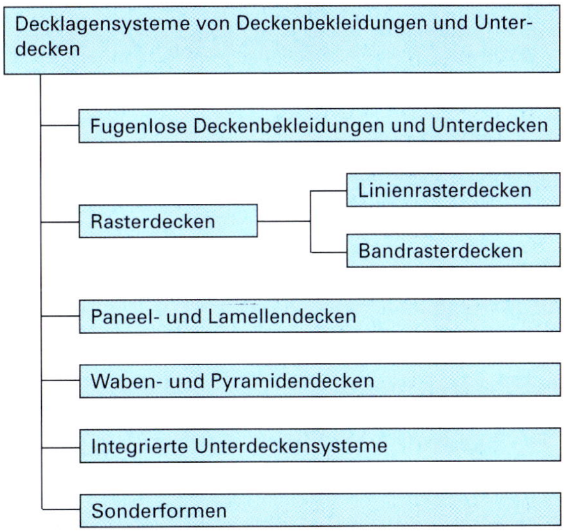

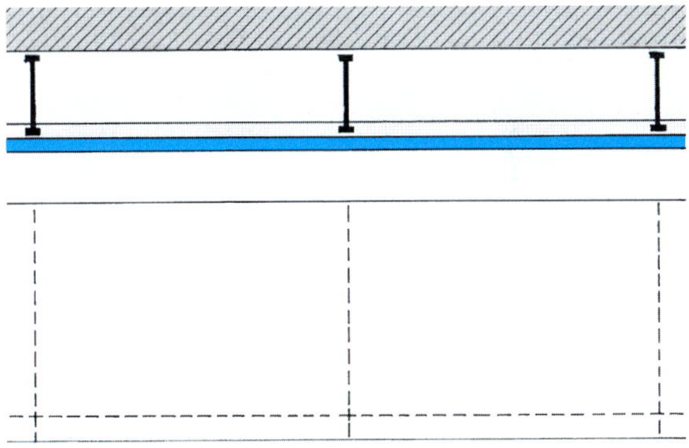

Fugenlose Deckenbekleidungen und Unterdecken

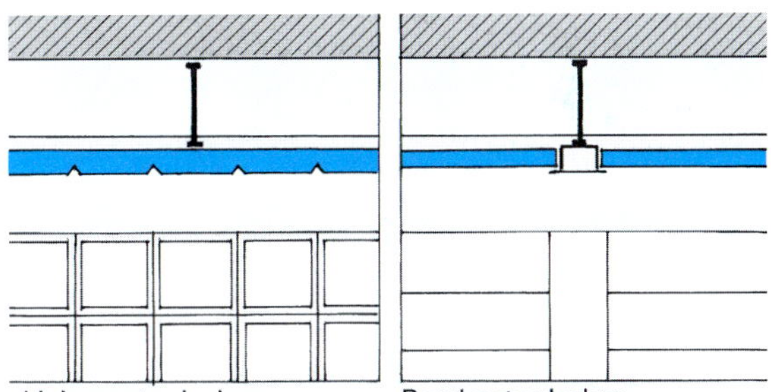

Linienrasterdecken (Kassettendecke)
Bandrasterdecken (Längsbandraster)

Rasterdecken

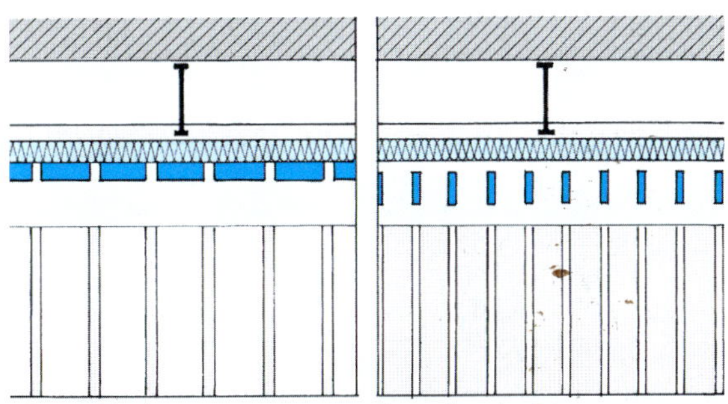

Paneeldecken
Lamellendecken

Paneel- und Lamellendecken

Waben- und Pyramidendecken

Die räumlichen, meist quadratischen Elemente ergeben eine plastische Deckenuntersicht. Häufig sind Installationen, z.B. Beleuchtungskörper, integriert. Materialien für die meist geschlossenen Systeme sind z.B.:

- Mineralfaserplatten
- Holzwerkstoffplatten
- Metall-Deckenplatten

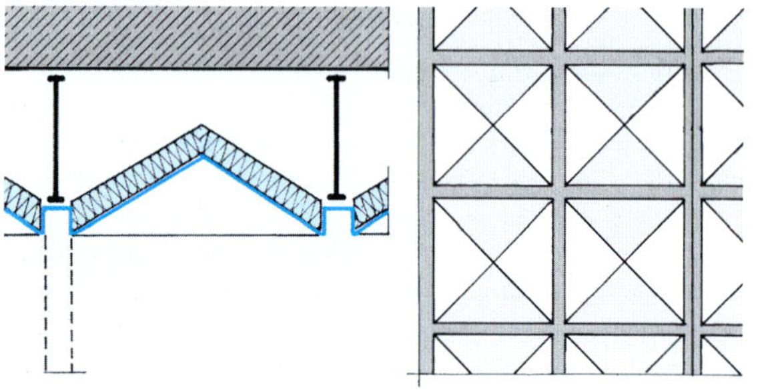

Pyramidendecke

Integrierte Unterdeckensysteme

Integrierte Unterdeckensysteme sind Kombinationsdecken mit integrierten Akustik-, Beleuchtungs- und Klimatisierungselementen. Die Ausbildung dieser technisch aufwendigen Konstruktionen ist herstellerabhängig sehr unterschiedlich. Die für die Decklage verwendeten Materialien entsprechen denen der Rasterdecken.

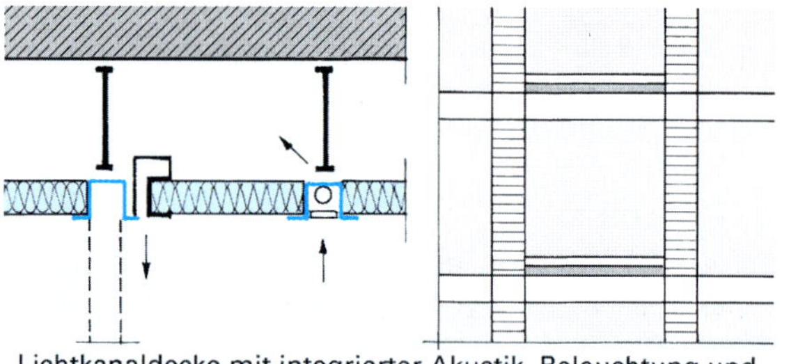

Lichtkanaldecke mit integrierter Akustik, Beleuchtung und Klimatisierung
Integriertes Unterdeckensystem

Sonderformdecken

Für bestimmte Raumnutzungen, z.B. Konzertsäle, werden besondere Anforderungen an die Gestaltung und Raumakustik gestellt. Hierfür werden aufwendige, nicht normierte Sonderkonstruktionen entwickelt, die einer speziellen Planung bedürfen. In diesen Konstruktionssystemen sind hochwertige haustechnische Elemente integriert, z.B. Beleuchtungskörper, Lautsprecher und klimatechnische Installationen.

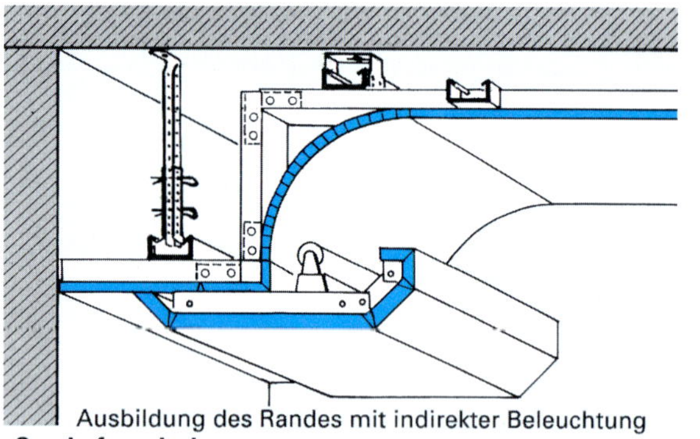

Ausbildung des Randes mit indirekter Beleuchtung
Sonderformdecke

5.1.2 Ausführung von leichten Deckenbekleidungen und Unterdecken nach DIN 18168

Diese Norm gilt für Deckenbekleidungen und Unterdecken, deren Eigenlast einschließlich Einbauten auf maximal 0,5 kN/m² begrenzt ist und die nicht betreten werden dürfen. Schwere Einbauelemente sind direkt an der Rohdecke zu befestigen, oder es ist für höher belastete Konstruktionen ein eigener Standsicherheitsnachweis zu erbringen.

Man unterscheidet folgende Konstruktionsteile:

- Verankerungselemente
- Abhänger
- Unterkonstruktion
- Decklage
- Verbindungselemente

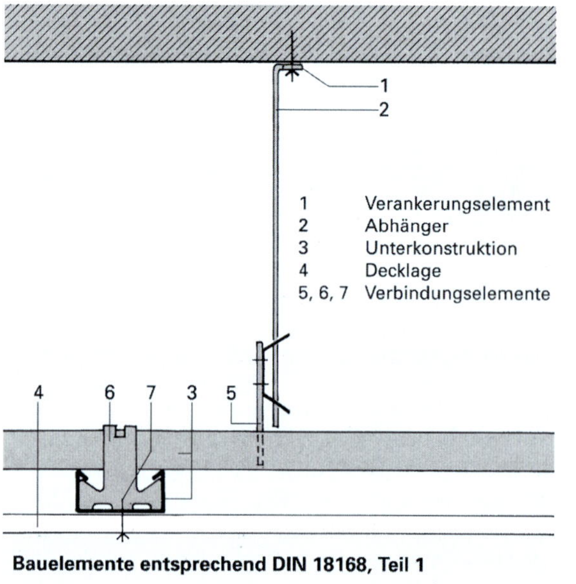

Bauelemente entsprechend DIN 18168, Teil 1

5.1.2.1 Verankerung der Unterkonstruktion an tragenden Bauteilen

Die Unterkonstruktionen von Deckenbekleidungen und Unterdecken müssen mit geeigneten Verbindungsmitteln an der tragenden Deckenkonstruktion dauerhaft und sicher verankert werden. Die notwendige Anzahl der Verankerungsstellen richtet sich nach der Tragkraft der Verankerungselemente und der Unterkonstruktion sowie deren zulässiger Verformung.

Verankerung an Massivdecken

Es gibt im Wesentlichen zwei Verankerungsarten:

■ **Dübel**

Es dürfen nur Dübel verwendet werden, deren Eignung durch eine allgemeine bauaufsichtliche Zulassung oder das Prüfzeugnis einer amtlichen Prüfanstalt nachgewiesen ist. Mit Ausnahme von speziellen Dübeln zur Verankerung in Porenbetonelementen (Kunststoffdübel) sind nur Metalldübel zugelassen. Bei der Auswahl der Dübel ist zu beachten:

- Art des Ankergrundes (Beton, Ziegelbauteile ...)
- Bohrverfahren und Tragmechanismus des Dübels
- Größe und Art der Belastung

Tragmechanismen von Dübeln:

■ Spreizverankerung (Spreizdübel)

Verwendung in druckfesten Baustoffen, z.B. Beton, Vollziegel.

■ Verbundverankerung (Injektionsanker, Haftdübel)

■ Spreizdruckfreie Verankerung

Verwendung von Injektionsankern mit Spezialmörteln für Baustoffe mit geringer Dichte, z.B. Porenbeton, Steine aus Leichtbeton oder Lochziegel.

■ Formschlussverankerung
(Sonderdübel, z.B. Injektions-Netzanker)

Diese Dübel passen sich der Form des Baustoffes an. Verwendung vor allem bei Platten und Baustoffen mit Hohlkammern.

■ Einbetonierte Halterungen
(Stahlbeton- und Spannbetondecken)

Die korrosionsgeschützten Ankerschienen bestehen aus U-förmigen Profilen mit auf dem Rücken angeschweißten Ankern. Sie bedürfen einer allgemeinen bauaufsichtlichen Zulassung, die den Anwendungsbereich und die zulässige Tragkraft festlegt. Eine Verankerung an einbetonierten Holzlatten ist nicht zulässig!

Verankerung an Stahl- und Stahltrapezprofilen

An Stahlprofilen wird die Unterkonstruktion mit Klammern aus Flach- bzw. Rundstahl, mit Schrauben oder Hohlnieten verankert. Bei Stahltrapezprofilkonstruktionen sind geeignete Schrauben oder Hohlnieten zu verwenden. Die Eignung der Verankerungsmittel ist durch eine allgemeine bauaufsichtliche Zulassung oder durch ein amtliches Prüfzeugnis nachzuweisen.

Verankerung an Holzkonstruktionen

Die Unterkonstruktion bzw. die Abhänger werden mit geeigneten Schrauben oder Nägeln befestigt. Bei Schraubverankerungen ist in der Regel eine Schraube pro Befestigungspunkt ausreichend (Nachweis nach DIN 1052 bzw. durch Prüfzeugnis).

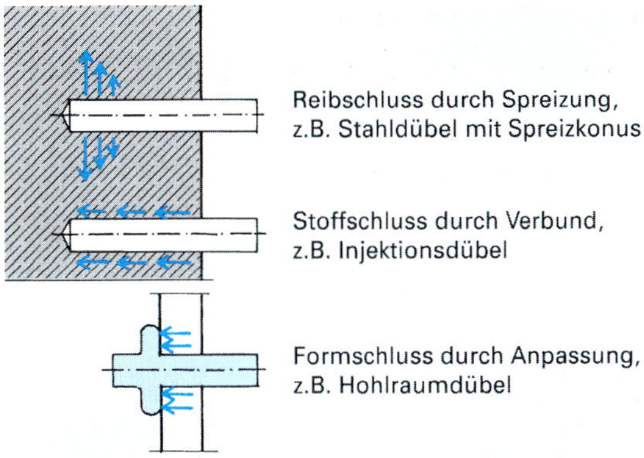

Tragmechanismen von Dübeln (siehe auch Kap. 3.5.4)

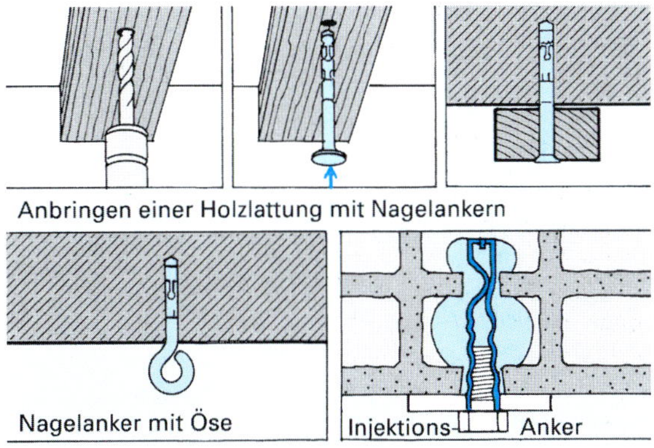

Beispiele für Verankerungen mit Dübeln

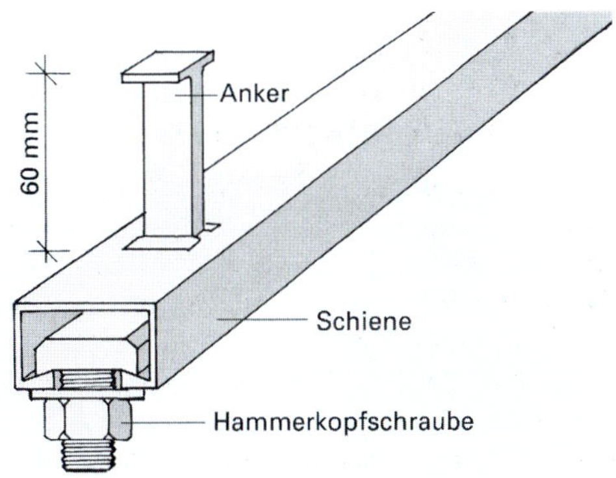

Ankerschiene für Stahlbetonkonstruktionen

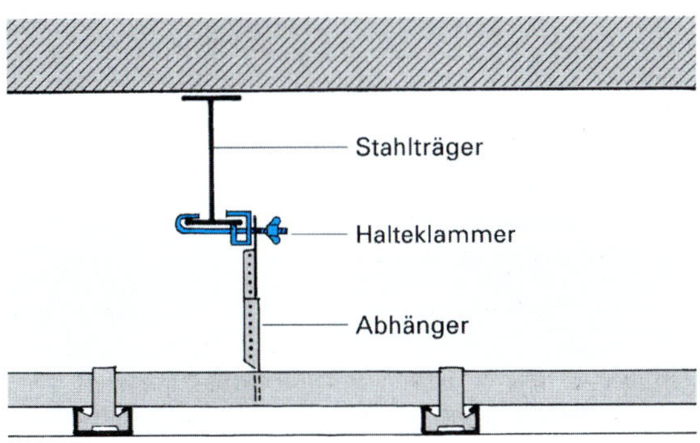

Beispiel für eine Verankerung an Stahlträgern

5.1.2.2 Abhänger

Bei Unterdecken stellen Abhänger die Verbindung zwischen Verankerungselementen und Unterkonstruktion her. Ihre zulässige Tragkraft ist rechnerisch oder durch ein amtliches Prüfzeugnis nachzuweisen.

Abhänger aus Metall

In DIN 18168 sind die Mindestquerschnittsabmessungen und der erforderliche Korrosionsschutz festgelegt. Die Abhänger und ihre Verbindungsmittel sind in drei Tragfähigkeitsklassen eingeordnet:

zul. $F = 0{,}15$ kN ; 0,25 kN ; 0,40 kN

Folgende höhenverstellbare Metallabhänger werden vorwiegend eingesetzt (siehe auch Kap. 3.5.3):

- Abhängung mit verzinktem Bindedraht
- Schlitzbandabhänger
- Schnellspannabhänger (Draht + Spannfederstahl)
- Noniusabhänger
- justierbare Direktabhänger (Deckenbekleidungen)

Abhänger aus Holz

Abhänger aus Holz werden nur bei Rohdecken aus Holzbaustoffen verwendet. Sie müssen einen Mindestquerschnitt von 10 cm² und eine Mindestdicke von 20 mm haben. Ein ausreichend sicherer Anschluss durch Schrauben oder Nägel muss gewährleistet sein.

5.1.2.3 Unterkonstruktion

Die Unterkonstruktion besteht aus Metall, Holz oder anderen geeigneten Baustoffen. Die Durchbiegung der Elemente darf maximal $^1/_{500}$ der Stützweite, jedoch nicht mehr als 4 mm betragen.

Unterkonstruktion aus Metall

Die Profile bestehen meist aus feuerverzinktem Bandstahl, seltener aus Aluminium (siehe auch Kap. 3.4.2).

Unterkonstruktion aus Holz

Die Holzunterkonstruktion besteht in der Regel aus einer Grundlattung und einer quer dazu angeordneten Traglattung. Die Traglattung darf am Kreuzungspunkt mit nur einer Schraube befestigt werden (abweichend von DIN 1052). Die Einschraubtiefe muss mindestens dem 5fachen Schraubdurchmesser entsprechen, jedoch nicht weniger als 24 mm (siehe auch Kap. 3.4.1).

5.1.2.4 Decklagen

Die Decklagen bilden den raumseitigen Abschluss von Deckenbekleidungen und Unterdecken. Man unterscheidet geschlossene und offene Systeme (siehe Kap. 5.1.1). Häufig verwendete Materialien für die Decklagen sind im Kapitel 3.1 aufgeführt.

5.1.2.5 Verbindungselemente

Verbindungselemente dienen zur Befestigung
- der Holz- oder Metallprofile an den Abhängern
- der Holz- oder Metallprofile untereinander
- der Decklagen an der Unterkonstruktion

(siehe hierzu auch Kap. 3.5 und 5.1.3 ff.).

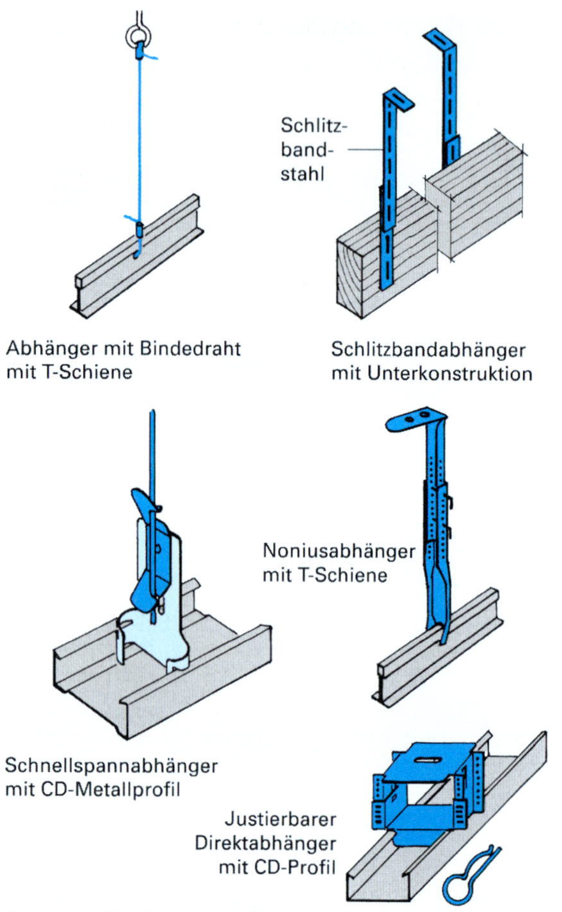

Arten von Abhängern aus Metall

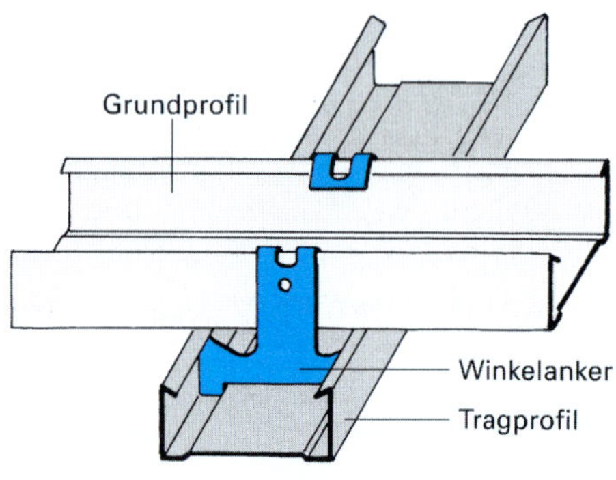

Unterkonstruktion aus CD-Metallprofilen

Mindestquerschnitte bei Holzunterkonstruktionen		
	b (mm)	*h* (mm)
Deckenbekleidungen:		
– Grundlattung	≥ 48	≥ 24
– Traglattung	≥ 48	≥ 24
Unterdecken:		
– Grundlattung	40	60
– Traglattung	≥ 48	≥ 24
oder		
– Grundlattung	30	50
– Traglattung	50	30

5.1.3 Deckenbekleidungen

Deckenbekleidungen werden vorrangig zur Renovierung schadhafter Massivdecken, z.B. im Altbaubereich, eingesetzt. Bei Holzbalkendecken sind sie wesentlicher und bauphysikalisch wichtiger Bestandteil der Deckenkonstruktion (siehe auch Kap. 5.1.1).

5.1.3.1 Fugenlose Deckenbekleidung mit Holzunterkonstruktion an Massivdecken

Herstellungsschritte

- Aufmaß der Deckenfläche (Länge, Breite)
- Festlegung der Konstruktionsausrichtung
- anreißen der Grundlattungsachsen (Abstand *y*) und Dübelabstände (*x*), zulässige Randabstände nicht überschreiten ($a \approx 100$ mm)
- Grundlattung zuschneiden und andübeln. Bei unebenen Deckenflächen mit Distanzstücken unterlegen, planeben ausrichten
- Traglattungsabstände (*l*) anzeichnen, Traglattung zuschneiden und an den Kreuzungspunkten mit Schnellbauschrauben an der Grundlattung befestigen
- zuschneiden der Trockenbauplatten
- in einer Richtung fortschreitend an der Traglattung anschrauben (bei GK-Platten Schnellbauschrauben, Schraubabstand 17 cm). Querstöße mindestens um einen Traglattungsabstand versetzt anordnen
- verspachteln der Platten- und Randfugen (siehe Kap. 4.2.2)

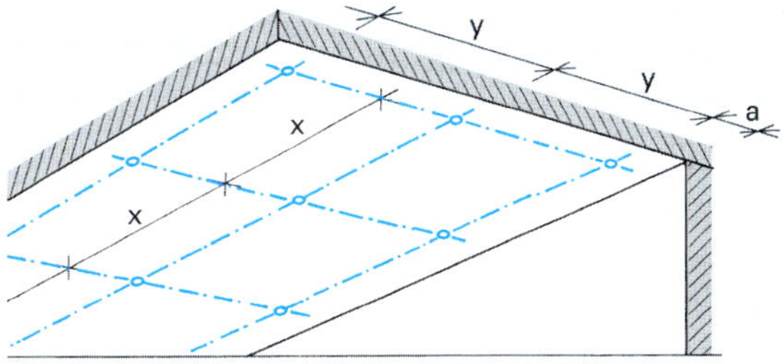

Deckenbekleidung mit Holzunterkonstruktion, Anreißen der Grundlattungsachsabstände *y* und der Dübelabstände *x*

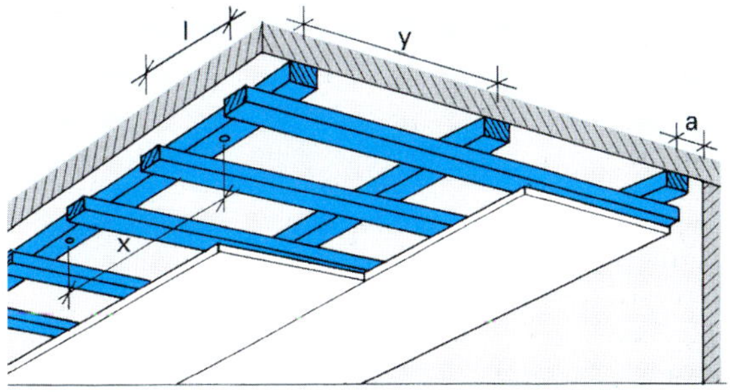

Befestigen der Trockenbauplatten (versetzte Querstöße)

5.1.3.2 Bekleidung einer Holzbalkendecke

Bei Holzbalkendecken kann auf die Grundlattung verzichtet werden, wenn der Achsabstand der Holzbalken den zulässigen Grundlattungsabstand (*y*) nicht überschreitet. Die Befestigung der Traglattung erfolgt dann direkt an den Deckenbalken. Unebenheiten sind durch Distanzstücke auszugleichen.

Bei Anforderungen an den Schall-, Brand- und Wärmeschutz sind zusätzliche Maßnahmen notwendig:

- **Schallschutz**: Faserdämmstoffeinlage ($d \geq 50$ mm). Bei einer Dämmstoffdicke $d \leq 100$ mm muss der Dämmstoff seitlich an den Holzbalken hochgeführt werden. Befestigung der Traglattung an den Holzbalken mit Federbügeln oder Einbau von Federschienen (Metallschienen) statt Traglatten.
- **Brandschutz**: Verwendung von GKF-Platten; falls erforderlich ist ein nichtbrennbarer Dämmstoff mit einem Schmelzpunkt ≥ 1000 °C (z.B. Steinwolle), Dicke $d \geq 60$ mm, im Deckenhohlraum einzubringen (siehe Kap. 5.3.3).
- Bei Anforderungen an den **Wärmeschutz** ist die erforderliche Dämmstoffdicke rechnerisch nachzuweisen.
- **Feuchteschutz**: Technische Maßnahmen, z.B. der Einbau von Dampfbremsen, sind abhängig von der Raumnutzung der durch die Decke getrennten Räume.

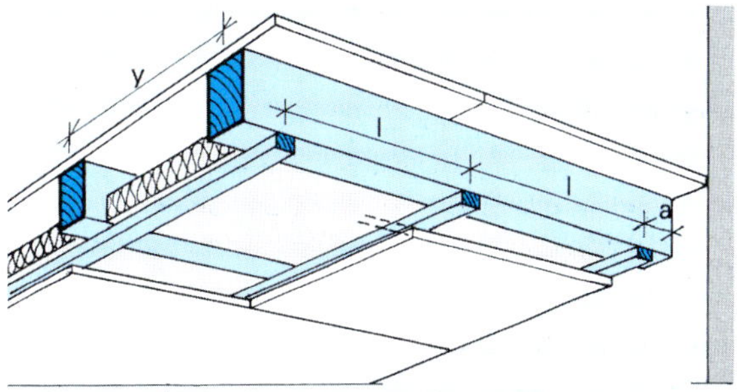

Bekleidung einer Holzbalkendecke

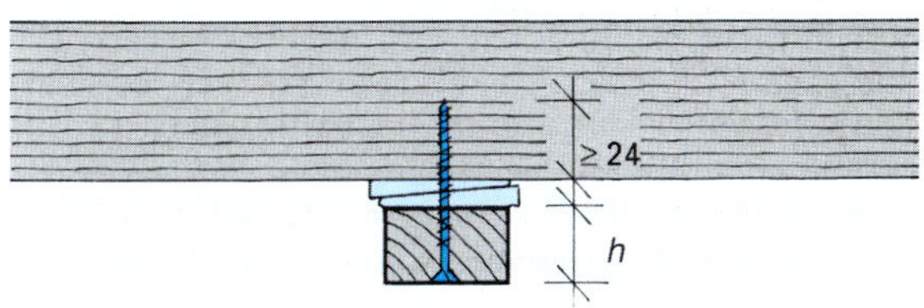

Anschrauben der Traglattung an die Deckenbalken (mit Distanzstücken)

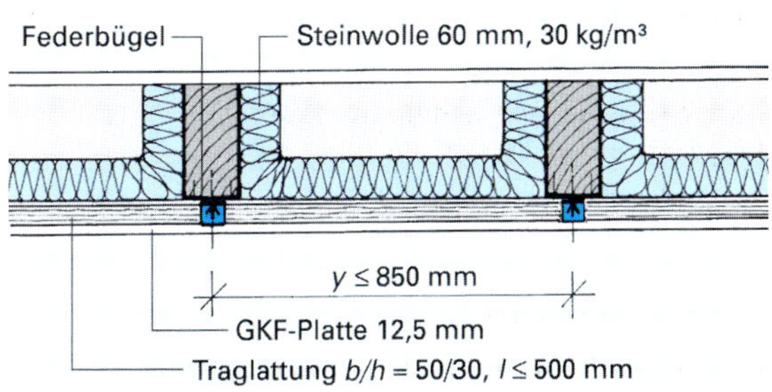

Konstruktion ≙ F 30-B bei Brandbeanspruchung von unten

Deckenbekleidung einer Holzbalkendecke bei Anforderungen an den Schall- und Brandschutz

5.1.4 Unterdecken

Bei Unterdecken wird die Unterkonstruktion nicht direkt, sondern über Abhänger an der Rohdecke befestigt. Das Abstandsmaß zwischen Rohdecke und Unterkante Unterdecke ist abhängig von:

- der Art der Abhänger und der Unterkonstruktion (siehe Kap. 3.4, 3.5 und 5.1.2)
- der Nutzung des Deckenhohlraums (Dämmung, Installationen)
- der geplanten lichten Raumhöhe

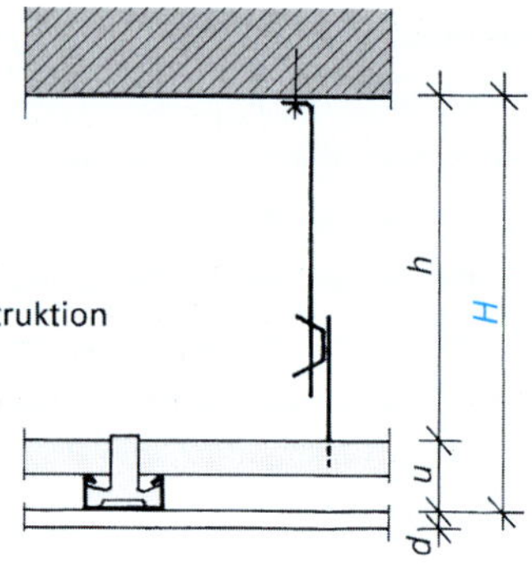

Abhängehöhen bei Unterdecken

5.1.4.1 Unterdecken mit geschlossener Sichtfläche

Verankerungselemente und Abhänger einschließlich der Verbindung mit der Unterkonstruktion müssen die Lasten der Unterdecke sicher und dauerhaft in die Rohdecke einleiten. Deshalb darf die zulässige Belastbarkeit (Normen, bauaufsichtliche Zulassung, Prüfzeugnis) dieser Konstruktionsteile nicht überschritten werden.

Unterdecken mit Holzunterkonstruktion

Bei Unterdecken wird die abgehängte Grundlattung hochkant eingebaut. Um ein Verdrehen der Profile zu vermeiden, sind die Abhänger im Wechsel links–rechts seitlich anzuschrauben.

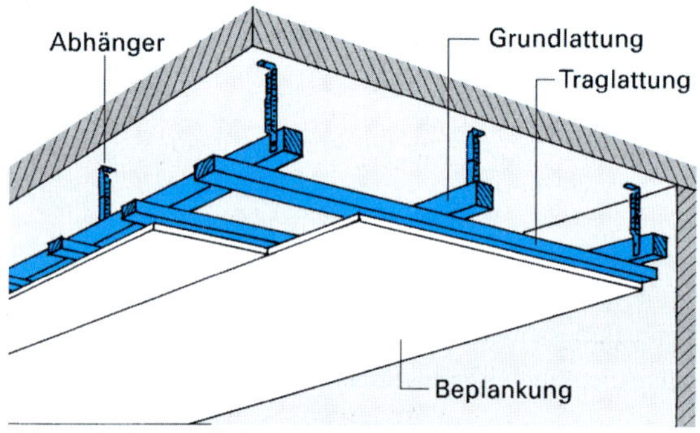

Unterdecke mit Holzunterkonstruktion unter einer Stahlbetonplattendecke

Unterdecken mit Metallunterkonstruktion

In der Praxis werden bei Unterdecken häufiger Unterkonstruktionen aus verzinkten, dünnwandigen Stahlblechen verwendet. Gegenüber einer Holzunterkonstruktion bieten sie folgende Vorteile:

- Formstabilität (luftfeuchtigkeitsunabhängig)
- rationell und plangenau zu verarbeiten
- bauphysikalisch günstiger hinsichtlich Schall- und Brandschutz

Firmenabhängig unterscheiden sich die zur Anwendung gebrachten Konstruktionssysteme hinsichtlich:

- der Unterkonstruktionsbestandteile
- der Beplankungsart
- den Abstandsmaßen der Verankerungs-, Unterkonstruktions- und Befestigungselemente

Diese Systeme weisen, sofern sie nicht bestehenden Baunormen entsprechen, ihre Eignung durch Prüfzeugnisse einer amtlichen Prüfanstalt nach. Dies betrifft besonders die schall- und brandschutztechnischen Eigenschaften. Um diese zu gewährleisten, ist es wichtig, die Verarbeitungsanweisungen der Systemhersteller genau zu befolgen.

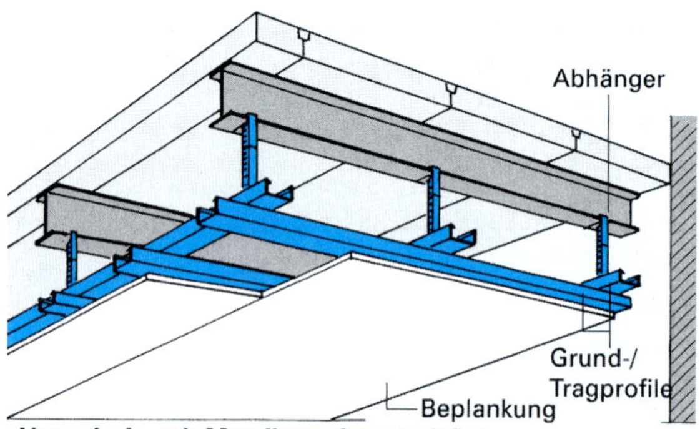

Unterdecke mit Metallunterkonstruktion unter einer Stahlträgerdecke

5.1.4.2 Beplankung mit großformatigen Platten

Großformatige Trockenbauplatten sind im Verband zu montieren (keine Kreuzfugen). Bei mehrlagiger Beplankung muss die 2. Plattenlage versetzt zur 1. Plattenlage angebracht werden, es dürfen keine Längs- oder Querstöße übereinander liegen.

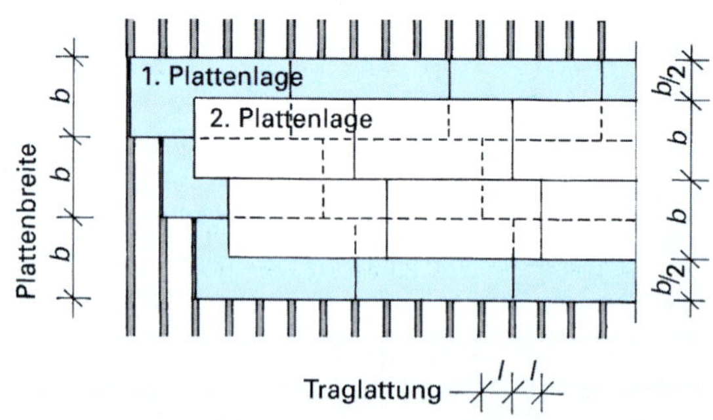

Befestigung der Gipskartonplatten mit Schnellbauschrauben:
Befestigungsabstand bei 1. Plattenlage: *a* = 50 cm
Befestigungsabstand bei 2. Plattenlage: *a* = 17 cm

Beide Plattenlagen sind zu verspachteln.

Verlegeplan für eine zweilagige Beplankung mit Gipskartonplatte

5.1.4.3 Montage einer fugenlosen Unterdecke mit Metallunterkonstruktion an eine Massivdecke

Herstellungsschritte

- Als Erstes wird die Höhenlage der Montagedeckenunterkante an den angrenzenden Wänden angezeichnet. Das Einmessen erfolgt mit einer Schlauchwaage oder mit einem Baulaser. (Abb. 1)
- Die Achsen der Grundprofile und die Dübelabstände werden mittels Schnurschlag an der Rohdeckenunterseite angerissen. (Abb. 1)
- An den Kreuzungspunkten der Grundprofil- und Dübelachsen sind die Abhänger mit Verankerungselementen (Dübel) an der Massivdecke zu befestigen. (Abb. 2)
- Falls geplant, wird an den angrenzenden Wänden ein U-Anschlussprofil umlaufend angedübelt. (Abb. 3)
- Die zugeschnittenen CD-Grundprofile werden in die Randanschlussprofile eingeschoben und an den Abhängern befestigt, wobei schon eine Höhengrobjustierung erfolgt. (Abb. 4)
- Nun ist die Lage der Tragprofile an den Grundprofilen zu markieren, die Schienenverbinder (Kreuzschnellverbinder) werden auf die Grundprofile aufgesteckt. (Abb. 5)
- Die Tragprofile werden mit den Schienenverbindern verbunden und mit Richtscheit und Wasserwaage feinjustiert, um eine planebene Deckenfläche zu erreichen. Falls bauphysikalisch erforderlich, wird anschließend eine Faserdämmstoffschicht eingelegt. (Abb. 6)
- Jetzt können die Trockenbauplatten mit den Tragprofilen verschraubt werden. Der Schraubabstand richtet sich nach der Beplankungsart (bei GK-Platten a = 17 cm). Die Querstöße sind versetzt anzuordnen (keine Kreuzfugen). Bei mehrlagiger Beplankung ist ein Verlegeschema einzuhalten, das übereinander liegende Stöße vermeidet (siehe Kap. 5.1.4.2). (Abb. 7)
- Zum Abschluss werden die Platten fachgerecht verspachtelt (siehe Kap. 4.2.2). (Abb. 8)

1
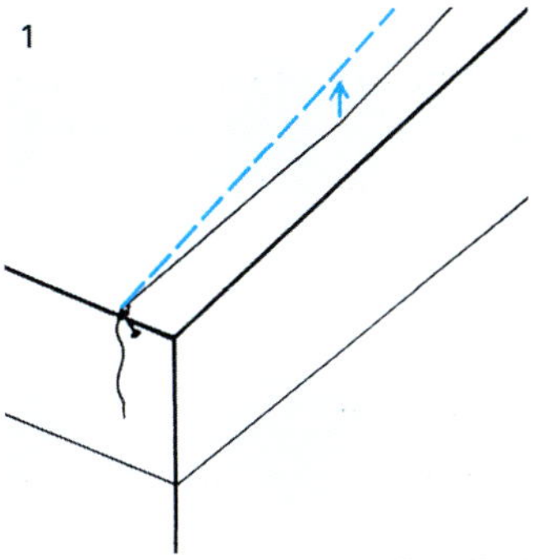

2
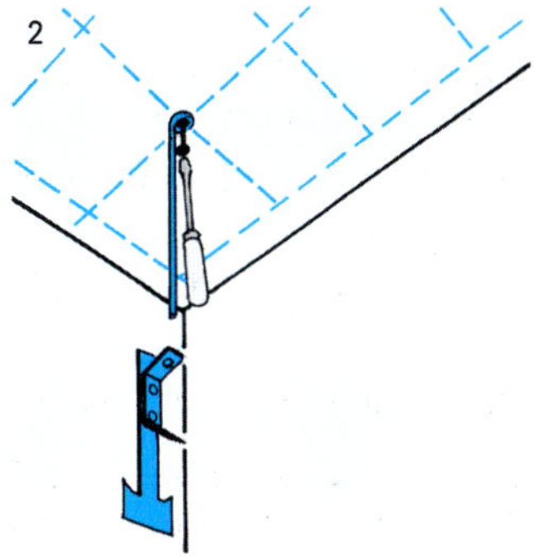

3
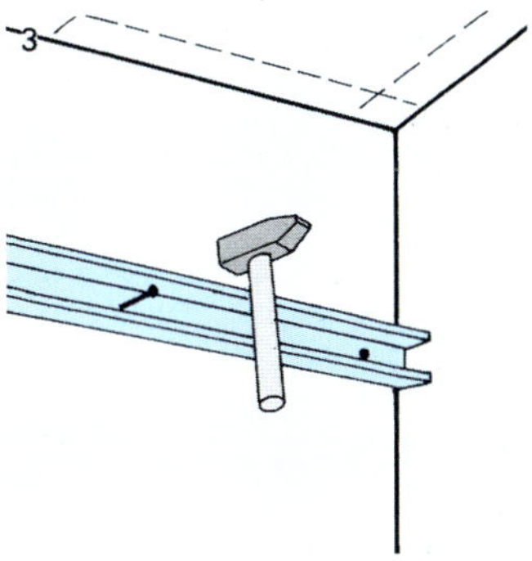

4
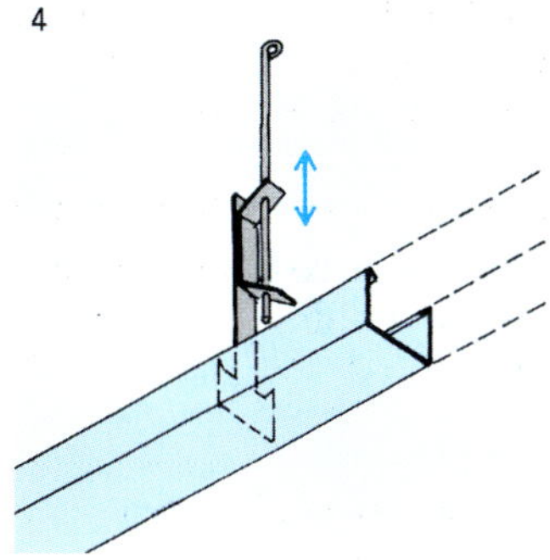

5
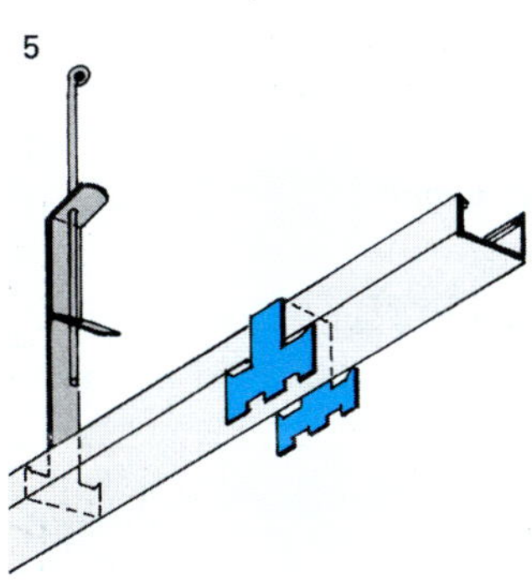

6
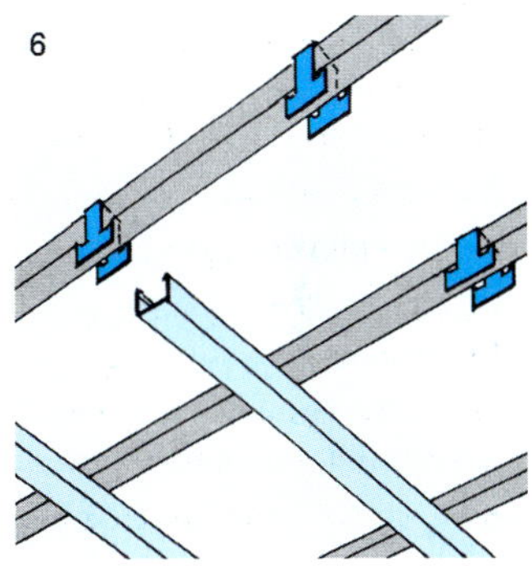

7
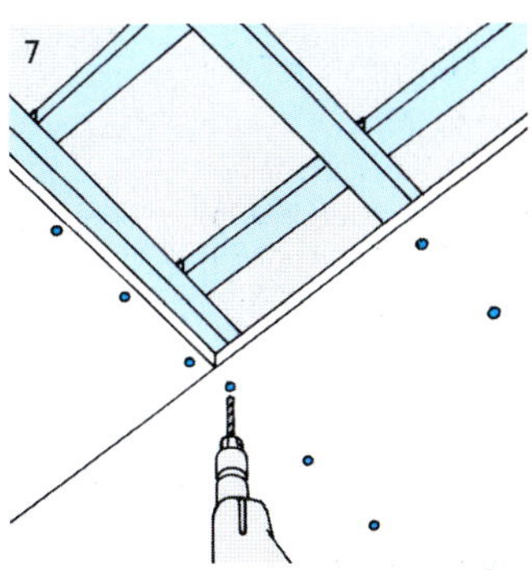

8
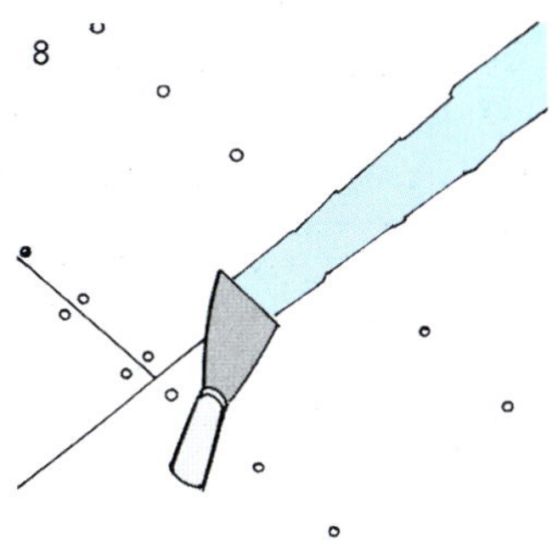

5.1.4.4 Deckenbekleidungen und Unterdecken mit Gipskartonplatten (fugenlose Sichtfläche) bei Massiv- und Holzbalkendecken Abstandsmaße der Unterkonstruktionselemente nach DIN 18 181

(Bei Anforderungen an den Brandschutz gilt DIN 4102 Teil 4)

Deckenbekleidung mit Holzunterkonstruktion
Max. Achsabstände der Dübel (*x*), der Grundlattung (*y*) und der Traglattung (*l*) bei Querbefestigung der GK-Platte[1]

GK-Platten *d* [mm]	Grundlatt. *b*/*h* [mm]	Traglatt. *b*/*h* [mm]	Dübelabst. *x* [mm][2]	Grundlattungs-abst. *y* [mm][2]	Traglattungs-abst. *l* [mm][3]	Draufsicht Unterkonstruktion
12,5	48/24	48/24	750 (650)	700 (600)	500	
12,5	50/30	50/30	850 (750)	850 (750)	500	
15	48/24	48/24	650	600	550	
15	50/30	50/30	750	750	550	
2 x 12,5	48/24	48/24	650 (600)	600 (500)	500	
2 x 12,5	50/30	50/30	750 (600)	750 (600)	500	

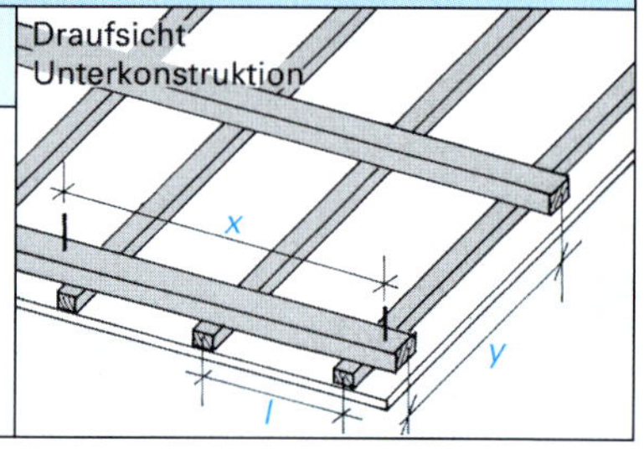

[1] Der Traglattungsabstand beträgt bei Längsbefestigung der GK-Platten *l* = 420 mm
[2] Bei zusätzlichen Flächenlasten im Deckenhohlraum (z.B. größere Dämmstoffdicken) gelten die kleineren Werte
[3] Bei Brandschutzanforderungen müssen GKF-Platten verwendet werden, max. Traglattungsabstand *l* ≤ 500 mm

Unterdecken mit abgehängter Holzunterkonstruktion
Max. Achsabstände der Dübel/Abhänger (*x*), der Grundlattung (*y*) und der Traglattung (*l*) bei Querbefestigung der GK-Platten[1]

GK-Platten *d* [mm]	Grundlatt. *b*/*h* [mm]	Traglatt. *b*/*h* [mm]	Dübelabst. *x* [mm][2]	Grundlattungs-abst. *y* [mm][2]	Traglattungs-abst. *l* [mm][3]	Draufsicht Unterkonstruktion
12,5	40/60	48/24	1200 (1000)	700 (600)	500	
12,5	30/50	50/30	1000 (850)	850 (750)	500	
15	40/60	48/24	1000	600	550	
15	30/50	50/30	850	750	550	
18	40/60	48/24	1000	600	625	
18	30/50	50/30	850	750	625	
2 x 12,5	40/60	48/24	1000 (850)	600 (500)	500	
2 x 12,5	30/50	50/30	850 (700)	750 (600)	500	

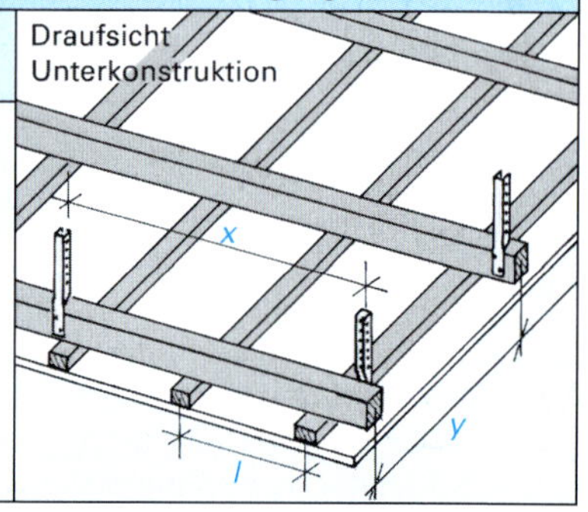

[1] Der Traglattungsabstand beträgt bei Längsbefestigung der GK-Platten *l* = 420 mm
[2] Bei zusätzlichen Flächenlasten im Deckenhohlraum (z.B. größere Dämmstoffdicken) gelten die kleineren Werte
[3] Bei Brandschutzanforderungen müssen GKF-Platten verwendet werden, max. Traglattungsabstand *l* ≤ 500 mm bzw. 400 mm

Unterdecken mit abgehängter Metallunterkonstruktion
Grund- und Tragprofile aus Stahlblech nach DIN 18 182 Teil 1 (CD 60 x 27 x 06)
Max. Achsabstände der Dübel/Abhänger (*x*), der Grundprofile (*y*) und der Tragprofile (*l*)

GK-Platten *d* [mm]	Dübel/Abh.-abstand *x* [mm][1]	Grundprofil-abstand *y* [mm][1]	Tragprofilabstand Querbefestigung *l* [mm][2]	Tragprofilabstand Längsbefestigung *l* [mm]	Draufsicht Unterkonstruktion
12,5	900 (750)	1000	500	420	
15	750	1000	550	420	
18	750	1000	625	420	
2 x 12,5	750 (600)	1000 (750)	500	420	

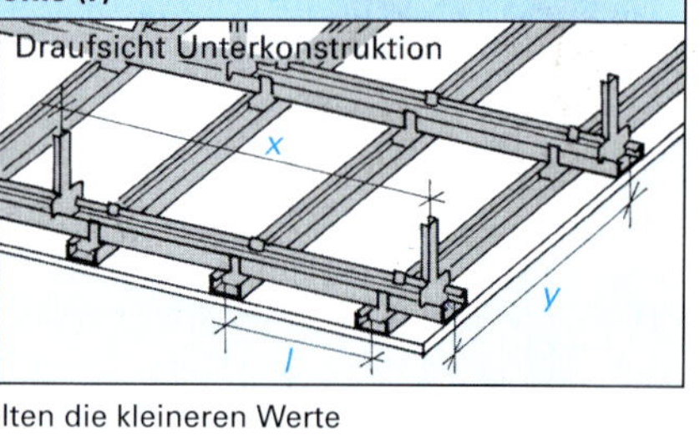

[1] Bei zusätzlichen Flächenlasten im Deckenhohlraum (z.B. größere Dämmstoffdicken) gelten die kleineren Werte
[2] Bei Brandschutzanforderungen müssen GKF-Platten verwendet werden, max. *l* bei Querbefestigung ≤ 500 bzw. 400 mm

5.1.4.5 Besonderheiten anderer Deckensysteme mit großformatigen Trockenbauplatten als Decklage

– Niveaugleiche Metallunterkonstruktion mit Beplankung aus GK-Platten oder Glasvliesplatten	Achsabstand der Grundprofile: *y* ≤ 1250 mm x = 85 cm l = 50 cm
– Decklagen mit Gipsfaserplatten 33 – Decklagen mit Fibersilikatplatten	Achsabstand der Tragprofile: *l* ≤ 335 mm Achsabstand der Tragprofile: *l* ≤ 625 mm

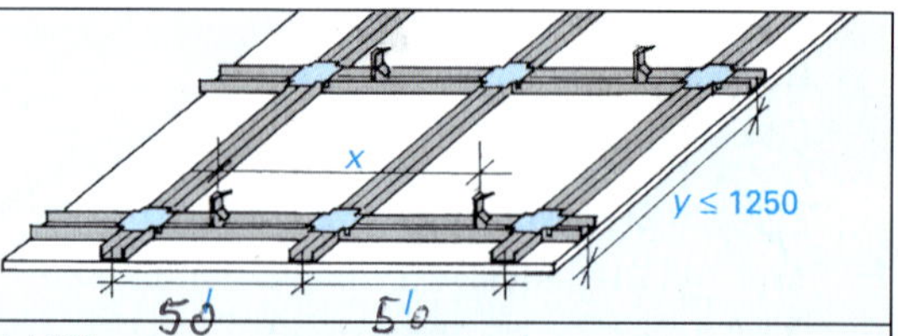

625

5.1.4.6 Anschlussdetails, Dehnfugen

Anschluss an angrenzende Bauteile

Die Ausbildung des Anschlusses von Deckenbekleidungen und Unterdecken an angrenzende Bauteile hängt von mehreren Faktoren ab:

- Gestaltung

Entweder grenzt die Unterdecke direkt an die Wand (Verspachtelung) oder es soll eine sichtbare Abgrenzung erzielt werden (Schattenfuge, Fries). Bei einer Verspachtelung sind Regeln zu beachten, um Gebrauchsschäden zu vermeiden. Entscheidend sind die Art der Wand (Massivwand, Montagewand ...) und ihre Oberflächengestaltung (Beton, Putz vorhanden oder nachträglich aufgebracht ...). Im Allgemeinen ist eine Trennung zur Wand vorzusehen (Trennsteifen), um eine kontrollierte, optisch unauffällige Rissbildung zu garantieren.

- Bauphysikalische Anforderungen

Besondere Bedeutung haben Anforderungen an den Brandschutz für die Randausbildung. Die Anschlüsse müssen dicht sein! Bei Beplankung mit GKF-Platten müssen Schattenfugen mit GKF-Plattenstreifen hinterlegt werden. Nicht durch DIN 4102 Teil 4 genormte Anschlüsse müssen ihre Eignung durch Prüfzeugnisse nachweisen.

- Starrer oder gleitender Anschluss

Ein gleitender Wandanschluss ist vorzusehen, wenn die angrenzende Wand einen gleitenden Deckenanschluss hat. Grenzt die Unterdecke an eine Montagewand, die ebenso wie die Unterdecke Brandschutzanforderungen zu erfüllen hat, müssen besondere Maßnahmen ergriffen werden (siehe Abbildung).

Dehnfugen

Dehnfugen in einer Deckenbekleidung oder einer Unterdecke sind bei folgenden Voraussetzungen vorzusehen:

- Wenn der Rohbau (Rohdecke) eine Dehnfuge hat, ist an entsprechender Stelle in der Ausbaukonstruktion (Deckenbekleidung, Unterdecke) eine Bewegungsfuge anzuordnen.
- Ebenso wie bei Trockenbauwänden ist bei großen Deckenfeldern mindestens alle 15 m eine Bewegungsfuge vorzusehen.

Bei Brandschutzanforderungen ist die Fuge zu hinterlegen (siehe Abbildung).

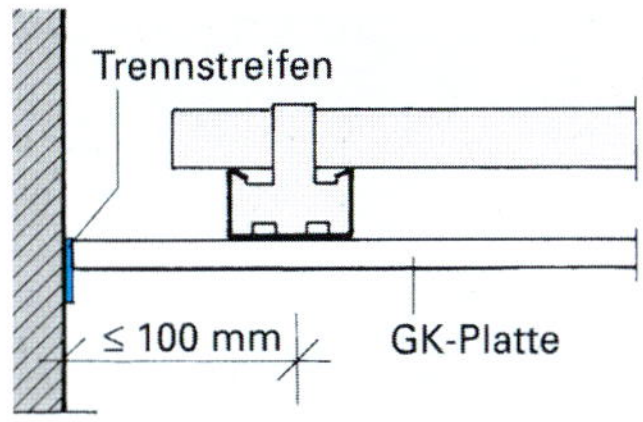

- Trennstreifen vor Montieren der Unterdecke anbringen
- Unterdecke montieren
- verspachteln der Fuge (Bewehrungsstreifen stumpf stoßen)
- überstehenden Trennstreifen abschneiden

Verspachtelter Anschluss

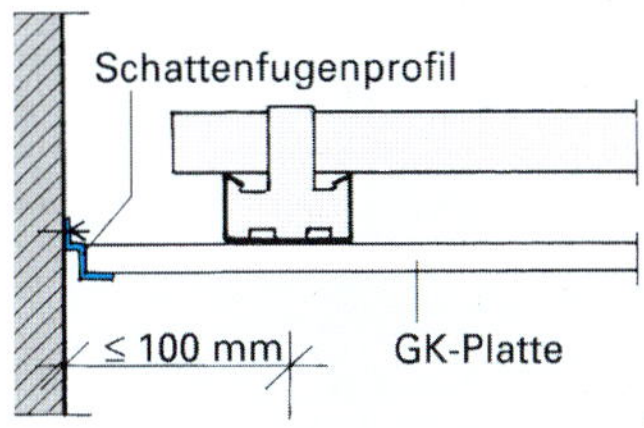

Anschluss mit Schattenfugenprofil

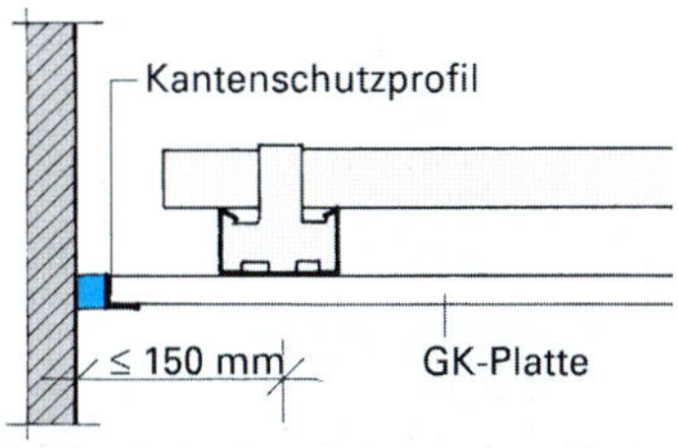

Elastisch abgedichteter Anschluss

Anschlüsse von Unterdecken mit GK-Platten an Massivwände
(ohne Anforderungen an den Brandschutz)

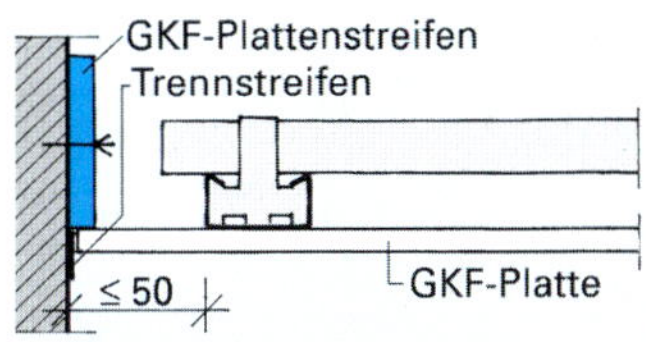

Verspachtelter Anschluss

Verspachtelter Anschluss mit UD-Wandanschluss-Profil

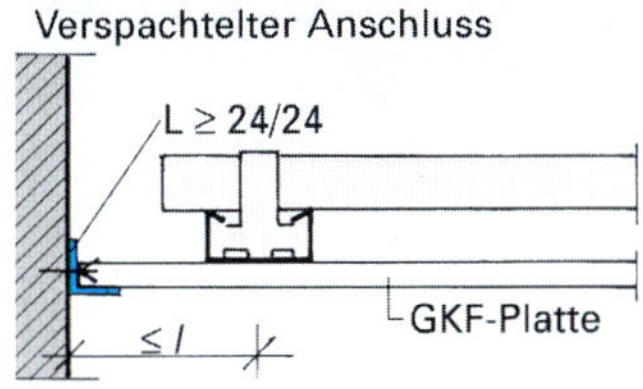

Anschluss mit L-Metallprofil

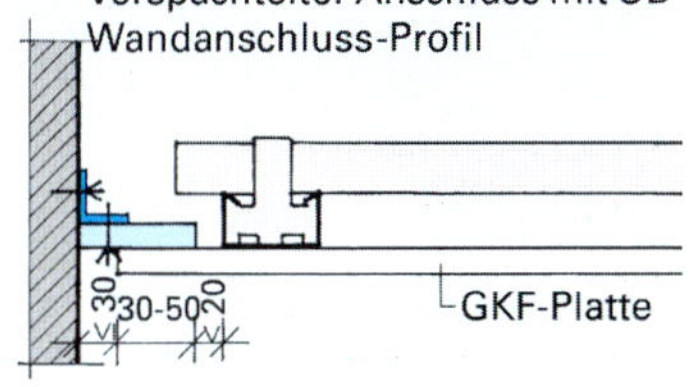

Anschluss mit Schattenfuge

Wandanschlüsse mit Anforderungen an den Brandschutz
(Anschlüsse nach DIN 4102 Teil 4)

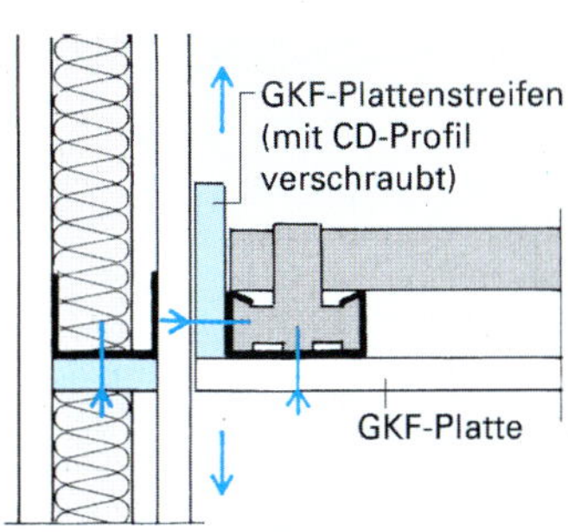

Zur Sicherstellung des Brandschutzes sowohl der Unterdecke als auch der Metallständerwand horizontalen GKF-Streifen in Höhe der Unterdeckenbeplankung im Wandhohlraum an eingeschobenem UW-Profil befestigen (verschlechtert die Schalldämmwerte der Wand!).

Gleitender Anschluss an eine Metallständerwand bei Brandschutzanforderungen an die Unterdecke und die Wand

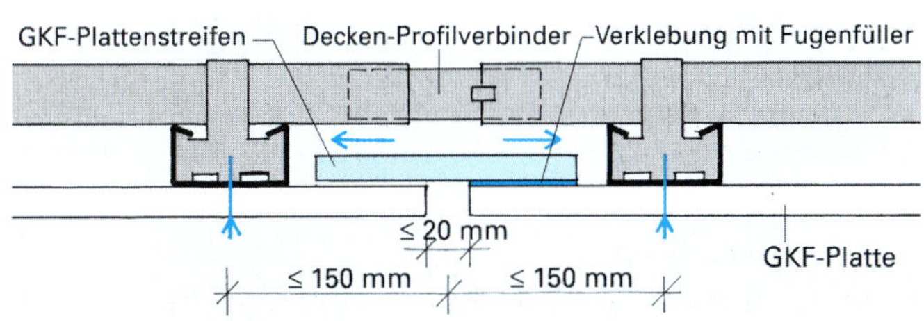

Dehnfuge in der Unterdecke bei Brandschutzanforderungen

Anschluss von Montagewänden an durchlaufende Unterdecken

Wenn an bestehende Unterdecken nachträglich raumtrennende Wände angeschlossen werden sollen, so hat die Konstruktion der flankierenden Decke und des Wand-Deckenanschlusses erhebliche Folgen für das Luftschalldämmmaß der Wand.

Beim Wandanschluss an durchlaufende Unterdecken ist nämlich mit einer stärkeren Schallübertragung von einem Raum zum anderen über die Unterdecke zu rechnen (Schall-Längsleitung). Infolge dieses Schallnebenweges wird die Schalldämmung der Trennwand insgesamt herabgesetzt. Die Schallweiterleitung erfolgt über die Beplankung und über den Deckenhohlraum. Je höher der Deckenhohlraum, desto größer ist der Schallübertrag (siehe Kap. 4.3.3.1).

Durch konstruktive Maßnahmen kann zumindest die Schall-Längsleitung über die Beplankung unterbrochen werden:

- Trennung der Beplankung im Wandbereich durch eine Trennfuge
- Aussparung der Beplankung im Wandbereich

Weitere Maßnahmen zur Verbesserung der Schall-Längsdämmung sind:

- zweilagige Beplankung (biegeweiche Platten)
- dickere Dämmstoffauflage (Mineralfaser)

Schalltechnisch am günstigsten ist eine bis zur Rohdecke durchlaufende Montagewand oder aber eine zusätzliche, durchgehende Abschottung im Deckenhohlraum entlang der Wandachse (siehe Kap. 5.1.4.8, Deckenschott und Kap. 4.3.2.2, Anschlussdetails).

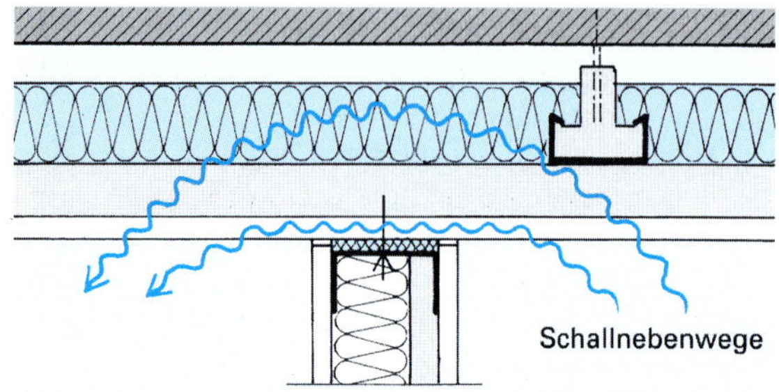

Schall-Längsleitung über durchlaufende Beplankung

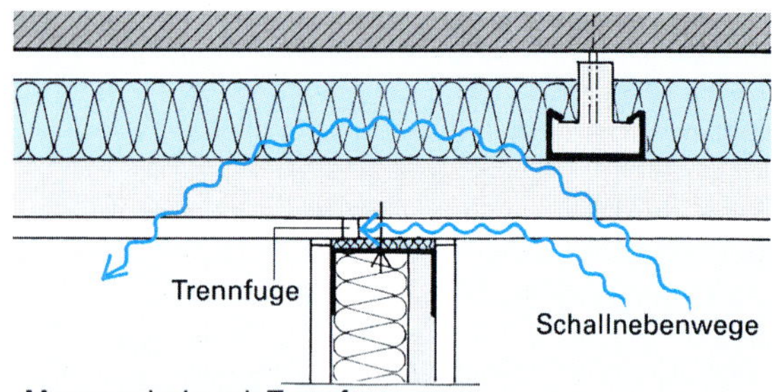

Montagedecke mit Trennfuge

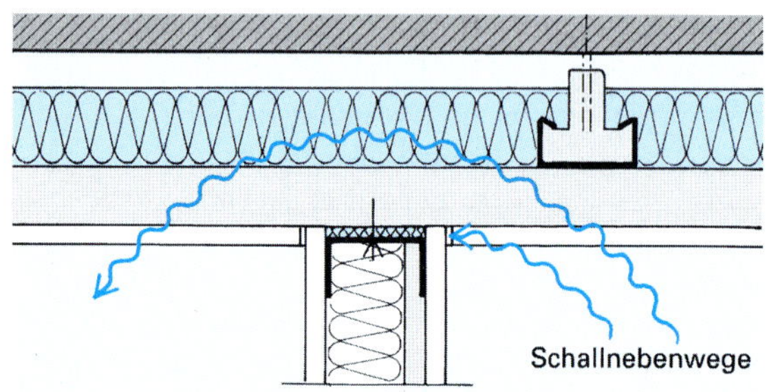

Montagedecke mit ausgesparter Beplankung

Schall-Längsleitung bei Unterdecken

5.1.4.7 Revisionsklappen bei Unterdecken

Für die Instandhaltung oder Nachrüstung von Deckeneinbauten muss der Zugang zu den im Deckenhohlraum liegenden haustechnischen Installationen möglich sein. Dies ist kein Problem bei Systemdecken, bei denen die Decklagenelemente (Kassetten, Paneele ...) einzeln entfernt werden können.

Schwieriger gestaltet sich der Zugang zum Deckenhohlraum bei fugenlosen Unterdecken aus großformatigen Trockenbauplatten. Bei solchen Konstruktionen müssen richtig platzierte Aussparungen für spezielle Einbauelemente eingeplant werden, die für Inspektions- und Wartungsarbeiten geöffnet werden können.

Diese Revisionsklappen müssen so ausgebildet sein, dass die bauphysikalischen Eigenschaften der Unterdecke nicht verschlechtert werden. Dies betrifft insbesondere den Brandschutz.

Räumliche Darstellung

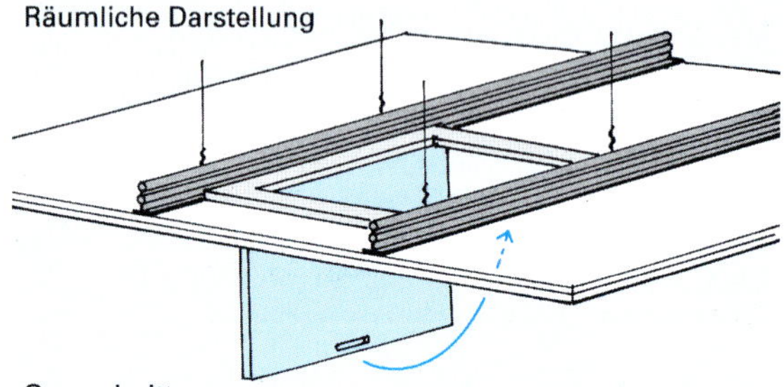

Querschnitt

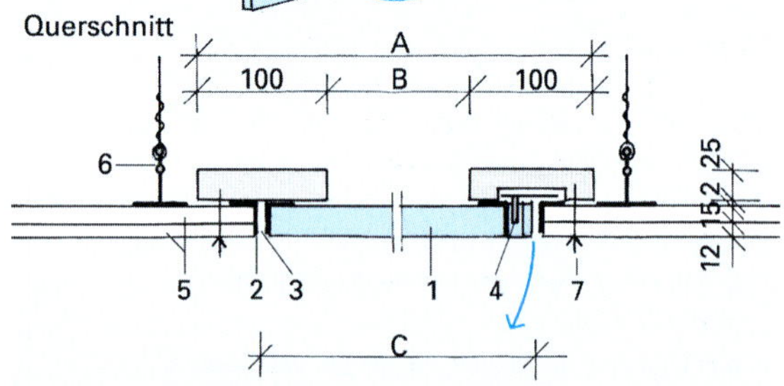

Revisionsklappe in Unterdecken (F 30-A)

1: Einbaufert. Revisionsklappe
2: Stahlblechwinkelrahmen
3: Drehlagerteil
4: Verriegelungsteil
5: Fibersilikatplatten
6: T-Deckenprofil
7: Befestigungsschrauben oder -klammern

5.1.4.8 Deckeneinbauten

Besonders bei öffentlichen und gewerblichen Bauten sind Einbauten für Klimatisierung, Beleuchtung, Brand- und Schallschutz in Unterdecken notwendige Bestandteile der Ausbaumaßnahmen.

Deckenschotts

Abschottungen im Deckenzwischenbereich erfüllen brand- und schallschutztechnische Aufgaben. Sie verhindern im Deckenhohlraum eine Brandausbreitung und die Schall-Längsleitung bei an die Unterdecke anschließenden Trennwänden.

Einbauleuchten

Bei Brandschutzanforderungen an die Unterdecke ist eine Ummantelung von Einbauleuchten notwendig. Zum einen ist der Bereich der Einbaumaßnahme eine Schwachstelle im Deckensystem (Dichtigkeit, brandschutztechnisch notwendige Plattenelemente), zum anderen entwickeln die Leuchten selber viel Wärme.

Kann die Unterdecke die Lasten der Einbauelemente nicht aufnehmen, müssen zusätzliche Aufhängekonstruktionen angebracht werden.

5.1.4.9 Beispiele für sonstige Decken mit ebener Deckenuntersicht

Rasterdecken

Die Abmessungen der Deckelemente sind systemgebunden. Das gängige Achsrastermaß beträgt bei Kassetten 600 mm bzw. 625 mm, bei Band- und Kreuzrasterdecken ein Mehrfaches dieser Maße. Die Oberflächen sind werkseitig endbeschichtet und haben je nach Anforderung unterschiedliche Oberflächenstrukturen (Lochungen, Schlitze ...).

Die Unterkonstruktion kann unsichtbar (z.B. Einschubmontage) oder sichtbar sein (z.B. Einlegemontage). Lose eingelegte Deckelemente sind für Wartungsarbeiten im Deckenhohlraum leicht zu entfernen.

Diese Decken bieten folgende Vorteile:

- hohe Flexibilität bei rasterbezogenem Gebäudeausbau
- einfaches Integrieren von Einbauelementen
- große gestalterische Möglichkeiten
- einfacher Zugang zum Deckenhohlraum für Wartung und Reparatur von dort installierten Haustechnikelementen (systemabhängig)

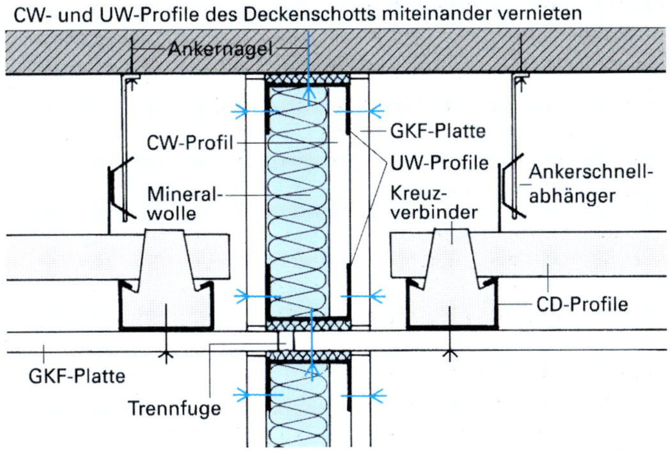

Deckenschott
Ausführung bei Anforderungen an den Brand- und Schallschutz

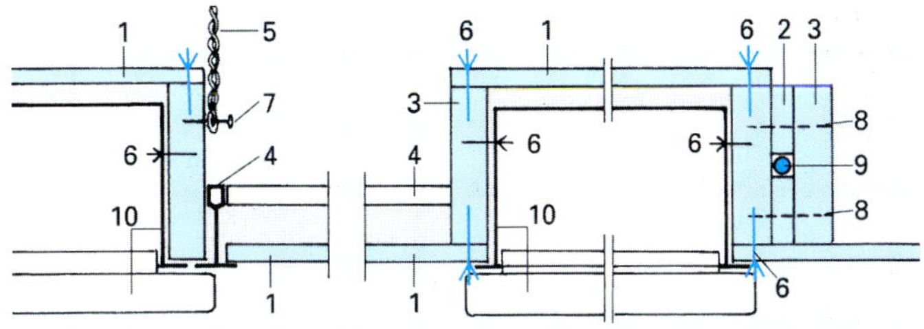

Ummantelung einer Einbauleuchte mit Fibersilikatplatten bei Anforderungen an den Brandschutz

1: Promatect-H-Platten, d=10 mm
2: Promatect-H-Streifen, d=10 mm
3: Promatect-H-Streifen, d=20 mm
4: Metallkonstruktion (sichtbar)
5: Abhänger
6: Schnellbauschrauben 3,9x35
7: Schnellbauschrauben 3,9x25
8: Stahldrahtklammern
9: Elektroleitung
10: Einbauleuchte

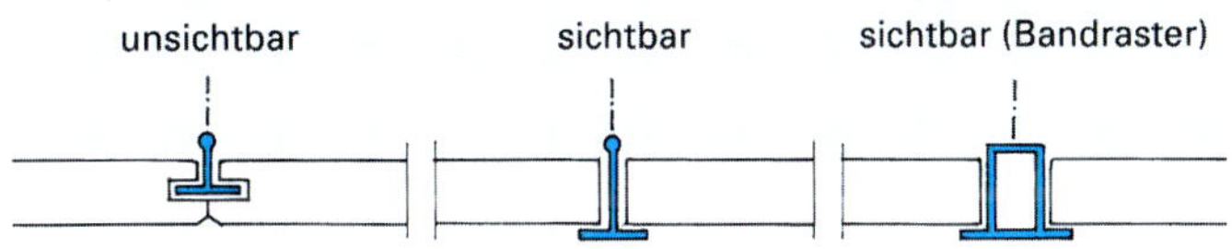

Fugenausbildung bei Rasterdecken

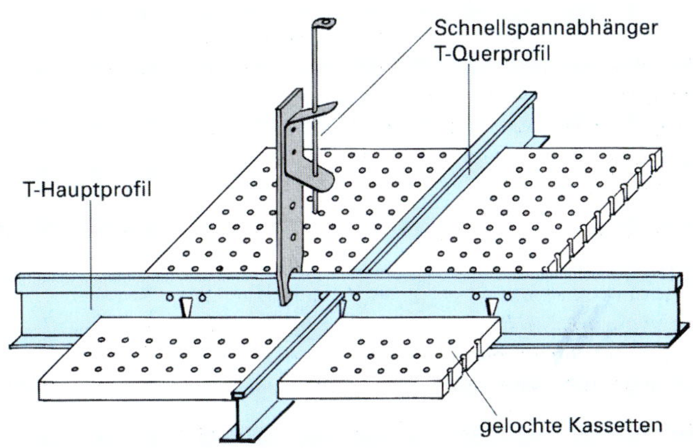

Kassettendecke
sichtbare T-Schienenkonstruktion, Einlegemontage der Kassetten

Unterdecken mit Gipskarton-Putzträgerplatten

Dieses Deckensystem wird eingesetzt, wenn als raumseitige Beschichtung ein Deckenputz gewünscht wird. Die GKP-Platten (40 cm × 200 cm, runde Längskanten) werden mit 5–10 mm Längskantenabstand im Abstand von 17 cm an der Unterkonstruktion verschraubt. Der sofortige Putzauftrag (12 mm Maschinenputzgips) bildet einen kantenumfassenden Mörtelwulst, der die Haftung der Putzschicht verbessert.

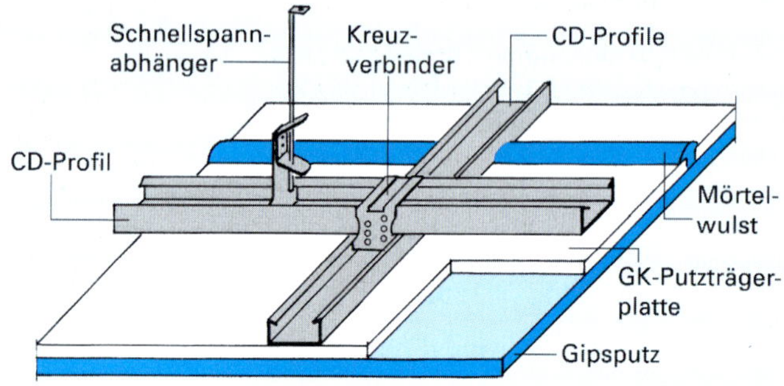

Gipskarton-Putzträgerdecke mit nachträglich aufgebrachter Putzschicht

Akustikdecken

Zur Verbesserung der Raumakustik werden spezielle Unterdeckensysteme verwendet. Die aufwendig aufgebauten Decklagenelemente haben ein hohes Schallabsorptionsvermögen (siehe Kap. 5.3.2).

Von Bedeutung sind hierbei:

- Materialstruktur der Platten:
  Geeignet sind schallbrechende und -absorbierende faserige Platten (z.B. Mineralfaserplatten, HWL-Platten) oder mit Lochungen oder Schlitzen versehene Platten
- Oberflächenstruktur:
  Raue, poröse Oberflächen sind besser als schallreflektierende glatte
- Deckenauflagen (z.B. Faservlies):
  Sie sind besonders bei gelochten oder geschlitzten Platten zur Schalldämpfung notwendig

An Bedeutung gewinnen Systeme, bei denen Plattenelemente und schallabsorbierende Akustikputze kombiniert werden (siehe Abb.).

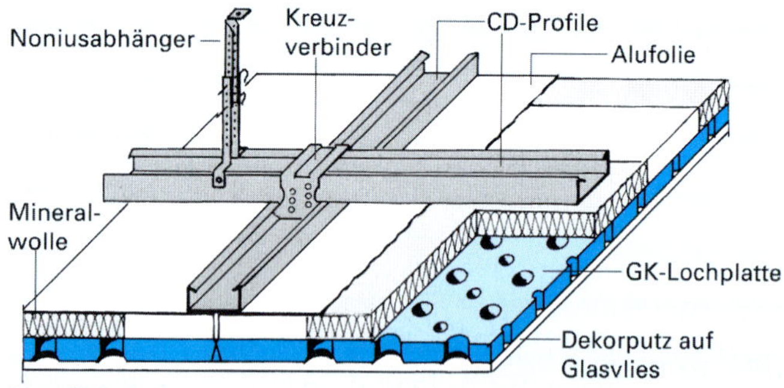

Akustikdecke

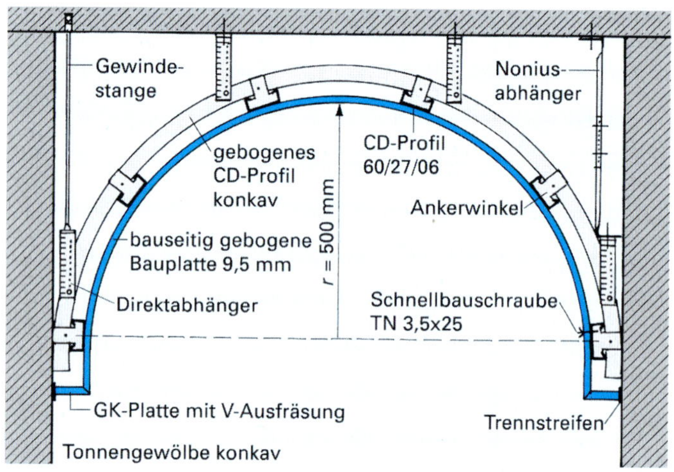

Tonnengewölbe mit gebogenen CD-Profilen und GK-Platten

5.1.4.10 Räumlich geformte Decken

Die räumliche Gestaltung wird entweder mit einer Verformung von Unterkonstruktion und Beplankung oder durch räumlich zusammengesetzte Einzelelemente erzielt.

Als großflächige verformbare Trockenbauplatten eignen sich insbesondere dünne Gipskartonplatten (d = 9,5 bzw. 12,5 mm) oder Spezialgipsplatten mit eingebettetem Glasvlies (d = 6 mm). Die Metallprofile sind entweder werkseitig vorgeformt oder sie lassen sich vor Ort anpassen.

Sofern sie nicht einzeln gefertigte Sonderkonstruktionen sind, werden räumlich geformte Decken als Komplettsysteme von verschiedenen Firmen angeboten.

1: Abhängung
2: Tragprofil
3: Verbindungsprofil
4: Wabenplatte
5: Abdeckplatte

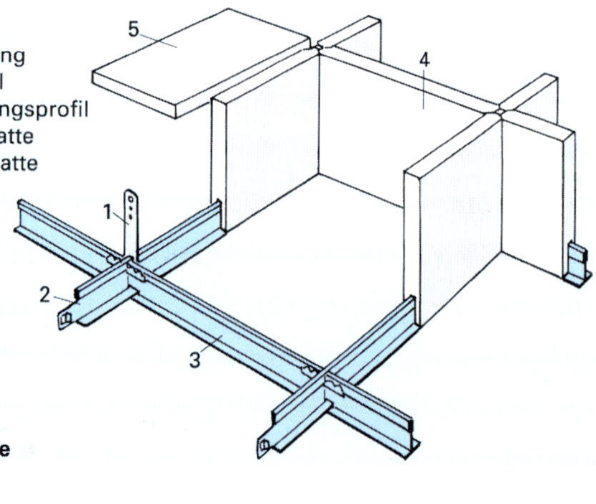

Wabendecke

5.1.4.11 Integrierte Unterdeckensysteme

Die vielseitigen und hohen Anforderungen, die an Unterdecken, z.B. in modernen Bürogebäuden, gestellt werden, führten zur Entwicklung von integrierten Deckensystemen, die verschiedene Erfordernisse erfüllen:

- Raumakustik (siehe Kap. 5.3.2)

– Schallabsorption:

Senkung des Lärmpegels durch große Flächen mit hohem Schallabsorptionsvermögen. Wichtig z.B. für Büroräume, Industriebetriebe, Kaufhäuser, Turnhallen.

– Schalllenkung und Regulierung der Nachhallzeit:

Notwendig für die optimale Wahrnehmung von Sprache und Musik (Vortragssäle, Konzerträume).

- Klimatisierung

– Abluft- und Zuluftregulierung:

Notwendig für Räume, die nicht auf natürliche Art (Fenster) belüftet werden können. Hierbei ist für eine zugfreie und hohe Luftwechselrate zu sorgen.

– Heizung und Kühlung:

Auf die Nutzung abgestimmte Raumklimatisierung. Negative Nebeneffekte wie Luftzug, Staubbelastung sind zu vermeiden.

- Beleuchtung

Die Beleuchtungsart ist abhängig von der Raumnutzung:

- gleichmäßig hohe Allgemeinbeleuchtung in Arbeitsräumen
- gerichtete Beleuchtung in Verkaufs- und Ausstellungsräumen
- stimmungsbetonte Beleuchtung im Wohnbereich und in Räumen für repräsentative und kulturelle Zwecke

- Nutzungsvariabilität

Dies betrifft insbesondere die Veränderbarkeit der Raumaufteilung (Trennwandanschlüsse).

- Brandschutz

Schutz bei Brandbeanspruchung der Unterdecke von unten und Brand im Deckenhohlraum.

- Schalldämmung

Minderung der Luftschallübertragung in darüber liegende Räume.

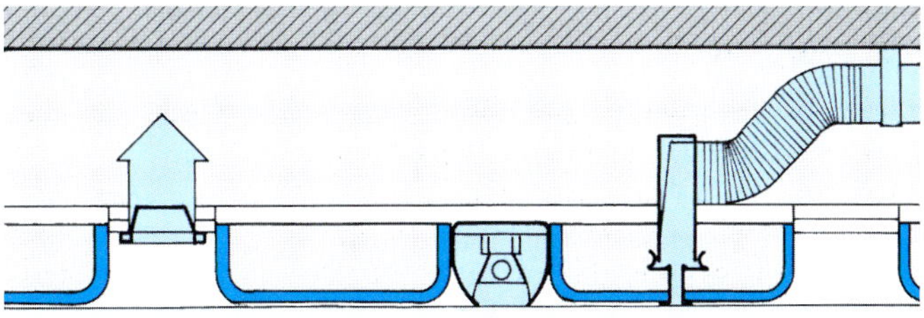

Beispiel für ein integriertes Unterdeckensystem

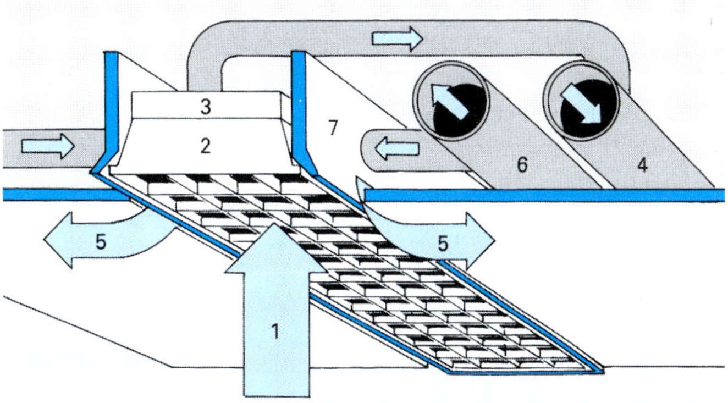

1: Abluft
2: Abluftleuchte
3: Abluftdom
4: Abluftkanal
5: Zuluft
6: Zuluftkanal
7: Zuluftverteiler

Funktionsschema von Leuchten mit kombinierten Zuluft- und Abluftführungen

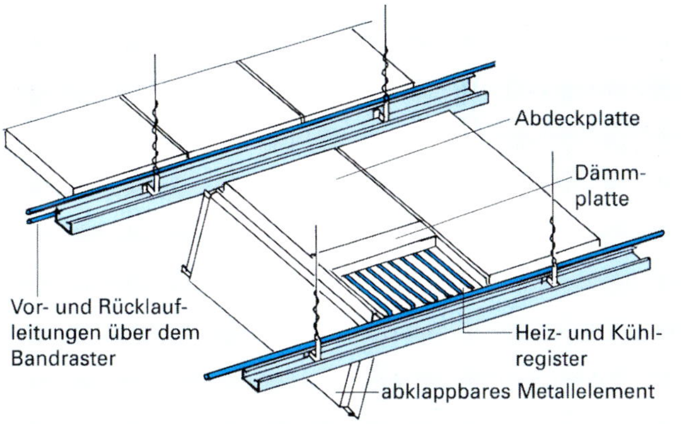

Klimadecke (Heizung und Kühlung, Akustik)

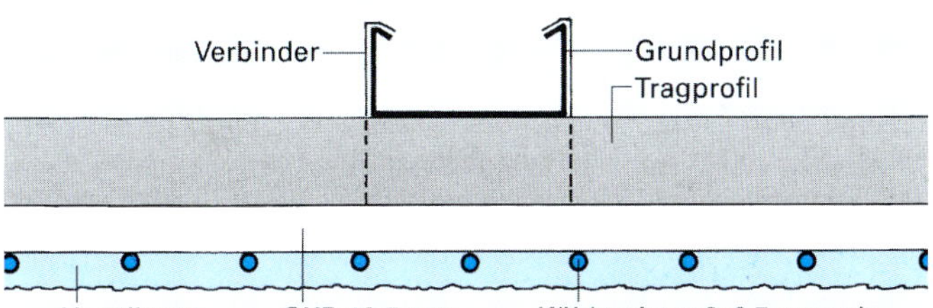

Unterdecke mit kombinierter Decklage aus Gipskartonplatten, Kühlregistern und Akustikputz

5.2 Deckenauflagen

Nach DIN 4109 wird der gesamte Fußbodenaufbau oberhalb der tragenden Rohdecke als Deckenauflage bezeichnet.

Er lässt sich folgendermaßen gliedern:

- Nutzschicht (Bodenbelag)
- Zwischenschichten (Unterboden)

Die Zwischenschichten können verschiedenartige Aufgaben übernehmen:

- Glätt- und Ausgleichsschichten, z.B. Spachtelmassen, Ausgleichsestrich, Trockenschüttung (1)
- Gefälleschichten, z.B. Gefälleestrich (2)
- Abdichtungs- oder Sperrschichten, z.B. Dichtungsbahnen, Dampfsperren (3)
- Dämmschichten, z.B. Trittschalldämmung, Wärmedämmung (4)
- Abdeckungen, z.B. Folien auf Dämmschichten gegen Feuchtigkeit oder Eindringen von Mörtel (5)
- Trenn- und Gleitschichten, z.B. Folien über Abdichtungsbahnen (6)
- Lastverteilungsschichten, z.B. Estrich auf Dämmschicht (schwimmender Estrich) (7)

5.2.1 Estriche nach DIN 18560

Estriche sind sprachlich nicht eindeutig definierte Bauteile, die auf einem tragenden Untergrund oder auf Trenn- bzw. Dämmschichten aufgebracht und entweder direkt nutzbar sind oder mit Bodenbelägen versehen werden.

Sie können nach folgenden Merkmalen unterschieden werden:

- Konstruktion und Schichtenaufbau:
  Verbundestrich, Estrich auf Trennschicht, Estrich auf Dämmschicht (schwimmender Estrich)
- Baustoff bzw. Bindemittel:
  Zement-(ZE), Anhydrit-(AE), Magnesia-(ME), Gussasphaltestrich (GE); Trockenbauelemente aus GK-, GF-, Perlite-, Holzspan-, Holzhartfaser-, Baufurniersperrholz-Platten
- Verlegeart:
  Mörtelestrich (Nass- und Fließestrich), Trockenestrich (Fertigteilestrich)
- Ort der Herstellung:
  Baustellenestrich, Fertigteilestrich
- Aufgabenstellung:
  Ausgleichs-, Schutz-, Gefälle-, Industrie-, Hartstoff-, Heizestrich

Die Begriffe können nicht eindeutig gegeneinander abgegrenzt werden, sondern überschneiden und ergänzen sich. So kann ein Estrich auf Dämmschicht ein Zementestrich sein, der als Fließestrich auf der Baustelle eingebracht wird und die Aufgabe hat, als Heizestrich die Rohrleitungen der Fußbodenheizung aufzunehmen.

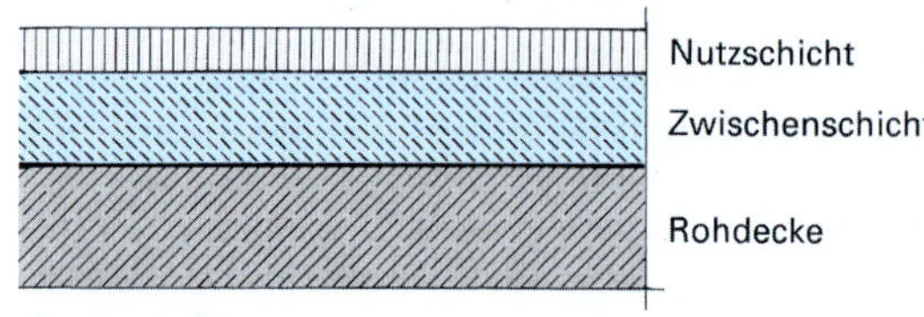

Deckenauflagen

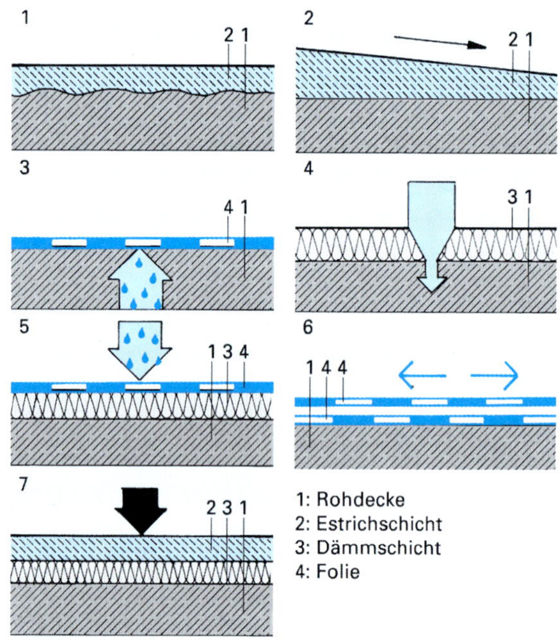

1: Rohdecke
2: Estrichschicht
3: Dämmschicht
4: Folie

Zwischenschichten

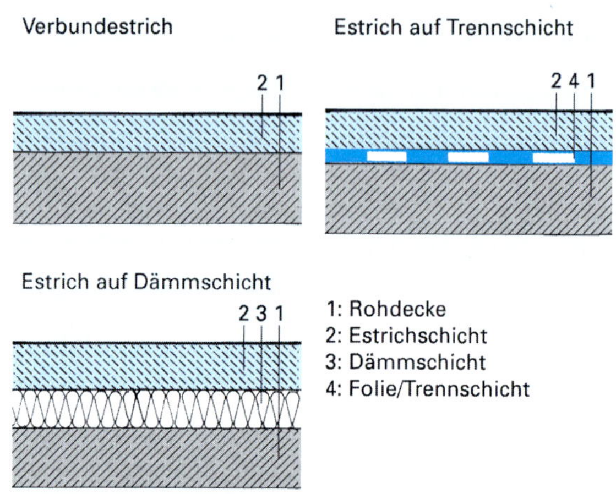

1: Rohdecke
2: Estrichschicht
3: Dämmschicht
4: Folie/Trennschicht

Estrichkonstruktionen

Estrichkonstruktion und Materialien			
Baustoff	Verbundestr.	Estrich a. Tr.	Estr. a. Dämmsch.
ZE	1, 2	1, 2	1, 2
AE	1, 2	1, 2	1, 2
GE		2	2
GK/GF/Perlitepl.			3
Holzwerkstoffpl.			3

1 = Nassestrich; 2 = Fließestrich; 3 = Fertigteilestrich

5.2.2 Estrich auf Dämmschicht

Estriche auf Dämmschicht (schwimmende Estriche) verbessern die bauphysikalischen Eigenschaften der Deckenkonstruktionen. Die biegesteife Estrichplatte „schwimmt" beweglich ohne Verbindung zu Rohdecke und angrenzenden Wänden auf den weich federnden Dämmstoffen. Die zweischalige Konstruktion zeigt schall- und wärmedämmtechnisch ähnliches Verhalten wie zweischalige Trennwände (Kap. 4.3).

Werden sowohl Wärme- als auch Trittschalldämmungen erforderlich, so sollten die druckfesteren Wärmedämmplatten möglichst oberhalb der weicheren Trittschalldämmung angeordnet und mit versetzten Fugen im Verband verlegt werden.

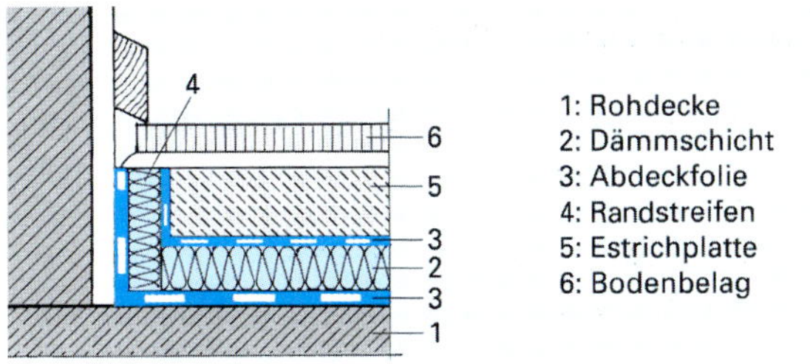

Estrich auf Dämmschicht Konstruktionsschema

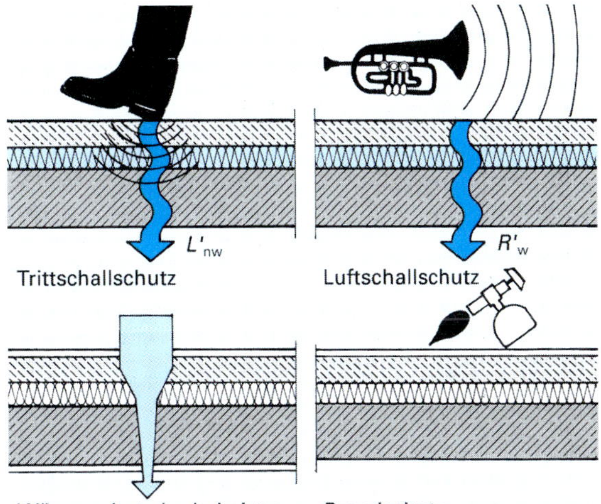

Aufgaben von Estrichen auf Dämmschicht

Belastung und Zusammendrückbarkeit

Im Wohnungsbau muss die lastverteilende Estrichplatte Verkehrslasten von $\leq 1{,}5$ kN/m^2 aufnehmen. Um ihre Durchbiegung zu mindern, benötigt sie möglichst harte, ebene Dämmschichten als Untergrund.

Bei Belastung werden diese jedoch zusammengedrückt. Dieses Maß wird bei Trittschalldämmplatten durch die Dicke im Liefer- und Einbauzustand angegeben (z.B. 25/20 mm). Die Zusammendrückbarkeit sollte möglichst gering sein (Anwendungstyp Dämmplatten TK), um Rissbildungen durch Verformungen von Estrichplatte oder empfindlichen Belägen zu vermindern. Unter Fußbodenheizungen oder Plattenbelägen sollte die Verformung aller Dämmschichten 3 mm nicht überschreiten, insbesondere bei verformungsempfindlichen Fertigteilestrichen.

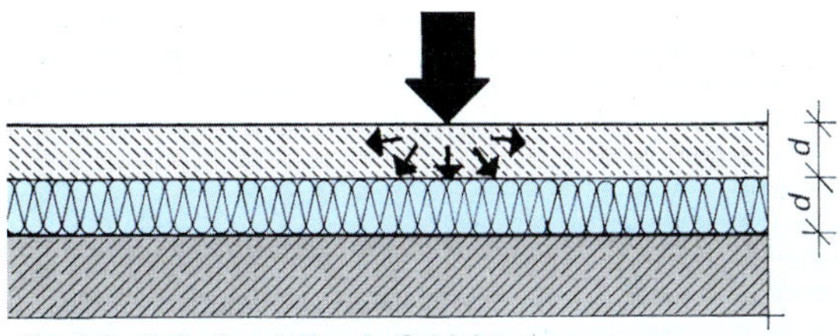

Estrich als lastverteilende Schicht

Leistungsfähigkeit beim Trittschallschutz

Sie ist bei Estrichen auf Dämmschicht abhängig von:

- flächenbezogener Masse der Rohdecke (möglichst groß!)
- Konstruktion der Rohdecke (massive Decke günstiger als Holzbalkendecke)
- dynamischer Steifigkeit *s'* der Dämmstoffe (möglichst gering)
- Material, Rohdichte und Dicke der Estrichplatte (flächenbezogene Masse möglichst groß)
- Randanschlüsse ohne Schallbrücken

Weiche GE-Estriche weisen zwar eine größere innere Dämpfung als Mörtelestriche (ZE, AE) auf, werden aber mit niedrigerer Rohdichte und Schichtdicke eingebaut und sind daher schalltechnisch etwas ungünstiger. Fertigteilestriche schneiden wegen ihres niedrigen Flächengewichtes noch schlechter ab. Weich federnde Bodenbeläge auf Estrichen können den Trittschallschutz erheblich verbessern (bis zu 28 dB, zusätzlich zu Estrichen auf Dämmschicht nochmals um bis zu 4 dB), dürfen aber im Wohnungsbau nicht berücksichtigt werden, da sie durch die Bewohner jederzeit ausgetauscht werden können.

Trittschallschutz von Estrichen auf Dämmschicht

Estrichart	s' (MN/m^3)	$\Delta L_{w,R}$ (dB)
Mörtelestrich DIN 18560; ($\geq$70 kg/m^2) (ZE, AE, ME)	19	30
	15	24
	20	28
	30	26
	40	24
	50	22
Gussasphaltestrich DIN 18560 ($\geq$45 kg/m^2)	10	29
	15	27
	20	26
	30	24
	40	22
	50	20
Spanplatten-Unterboden vollflächig schwimmend DIN 68771	$\leq$10	25
Spanplatten-Unterboden auf Lagerhölzern DIN 68771	$\leq$30	24

$\Delta L_{w,R}$ = Verbesserungsmaß bei harten Bodenbelägen

5.2.3 Fertigteilestriche (Trockenestriche)

Estrichplatten können auch aus dünneren, ausreichend tragfähigen Trockenbauplatten hergestellt werden. Sie eignen sich besonders für Sanierungen im Altbaubereich und den Ausbau von Dachgeschossen auf Holzbalkendecken.

Als Baustoffe sind mineralisch gebundene und Holzwerkstoff-Platten auf dem Markt (siehe Kap. 3.1). Die mineralischen Estrichelemente werden meist zweilagig verarbeitet. Sie werden entweder bereits werksseitig verklebt und mit Stufenfalz geliefert oder beim Einbau mit versetzten Stoßfugen verlegt und verklebt. Fertigteilestrich-Verbundelemente mit werksseitig aufkaschierten Dämmstoffen (Verbundplatten Kap. 3.3.3) ermöglichen eine noch rationellere Verlegung. Trockenunterböden aus Holzspanplatten sind in DIN 68771 genormt.

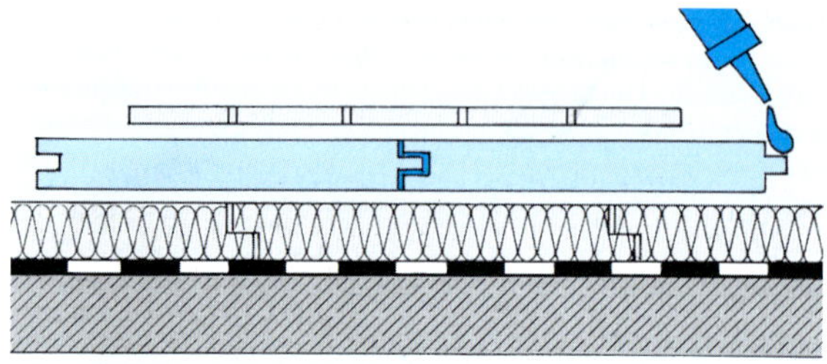

Konstruktionssystem Fertigteilestriche

Vorteile von Fertigteilestrichen
– schnelle und einfache Fertigstellung
– sofort begehbar und mit Belägen zu versehen
– keine zusätzliche Baufeuchtigkeit
– geringe Schichtdicke und niedriges Gewicht
– ebene Oberfläche
Nachteile von Fertigteilestrichen
– geringere mechanische Belastbarkeit
– fast alle Trockenbauplatten feuchtigkeitsempfindlich

Baustoffe für Fertigteilestrich-Elemente	
mineralisch	organisch
– GK-Platten – GF-Platten – Perlite-Platten	– Holzspanplatten V100 – Holzspanpl. zementgeb. – OSB-Platten – BFU – HFH
– Verbundelemente mit Dämmplatten	– Verbundelemente mit Dämmplatten

Konstruktion

Die Trockenbauplatten müssen durch Verleimen, Verkleben oder Verspachteln der Stoßfugen zu einer homogenen Estrichplatte gefügt werden. Ihre Kanten sind daher besonders ausgeformt (Stufenfalz, Nut und Feder).

Es gibt zwei ***Verlegearten****:*

- vollflächig schwimmend
- auf Lagerhölzern und Dämmstreifen schwimmend

Bei der Verlegung auf Lagerhölzern wird das dünne Plattenelement stark auf Biegung beansprucht. Daher sind hierfür nur die tragfähigeren Holzwerkstoffplatten geeignet.

Bei vollflächigem Verlegen werden bei stark unebenen Rohdecken (z.B. bei aufgeschüsselten Dielen) Ausgleichsschüttungen nötig (z.B. Perlite-Trockenschüttung). Diese bewirken gleichzeitig bessere Trittschall- und Wärmedämmung, erfordern aber vor dem Verlegen der Dämmschichten eine Schutzabdeckung aus Rippenpappe oder 6–8 mm dicken Holzweichfaserplatten.

Die feuchtigkeitsempfindlichen Estrichelemente müssen besonders sorgfältig gegen Feuchtigkeit aus der Rohdecke (PE-Abdeckfolie) oder der Raumnutzung (vollflächige Bodenabdichtung z.B. im Bad) geschützt werden. Auf Holzbalkendecken dürfen allerdings keine dampfdichten PE-Folien verlegt werden. Mögliche Kondenswasserbildung und im Deckenaufbau eingeschlossene Feuchtigkeit würden sehr rasch zu Bauschäden führen. Als Rieselschutz unter Trockenschüttungen sind dampfdurchlässige Bitumenpapiere oder Natronkraftpapier geeignet.

Unter Fertigteilestrichen wird wegen des geringeren Flächengewichts und der größeren Durchbiegung der Platten eine Dämmschicht mit höherer dynamischer Steifigkeit *s'* und sehr geringer Zusammendrückbarkeit verwendet.

Teppichböden dürfen auf vollflächig verlegten Trockenestrichen nicht verspannt werden, da sie ein Aufwölben der Plattenränder verursachen würden.

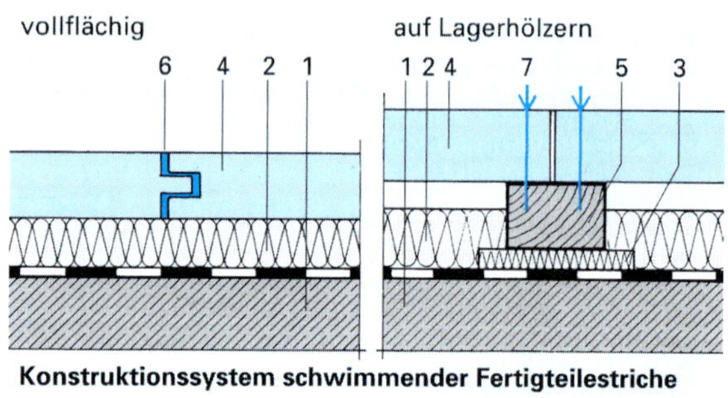

Konstruktionssystem schwimmender Fertigteilestriche

1: Rohdecke
2: Dämmstoff
3: Dämmstreifen
4: Trockenestrichplatte
5: Lagerholz
6: Klebefuge
7: Verschraubung

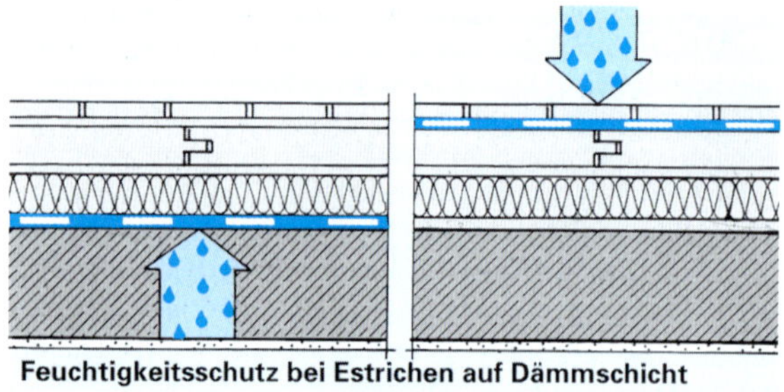

Feuchtigkeitsschutz bei Estrichen auf Dämmschicht

5.2.3.1 GF-Fertigteilestrich-Verbundelemente auf unebener Massivdecke

Konstruktion

Die werkseitig verklebten Elemente bestehen aus zwei 10-mm-GF-Platten und einer Dämmplatte (EPSP-W = Wärme-, MinP-T = Trittschall- und Wärmeschutz). Sie sind schnell und einfach zu verlegen und besitzen einen 50 mm breiten Stufenfalz zur Auflage und Verklebung. Bei unebenen Massivdecken und zum Ausgleich haustechnischer Leitungen (ELT-Leerrohre, Heizung) wird auf einer Abdeckung aus PE-Folien (d > 0,2 mm) eine mineralische Trockenschüttung aufgebracht.

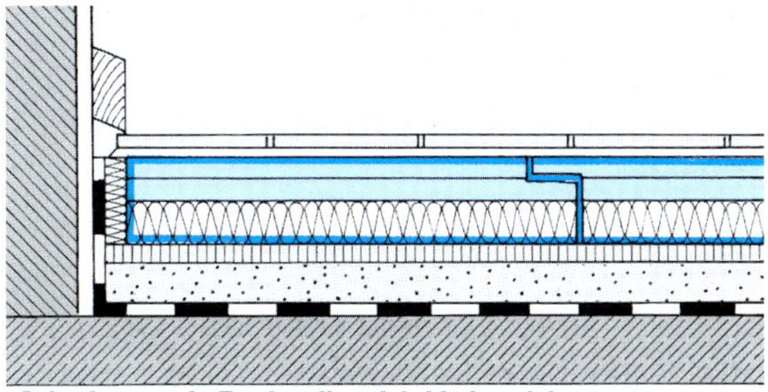

Schwimmende Fertigteilestrich-Verbundelemente

Herstellungsschritte

- Aufmaß der Raummaße, OK FFB vom Meterriss aus anreißen
- Abdeckfolie auf Rohdecke verlegen; Stöße > 30 cm überlappen; an Wandanschlüssen wannenartig bis OK FFB hochziehen (1)
- Trockenschüttung (d=1–5 cm) einbringen; auf Kanthölzern oder Niveaulehren eben abziehen (2)
- Holzweichfaserplatten d=6–8 mm im Verband verlegen, Beginn im Türbereich (3)
- Randstreifen (Min, EPS, $d \geq$ 10 mm) an Wandanschlüssen und Durchdringungen umlaufend verlegen, bis OK Verbundelement (4)
- Verbundelemente im Verband verlegen, dicht stoßen; Beginn im Bereich gegenüber Tür (5)
- Stufenfalze verkleben (6), zusätzlich im Falzbereich verschrauben mit Schnellbauschrauben 19 mm, a = ca. 25 cm) oder Klammern (geharzte Spreizklammern) (7)
- Plattenfugen und Schraubköpfe verspachteln (8)
- Gehbelag aufbringen
- Anschlussfugen dauerelastisch mit Hinterfüllprofil schließen oder mit Fußleiste abdecken

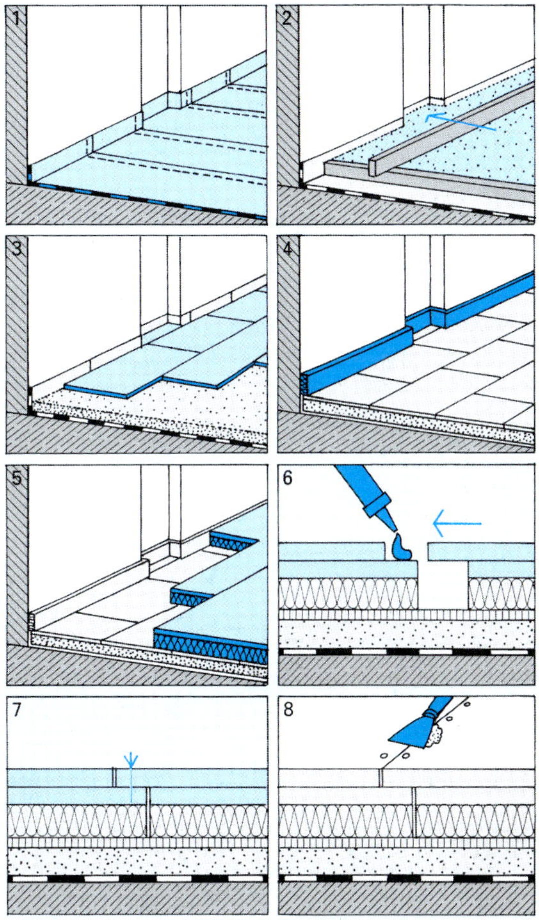

Herstellung schwimmender Fertigteilestriche

Besonderheiten

Statt besonders dicker Schüttungen oder zur Verbesserung der Trittschalldämmung können spezielle Porenbetonsteine unter der Schüttung angeordnet werden ($\Delta L_{w,R}$ auf Massivdecken 24 dB statt 21 dB). In nicht unterkellerten Wohnräumen müssen unbedingt oberhalb der Dämmschicht PE-/Alu-Folien zur Verhinderung von Kondenswasserbildung vorgesehen werden. Verbundelemente sind in diesem Falle aufgrund der fehlenden Dampfsperre ungeeignet.

Bei Spanplatten-Unterböden muss wegen der besonders großen Quell- und Schwindverformung der Platten die Randanschlussfuge ≥ 15 mm breit sein. Gleiches gilt bei Bodenbelägen aus Holz (Parkett) oder Fußbodenheizungen.

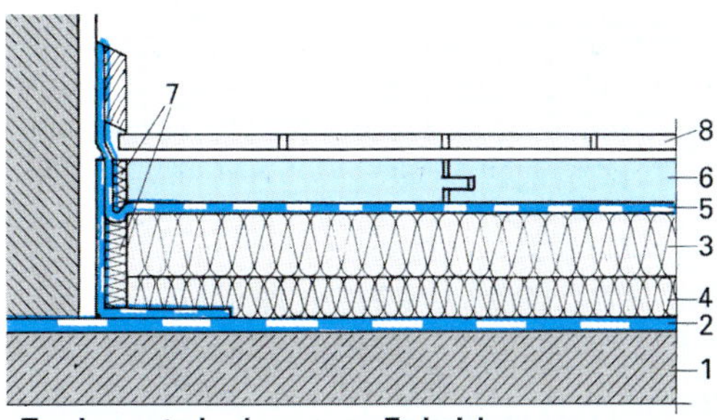

Trockenunterboden gegen Erdreich

1: Bodenplatte
2: Abdichtungsebene
3: Wärmedämmung
4: Trittschalldämmung
5: Dampfsperre
6: Trockenestrich-Element
7: Randstreifen
8: Bodenbelag

5.2.3.2 Spanplatten-Trockenunterboden (DIN 68771) vollflächig auf altem Dielenboden

Die Konstruktion ist besonders gut geeignet zur Sanierung alter Holzbalkendecken.

Herstellungsschritte

- aufgeschüsselte, knarrende alte Dielen schräg in Deckenbalken verschrauben (1)
- Rieselschutz aus dampfdurchlässigem Bitumen- oder Natronkraftpapier auslegen und seitlich an Randfugen wannenartig hochziehen (2)
- Trockenschüttung einbringen, auf Abziehlehren eben abziehen, verdichten (3)
- HFD-Abdeckplatten im Verband verlegen (4)
- Randstreifen an Randanschlüssen bis OK Spanplatte verlegen (2–3mm/m Raumtiefe, $d \geq 15$mm) (5)
- Trittschalldämmplatten im Verband verlegen (6)
- Holzspan-Verlegeplatten (V100, d=19–22 mm) fugendicht im Verband verlegen; N+F-Kanten unter Pressdruck (z.B. Randverkeilung) verleimen (7)
- Bodenbeläge einbringen, Randfugen mit Fußleiste (Lüftungsschlitze) abdecken (8)

Luft- und Trittschallschutz

Herkömmliche Holzbalkendecken mit sichtbaren Balken sind einschalige, mit unterer Deckenbekleidung zweischalige Konstruktionen mit geringer flächenbezogener Masse und fest mit den tragenden Balken verbundenen Schalen. Schwere Füllungen auf Blindböden (Lehm, Schlacke, Sand) erhöhen die Masse und damit die Schalldämmung nur geringfügig, da die schalltechnisch ungünstigen Balken als breitflächige, starre Schallbrücken verbleiben.

Die Schallübertragung über die meist relativ leichten flankierenden Wände verschlechtert die Werte im Massivbau zusätzlich um 10–12 dB. Diese Altbaudecken erreichen je nach Hohlraumfüllung ein Luftschalldämmmaß von $R'_{w,R}$=ca. 42–45 dB und eine Trittschalldämmung von $L'_{nw,R}$=ca. 70–75 dB (flächenbezogene Masse der flankierenden Bauteile m'=300 kg/m^2).

Trockenestriche auf Dämmschicht erzielen auf diesen leichten Decken im eingebauten Zustand deutlich geringere Trittschall-Verbesserungsmaße als auf Massivdecken (6–14 dB statt bis 25 dB). Obwohl zusätzliche Trockenschüttungen die Prüfstandswerte nochmals um bis zu 9 dB verbessern, kann also eine solche Deckenauflage allein die Anforderungen der DIN 4109 für Wohnungstrenndecken nicht erfüllen ($L'_{nw,R}$=ca. 56–69 dB statt 53 dB). Gleiches gilt für die Luftschalldämmung ($R'_{w,R}$=ca. 50–52 dB statt 54 dB).
Erst mit einer zusätzlichen biegeweichen Deckenbekleidung (doppelte Beplankung, Federschienen oder Traglattung/Federbügel) wird der erforderliche Trittschallschutz möglich (siehe Kap. 5.1.2/ 5.3.1).

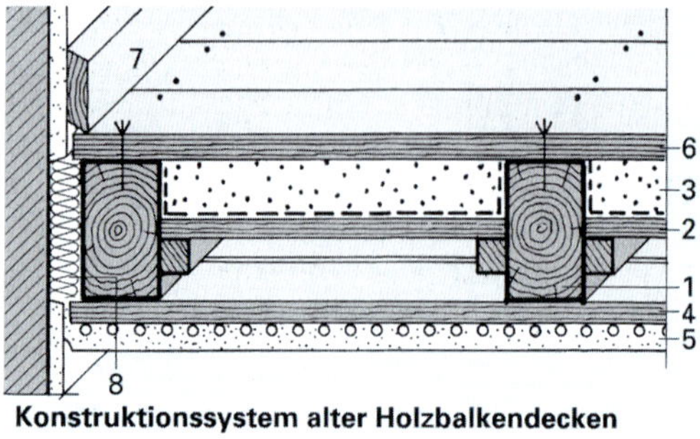

Konstruktionssystem alter Holzbalkendecken

1: Deckenbalken
2: Blindboden
3: Schlackenfüllung
4: Traglattung
5: Deckenputz mit Putzträger
6: Hobeldielen
7: Fußleiste
8: Dämmstoff

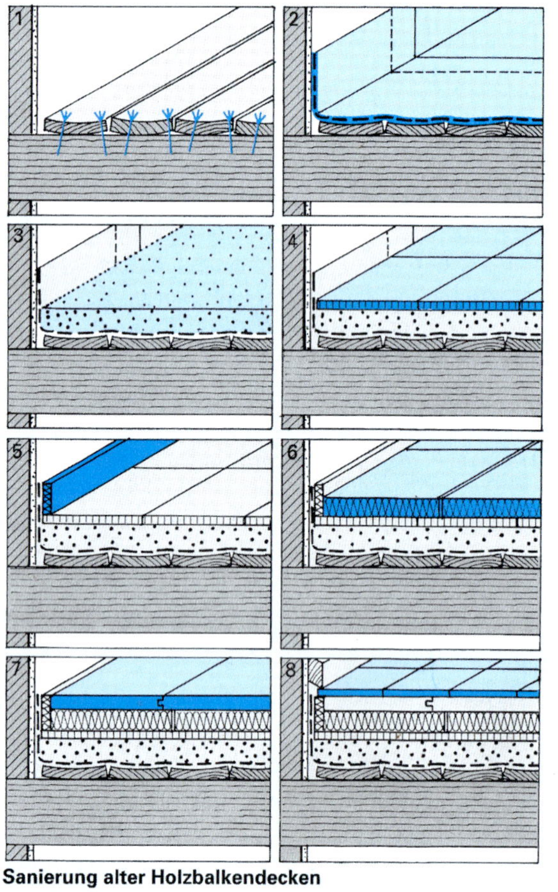

Sanierung alter Holzbalkendecken

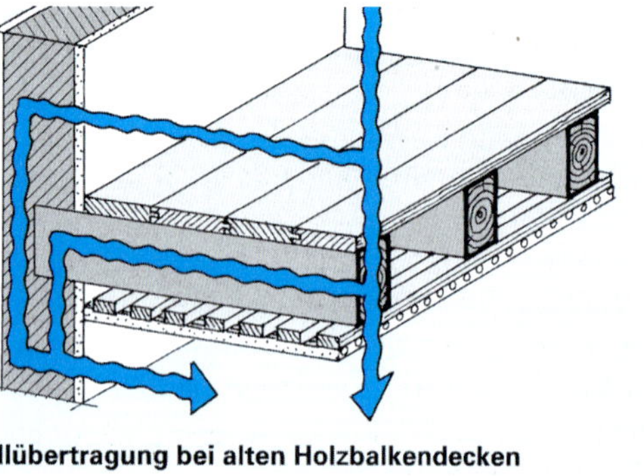
Schallübertragung bei alten Holzbalkendecken

Nur eine Erhöhung des Flächengewichtes der Deckenauflagen um bis zu 100 kg/m² bewirkt eine deutliche Verbesserung der Werte im Massivbau ($R'_{w,R}$ = bis zu 60 dB, $L'_{nw,R}$ bis zu 50 dB). Dazu werden z.B. Betongehwegplatten oder Klinker in Kaltbitumen auf der tragenden Spanplatte verlegt (Fugen nicht vergießen, um den biegeweichen Schalencharakter zu erhalten). Eine schwere Kiessandschüttung wirkt ähnlich.

Bei der Altbausanierung begrenzt jedoch die Tragfähigkeit von Spanplatten und vorhandener Deckenbalken für die zusätzliche Belastung diese Maßnahme. Bei Neubauten kann sie bei der Dimensionierung berücksichtigt werden. Statt der Hohlraumfüllung ist jedoch eine Hohlraumdämpfung mit Faserdämmstoffen erforderlich (siehe Kap. 5.1.2/5.3.1).

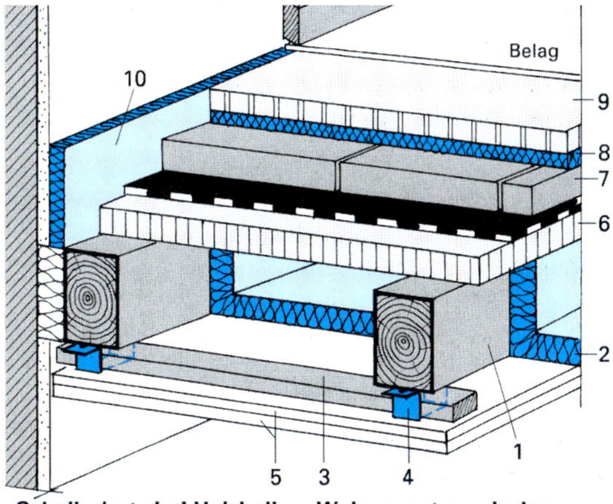

Schallschutz bei Holzbalken-Wohnungstrenndecken

1: Deckenbalken
2: Min-Dämmung $d \geq 50$ mm
3: Traglattung $a \geq 40$ cm
4: Federbügel
5: GK-Platten 12,5 mm
6: Hobeldielen oder Holzspanplatten
7: Gehwegplatten $d \geq 50$ mm in Kaltbitumen
8: MinP-TK 27/25
9: Holzspan-Verlegeplatten
10: Randstreifen

5.2.3.3 Spanplatten-Trockenunterboden (DIN 68771) auf Lagerhölzern auf Holzbalkendecken

Die Verlegeplatten werden direkt mit Lagerhölzern (60/40 mm), die auf Dämmstreifen liegen, verschraubt und wirken statisch als Ein- oder Mehrfeldplatten.

Die Plattendicke hängt ab von:

- Belastung (Wohnungsbau q=2 kN/m², F=1 o. 2 kN) zulässige Durchbiegung 1/300, bei Keramikbelägen oder hohen Punktlasten 1/500
- Abstand der Deckenbalken bzw. Lagerhölzer

Bei einem üblichen Balkenabstand von 60–70 cm wäre bei Mehrfeldplatten eine Dicke von ≥25 mm, bei beschränkter Durchbiegung von ≥36 mm nötig.

Bei der Luft- und Trittschalldämmung ist die Konstruktion etwas weniger wirksam als die vollflächig schwimmende Verlegung (dünner Dämmstreifen).

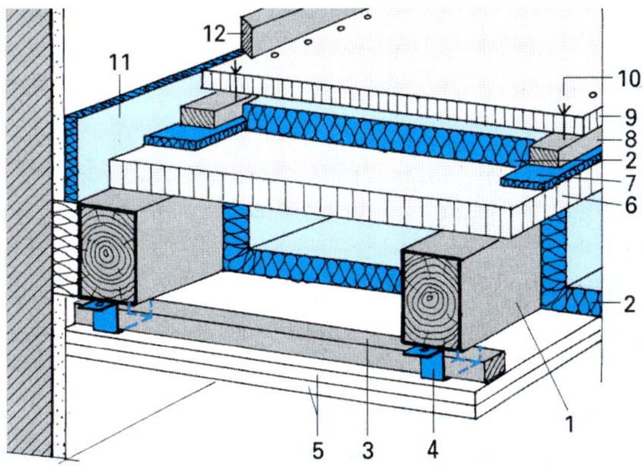

Spanplatten-Unterboden auf Lagerhölzern

1: Deckenbalken
2: Min-Dämmung
3: Traglattung $a \geq 40$ cm
4: Federbügel
5: GK-Platten 12,5 mm
6: Holzspanplatten
7: Min-Dämmstreifen
8: Lagerhölzer 60/40 mm
9: Holzspan-Verlegeplatten
10: Verschraubung
11: Randstreifen
12: Fußleiste mit Luftschlitz

Konstruktion ab Oberkante Deckenbalken/Spanplatten

- Trittschall-Dämmstreifen aus Faserdämmstoffen (DIN 18165) unter Lagerhölzern verlegen ($b \geq 10$ cm, d unter Belastung 10 mm, $s' \leq 20$ MN/m³)
- Lagerhölzer 60/40 mm zuschneiden und verlegen; Randabstand ≥15 mm, 2–3 mm/m Raumtiefe
- Randabstände mit Min-Dämmstreifen bis OK Verlegeplatte ausfüllen
- Hohlraumdämmung aus Faserdämmstoffen DIN 18165 verlegen; $d \geq 30$ mm, verbleibende Luftschicht unter Verlegeplatten zur Be- und Entlüftung
- Holzspanplatten im Verband verlegen; versetzte Querstöße auf Lagerhölzern anordnen
- verschrauben mit Lagerhölzern, nicht mit Balken (Schallbrücken); Schnellbauschrauben TN 45, Abstand 40–50 cm, am Plattenrand 20–30 cm; N+F-Längsstöße zusätzlich verleimen
- Schraubköpfe versenken und verspachteln
- baldmöglichst Bodenbelag verlegen, Fußleiste mit Be- und Entlüftungsschlitzen montieren

Plattendicken (mm) und Abstand Lagerhölzer (cm)

	Durchb. f	d=13	d=16	d=19	d=22	d=25
Einfeldplatte	1/300 (q)	41	48	57	62	71
	1/500 (F=1kN)	16	21	27	32	38
Mehrfeldplatte	1/300 (q)	45	53	62	68	78
	1/500 (F=1kN)	19	24	31	36	44

5.2.4 Estriche mit Fußbodenheizungen (DIN 18560)

Fußbodenheizungen arbeiten als Warmwasser-Niedertemperaturheizungen mit Vorlauftemperaturen bis höchstens 45 °C und großen Abstrahlungsflächen. Fußwärme, niedrige Oberflächentemperaturen und geringe Luftkonvektion fördern das Wohlbefinden der Nutzer. Die grundlegenden Steuerungsprobleme (lange Aufheiz- und Abkühlzeiten, träge Reaktion, Überhitzungsrisiko) und materialtechnische Fragen (Kunststoff- oder Kupferrohre, Bodenbeläge) sind im Wesentlichen bewältigt.

Konstruktion

Fußbodenheizungen sind immer Teil von Estrichen auf Dämmschicht und werden oberhalb von Wärmedämmschichten angeordnet, welche die Wärmeableitung nach unten in die Rohdecke bremsen sollen. Als Dämmstoffe sind Hartschäume (DIN 18164; EPS, PUR), Faserdämmstoffe (DIN 18165) oder Korkplatten (DIN 18161) möglich, wobei sich wegen der geringen Temperaturbeanspruchung, ihrer guten Druckfestigkeit und der niedrigen Kosten EPS-Dämmschichten auf dem Markt durchgesetzt haben. Die Zusammendrückbarkeit aller Dämmschichten darf 5 mm nicht überschreiten.

Verlegearten der Heizleiter

- **Nassverlegung**
  Formschlüssig in die Platte aus Nass- oder Fließestrich (AE, ZE) eingebettete Heizungsrohre.
- **Trockenverlegung**
  Die Heizungsrohre liegen lose auf speziell an der Oberfläche profilierten (Nuten, Noppen) Hartschaumplatten. Die Estrichplatte ist als Nass-, Fließ- oder Trockenestrich möglich.

Für Trockenbauarbeiten ist naturgemäß nur eine Trockenverlegung innerhalb der Dämmschicht möglich. Diese Konstruktion ist in der DIN 18560 nicht erfasst. Zur Verbesserung der Wärmeleitung zur Estrichplatte sind die Heizungsrohre mit Wärmeleitblechen umgeben, welche die Oberfläche der Dämmschicht flächig abdecken.

Als Material für den Trockenestrich (Fertigteilestrich) sind zweilagige GF-Elemente ($d = 2 \times 12{,}5$ mm), die auf der Baustelle mit versetzten Stoßfugen verlegt und flächig verklebt werden, und einlagige GF-Elemente ($d = 19$ mm) auf dem Markt. Die Verlegung erfolgt ähnlich wie bei Verbundelementen (siehe Kap. 5.2.3.1).

Als Bodenbeläge eignen sich besonders gut wärmeleitende keramische Fliesen und Platten oder dünnere Natursteinplatten im Dünnbett, aber auch textile Beläge ohne Schaumrücken, dünneres Stab- oder Fertigparkett oder Kunststoffbahnenbeläge.

Anordnung der Heizleiter bei Fußbodenheizungen	
Naßverlegung	Trockenverlegung
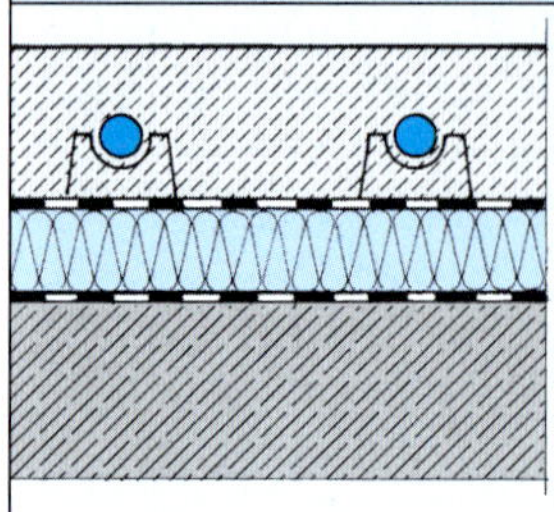	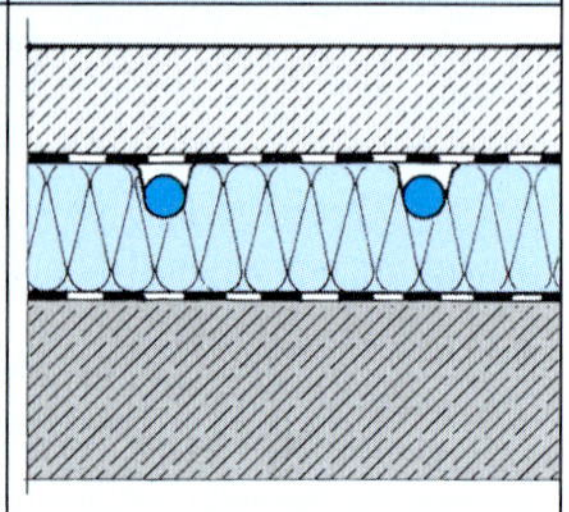
Vorteile	Vorteile
– gute Wärmeleitung Heizleiter – Estrich – technisch einfach	– dünnere Estrichplatte – geringeres Gewicht – spannungsfreies System – Trennung Gewerke Heizung – Estrich
Nachteile	Nachteile
– größere Estrichdicke – höheres Gewicht – Trägerelemente für Heizungsrohre nötig – spannungsreiches System, rissanfällig – Gewerkemischung Heizung – Estrich	– größere Dämmschichtdicke – spezielle Dämmplatten – schlechtere Wärmeübertragung Heizungsrohr-Estrichplatte – Vorlauftemperaturen 3–4 °C höher

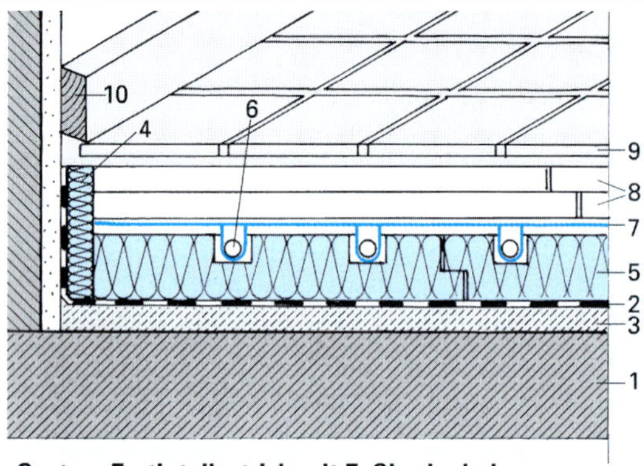

System Fertigteilestrich mit Fußbodenheizung

1: Rohdecke
2: Abdeckfolie
3: Ausgleichsschicht
4: Randstreifen
5: Dämmplatten
6: Heizungsrohre
7: Wärmeleitbleche
8: GF-Trockenestrichplatten
9: Bodenbelag
10: Fußleiste

Fertigteilestrich mit Fußbodenheizungen	
Vorteile	Nachteile
– sehr geringe Schichtdicke – schneller reagierende Heizungssteuerung – keine Wartezeiten für Bodenbeläge und Aufheizung	– hohe Ansprüche an Ebenheit Untergrund (Trockenschüttung, Fließspachtel) – keine Holzwerkstoffplatten möglich (zu hohe Wärmedämmung) – Trockenbauplatten gering mechanisch belastbar – Trockenbauplatten feuchtigkeitsempfindlich

5.2.5 Hohlraum- und Doppelböden

Verwaltungs-, Gewerbe- und Laborgebäude erfordern flexible Leitungsführungen von oft umfangreichen haustechnischen Installationen für Schwach- und Starkstrom, EDV, Heizungs-, Lüftungs- und Klimaanlagen.

Die Leitungen können in Hohlräumen unterhalb der Rohdecke (Unterdecken) oder aber innerhalb einer zweischaligen Fußbodenkonstruktion verlegt werden. Diese wird durch eine tragende Estrichplatte mit Stützfüßen gebildet. Dadurch kann je nach Bedarf an jeder beliebigen Stelle durch eine Fußbodenaussparung ein Arbeitsplatz an die Leitungen angeschlossen werden.

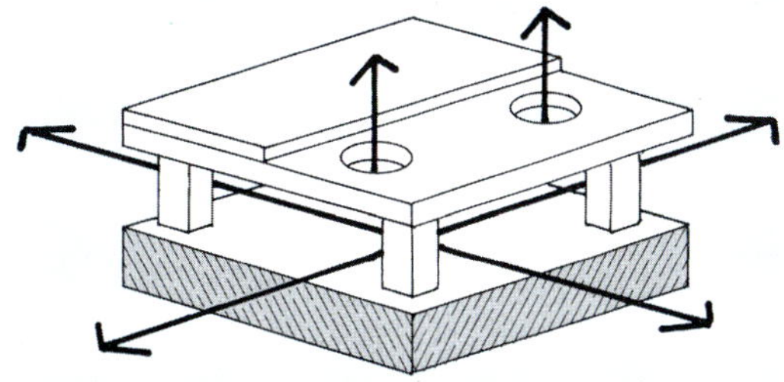

Konstruktionsprinzip Hohlraum-/Doppelböden

Vorteile
– flexible Leitungsführung für technische Installationen
– kurze Leitungswege zu Arbeitsplätzen, einfache und veränderbare Anschlüsse
– Hohlraum für Wartungsarbeiten leicht zugänglich
– anpassungsfähiges System bei Veränderungen
– hohe mechanische Belastbarkeit bis 50 kN/m²
– leichte Trennwände aufsetzbar
Nachteile
– über den Hohlraum Brandübertragung möglich; daher Abschottungen nötig
– über Hohlraum bzw. Estrichplatte Schalllängsleitung; unter Trennwänden daher Absorberschotts nötig

5.2.5.1 Hohlraumböden

Die Estrichplatte wird als Fließestrich auf einer verlorenen Schalung ausgeführt. Hohlraumböden sind daher keine reinen Trockenbaukonstruktionen.

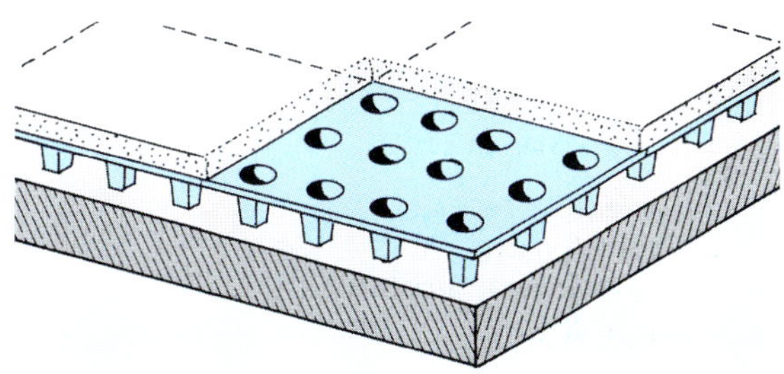

Konstruktionssystem Hohlraumböden

Konstruktion

Die verlorene Schalung kann bestehen aus:

- vorgefertigten Schalungselementen aus Holzspan-, Holzhartfaser- oder Gipsfaserplatten mit höhenverstellbaren Stützfüßen aus Stahl, Aluminium oder Kunststoff (Abstand 30 cm)
- vorgeformten Schalungsfolien aus PVC. Durch die Form erreicht der eingebrachte Estrich die Wirkung eines selbsttragenden Gewölbes

Die Estrichplatte wird als mittragender Fließestrich (meist AE) mit einer Mindestdicke von 30 mm eingebracht und bildet damit einen zusammenhängenden, homogenen Untergrund für die Bodenbeläge.

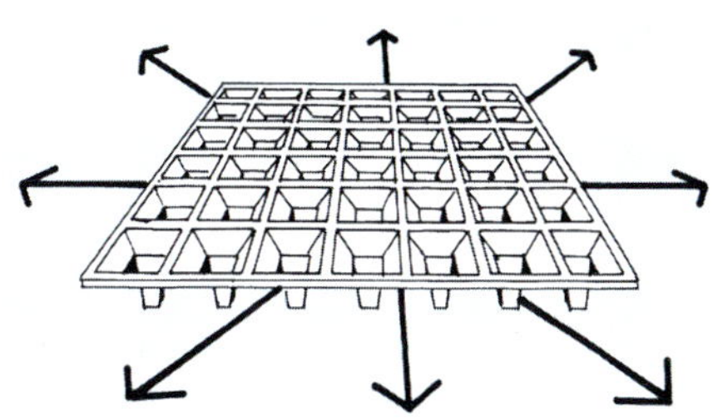

Schalungsfolie bei Hohlraumböden

Merkmale

- zusammenhängende große Fläche des Fließestrichs
- großflächige, vielfältige Bodenbeläge möglich
- durch Brandschutz begrenzte Hohlraumhöhen ca. 40–200 mm, geringer als bei Doppelböden
- Wartezeiten durch Estricherhärtung; nach 48 Stunden begehbar, Endfestigkeit in ca. 28 Tagen
- guter Brandschutz durch mineralische Baustoffe (Baustoffklasse A); F 30–F 180 möglich
- relativ schlechter Schallschutz durch Resonanzerscheinungen
- Hohlräume durch Estrichplatte nur begrenzt zugänglich; Revisionsklappen und -kanäle nötig
- Kosten etwas geringer als bei Doppelböden

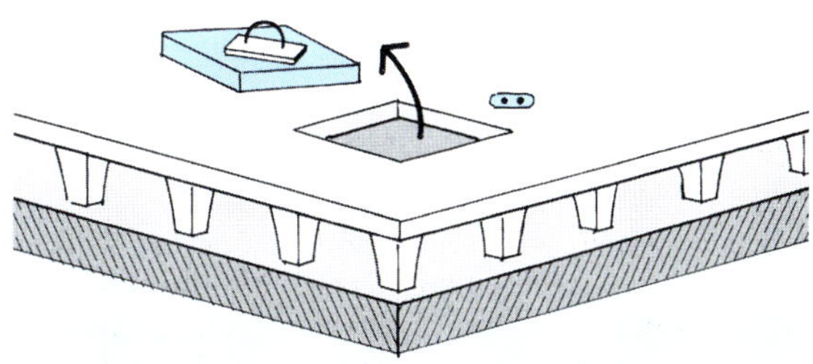

Revisionsklappen bei Hohlraumböden

5.2.5.2 Doppelböden

Eine den Bodenbelag tragende Platte aus Trockenestrichelementen liegt lose auf höhenverstellbaren Stützfüßen. Doppelböden sind daher reine Trockenbaukonstruktionen.

Konstruktion

- **Trockenestrichelemente** aus Holzspan-, Holzhartfaser-, Gipsfaserplatten; Stahlblechwannen mit AE-Estrich gefüllt; l/b= 60/60 cm; d=3–10 cm
- **Stützfüße** als Rundrohre aus Stahl oder Aluminium, mit der Rohdecke verdübelt oder verklebt

Merkmale

- gerasterte Fläche aus kleineren Einzelelementen
- auf Elementraster abgestimmte Bodenbeläge (aufgeklebte Naturstein-, Keramik-, Textilbeläge)
- große lichte Hohlraumhöhen 8–400 cm möglich
- sofort begehbar ohne Wartezeiten
- geringerer Brandschutz als Hohlraumböden; Baustoffklassen A oder B; F 30–F 60 möglich
- etwas geringere Schalllängsleitung durch inhomogenen, mehrschichtigen Systemaufbau
- Hohlräume durch lose Einzelelemente an jeder Stelle unbeschränkt zugänglich
- höherer Konstruktionsaufwand, daher etwas teurer als Hohlraumböden

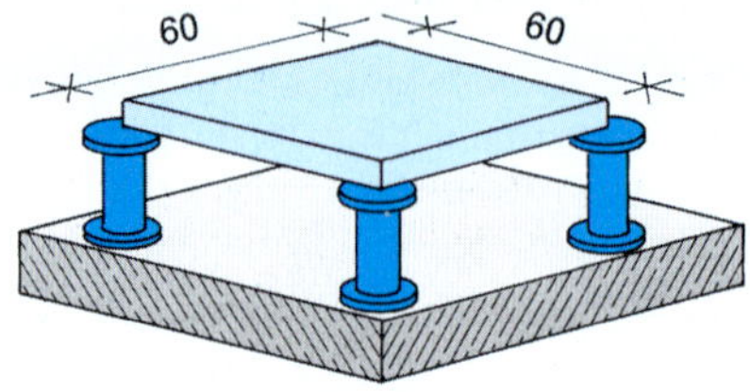

Konstruktionssystem Doppelböden

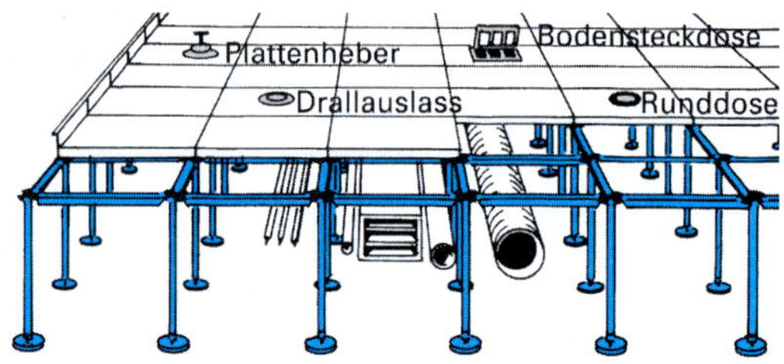

Konstruktionsbeispiel Doppelböden

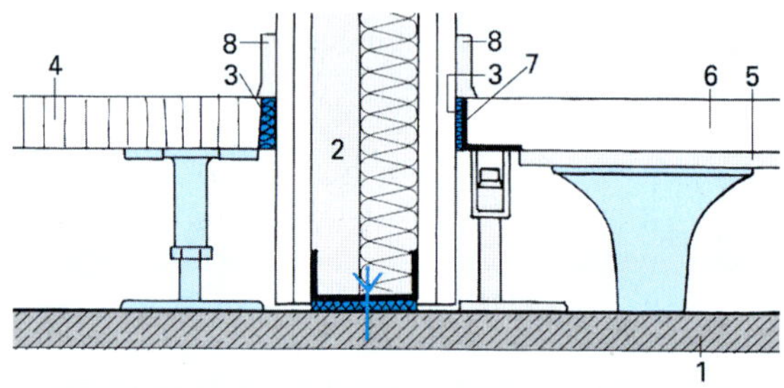

Trennwandanschluss Hohlraum- und Doppelböden

1: Rohdecke
2: Metallständerwand
3: Anschlussfuge
4: Doppelbodenplatte
5: Hohlraumbodenplatte
6: AE-Fließestrich
7: Metallwinkel
8: Fußleiste

5.3 Bauphysikalische Eigenschaften von Deckenkonstruktionen

5.3.1 Schallschutz

Die Leistungsfähigkeit einer Deckenkonstruktion beim Luft- und Trittschallschutz hängt vom Zusammenwirken aller betroffenen Bauteile ab:

- Rohdecke
- Deckenauflagen (Estrich, Zwischenschichten, Belag)
- Deckenbekleidung bzw. Unterdecke
- flankierende Bauteile und Randanschlüsse

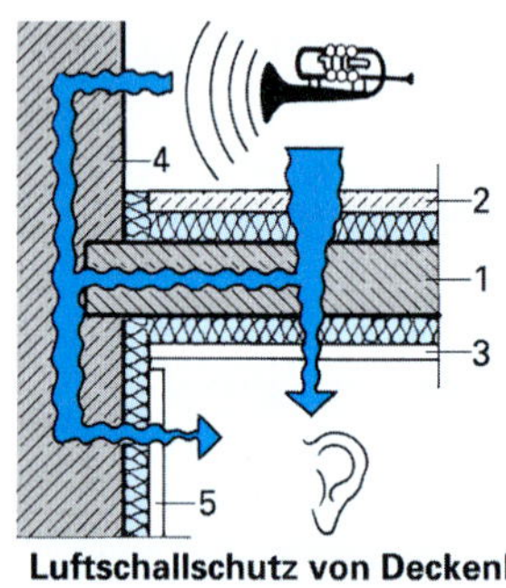

1: Rohdecke
2: Estrich auf Dämmschicht
3: Unterdecke
4: flankierende Wände
5: Vorsatzschale

Luftschallschutz von Deckenkonstruktionen

5.3.1.1 Luftschallschutz bei Massivdecken

Für die Luftschalldämmung ist in Massivbauten die flächenbezogene Masse der Rohdecke ebenso wie bei massiven Trennwänden (siehe Kap. 4.3.3.1) der entscheidende Faktor. Die Anforderungen der DIN 4109 an Wohnungstrenndecken ($R'_{w\,erf}$ = 54 dB) können relativ leicht erfüllt werden, z.B. durch eine verputzte Stahlbetondecke (d=ca. 16,5 cm) mit ZE-Verbundestrich und einer flächenbezogenen Masse von 450 kg/m^2.

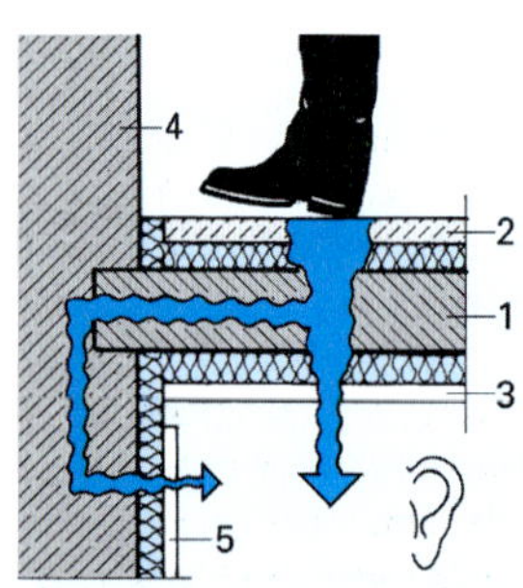

1: Rohdecke
2: Estrich auf Dämmschicht
3: Unterdecke
4: flankierende Wände
5: Vorsatzschale

Trittschallschutz von Deckenkonstruktionen

Verbesserungsmaßnahmen

Bei leichteren oder dünneren Decken muss eine zweischalige Konstruktion ausgeführt werden. Dies kann sowohl durch einen Estrich auf Dämmschicht als auch durch eine biegeweiche Unterdecke erfolgen.

Beide Maßnahmen wirken luftschalldämmend durch ihr Masse-Feder-System mit Hohlraumdämpfung durch Faserdämmstoffe. Sie sind im Vergleich etwa gleichermaßen leistungsfähig, eine Kombination beider Bauteile ist am wirkungsvollsten. Die Leistungsfähigkeit hängt wie bei den Vorsatzschalen vor Massivwänden (siehe Kap. 4.2.4.2) ab von:

- flächenbezogener Masse der Rohdecke (je größer, desto weniger wirksam sind Estrich/Unterdecke)
- Konstruktion, Material und flächenbezogener Masse von Deckenauflage bzw. Unterdecke
- Konstruktion und flächenbezogener Masse der flankierenden Bauteile (m' leichter als 300 kg/m²: bis zu 4 dB schlechtere Dämmwerte; schwerer: bis zu 2 dB bessere Dämmwerte)
- Randanschlüsse ohne Schallbrücken

Als biegeweiche Unterdecke wäre eine Deckenbekleidung mit einer Holzunterkonstruktion aus einfachen Traglatten, Min-Hohlraumdämmung und einer Beplankung aus GK-Platten ($d \leq 15$ mm) nach DIN 4109 ausreichend.

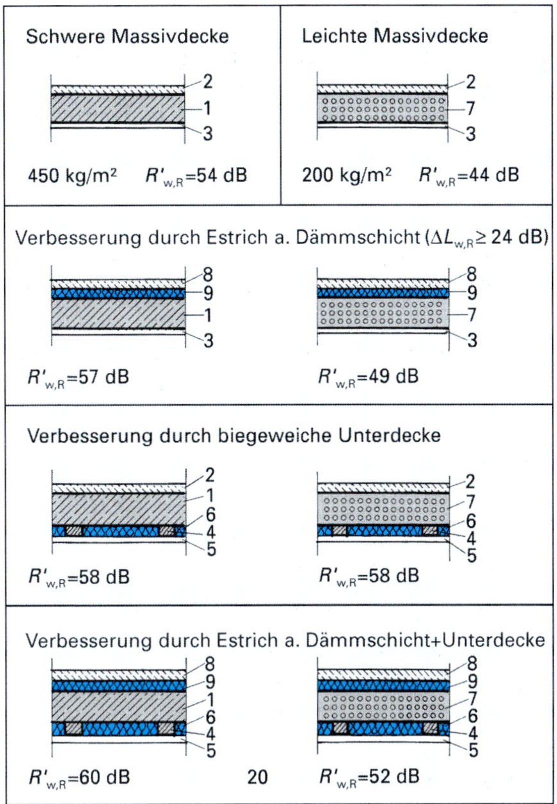

Beispiele für Luftschalldämmung bei Massivdecken

5.3.1.2 Trittschallschutz bei Massivdecken

Für die Trittschalldämmung sind in Massivbauten die Anforderungen der DIN 4109 für Wohnungstrenndecken ($L'_{w,R} = 53$ dB) etwas schwieriger einzuhalten. Die Stahlbetondecke mit Verbundestrich erreicht nur 71 dB, die leichte Massivdecke 83 dB.

Verbesserungsmaßnahmen

Eine Unterdecke bewirkt nur eine Verbesserung um 2 auf 69 dB, bei der leichten Rohdecke um 9 auf 74 dB. Es wird also in jedem Fall ein Estrich auf Dämmschicht für einen ausreichenden Trittschallschutz nötig (Verbesserungsmaße siehe Kap. 5.2.2). Dabei ist allerdings ein Vorhaltemaß von 2 dB für Baumängel zu berücksichtigen.

Aus den Vergleichstabellen wird ersichtlich, dass bei üblichen Stahlbeton-Massivdecken durch den Einbau eines Estrichs auf Dämmschicht ohne zusätzliche Unterdecke gleichermaßen ein ausreichender Luft- und Trittschallschutz erreicht werden kann. Erst bei leichteren Decken oder flankierenden Bauteilen mit einer flächenbezogenen Masse $m' < 300$ kg/m² können zusätzliche biegeweiche Unterdecken nötig werden. Eine weitere Verbesserung um bis zu 6 dB kann durch Anwendung von Vorsatzschalen vor den flankierenden Bauteilen erreicht werden.

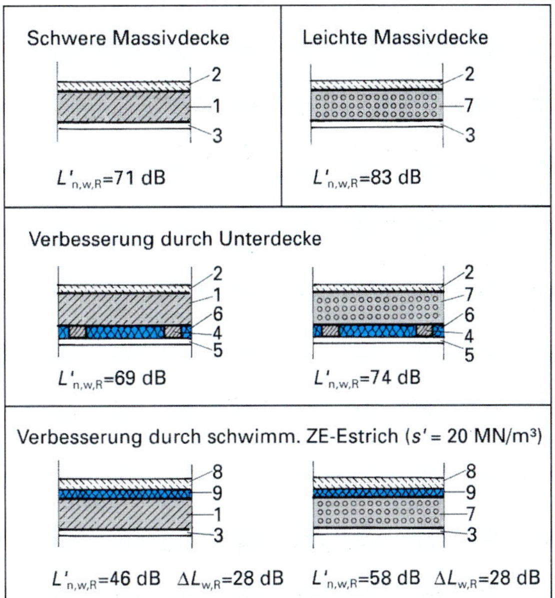

Beispiele für Trittschalldämmung bei Massivdecken

1: Stahlbetondecke 16,5 cm
2: ZE-Verbundestrich 3 cm
3: Deckenputz P IV 1 cm
4: Traglatt. $b \leq 5$, $a > 40$ cm
5: GK-Platten 12,5/15 mm
6: Min-Dämmung 40 mm
7: Leichtbeton $\rho_R = 750$ kg/m³
8: schwimmender ZE-Estrich
9: Trittschalldämmung Min

5.3.1.3 Luftschallschutz bei Holzbalkendecken

Im Massivbau sind die Anforderungen der DIN 4109 an Wohnungstrenndecken ($R'_{w,R} \geq 54$ dB) durch Holzbalkendecken kaum zu erfüllen. Ihre geringe flächenbezogene Masse, die Deckenbalken als Schallbrücken sowie die starke Schallübertragung über die flankierenden Massivwände bewirken eine Verschlechterung der Luftschalldämmung selbst hochwertiger Konstruktionen um bis zu 12 dB. Sie erreichen dann nur 50 dB.

Verbesserungsmaßnahmen

Konsequente konstruktive Trennung der beiden Schalen (Deckenauflage und Deckenbekleidung) von der tragenden Rohdecke durch:

- Fließ-, GE- oder Fertigteilestriche auf Dämmschicht mit zusätzlichen Trockenschüttungen. Ihre Wirksamkeit ist deutlich geringer als bei Massivdecken!
- biegeweiche Deckenbekleidung mit Federschienen oder Holzlattung mit Federbügeln
- Hohlraumdämmung durch Min-Matten, $d \geq 5$ cm, seitlich hochgezogen, oder $d \geq 10$ cm, eben eingelegt
- schwere Deckenauflagen auf der Rohdecke, z. B. Betongehwegplatten, Kiessandschüttung
- erst die Anordnung biegeweicher Vorsatzschalen vor den flankierenden Wänden des darunter liegenden Geschosses ermöglicht auch bei leichteren Massivwänden den für Wohnungstrenndecken ausreichenden Luftschallschutz.

Im Skelettbau sind diese Anforderungen durch hochwertige Holzbalkendecken einfacher zu erfüllen. Dazu muss aber die Schalllängsleitung über die flankierenden Bauteile dadurch gering gehalten werden, dass die Konstruktion der flankierenden Wände durch die einbindende Deckenebene unterbrochen wird.

Luftschalldämmung Holzbalkendecken Auszug DIN 4109

herkömmliche Holzbalkend. mit Blindboden

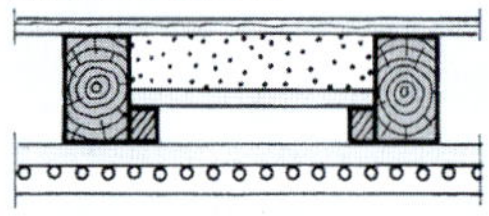

1: 42-45 dB 2: keine Ang.

Trockenestrich auf Dämmschicht + Deckenbekl. 1xGKB

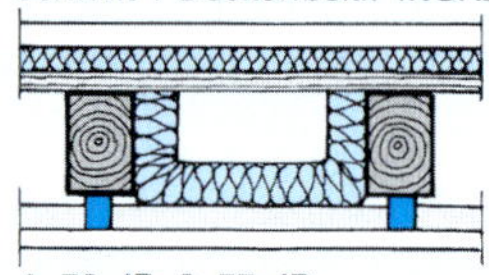

1: 50 dB 2: 57 dB

Trockenestrich auf Dämmschicht + Deckenbekl. 2xGKB

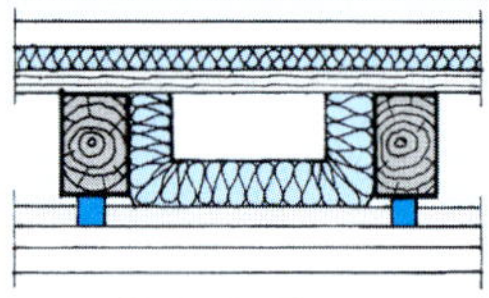

1: 50 dB 2: 62 dB

Nassestrich auf Dämmschicht + Deckenbekl. 1xGKB

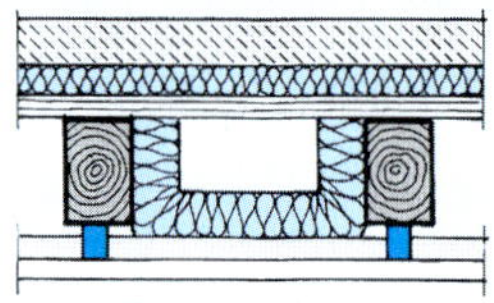

1: 50 dB 2: 65 dB

1: $R'_{w,R}$ Massivbau, flankierende Bauteile $m' = 300$ kg/m²
2: $R_{w,R}$ Skelettbau

Vorsatzschalen gegen Längsleitung im Massivbau

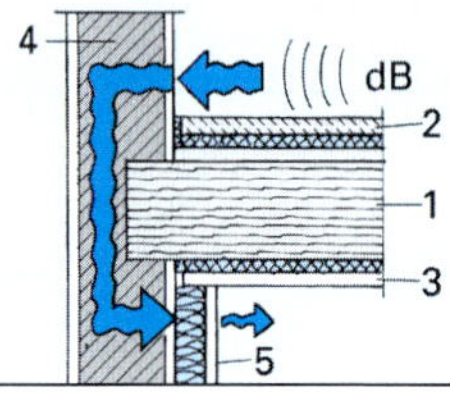

1: Holzbalkendecke
2: Estrich a. Dämmschicht
3: Deckenbekleidung
4: flankierende Wände
5: biegeweiche Vorsatzschale

Unterbrechung der Längsleitung im Skelettbau

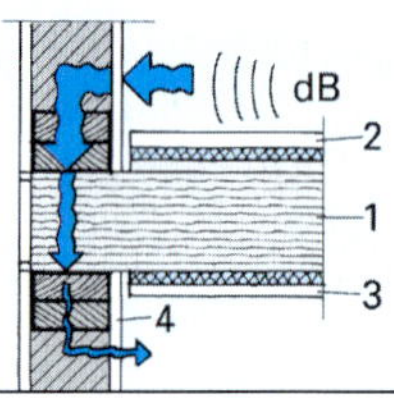

1: Holzbalkendecke
2: Estrich a. Dämmschicht
3: Deckenbekleidung
4: flankierende Wände

5.1.3.4 Trittschallschutz bei Holzbalkendecken

Auch für den Trittschallschutz ist die niedrige flächenbezogene Masse der Holzbalkendecke das Hauptproblem. Die Längsleitung über die Nebenwege bei Massivbauten verschlechtert die Trittschalldämmung im Vergleich zur Luftschalldämmung aber nur in wesentlich geringerem Maße (bis 4 dB).

Die Anforderungen der DIN 4109 für Wohnungstrenndecken ($L'_{n,w,R} \leq 53$ dB) können ebenfalls nur durch konstruktiv getrennte zweischalige Deckenkonstruktionen erreicht werden, also durch die Kombination von biegeweichen Deckenbekleidungen mit Estrichen auf Dämmschicht. Ihre Wirksamkeit ist auch hier wesentlich geringer als bei Massivdecken. Die Erhöhung der flächenbezogenen Masse der Rohdecke durch Gehwegplatten oder schwere Schüttungen bewirkt eine weitere sehr deutliche Verbesserung der Trittschalldämmung.

Trittschalldämmung Holzbalkendecken Auszug DIN 4109

herkömmliche Holzbalkend. mit Blindboden

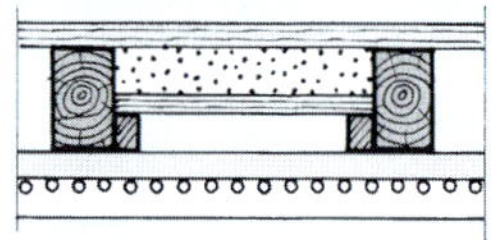

1: 70-75 dB 2: keine Ang.

Holzbd. mit Trockenestrich a. Dämm. + Bekleidg. 1xGKB

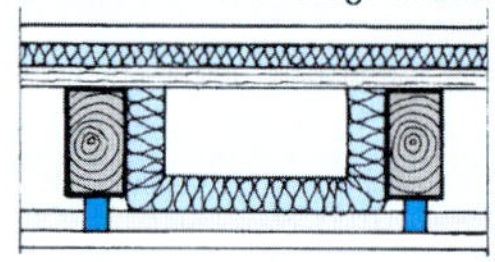

1: 56 dB 2: 56 dB

Trockenestrich auf Dämmschicht + Deckenbekl. 2xGKB

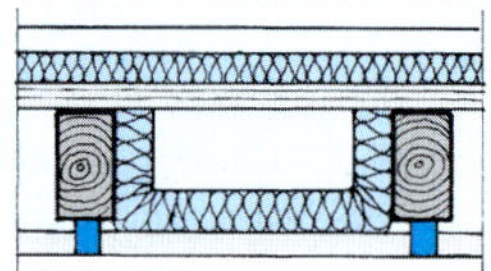

1: 53 dB 2: 53 dB

Nassestrich auf Dämmschicht + Deckenbekl. 1xGKB

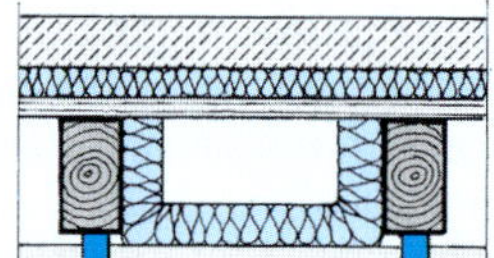

1: 51 dB 2: 51 dB

1: $L'_{n,w,R}$ Massivbau, flankierende Bauteile $m' = 300$ kg/m²
2: $L'_{n,w,R}$ Skelettbau

5.3.2 Raumakustik und Deckenkonstruktionen

5.3.2.1 Überblick

Mit raumakustischen Maßnahmen sollen je nach Raumnutzung ein zu hoher Schallpegel gesenkt oder die Verständlichkeit von Sprache und Musik verbessert werden. Im Gegensatz zur Schalldämmung befasst sich die Raumakustik also mit schalldämpfenden oder schalllenkenden Maßnahmen innerhalb desselben Raumes (Kap. 2.3). Die hier bei Deckenkonstruktionen angesprochenen Grundsätze gelten in gleicher Weise für die Anwendung bei Wandkonstruktionen.

Schallausbreitung

Die von einer Schallquelle innerhalb von Räumen ausgehenden Schallwellen erreichen den Hörer entweder auf direktem Weg (Direktschall) oder sie treffen auf raumabschließende Bauteile (Wände, Decken, Böden). Dort werden sie teils nach physikalischen Gesetzen in den Raum zurück reflektiert (Einfallswinkel = Ausfallswinkel), teils durch die Baustoffe absorbiert, teils durch das Bauteil hindurch transmittiert. Die Raumakustik berücksichtigt immer das Zusammenwirken dieser drei Faktoren.

Schalldämpfung (Absorption)

Wenn der Schallpegel innerhalb eines Raumes generell gesenkt werden soll (Fabrikationshallen mit Maschinen), so können die raumumschließenden Bauteile so ausgebildet werden, dass sie auftreffende Schallwellen mehr oder weniger stark schlucken (absorbieren). Es können auch spezielle schallschluckende Bauelemente um die Lärmquelle herum oder über ihr angeordnet werden.

Durch Art und Größe absorbierender Flächen können insgesamt die „Halligkeit" eines Raumes (Nachhallzeit) und damit die Sprach- oder Musikverständlichkeit beeinflusst werden. Es können auch spezielle Schallwege unterdrückt werden, die in einzelnen Raumbereichen zu ungünstigen akustischen Verhältnissen führen. Dazu werden in den Bereichen der raumumschließenden Bauteile, die diese Schallwellen in die fraglichen Raumbereiche hineinreflektieren, absorbierende Elemente angeordnet.

Schalllenkung

Ob alle Teile eines Raumes gleichmäßig mit den von einer Schallquelle (z. B. Vortragspodium) ausgehenden Schallwellen durch Direkt- und Reflexionsschall versorgt werden, hängt wesentlich von Größe und Geometrie des Raumes ab. Durch besondere schalllenkende Bauelemente, z. B. über Bühnenbereichen, können schlecht versorgte Raumbereiche, beispielsweise unter Emporen, akustisch verbessert werden.

Bauakustik

Schalldämmung

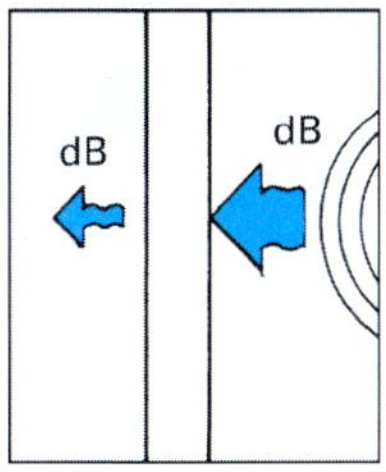

Verminderung der Schallübertragung zwischen benachbarten Räumen über trennende und flankierende Bauteile

Raumakustik

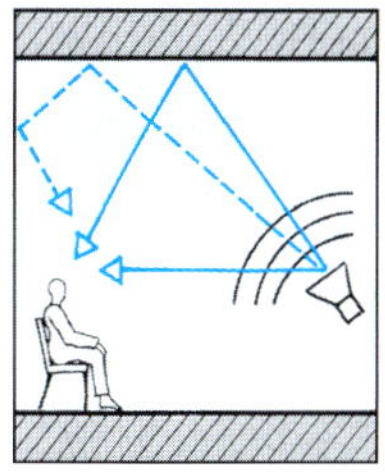

Steuerung der Schallausbreitung und des Schallpegels im selben Raum

Schall-ausbreitung

Freies Schallfeld

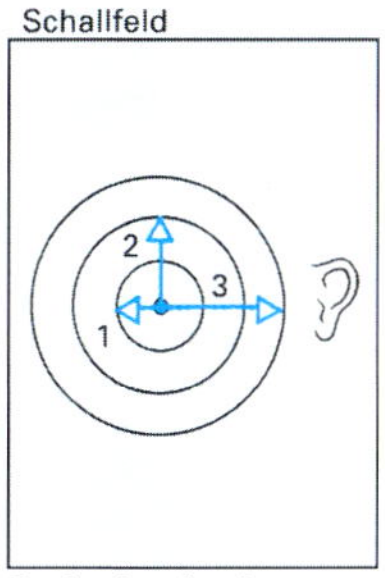

Freie Ausbreitung der Schallwellen. Schallpegel hängt vom Abstand ab.

Diffuses Schallfeld

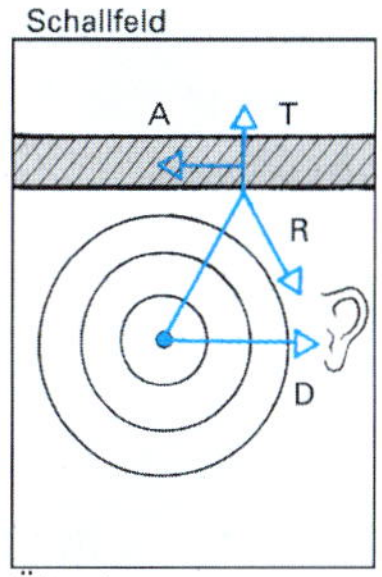

Überlagerung von:
- Direktschall (D)
- reflektierter (R)
- absorbierter (A)
- transmittierter (T) Schall

Raumakustik

Schalllenkung

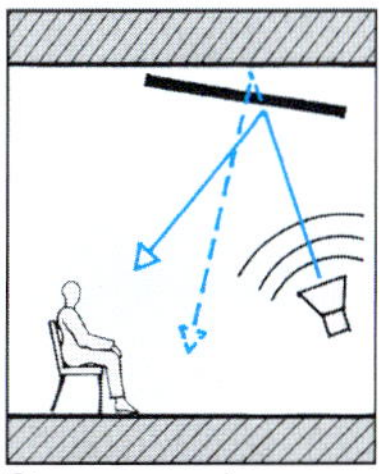

Steuerung der Schallausbreitung durch gezielt angeordnete Reflexionsflächen

Schalldämpfung (Absorption)

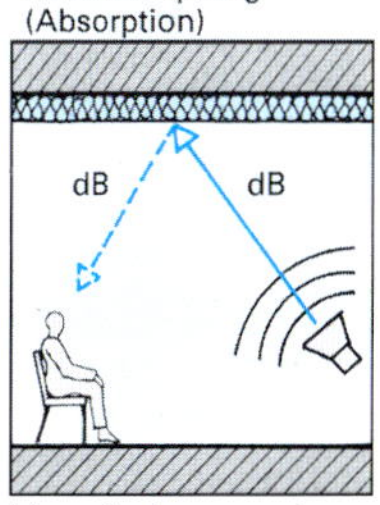

Verminderung des Schallpegels durch Absorption an raumumschließenden Bauteilen

5.3.2.2 Schallabsorption

Die Nachhallzeit *T* ist eines der wichtigsten akustischen Merkmale eines Raumes. Sie steigt mit wachsendem Raumvolumen und sinkt bei größeren schallabsorbierenden Flächen. Sie kann also bei gegebenem Raumvolumen durch Größe, Anordnung und Material dieser Flächen gesteuert werden, wobei Anzahl und Kleidung der Personen berücksichtigt werden. Das Maß der Schallabsorption hängt ab von:

- Größe der absorbierenden Fläche *S*
- Schallabsorptionsgrad des Baustoffes α

Eine Verdoppelung der Absorption bewirkt eine Senkung des Schallpegels um 3 dB.

Für raumakustische Planungen bestehen zwei Möglichkeiten für schallschluckende Konstruktionen:

- poröse Schallschlucker
- Resonanzschlucker

Poröse Schallschlucker

In offenporigen Baustoffen wird die Luft durch die auftreffenden Schallwellen zum Schwingen angeregt. Die an den Porenwänden auftretende Reibung wird in Wärme umgewandelt. Mit zunehmender Anzahl der Poren steigt die absorbierende Wirkung des Baustoffes, mit zunehmender Schichtdicke auch bei tieferen Frequenzen. Schichtdicken über 6 cm sind jedoch im Allgemeinen nicht mehr wirtschaftlich. Poröse Stoffe sind „Hochtonschlucker", besonders bei direkter Wand- oder Deckenbefestigung. Je größer der Abstand der Absorberschicht von der Wand oder Decke ist, desto wirksamer sind sie auch bei niedrigeren Frequenzen („Mitteltonschlucker").

Abdeckungen

Die Oberfläche der Absorberstoffe kann mit gelochten oder geschlitzten Platten abgedeckt sein. Damit steigt ihre Wirksamkeit bei tieferen Frequenzen. Das Material, das Plattengewicht und damit die flächenbezogene Masse sowie Anteil und Größe der Löcher mit der in ihnen mitschwingenden Luftsäule beeinflussen die Wirksamkeit in bestimmten Frequenzbereichen:

- dickere Platten: geringere Absorption bei tieferen Frequenzen
- hoher Lochanteil: größere Absorption bei höheren Frequenzen

Dünne Platten mit vielen kleinen Löchern sind also über einen breiteren Frequenzbereich wirksam.

Als Baustoffe stehen gipsgebundene Trockenbauplatten, Gipsdecken-, Holzwerkstoff-, Mineralfaser-, Kunststoff- oder Metallplatten oder -paneele zur Verfügung. Meist wird zwischen Abdeckplatte und Absorberplatte als Rieselschutz ein Vlies oder eine PE-Folie eingebaut.

Schallabsorptionsgrad α von Baustoffen bei 1000 Hz	
Mauerwerk verputzt	0,02
harter Gehbelag (PVC)	0,05
Teppichbelag 7 mm	0,30
Akustikputz 12 mm	0,41
GKB-Lochplatten mit Min, Hohlraum $d = 10$ cm	0,68
HWL-Platten 25 mm unverputzt, direkt befestigt	0,75
Min-Platten 5 cm, direkt befestigt	1,0

$\alpha = 1$; schallweich, vollständige Absorption
$\alpha = 0$; schallhart, vollständige Reflexion

Poröse Schallschlucker und Schallabsorptionsgrad α

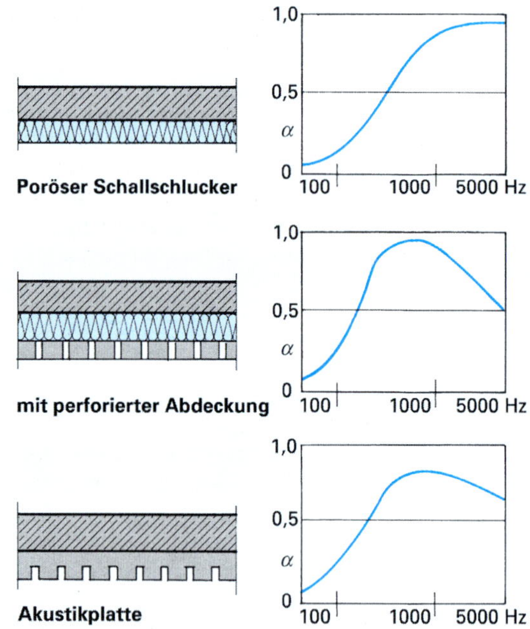

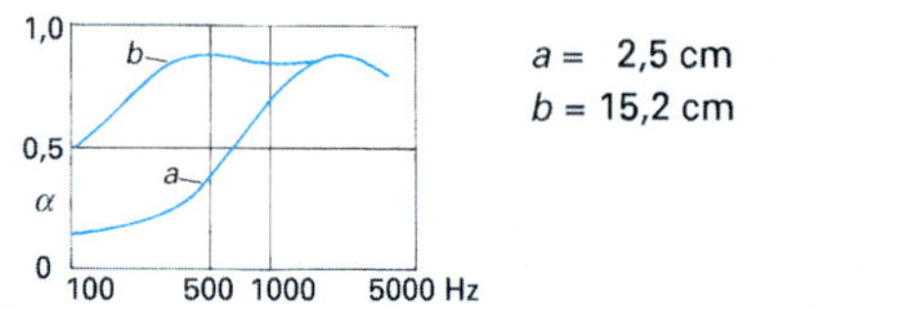

Poröse Schallschlucker und Schichtdicke

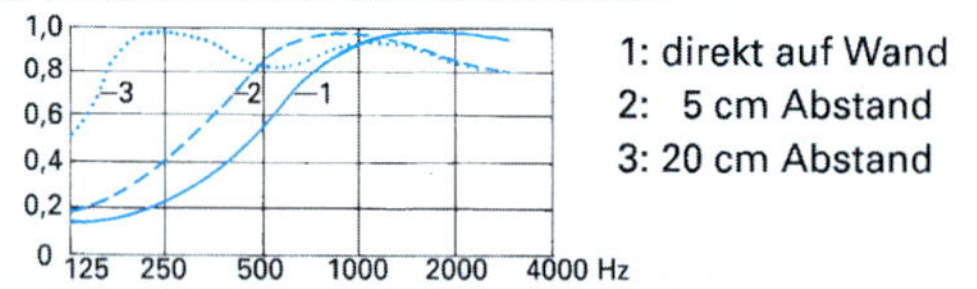

Poröse Schallschlucker und Wandabstand

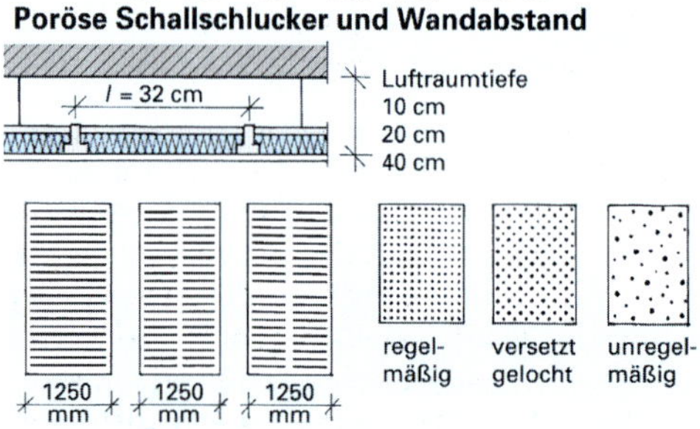

Beispiele für Lochplatten-Abdeckungen

Resonanzabsorber

Schallwellen, die auf dünne, dichte Trockenbauplatten (z. B. GK-Platten, Sperrholz) auftreffen, regen diese zum Schwingen an. Dadurch wird die Schallenergie gemindert. Dieses Masse-Feder-System (Lufthohlraum = Feder) wird in einem bestimmten Abstand ohne Fugen vor Wand oder Decke montiert.

- Plattenresonator

Die höchsten Dämpfungswerte werden bei der Resonanzfrequenz erzielt. Je größer der Wandabstand d_w und je größer die Dicke und damit die flächenbezogene Masse der Platten sind, desto niedriger liegt die Resonanzfrequenz des Systems. GKB-Platten (d = 12,5 mm) mit ca. 10 kg/m² haben bei 2 cm Wandabstand ihre Resonanzfrequenz bei ca. 200 Hz, bei 10 cm Wandabstand bei ca. 100 Hz.

Plattenresonatoren sind also „Tieftonschlucker". Soll ihre Wirksamkeit auch bei höheren Frequenzen verbessert werden, können sie mit absorbierender Hohlraumdämpfung versehen werden. Die Platten benötigen eine Mindestgröße von ≥ 0,4 m² mit einer freien Kantenlänge von ≥ 0,5 m. Übliche Abmessungen sind daher 62,5 cm/62,5 cm.

Helmholtz-Resonator

Das schwingende Luftvolumen in Löchern und Schlitzen von Platten wirkt als Masse auf die Feder des dahinter liegenden Lufthohlraumes. Lochtiefe l und -durchmesser sowie das Kammervolumen steuern die Resonanzfrequenz und damit den Bereich der höchsten Absorption, allerdings nur in den engen Grenzen von ca. 100 – 250 Hz. Absorptionsflächen im Resonatorhals verbessern und erweitern den Absorptionsgrad auch zu höheren Frequenzen hin. An Raumecken oder -kanten angeordnet, erzielen diese Resonatoren ihre größte Wirksamkeit mit Absorptionsflächen bis 5 m².

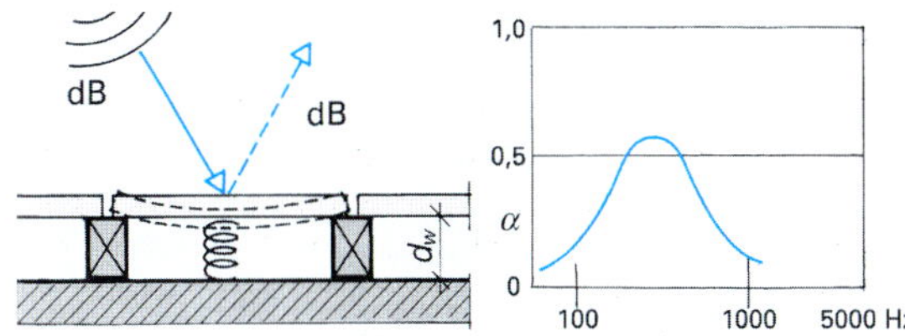

Plattenresonator und Schallabsorptionsgrad α

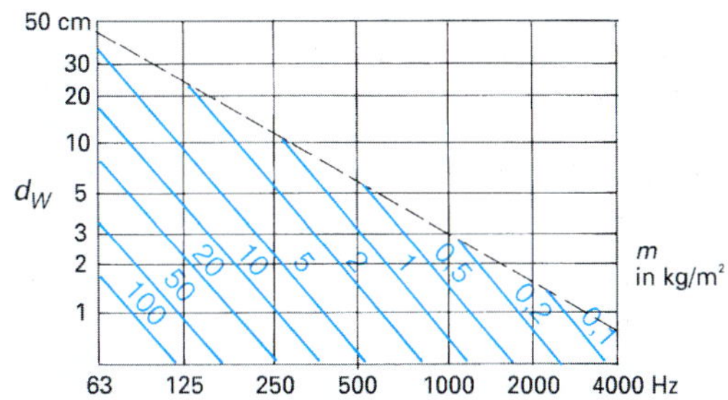

Wandabstand d, Masse m und Resonanzfrequenz

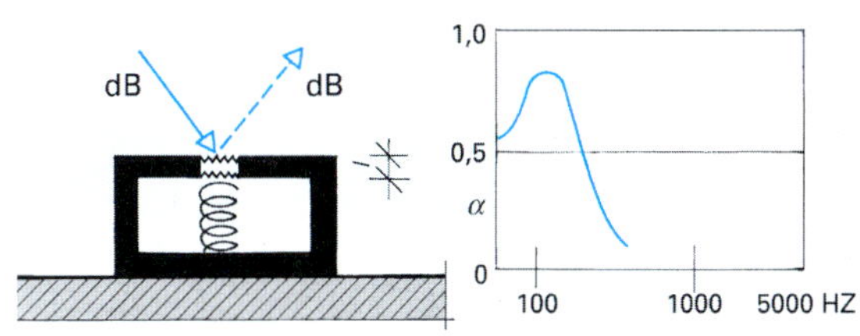

Helmholtz-Resonator und Schallabsorptionsgrad α

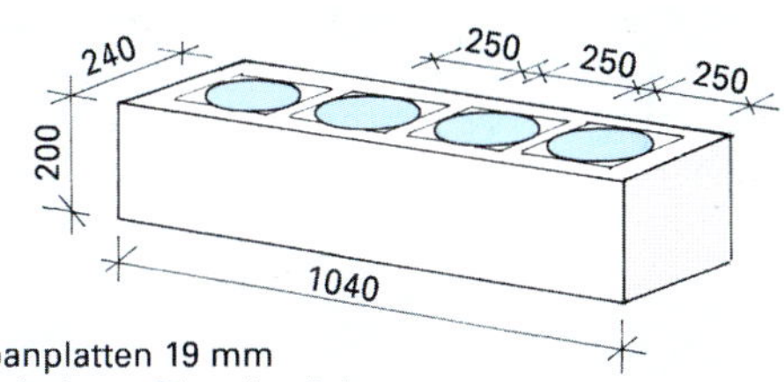

- Spanplatten 19 mm
- Abdeckung Glasvlies 0,4 mm

Maße in mm

Helmholtz-Linienresonator

5.3.2.3 Schalllenkung

Schallharte Bauelemente (Beton, Naturstein, Trockenbauplatten, Glas, Metall) können die Richtung der Schallausbreitung beeinflussen. Ebene Flächen reflektieren gezielt geradlinig, gekrümmte Flächen können nach geometrischen Gesetzen bündeln oder streuen.

Damit können Wände und Decken insbesondere in der Nähe der Schallquelle (z. B. Bühne) mit Vorsatzschalen auf Unterkonstruktion oder abgehängten Einbauelementen versehen werden, die Schallwellen gezielt in bestimmte Raumbereiche lenken können. Dadurch können beispielsweise ungünstige Flatterechos ausgeschaltet werden, die durch große Laufzeitunterschiede von Direktschall und mehrfach reflektiertem Schall insbesondere in hohen und tiefen Räumen entstehen.

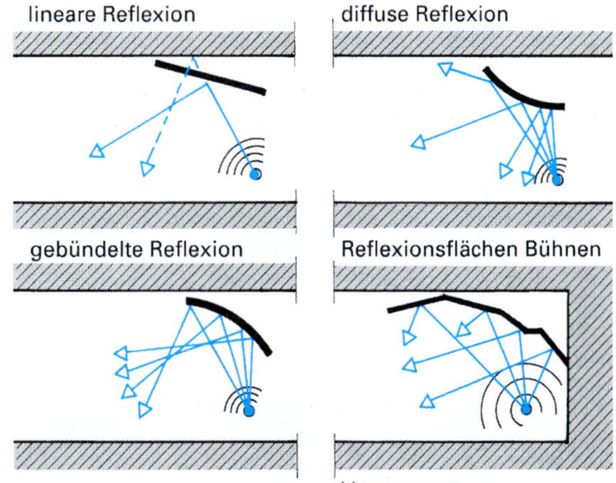

Versorgung tiefer Raumzonen

5.3.3 Brandschutz bei Deckenkonstruktionen

Bei Deckenkonstruktionen sind hinsichtlich der Brandbeanspruchung folgende Lastfälle zu unterscheiden:

- Brandbeanspruchung von oben
- Brandbeanspruchung von unten
- Brandbeanspruchung aus dem Zwischendeckenbereich

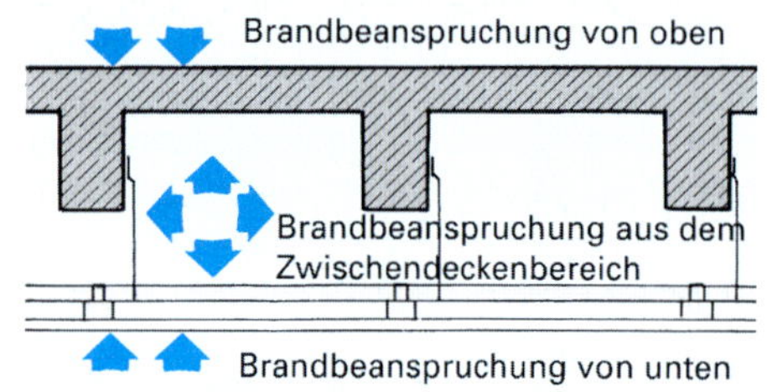

Brandbeanspruchungsarten bei Decken

5.3.3.1 Beurteilung von Decken als Gesamtkonstruktion

Abgesehen von Unterdecken, die bei einer Brandbeanspruchung von unten oder vom Deckenhohlraum allein einer Feuerwiderstandsklasse angehören (siehe Kap. 5.3.3.3), bezieht sich die brandschutztechnische Bewertung auf den gesamten Deckenaufbau. Die erreichbaren Feuerwiderstandsklassen hängen ab von

- der Bauart der Rohdecke
- der Ausbildung der Deckenbekleidung bzw. Unterdecke und der Deckenauflage (Materialarten und -dicken, Konstruktionsaufbau)

DIN 4102 unterscheidet folgende Deckenbauarten (Rohdecken):

Decken der **Bauart I**:
- Stahlträgerdecken, obere Abdeckung aus Leichtbetonplatten
- Stahlbetonbalken- oder Stahlbetonrippendecken nach DIN 1045 mit Zwischenbauteilen aus Ziegeln oder Leichtbeton
- Stahlbetondecken im Verbund mit Stahlträgern

Decken der **Bauart II**:
- Decken mit frei liegenden Stahlträgern, obere Abdeckung aus Ortbeton- oder Fertigteilplatten (Stahl- oder Spannbeton)

Decken der **Bauart III**:
- Stahl- oder Spannbetondecken nach DIN 1045 aus Normalbeton (Plattendecken, Balkendecken, Rippendecken, Plattenbalkendecken, Pilzdecken), mit oder ohne Zwischenbauteilen aus Normalbeton

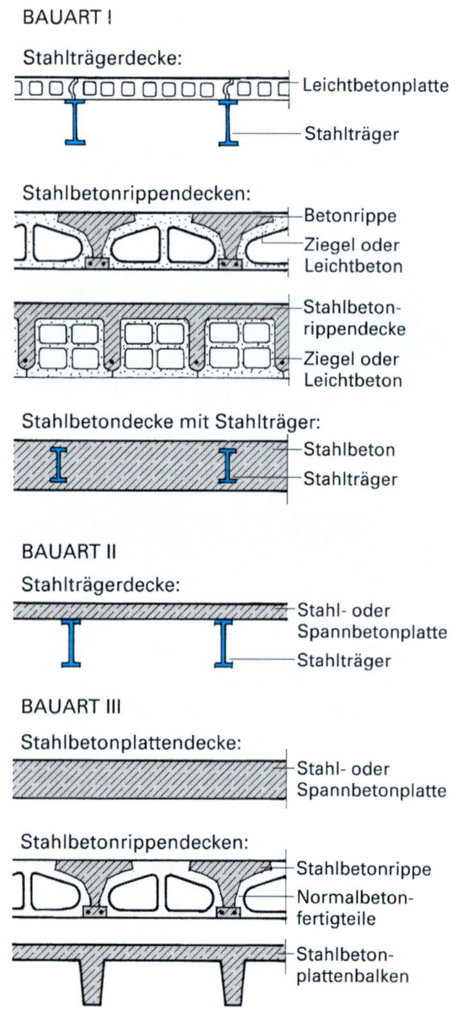

Bauarten von Massivdecken

Deckenbauarten aus Holz nach DIN 1052 sind:
- Decken in Holztafelbauart
- Holzbalkendecken mit verdeckten, teilweise oder vollständig frei liegenden Holzbalken

Die Rippenbreite bei verdeckten Holzrippen oder -balken aus Bauschnittholz (Sortierklassen S 10 oder S 13 bzw. MS 10, MS 13 oder MS 17) muss $b \geq 40$ mm betragen. Bei teilweise oder vollständig frei liegenden Holzbalken sind die erforderlichen Querschnittsabmessungen b/h DIN 4102 Teil 4 zu entnehmen.

Die Tabellenangaben auf der folgenden Seite gelten nur für Decken einschließlich Deckenbekleidungen und Unterdecken mit geschlossener Deckenuntersicht ohne Öffnungen oder Deckeneinbauten. Anhand der Tabellenwerte lässt sich folgende allgemeine Bewertung ableiten:

- Decken der Bauart III sind brandschutztechnisch besser als Decken der Bauart II und besonders der Bauart I.
- Größere Beplankungsdicken, Metallunterkonstruktionen und größere Abhängehöhen ergeben einen besseren Brandschutz.
- Aufgrund ihrer Brennbarkeit lassen sich bei Deckenbauarten aus Holz Feuerwiderstandsklassen über F 60-B nur mit besonderen Brandschutzplatten und hohem technischen Aufwand erreichen.

Dachkonstruktionen sind brandschutztechnisch wie Deckenkonstruktionen zu beurteilen, sofern ihr konstruktiver Aufbau den oben dargestellten Deckenbauarten entspricht.

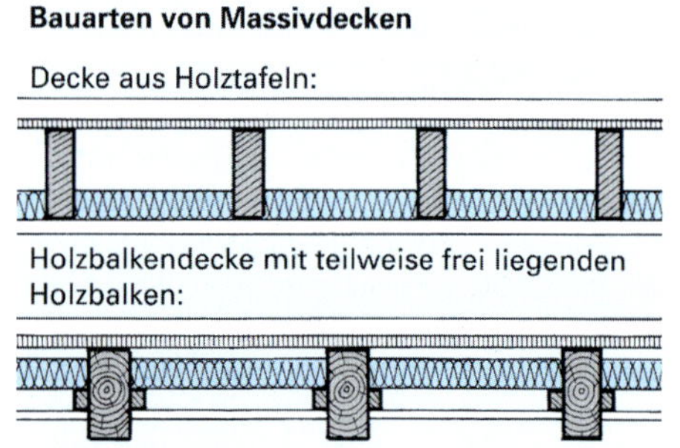

Deckenbauarten aus Holz

5 Deckenkonstruktionen

Feuerwiderstandsklassen von Decken der Bauarten I–III mit Unterdecken aus Gipskarton-Feuerschutzplatten (GKF) nach DIN 18180 mit geschlossener Fläche und dichten Randabschlüssen

Die Tabellenwerte gelten für Brandbeanspruchung von unten entsprechend DIN 4102 Teil 4 sowie DIN 18181.

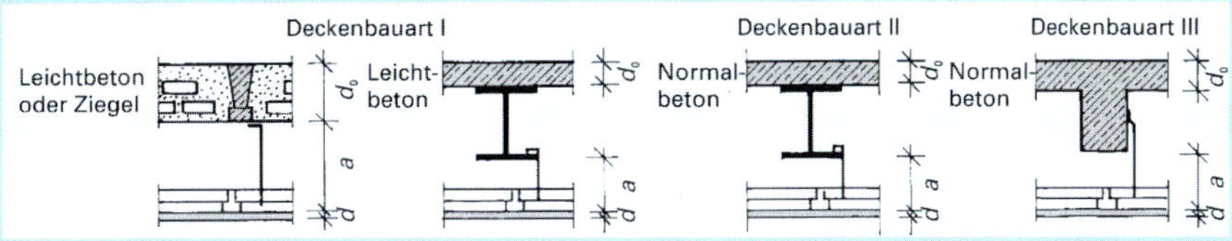

Feuerwiderstandsklasse	Deckenbauart	Unterkonstruktion	GKF-Platten d [mm]	Abhängehöhe a [mm] [1]	Abhängerabst. x [mm]	Grundprofilabst. y [mm]	Tragprofilabst. l [mm]	Dämmstoffeinlage [2]
F 30-AB	I, II, III II, III	Holz ($b/h = 50/30$)	15 12,5	≥40 ≥40	≤850 ≤1000	≤750 ≤850	≤500 ≤500	zulässig unzulässig
F 30-A	I, II, III II, III	Metall (CD 60×27)	15 12,5	≥40 ≥40	≤750 ≤900	≤1000 ≤1000	≤500 ≤500	zulässig unzulässig
F 60-A	III	Metall	12,5	≥80	≤900	≤1000	≤500	unzulässig
F 90-A	III	Metall	15	≥80	≤750	≤1000	≤500	unzulässig
F 120-A	III	Metall	18	≥80	≤750	≤1000	≤400	unzulässig

[1] Die Abhängehöhe a entspricht der Höhe des Deckenhohlraums zwischen Unterkante Rohdecke und Oberkante Beplankung

[2] Falls eine Dämmstoffeinlage im Deckenhohlraum zulässig und vorgesehen ist, muss der Dämmstoff der Baustoffklasse A (nicht brennbar) entsprechen und einen Schmelzpunkt von ≥1000 °C haben (z. B. Steinwolle).

Feuerwiderstandsklassen von Decken in Holztafelbauart und Holzbalkendecken mit verdeckten Holzbalken

Die Tabellenwerte gelten für Brandbeanspruchung von unten und oben (DIN 4102 Teil 4).

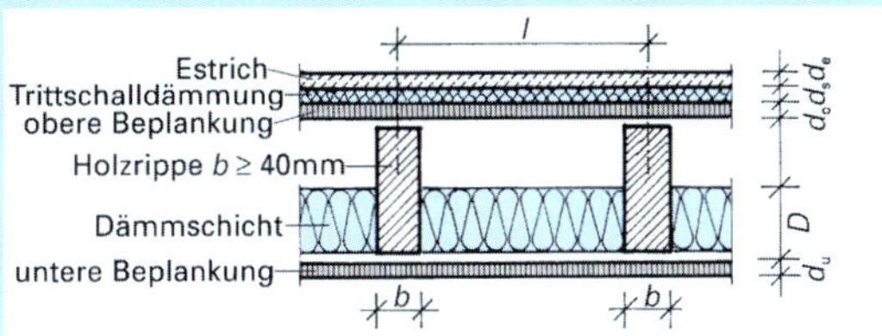

Ist der Achsabstand der Holzrippen bzw. -balken größer als die zulässige Spannweite l der unteren Beplankung, müssen quer zu den Holzrippen Tragprofile aus Holz oder Metall angebracht werden (max. Tragprofilabstand = l). (siehe Kap. 5.1.3.2)

Feuerwiderstandsklasse	Untere Beplankung			Notwend. Dämmsch. (Min Schmelzpunkt ≥1000 °C)		Obere Beplankung		Estrich auf Dämmschicht (Dämmschicht mit $\rho \geq 30$ kg/m³)		
	Plattenart	d_u [mm]	l [mm]	D [mm]	ρ [kg/m³]	Plattenart	d_o [mm]	d_s [mm]	Estrichart	d_e [mm]
F 30-B	Holzwerkstoffplatten, $\rho \geq 600$ kg/m³ oder Gipskarton-Feuerschutzpl. (GKF)	≥16 ≥12,5	≤625 ≤500	60	30	Holzwerkstoffplatten, $\rho \geq 600$ kg/m³ oder Bretterschalung (gespundet)	≥13 ≥21	≥15 ≥15 ≥15	Zement, Anhydrit, Gussasphalt oder Bretter, Parkett, Holzwerkstoffpl. oder Gipskartonpl.	≥20 ≥16 ≥9,5
F 30-B	Holzwerkstoffplatten, $\rho \geq 600$ kg/m³ oder Gipskarton-Feuerschutzpl. (GKF)	≥19 ≥12,5 oder ≥15	≤625 ≤400 ≤500	nicht notwendig (keine Anforderungen an eventuell vorhandene Dämmstoffeinlagen)		Holzwerkstoffplatten, $\rho \geq 600$ kg/m³ oder Bretterschalung (gespundet)	≥16 ≥21	≥15 ≥15 ≥15	Zement, Anhydrit, Gussasphalt oder Bretter, Parkett, Holzwerkstoffpl. oder Gipskartonpl.	≥20 ≥16 ≥9,5
F 60-B	Gipskarton-Feuerschutzpl. (GKF, doppelt beplankt)	2×12,5 (25)	≤500	60	30	Holzwerkstoffplatten, $\rho \geq 600$ kg/m³ oder Bretterschalung (gespundet)	≥13 ≥21	≥15 ≥30 ≥15	Zement, Anhydrit, Gussasphalt oder Bretter, Parkett, Holzwerkstoffpl. oder Gipskartonpl.	≥20 ≥25 ≥18
F 60-B	Gipskarton-Feuerschutzpl. (GKF, doppelt beplankt)	2×12,5 (25)	≤400	nicht notwendig (keine Anforderungen an eventuell vorhandene Dämmstoffeinlagen)		Holzwerkstoffplatten, $\rho \geq 600$ kg/m³ oder Bretterschalung (gespundet)	≥19 ≥27	≥15 ≥30 ≥15	Zement, Anhydrit, Gussasphalt oder Bretter, Parkett, Holzwerkstoffpl. oder Gipskartonpl.	≥20 ≥25 ≥18

5.3.3.2 Nicht genormte Brandschutzkonstruktionen

Außer den in DIN 4102 Teil 4 genormten Konstruktionen werden **herstellerabhängige Systeme** eingesetzt, deren brandschutztechnische Eignung durch **Prüfzeugnisse** oder **Gutachten** nachgewiesen ist. Die Leistungsfähigkeit dieser Systeme wird im Wesentlichen bestimmt durch die Art und Dicke der Beplankung der Unterdecken bzw. Deckenbekleidungen. Folgende Plattenarten sind hierbei von besonderer Bedeutung:

- Gipskarton-Feuerschutzplatten (GKF)
- Gipsfaserplatten (GF)
- Gipsvliesplatten (GV)
- Fibersilikatplatten (FS)
- Mineralfaserplatten

5.3.3.3 Selbständige Brandschutzunterdecken

In bestimmten Fällen sind Unterdecken bzw. Deckenbekleidungen erforderlich, die für sich **allein** (ohne Rohdecke) einer bestimmten Feuerwiderstandsklasse angehören. Entscheidend für den Aufbau dieser Konstruktionen ist die Art der Brandbeanspruchung:

Brandbeanspruchung nur von unten

Eine selbständige Brandschutzunterdecke ist notwendig bei Decken, die als Gesamtkonstruktion aufgrund der Bauart der Rohdecke die gestellten Brandschutzanforderungen nicht erfüllen können. Dies gilt z. B. für Holzbalkendecken bei der Anforderung F 30-A oder F 90-A. Entsprechende Unterdecken dienen auch dem Schutz von Einbauten im Zwischendeckenbereich, z. B. haustechnischen Elementen.

Brandbeanspruchung von unten und von oben aus dem Zwischendeckenbereich

Besteht die Möglichkeit eines Brandes im Zwischendeckenbereich, z. B. infolge eines Schadens bei eingebauten haustechnischen Anlagen, müssen die darunter und darüber liegenden Räume durch geeignete Konstruktionen geschützt werden. Die Brandschutzanforderungen (Feuerwiderstandsklassen) gelten gleichermaßen für die Unterdecke wie auch für die Rohdecke. Wegen der hohen Wärmeentwicklung im Deckenzwischenraum werden zur Abhängung der Unterdecke Noniusabhänger oder verzinkte Stahldrähte eingesetzt, Schnellabhänger dürfen nicht verwendet werden.

Allgemeine Hinweise zur Ausführung von Brandschutzkonstruktionen

- Prüfzeugnisse, Prüfbescheide, Gutachten sowie allgemeine bauaufsichtliche Zulassungen gelten nur für die geprüften Baustoffe bzw. Bauteile, wie sie der Prüfung zugrunde lagen.
- **Alle Detailangaben** der DIN 4102 Teil 4 bzw. der Prüfzeugnisse sind **genau einzuhalten**.
- Auf die **Gültigkeit** der zeitlich begrenzten Prüfzeugnisse ist zu achten.

Nicht genormte Beispiele für Deckenkonstruktionen mit Unterdecken bei Brandbeanspruchung von unten (Nachweis durch Prüfzeugnisse)

Demontierbare Unterdecke mit Fibersilikatplatten

Feuerwiderstandskl. F 90-A für die Deckenbauarten II u. III (Dicke der Betonabdeckung ≥ 80 mm)

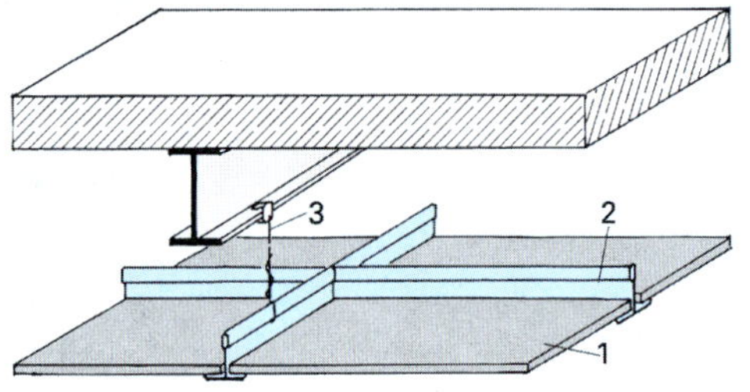

1: PROMATECT-H-Platten, d = 10 mm, 620 mm × 620 mm
2: Sichtbare Metallunterkonstr., Raster 625 mm × 625 mm
3: Abhänger, Abstand $x \leq$ 750 mm,
Abhängehöhe $a \geq$ 170 mm
Mineralfaserdämmung im Deckenzwischenraum ist zulässig

Unterdecke mit Gipsvliesplatten

Feuerwiderstandskl. F 90-A für die Deckenbauarten I - III

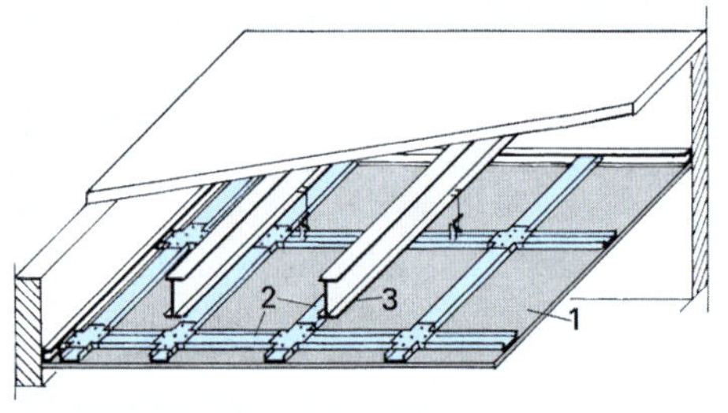

1: FIREBOARD-Platten, d = 15 mm, Querbefestigung
2: Niveaugleiche Metallunterkonstruktion
Grundprofilabstand y = 1250 mm
Tragprofilabstand l = 400 mm
3: Abhänger, Abstand x = 750 mm,
Abhängehöhe $a \geq$ 210 mm
Mineralfaserdämmung im Deckenzwischenraum nicht zulässig

Unterdecke mit Mineralfaserplatten

Feuerwiderstandskl. F 90-A für die Deckenbauarten I–III
- Deckenraster 625 mm × 625 mm
- Abhängehöhe $a \geq$ 285 mm
- Abstand der Hauptprofile ≤ 900 mm
- Dicke der Mineralfaserplatten 15 mm (Baustoffkl. A2)

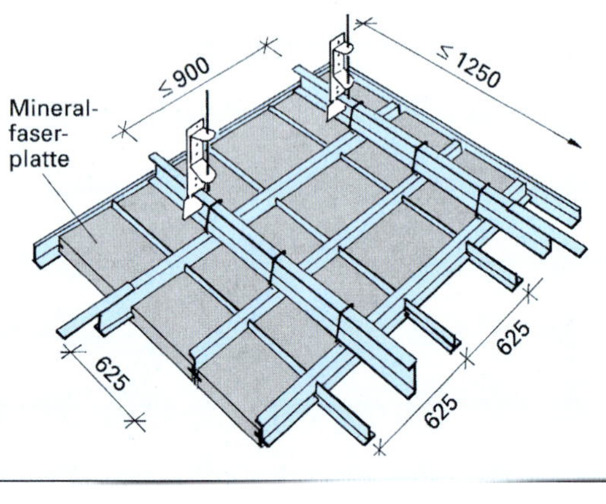

5 Deckenkonstruktionen

Beispiele für selbständige Brandschutzunterdecken
Unterdecken aus Gipskarton-Feuerschutzplatten nach DIN 4102 Teil 4 Feuerwiderstandsklasse F 30-A bei Brandbeanspruchung von unten – doppelte Beplankung mit GKF-Platten, 2 × 12,5 mm – Metallunterkonstruktion (Grund- und Tragprofile CD 60/27/06, Konstruktion und Abstände siehe Kap. 5.1.4.4) Mineralfaserdämmung im Deckenzwischenraum ist zulässig

Unterdecken aus Gipsfaserplatten mit Prüfzeugnis

Feuerwiderstandsklasse F 30-A bei Brandbeanspruchung von unten und oben (Deckenhohlraum)

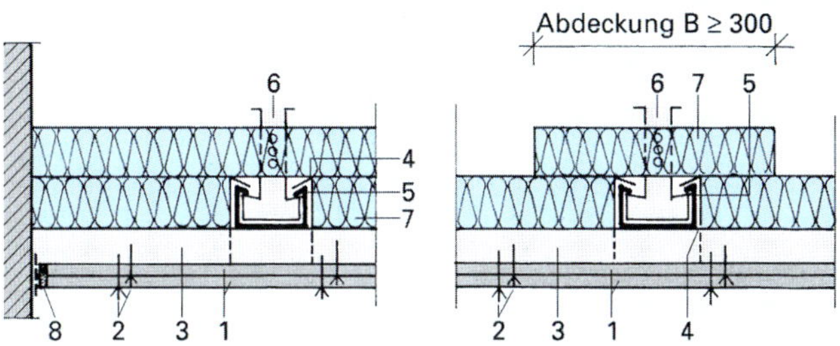

1: FERMACELL-Platten, $d = 2 \times 10$ mm
2: FC Schnellbauschrauben 3,9 × 30, Abstand ca. 200 mm
3: Tragprofil CD 60/27/06, Achsabstand $l = 335$ mm
4: Ankerwinkel
5: Grundprofil CD 60/27/06, Achsabstand $y = 1000$ mm
6: Noniusabhänger, Achsabstand $x = 750$ mm
7: Mineralwolle (nach DIN 4102 Teil 4), $d = 40$ mm, 30 kg/m^3
8: FERMACELL-Fugenspachtel (durch Trennstreifen keine Verbindung zu angrenzender Wand)

Nicht genormte Unterdecke aus GKF-Platten mit Prüfzeugnis

Feuerwiderstandsklasse F 90-A bei Brandbeanspruchung von unten und oben (Deckenhohlraum)

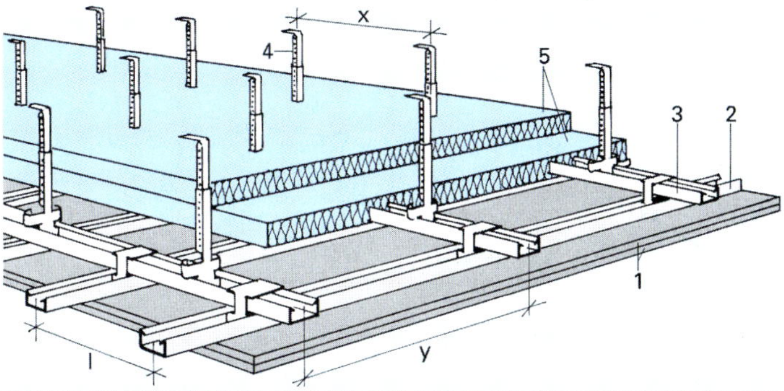

1: GKF-Platten $d = 2 \times 20$ mm (Querbefestigung)
2: CD-Tragprofil, Achsabstand $l = 500$ mm
3: CD-Grundprofil, Achsabstand $y = 750$ mm
4: Noniusabhänger, Achsabstand $x = 600$ mm
5: Mineralfaser $d = 2 \times 40$ mm ($\rho \geq 40$ kg/m^3, Schmelzpkt. ≥ 1000 °C)

Unterdecke mit Gipsvliesplatten mit Prüfzeugnis

Feuerwiderstandsklasse F 90-A bei Brandbeanspruchung von unten und oben (Deckenhohlraum)

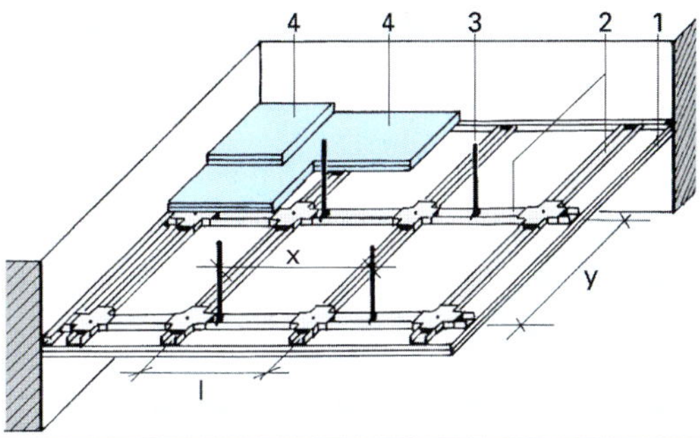

1: FIREBOARD-Platten $d = 2 \times 20$ mm (Querbefestigung)
2: Niveaugleiche Metallunterkonstruktion CD-Grundprofil, Achsabstand $y = 1250$ mm, CD-Tragprofil, Achsabstand $l = 400$ mm
3: Noniusabhänger, Tragkraft 0,4 kN, Abstand $x = 650$ mm
4: Mineralfaser $d = 2 \times 40$ mm ($\rho \geq 40$ kg/m^3, Schmelzpkt. ≥ 1000 °C)

Der Niveauverbinder muss mit dem Tragprofil, der Abhänger mit dem Grundprofil verschraubt werden.

Bandrasterdecke mit Fibersilikatplatten mit Prüfzeugnis

Feuerwiderstandsklasse F 30-A bei Brandbeanspruchung von unten und oben (Deckenhohlraum)

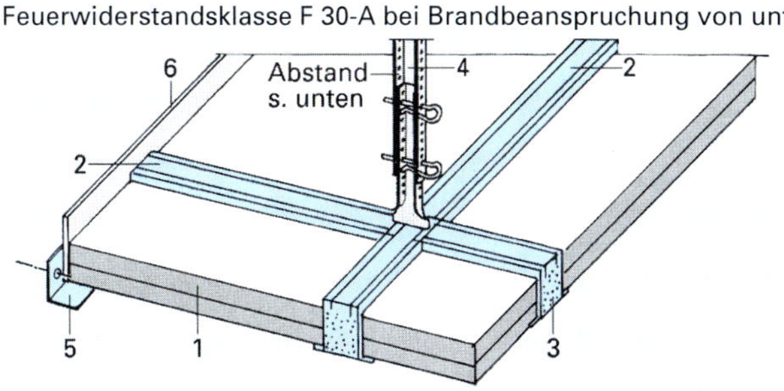

1: PROMATECT-L-Platte, $d = 20$ mm, verklebt mit 15-mm-Akustikplatte
2: Bandraster-Profile
3: Spezialspachtelmasse zur Profilausfüllung
4: Noniusabhänger, Abstand $x \leq 1000$ mm
5: Randwinkel 30/30/1
6: Spezialdämmstreifen

5.3.4 Wärmeschutz bei Deckenkonstruktionen

Eine Wärmedämmung bei Geschossdecken von Wohngebäuden, Bürogebäuden usw. ist vor allem in folgenden Fällen erforderlich:

- bei Trenndecken zwischen normal beheizten Räumen und Räumen mit wesentlich niedrigeren Temperaturen (z. B. unbeheizte Kellerräume)
- bei Decken, die nach unten oder oben gegen Außenluft abgrenzen (z. B. Decken über Durchfahrten, Flachdächer), sowie Decken zu nicht ausgebauten Dachgeschossen.

Im Industriebau sind Wärmedämmmaßnahmen von den Raumfunktionen abhängig (z. B. Kühlräume).

Die Anforderungen an Trenndecken zwischen Räumen mit vergleichbaren Temperaturen, z. B. Wohnungstrenndecken, sind gering und werden in der Regel schon durch den Einbau einer geeigneten Trittschalldämmung erfüllt, deren Materialien (z. B. MinP-T, EPS-P-TK) gleichzeitig Wärmedämmstoffe sind.

Die erforderliche Wärmedämmung kann über oder unter der Rohdecke bzw. im Deckenhohlraum (bei Holzbalkendecken) angeordnet werden. Häufig muss eine Dampfsperre (z. B. PE-Folie, $d \geq 0{,}4$ mm) eingebaut werden, um Feuchteschäden (Wasserdampfkondensation im Bauteilinneren) zu vermeiden. Dies gilt in der Regel für Massivdecken, bei der die Wärmedämmung auf der beheizten Raumseite angeordnet ist, und für Holzbalkendecken mit einer Dämmung im Balkenzwischenraum (siehe Konstruktionsbeispiele).

5.3.4.1 Decken gegen unbeheizte Räume oder Erdreich

Bei einer Wärmeleitzahl des Dämmstoffs $\lambda_R \leq 0{,}04$ W/(m·K) werden für die angegebenen erforderlichen maximalen Wärmedurchgangskoeffizienten folgende Gesamtdicken aller Dämmstoffschichten notwendig (Stahlbetondecke, ZE-Estrich auf Dämmschicht):

- Altbausanierung nach EnEV 2002:
  $U_{erf} \leq 0{,}50$ W/(m²K) $d > 60$ mm
  $U_{erf} \leq 0{,}40$ W/(m²K) $d > 80$ mm
- Neubau/Erweiterung beheiztes Raumvolumen:
  z. B. $U_{erf} \leq 0{,}30$ W/(m²K) $d > 115$ mm

Möglichkeiten für den Konstruktionsaufbau der unterseitigen Deckenbekleidung und der Deckenauflage sind in den Kapiteln 5.1 und 5.2 dargestellt.

5.3.4.2 Decken unter nicht ausgebauten Dachräumen und Decken, die gegen Außenluft abgrenzen

Bei Decken unter nicht ausgebauten Dachräumen werden größere Dämmstoffdicken gefordert, da wegen der Luft-undichtigkeit der Dachdeckung die Außenluft Zugang zum Dachraum hat. Deshalb gelten für diese Decken dieselben Anforderungen wie für Decken, die direkt gegen Außenluft abgrenzen, z. B. Dächer, Decken über Durchfahrten oder Loggiadecken.

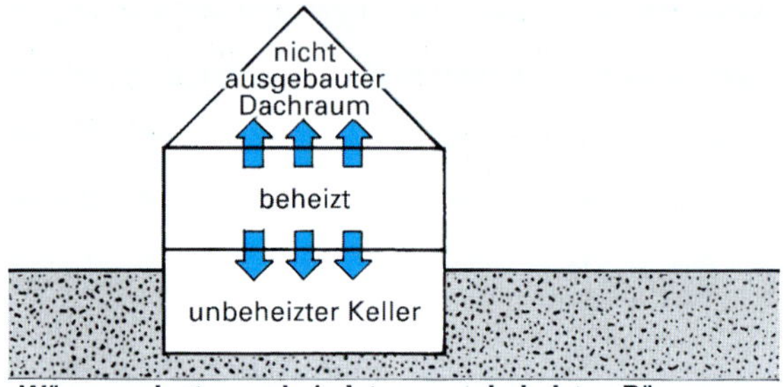

Wärmeverluste von beheizten zu unbeheizten Räumen

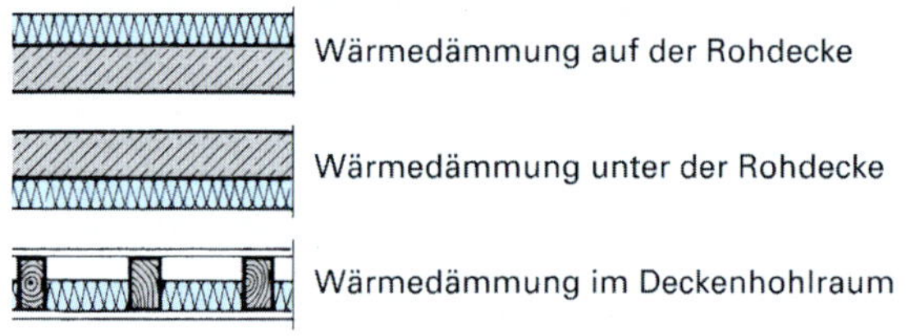

Möglich sind auch Kombinationen der Dämmstoffanordnungen

Lage der Wärmedämmung bei Geschossdecken

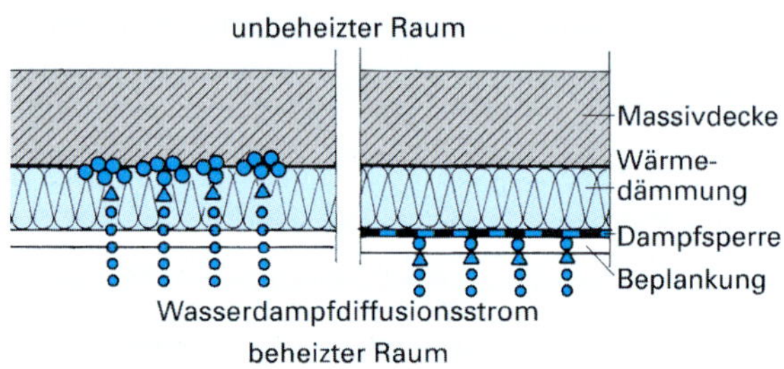

Deckenaufbau ohne/mit Dampfsperre

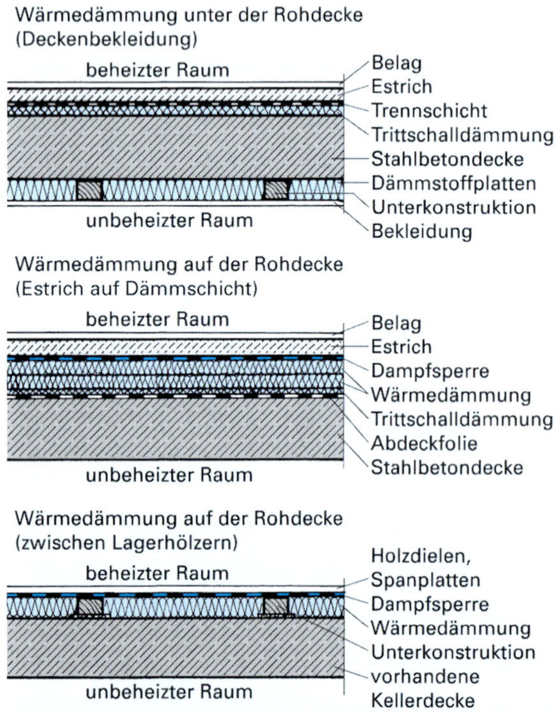

Konstruktionsbeispiele für den Aufbau von Kellerdecken

Bei einer Wärmeleitzahl des Dämmstoffs $\lambda_R \leq 0{,}04$ W/mK werden für die angegebenen erforderlichen maximalen Wärmedurchgangskoeffizienten folgende Gesamtdicken aller Dämmstoffschichten notwendig (Stahlbetondecke, ZE-Estrich auf Dämmschicht):

- Altbausanierung nach EnEV 2002:
  $U_{erf} \leq 0{,}30$ W/(m^{2}K) $d > 115$ mm
  $U_{erf} \leq 0{,}25$ W/(m^{2}K) $d > 140$ mm

Um Feuchteschäden durch Tauwasserbildung im Bauteil zu vermeiden, müssen die entsprechenden Ausführungshinweise der DIN 4108 eingehalten oder ein rechnerischer Nachweis (z. B. Glaserverfahren) geführt werden. Möglichkeiten für den Konstruktionsaufbau der unterseitigen Deckenbekleidung und der Deckenauflage siehe auch Kapitel 5.1 und 5.2.

Besonderheiten bei Fußbodenheizungen

Bei Decken mit Fußbodenheizungen solte der Wärmedurchgangskoeffizient der Bauteilschichten unterhalb der Heizebene bis zur Außenluft, dem Erdreich oder ungeheizten Gebäudeteilen den Wert $U = 0{,}35$ W/(m^{2}K) nicht überschreiten. Das entspricht einer Wärmedämmschicht von ca. 100 mm Dicke.

Wärmedämmung unter der Rohdecke:
(Deckenbekleidung)

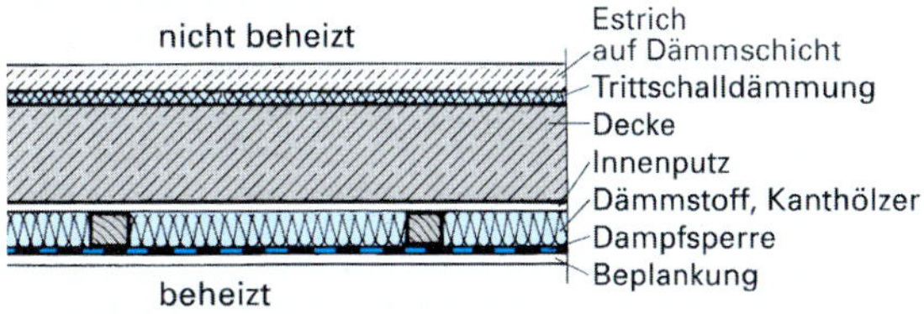

Wärmedämmung auf der Rohdecke:
(zwischen Lagerhölzern)

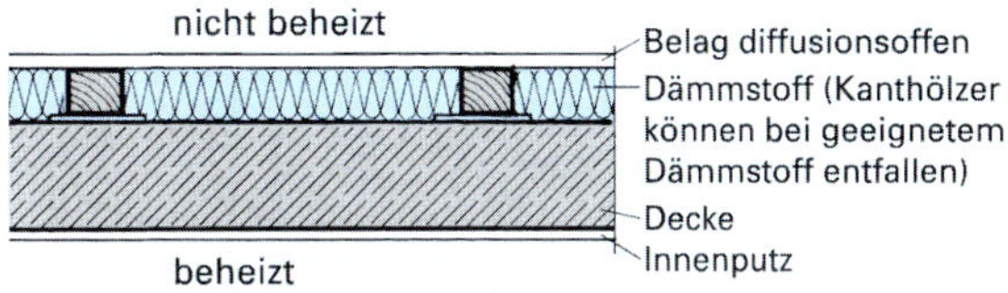

Wärmedämmung bei Holzbalkendecken:

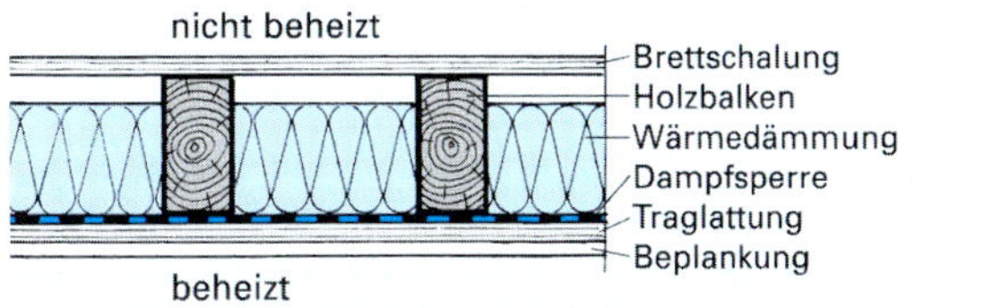

Konstruktionsbeispiele für den Aufbau von Decken unter nicht ausgebauten Dachgeschossen

5.3.5 Strahlenschutzdecken

Wie bei Montagewänden und Vorsatzschalen wird der Strahlenschutz (in der Regel Röntgenstrahlen) durch eine Bleikaschierung von Trockenbauplatten erreicht. Die Walzbleikaschierung ist je nach Anforderung (Strahlenschutzplan) 0,5–3,0 mm dick. Der Strahlenschutz muss lückenlos sein. Fugen, Anschlüsse und Einbauten sind ausreichend mit Bleieinlagen zu hinterlegen oder abzudecken.

5.3.5.1 Strahlenschutzdecken mit bleikaschierten Gipskartonplatten

Aufgrund der hohen flächenbezogenen Masse haben die Platten folgende Standardmaße:

- GK-Plattendicke 12,5 mm
- GK-Plattenbreite 62,5 cm
- GK-Plattenlänge 200, 260 und 310 cm

Der Aufbau der Holz- oder Metallunterkonstruktion ist prinzipiell der gleiche wie bei normalen Deckenbekleidungen und Unterdecken, lediglich die Befestigungsabstände der Unterkonstruktion und der Platten sind infolge der höheren Eigenlast geringer.

Konstruktionsbesonderheiten:

- Platten an Traglatten bzw. -profilen und die Stirnkantenstöße der Platten mit Walzbleistreifen hinterlegen
- Stirnkanten anfasen und Stöße um mindestens 400 mm versetzen
- Befestigung der bleikaschierten Platten mit Schnellbauschrauben (TN 3,5×45 mm auf Holzunterkonstruktion, TN 3,5×35 mm auf Metallunterkonstruktion) im Abstand von 150 mm

Strahlenschutzdecke mit bleikaschierten Gipskartonplatten
Längskantenstoß:

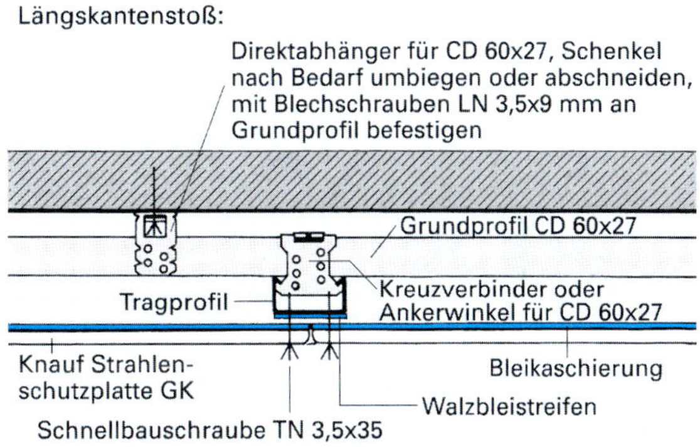

Stirnkantenstoß (Kanten gefast):

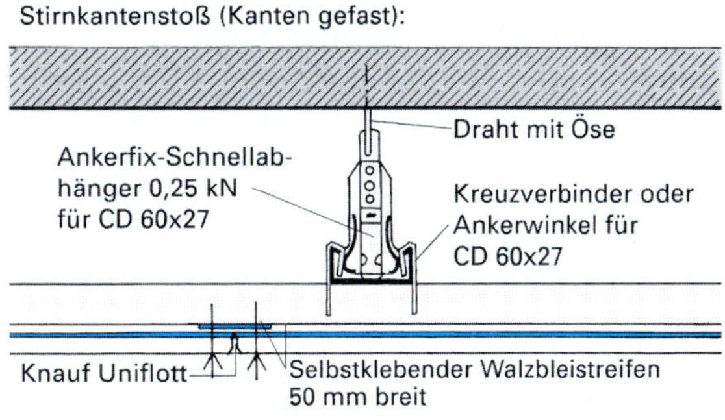

Für Bleikaschierungen mit einer Dicke ≥ 1,5 mm gilt:
- Abhängerabstand $x = 600$ mm
- Grundprofilabstand $y = 750$ mm
- Tragprofilabstand $l = 312{,}5$ mm

Tragprofile und Stirnkantenstöße sind mit Walzbleistreifen zu hinterlegen.

Strahlenschutzdecken, Konstruktionsbeispiel

6 Bekleidungen von Stützen und Trägern, Ummantelungen von Kanälen und Schächten

Aufgabe

Im Brandfall muss die Standsicherheit von frei liegenden und damit gefährdeten tragenden Bauteilen möglichst lange gewährleistet sein. Sie werden daher oftmals nicht nur aus gestalterischen, sondern auch aus brandschutztechnischen Gründen mit zusätzlichen schützenden Bekleidungen versehen, um eine bestimmte geforderte Feuerwiderstandsdauer zu erreichen. Anwendungsbeispiele sind:

- Stützen und Träger im Stahlbau
- Holzstützen und -balken im Holzskelett- oder Fachwerkbau, im Dachgeschossausbau

Über Kanäle und Leitungen haustechnischer Installationen können Brände in andere Räume, Geschosse, Brandabschnitte oder in Fluchtwege (Flure, Treppenhäuser) übertragen werden. Kurzschlüsse innerhalb von Elektroleitungen können Brände verursachen und benachbarte Räume gefährden. Solche haustechnischen Leitungssysteme müssen daher dem Schadensrisiko entsprechend mit brandschutztechnischen Ummantelungen ausgestattet werden. Anwendungsbeispiele sind:

- Installationsschächte
- Kabelschächte und -kanäle
- Lüftungs- und Klimakanäle

Die geforderte Feuerwiderstandsklasse der Konstruktionen hängt ab von Art und Nutzung der Gebäude, bei Ummantelungen auch von Art und Aufgaben der durch die Kanäle durchbrochenen Bauteile.

Bekleidungen von Stützen und Trägern

Ummantelung von Schächten und Kanälen

Brandschutzanforderungen an Bauteile					
Bauteil	Feuerwiderstandsdauer				
Stahlstütze	F30-A	F60-A	F90-A	F120-A	F180-A
Stahlträger	F30-A	F60-A	F90-A	F120-A	F180-A
Holzstütze	F30-B	F60-B	F90-B		
Holzbalken	F30-B	F60-B	F90-B		
Lüftungsleitung	L30	L60	L90	L120	
Installations-kanal	E30 I30	E60 I60	E90 I90	I120	

E = Beanspruchung von außen, I = von innen

Brandschutzanforderungen an Lüftungsleitungen			
Gebäudehöhe	Überbrückung von:		
	Decken	Brandwände	Wände F30
bis 2 Geschosse	–	L90	L30
3–5 Geschosse	L30	L90	L30
> 5 Geschosse	L60	L90	L30
Hochhaus über 22 m Höhe	L90	L90	L30

Konstruktion

Zum Schutz gefährdeter Stahl- oder Holzbauteile können Flammschutzanstriche, für die Bekleidung bzw. Ummantelung Putze mit Putzträgern oder im Trockenbau besondere Brandschutzplatten der Baustoffklasse A verwendet werden:

- GK-Feuerschutzplatten (GKF)
- Gipsfaserplatten (GF)
- Gipsvliesplatten (GV)
- Fibersilikatplatten (FS)
- für Holzbauteile F 30-B auch Holzwerkstoffplatten

Die Platten können je nach Bauteil oder Plattenart mit Schnellbauschrauben auf einer Unterkonstruktion aus CD-Metallprofilen befestigt werden. Dickere und stabilere, weil faserbewehrte Platten können auch ohne Unterkonstruktion an den Stirnseiten mit geharzten Spreizklammern verklammert oder verschraubt (GF-Platten $d \geq 2$ cm) werden.

Konstruktion von Bekleidungen

Mit Unterkonstruktion aus CD-Profilen

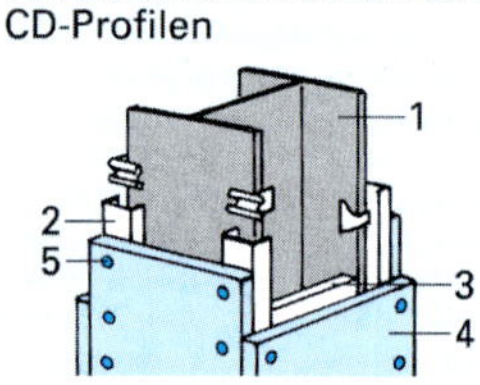

Ohne Unterkonstruktion, Stirnseiten-Verklammerung

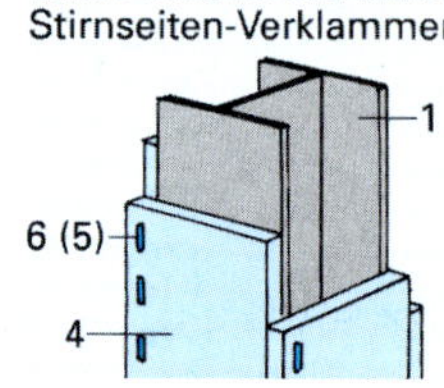

1: Stahlstütze
2: CD-Profil
3: Stoßhinterlegung Profil
4: Brandschutzplatte
5: Schnellbauschrauben
6: Stahlklammern

Leistungsfähigkeit

Die erreichbare Feuerwiderstandsdauer der Konstruktionen hängt ab von:

- Material der Bekleidung
  Spezialbrandschutzplatten wirksamer als GKF
- Dicke d der Bekleidung
  je dicker die Platten, desto wirksamer
- bei Stahlstützen und -trägern Verhältnis Bekleidungsumfang : Querschnittsfläche U/A
  je kleiner der Zahlenwert, desto günstiger
- bei Holzstützen und -balken Holzquerschnitt, Seitenverhältnis h/b, statische Beanspruchung
- Anzahl der beflammten Seiten
- Abstand der Befestigungs-, Verbindungsmittel

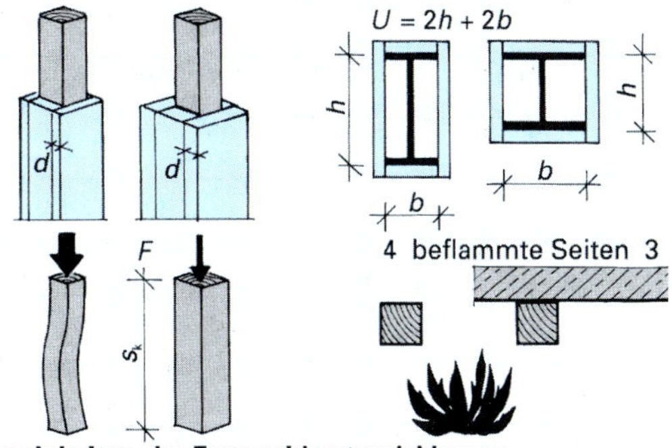

Abhängigkeiten der Feuerwiderstandsklassen

Beispiele unbekleideter Holzbauteile Mindestabmessungen (mm) nach DIN 4102		
	F30-B	F60-B
Stütze 4-seitig, s_K = 3 m; Vollholz Brettschichtholz	 204/204 188/188	 – 296/296
Balken 3-seitig, s = 3 m; Vollholz Brettschichtholz	 181/181 168/168	 – 259/259

s_K = Knicklänge; s = Spannweite

6.1 Brandschutzbekleidungen von Holzstützen und Holzbalken

Stützen oder Balken aus Holz sind brennbar. Als tragende Bauteile benötigen sie nach DIN 4102 für die Feuerwiderstandsklasse F30-B oder F60-B ohne Bekleidungen bestimmte Mindestabmessungen. Diese hängen ab von:

- Vollholz oder Brettschichtholz
- Seitenverhältnis h/b
- statischer Beanspruchung durch Druck, Biegung
- Knicklänge bzw. Spannweite
- Anzahl der beflammten Seiten

Sind diese Mindestquerschnitte nicht möglich, so können die Holzbauteile ohne Unterkonstruktion sehr einfach mit Holzwerkstoff- oder Brandschutzplatten bekleidet werden. Sie erreichen dann je nach Plattenart und -dicke Feuerwiderstandsklassen bis F90-B. Bekleidungen mit Holzwerkstoff- oder GKF-Platten sind nach DIN 4102 genormt.

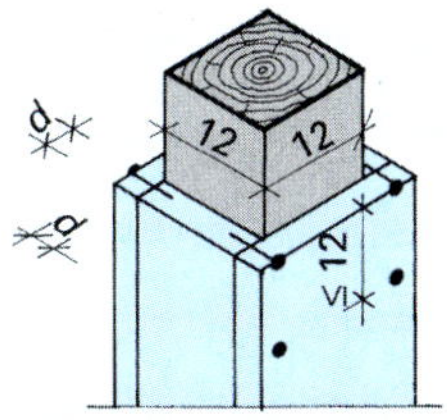

- $h/b \geq 12/12$ cm
- Knicklänge $s_k \leq 3$ m
- Knickspannung $\sigma_D \leq 8{,}5$ N/mm²
- F30-B d = 15 mm
- F90-B d = 25 mm

Bekleidung von Holzstützen
Beispiel GV-Platten mit Prüfzeugnis

6.1.1 Stützenbekleidung mit Gipsvlies-Platten

- einlagige Bekleidung, Auswahl der Plattendicke d je nach Feuerwiderstandsklasse
- Plattenzuschnitt nach Stützenabmessungen, mit versetzten Stößen (a > 40 cm) senkrecht anordnen
- Verbindung der Platten stirnseitig ohne Unterkonstruktion mittels geharzter Spreizklammern
- Klammerabstand ≤ 12 cm
- Ecken und Stöße an Plattenstirnseiten (angefast) verspachteln mit Spezial-Gipsspachtel

Mindestplattendicke d (mm) Holzstützen (S), -balken (B)						
	F30-B		F60-B		F90-B	
Plattenart	S	B	S	B	S	B
Sperrholz	19	19	–	–	–	–
Spanplatten	19	19	–	–	–	–
Nut+Feder-Bretter	24	24	–	–	–	–
GKF-Platten	12,5	12,5	2×12,5	2×12,5	3×12,5	3×12,5
GF-Platten*	–	–	–	–	–	–
GV-Platten*	15	15	15	15	25	25
FS–Platten*	8	–	22	–	35	–

* mit Prüfzeugnis

6.1.2 Balkenbekleidung mit Gipsvlies-Platten

Besonderheiten für die dreiseitige Bekleidung:

- Verklammern der Platten mit den Balken
- Klammerabstand ≤ 12 cm, am Stirnseitenstoß ≤ 5 cm

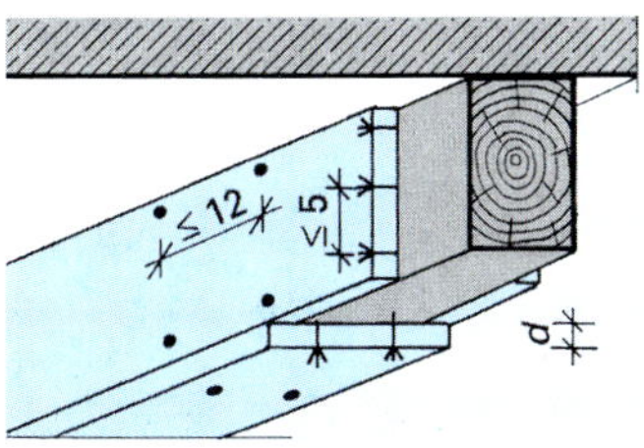

- $h/b \geq 16/10$ cm
- F30-B d = 15 mm
- F90-B d = 25 mm

Bekleidung von Holzbalken
Beispiel GV-Platten mit Prüfzeugnis

6.2 Brandschutzbekleidungen von Stahlstützen und Stahlträgern

Stahl verliert bei Temperaturen über 500 °C seine Tragfähigkeit und verformt sich unter Belastung stark. Tragende oder aussteifende Bauteile verlieren so ihre Standsicherheit und müssen daher mit brandschützenden Bekleidungen versehen werden. Je größer der erwärmte Bekleidungsumfang im Verhältnis zum tragenden Profilquerschnitt (*U*/*A*) ist, desto dicker und damit leistungsfähiger muß die schützende Bekleidung zum Erzielen einer bestimmten Feuerwiderstandsklasse sein.

6.2.1 Stützenbekleidung mit GKF-Platten

Konstruktion und Bekleidungsdicken sind ebenso wie für Trägerbekleidungen in DIN 4102 genormt.

- Clips-Befestigung der Unterkonstruktion aus senkrechten CD-Profilen am Stützenflansch
- Zuschnitt der GKF-Platten, senkrechte Anordnung, versetzte Stöße ($a \geq 40$ cm)
- Plattenbefestigung an der Unterkonstruktion mit Schnellbauschrauben
- jede Lage getrennt verschrauben ($a \leq 25$ cm, erste Lage ≤ 75 cm) und verspachteln
- Eckschutzschienen anbringen und einspachteln

6.2.2 Stützenbekleidung mit Gipsfaserplatten

Mit den faserbewehrten Platten kann die Bekleidung ohne Unterkonstruktion nur durch Stirnseitenverklammerung der Platten hergestellt werden.

- einlagige Bekleidung, Auswahl der Plattendicke je nach Feuerwiderstandsklasse
- Plattenzuschnitt = Profilmaße + 5 mm Abstand, mit versetzten Stößen ($a \geq 40$ cm) anordnen
- Verbindung der Platten stirnseitig mit geharzten Spreizklammern, Klammerabstand ≤ 10 cm
- Ecken und Stöße verspachteln

6.2.3 Trägerbekleidung mit GKF-Platten

- Clips-Befestigung der Unterkonstruktion aus waagerechten CD-Profilen am Trägerflansch
- U-Anschlussprofile mit Decke verdübeln
- Plattenzuschnitt = Maße der Unterkonstruktion, mit versetzten Stößen ($a \geq 40$ cm) anordnen
- Stoßfugen einlagiger Bekleidungen mit GKF-Streifen hinterfüttern
- Plattenbefestigung an der Unterkonstruktion mit Schnellbauschrauben
- jede Lage getrennt verschrauben ($a \leq 25$ cm, erste Lage ≤ 75 cm) und verspachteln
- Eckschutzschienen anbringen und einspachteln

Beispiele Verhältniswert U/A und Bekleidungsdicke

Stütze		*U* mm	*A* cm^2	*U*/*A* 1/m	erforderl. Bekleidungsdicke mm (FS-H-Platte)	
					F30-A*	F90-A*
	I 100	300	10,6	283	12	45
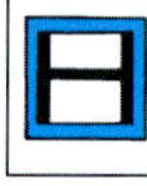	IPBv 200	852	131	65	10	15

* Mit Prüfzeugnis

Bekleidung von Stahlstützen

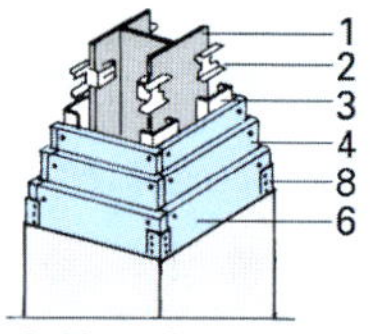

GKF mit Unterkonstruktion

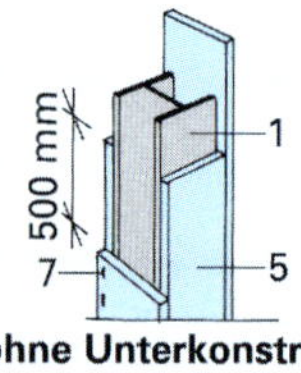

GF ohne Unterkonstruktion

1: Stahlprofil
2: Clipsbefestigung
3: CD-Profile
4: GKF-Platte
5: GF-Platte
6: Schnellbauschrauben
7: Stahlklammern
8: Eckschutzschienen

Beispiel Stahlstütze erforderl. Plattendicken *d* (mm)

Plattenart	F30-A	F60-A	F90-A	F120-A	F180-A
GKF-Platten	12,5	12,5+9,5	3×15	4×15	5×15
GF-Platten*	15	15	20	30	–
GV-Platten*	15	15	20	30	45
FS-H-Platten*	10	15	25	35	45

für Stahlprofil IPB 200, 4-seitig beflammt, *U*/*A* = 102 1/m;
* mit Prüfzeugnis

Bekleidung von Stahlträgern

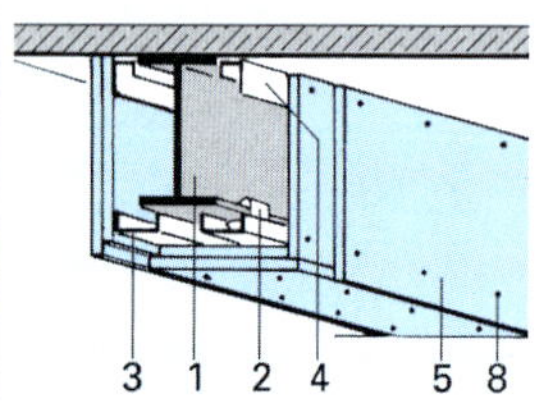

GF mit Unterkonstruktion

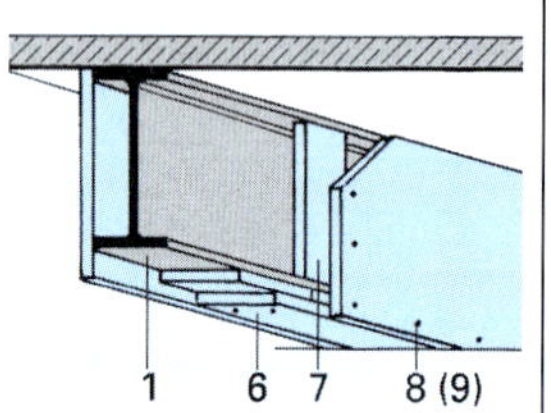

GF ohne Unterkonstruktion

1: Stahlprofil
2: Clipsbefestigung
3: CD-Profile
4: U-Anschlussprofil
5: GKF-Platte
6: GF-Platte
7: Stoßhinterlegung
8: Schnellbauschrauben
9: Stahlklammern

Beispiel Stahlträger erforderl. Plattendicken *d* (mm)

Plattenart	F30-A	F60-A	F90-A	F120-A	F180-A
GKF-Platten	12,5	12,5+9,5	2×15	2×15+9,5	–
GF-Platten*	15	15	25	30	45
GV-Platten*	15	15	15	20	35
FS-H-Platten*	6	8	12	20	30

für Stahlprofil IPB 200, 3-seitig beflammt, *U*/*A* = 76,8 1/m;
* mit Prüfzeugnis

6.2.4 Trägerbekleidung mit Gipsfaserplatten

Besonderheiten für die dreiseitige Bekleidung im Vergleich zur Stützenbekleidung mit GF-Platten:

- L-Winkelprofil mit Decke verdübeln
- versetzte Plattenstöße ($a \leq 1{,}20$ m) mit GF-Streifen hinterfüttern ($b = 10$ cm), 5 mm vor Profilflansch vorstehend

6.3 Ummantelung von Lüftungs- und Installationskanälen

Lüftungs- und Kabelkanäle liegen mit ihren kastenförmigen Querschnitten aus Stahlblech und/oder Brandschutzplatten auf Traversen aus Stahl-Winkelprofilen auf, die mittels Gewindestangen von der Rohdecke abgehängt werden. Je nach Plattenart werden ein- oder mehrlagige Ummantelungen angewendet, bei denen die Brandschutzplatten stirnseitig verklammert und gegebenenfalls mit Winkelprofilen ausgesteift werden.

6.3.1 Lüftungskanäle mit Fibersilikatplatten

Bis zu Querschnitten 1,20 × 1,20 m:

- Abstand der Längsstöße der Ummantelung von Längsstößen des Stahlblechkanals ≥ 10 cm
- Plattenstreifen ($b = 10$ cm, $d = 25$ mm) als Abstandshalter zwischen Ummantelung und Stahlblechkanal über Tragtraversen verklammern
- Längsstöße der Ummantelung mit Plattenstreifen ($b = 10$ cm, $d = 10$ mm) als außen oder innen liegende Muffe verklammern
- Seitenbekleidung, Boden und Deckel stirnseitig verklammern, Klammerabstand ≤ 15 cm
- Wand-/Deckendurchführungen mit Mineralwolle ausstopfen, mit Spezialspachtel verspachteln

6.3.2 Kabelkanäle mit Fibersilikatplatten

Die Ummantelungen erhalten bei Brandbeanspruchung von außen die Funktion der Kabel bis zu Temperaturen von 150 °C (z. B. E30), verhindern die Brandübertragung und schützen Räume vor Kabelbränden (z. B. I30). Sie sind ähnlich wie Lüftungskanäle konstruiert und können zu Revisionsarbeiten auch mit losem Deckel ausgeführt werden. Besonderheiten für innere Querschnitte 52/25 cm:

- Anordnung der Längsstöße über den Tragtraversen
- Plattenstreifen ($b = 10$ cm, $d = 20$ mm) an jedem Längsstoß, bei I-Kanälen zusätzlich alle 62,5 cm als Abstandshalter zwischen Ummantelung und Kabelpritsche verklammern
- Längsstöße der Ummantelung mit Plattenstreifen ($b = 10$ cm, $d = 10$ mm) als außen liegende Muffe verklammern
- alle Klammerabstände ca. 10 cm

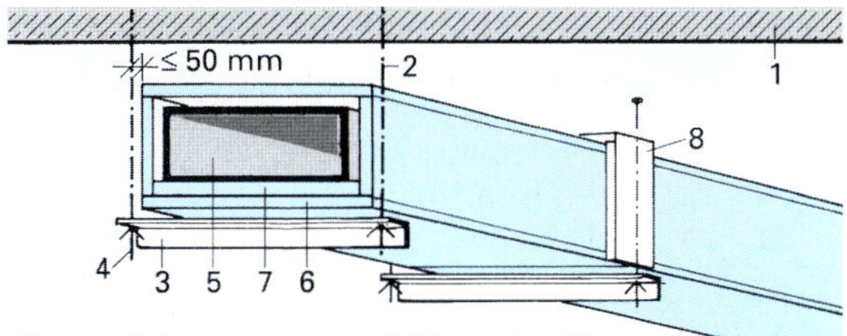

Konstruktionssystem von Lüftungskanälen

1: Rohdecke
2: Gewindestangen/Spreizdübel
3: Stahlwinkel-Traversen
4: Unterlegscheiben/Mutter
5: Stahlblechkanal
6: Ummantelung FS-Platte
7: FS-Streifen/Abstandshalter
8: FS-Streifen Muffe am Stoß

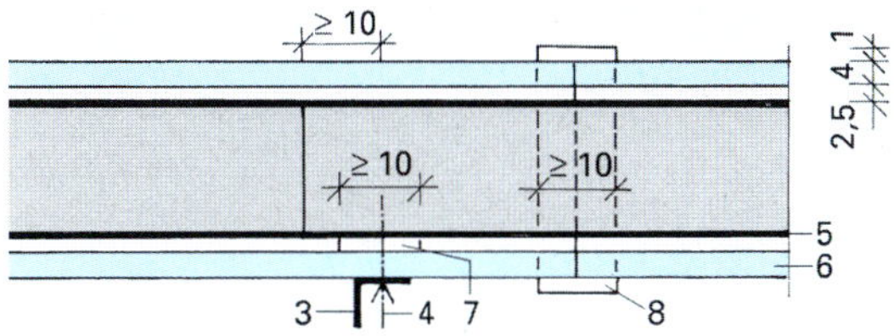

Längsschnitt Lüftungskanal mit Stoß

Feuerwiderstandsklasse und Ummantelungsdicke (mm)				
Plattenart	L30	L60	L90	L120
FS-L-Platte*	25	–	–	–
FS-L500-Platte*	–	–	40	52
GV-Platte*	15+15	15+15	20+20	25+25

* mit Prüfzeugnis

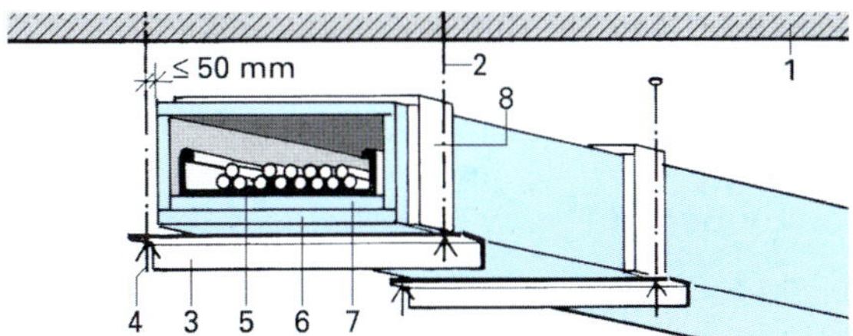

Konstruktionssystem von Kabelkanälen

1: Rohdecke
2: Gewindestangen/Spreizdübel
3: Stahlwinkel-Traversen
4: Unterlegscheiben/Mutter
5: Kabelpritsche
6: Ummantelung FS-Platte
7: FS-Streifen/Abstandshalter
8: FS-Streifen Muffe am Stoß

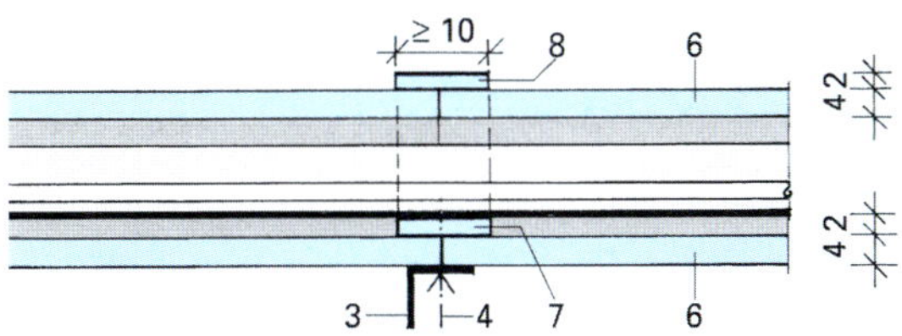

Längsschnitt Kabelkanal mit Stoß

Feuerwiderstandsklasse und Ummantelungsdicke (mm)								
Plattenart	L30	I30	L60	I60	L90	I90	L120	I120
FS-L500-Pl.*	25	20	–	30	–	35	52	–
GV-Platte*	15+15	15+15	20+15	15+15	25+20	20+20	25+25	25+25

* mit Prüfzeugnis

7 Dachgeschossbau

Hohe Bau- und Grundstückskosten sowie ein knappes Raumangebot in Ballungszentren fordern einen umfassenden Gebäudeausbau einschließlich des Dachgeschosses. Insbesondere bei Altbauten mit bisher ungenutztem Dachraum lässt sich nachträglich zusätzlicher Wohn- und Arbeitsraum schaffen.

Mit den heute zur Verfügung stehenden Trockenbaumaterialien kann ein Dachgeschoss rationell und kostengünstig ausgebaut werden. Die erforderlichen baulichen Maßnahmen hängen ab von der späteren Nutzung und den konstruktiven Voraussetzungen (Rohbau). Hohe Anforderungen werden an den Ausbau gestellt, wenn der Dachraum dauerhaft als Aufenthaltsraum dienen soll (Wohnungen, Büros ...).

Im Folgenden werden Ausbaumaßnahmen für normal beheizte Räume (z. B. Wohnräume) behandelt.

Dachgeschossausbau
Entscheidend für Planung und Ausführung sind: – Art der Raumnutzung – Konstruktion des Dachstuhls – Ausbau bei Neubauten – Ausbau und Erweiterung bei Altbauten – Veränderung oder Erneuerung bestehender Ausbauten
Anforderungen an das Dachgeschoss: – Witterungsschutz (Regen, Schnee, Sonneneinstrahlung ...) – Wärme- und Feuchteschutz – Luftdichtigkeit (kein Luftstrom von innen nach außen) – Winddichtigkeit (äußere Abdeckung der Dämmung) – Brandschutz – Schallschutz

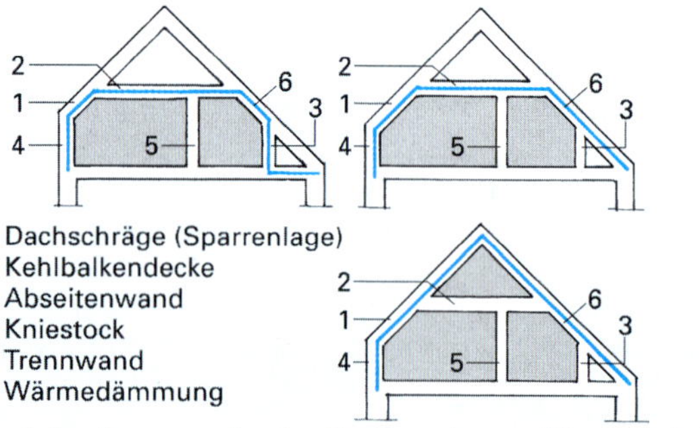

1: Dachschräge (Sparrenlage)
2: Kehlbalkendecke
3: Abseitenwand
4: Kniestock
5: Trennwand
6: Wärmedämmung

Bauteile eines ausgebauten Dachgeschosses (Querschnitt) und mögliche Anordnungen von Wärmedämmschichten

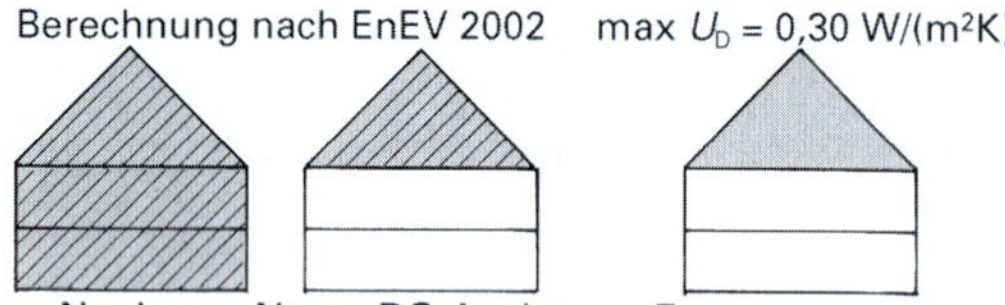

Anforderungen nach der Energieeinsparverordnung

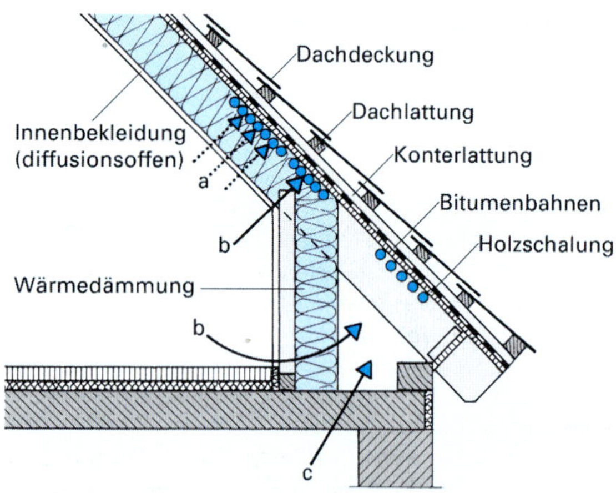

Feuchteschäden und Wärmeverluste bei mangelhaft ausgeführten Ausbaumaßnahmen:

a) Innenbekleidung diffusionsoffen, keine Dampfsperre und äußere diffusionsdichte Dachabdeckung (Bitumenbahnen)
b) Undichtigkeiten in Fugen- und Anschlussbereichen
c) Wärmebrücken bei fehlender Wärmedämmung

7.1 Überblick

Der Ausbau eines Dachgeschosses ist aufgrund seiner unterschiedlichen Bauteile (siehe Abb.) ein zusammenhängendes System einzelner Baumaßnahmen. Alle Bauteile müssen nicht nur standsicher sein und Witterungsschutz (Außenbauteile) bieten, sondern auch bauphysikalische Anforderungen erfüllen.

Wärmeschutz, Feuchteschutz

Die erforderlichen Wärmedämmmaßnahmen sind entsprechend DIN 4108 und der EnEV 2002 durchzuführen. Bei Neubauten oder Ausbau bisher nicht beheizter Dachräume erfolgt der Nachweis von Jahresprimärenergiebedarf und Transmissionswärmeverlust entsprechend dem Verfahren der EnEV. Bei der Sanierung bereits beheizter Räume gelten für Bauteilflächen, die gegen Außenluft oder unbeheizte Gebäudeteile abgrenzen, folgende Mindestanforderungen (Dämmstoff $\lambda_R \leq 0{,}04$ W/(m·K)) nach EnEV:

– Kniestöcke und Giebelwände (wie Außenwände):

$U_{erf} \leq 0{,}45$ W/(m²K) $\quad d > 50$ mm*

$U_{erf} \leq 0{,}35$ W/(m²K) $\quad d > 75$ mm*

– Dachschrägen, Kehlbalken, Abseitenwände:

$U_{erf} \leq 0{,}30$ W/(m²K) $\quad d > 130$ mm**

* Mauerwerk HlzW, d = 24 cm, verputzt; ** Gefachbereich

Die Funktionstüchtigkeit der nach außen abgrenzenden Bauteile hängt auch von einer richtig angeordneten **Dampfsperre** bzw. **-bremse** und der **Winddichtigkeit** der Bauteilflächen und -anschlüsse ab. Luftundichtigkeiten bedeuten nicht nur Wärmeverluste, sondern führen auch zu Feuchteschäden, wenn infolge von Zugerscheinungen (warme Innenluft strömt nach außen) eine zu hohe Wasserdampfkondensation im Bauteil stattfindet.

Brandschutz

In Abhängigkeit von der Größe (Höhe) und der Nutzung eines Gebäudes sowie seiner Einbindung in die angrenzende Bebauung werden unterschiedliche Anforderungen an den baulichen Brandschutz eines Dachgeschosses gestellt. Die notwendigen Maßnahmen werden durch die jeweiligen Landesbauordnungen (**LBO**) sowie Richtlinien und Normen festgelegt.

In der Regel werden **keine Anforderungen** gestellt, wenn folgende Voraussetzungen gegeben sind:
- oberstes Dachgeschoss, darüber keine Aufenthaltsräume
- nur eine Nutzungseinheit, z. B. eine Wohnung auf der Geschossebene
- frei stehendes Gebäude, Mindestabstand zum Nachbargebäude 5,00 m
- harte Bedachung, z. B. Dachziegeldeckung

Brandschutzmaßnahmen sind immer erforderlich, wenn
- eine Brandübertragung über die Dachfläche auf nebenliegende Nutzungseinheiten möglich ist, z. B. Dachgeschoss mit nebeneinander liegenden Wohnungen
- durch eng stehende Bebauung ein Brandübersprung auf benachbarte Gebäude stattfinden kann
- eine Brandübertragung über die Dachfläche in höher liegende Nutzungseinheiten mit Aufenthaltsräumen möglich ist, z. B. Dachgeschoss mit zwei übereinander liegenden Wohnungen (gilt nicht für die oberste Nutzungsebene)

Feuerbeständige Dachkonstruktionen (F 90-A und F 90-AB) sind bei Holzdachstühlen nur mit Trockenbaukonstruktionen zu erfüllen, die für sich allein feuerbeständig sind.

Schallschutz

Bei Dachgeschossen mit Aufenthaltsräumen müssen schalldämmende bauliche Maßnahmen erfolgen. Zu unterscheiden sind hierbei:
- Schalldämmung zwischen übereinander liegenden sowie seitlich angrenzenden Aufenthaltsräumen
- Schutz gegen Außenlärm

Um die Anforderungen nach DIN 4109 im Bereich des Dachgeschosses zu erfüllen, bedarf es hoher planerischer und ausführungstechnischer Kompetenz:
- Bei mehreren Nutzungseinheiten (z. B. neben- oder übereinander liegenden Wohnungen) ist der Einfluss der Schalllängsleitung über die flankierenden Dachflächen-, Boden- und Deckenkonstruktionen auf die Schalldämmung trennender Bauteile (z. B. Trennwände) zum Teil sehr groß
- Die geringe flächenbezogene Masse der Dachflächen erschwert das Erreichen einer ausreichenden Luftschalldämmung gegen Außenlärm

Der Nachweis der Schalldämmung ist bei in Trockenbauweise ausgebauten Dachgeschossen wie bei Gebäuden in Skelett- und Holzbauart (siehe DIN 4109, Beiblatt 1) zu führen.

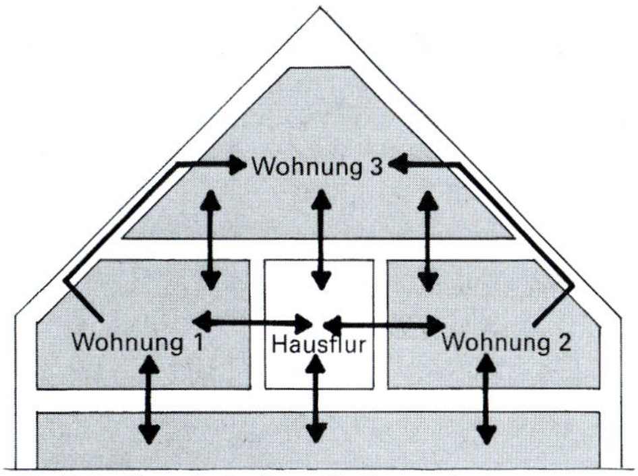

Erforderliche Brandschutzmaßnahmen (→) im Gebäudeinneren

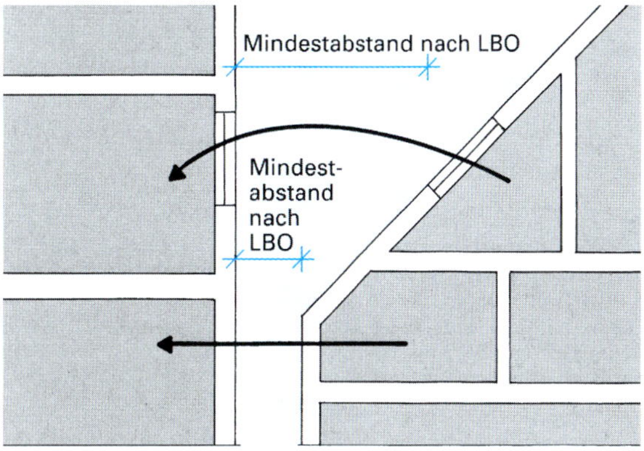

Brandübersprung auf benachbarte Gebäude

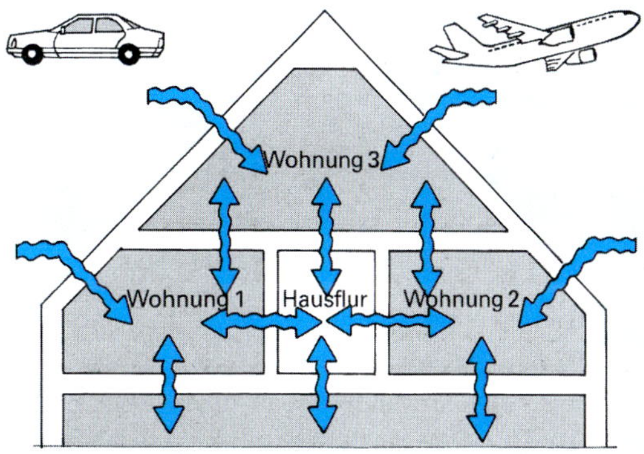

Erforderliche Schallschutzmaßnahmen (→)

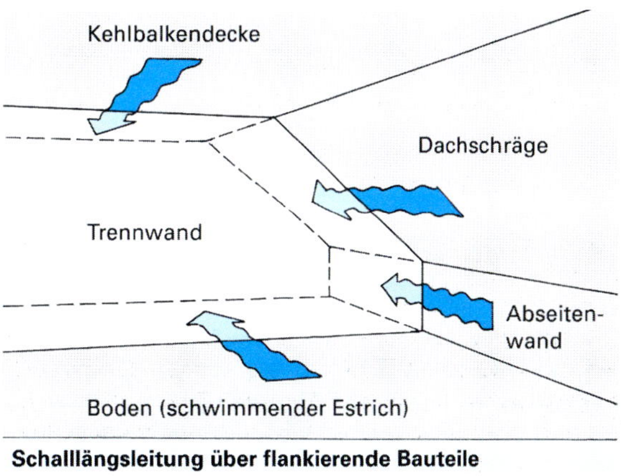

Schalllängsleitung über flankierende Bauteile

7.2 Dachschräge

Um Schäden zu vermeiden, ist beim Ausbau der Dachschrägen auf einen konstruktiv und bauphysikalisch richtigen Aufbau der Bauelemente zu achten.

7.2.1 Anordnung der Wärmedämmung

Prinzipiell gibt es drei Möglichkeiten:

Wärmedämmung über den Sparren (Warmdach)
Eine solche Anordnung ist nur dann sinnvoll, wenn die Sparren sichtbar sein sollen. Wegen des hohen Dachaufbaus ist diese Konstruktion meist unwirtschaftlich, und die frei liegenden Sparren sind brandschutztechnisch problematisch. Verwendung findet die Übersparrendämmung nur bei Neubauten oder bei Sanierungen mit erneuerter Dachdeckung.

Wärmedämmung im Sparrenzwischenraum
Dieser konventionelle Dachaufbau hat die geringste Konstruktionshöhe, jedoch muss beim Nachweis der Wärmedämmung der Dachfläche der Sparrenanteil (ca. 15%) als Wärmebrücke mit berücksichtigt werden. Zwei Varianten sind zu unterscheiden:

- belüftetes Dach (Kaltdach)

Zwischen der Dämmschicht und der Unterspannbahn bzw. Schalung ist eine mindestens 20 mm hohe Lüftungsebene angeordnet. Zuluftöffnungen im Traufbereich und Abluftöffnungen im Firstbereich sichern eine ausreichende Hinterlüftung, die für einen Abtransport von Luftfeuchte infolge Wasserdampfdiffusion und für eine Austrocknung sorgt. Bei einem ausreichenden s_d-Wert (wasserdampfdiffusionsäquivalente Luftschichtdicke) der Dampfsperre kann ein feuchtetechnischer Nachweis entfallen (siehe Abb.). Bei den üblichen Sparrenhöhen können die Anforderungen der EnEV mit erforderlichen Dämmschichtdicken von ≥ 180 mm nur in Kombination mit einer Untersparrendämmung erfüllt werden.

- unbelüftetes Dach (Warmdach)

Bei dieser wirtschaftlichen Konstruktion wird die ganze Sparrenhöhe zur Dämmung genutzt (Vollsparrendämmung). Um eine Austrocknung des Zwischensparrenbereichs zu gewährleisten und um Feuchteschäden zu vermeiden, müssen die äußere Abdeckung (Unterspannbahn, Schalung) Wasser abweisend, aber diffusionsoffen und die innenliegende Dampfsperre fehlerfrei eingebaut sein.

Wärmedämmung unter den Sparren
Wegen der durch diese Konstruktion entstehenden Raumverluste wird eine Untersparrendämmung meist nur in Kombination mit einer Zwischensparrendämmung eingebaut. Besonders bei nachträglichen Ausbauten kann bei zu geringen Sparrenhöhen auf eine zusätzliche Untersparrendämmung nicht verzichtet werden. Bis zu einem Anteil der Untersparrendämmung von max. 20% der Gesamtwärmedämmung darf die Dampfsperre dahinter (Sparrenunterkante) liegen.

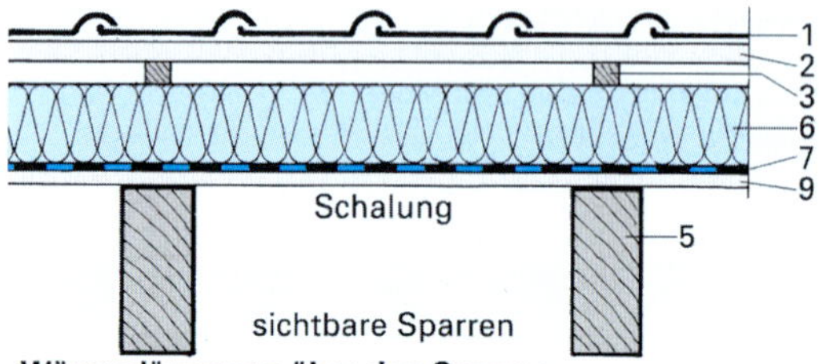

Wärmedämmung über den Sparren

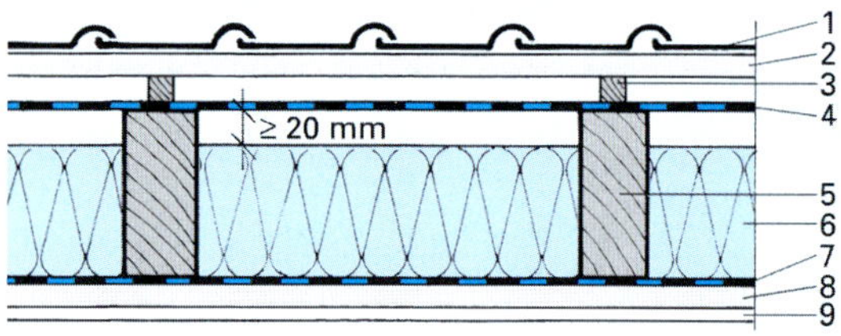

Belüftetes Dach (Kaltdach)

Auf eine Dampfsperre kann bei folgenden s_d-Werten der Bauteile unterhalb der Hinterlüftungsebene verzichtet werden: bei Sparrenlängen $l \leq 10$ m erf. $s_d \geq 2$ m
bei Sparrenlängen $l \leq 15$ m erf. $s_d \geq 5$ m
bei Sparrenlängen $l > 15$ m erf. $s_d \geq 10$ m

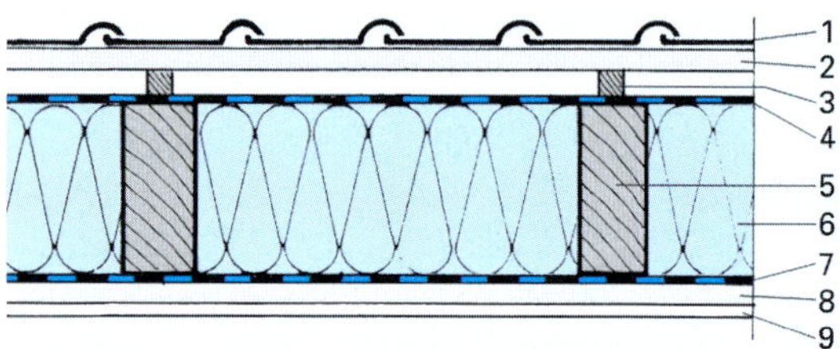

Unbelüftetes Dach (Warmdach), Vollsparrendämmung

Auf eine Dampfsperre kann verzichtet werden, wenn die über der Wärmedämmung liegende Schicht einen Diffusionswiderstand $s_d \leq 0{,}3$ m hat und die unterhalb liegende Schicht (Innenbekleidung) einen Wert $s_d \geq 2$ m erreicht

Wärmedämmung im Sparrenzwischenraum

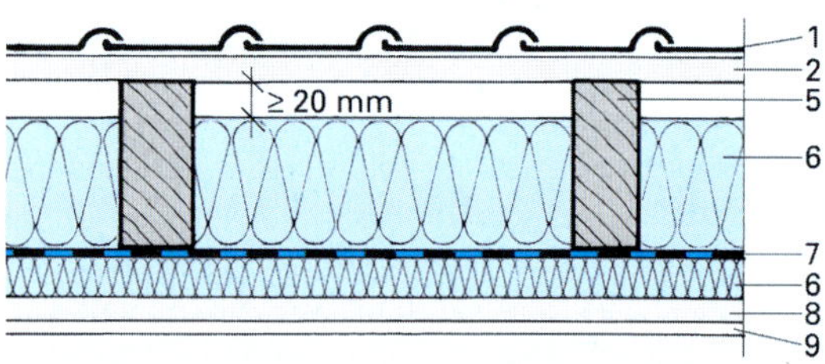

Die innen liegende Dämmung darf max. 20% der Gesamtdämmung betragen, wenn die Dampfsperre zwischen den Dämmschichten angeordnet ist

Wärmedämmung als Kombination von Zwischensparren- und Untersparrendämmung (nachträglicher Ausbau)

1: Dachdeckung
2: Dachlatten
3: Konterlattung
4: Unterspannbahn
5: Dachsparren
6: Wärmedämmung
7: Dampfsperre
8: Unterkonstruktion für Innenbekleidung
9: Innenbekleidung

7.2.2 Innere Bekleidung

Die Bekleidung von Dachschrägen ist ähnlich konstruiert wie bei Holzbalkendecken:

Quer auf den Sparren befestigte Tragprofile aus Holz oder Metall bilden die Unterkonstruktion für die Trockenbauplatten. Dickere und entsprechend biegefeste Platten können ohne Unterkonstruktion direkt auf die Sparren oder auf gedoppelte Lattungen montiert werden, wenn diese bestimmte Abstände nicht überschreiten und die Unterkanten fluchtrecht sind.

Die Befestigungsmittel richten sich nach der Plattenart und Unterkonstruktion, die Befestigungsabstände sind wie bei Deckenbekleidungen einzuhalten.

7.2.3 Brandschutz

Bei höheren Anforderungen an den Brandschutz sind zu beachten:

- harte Bedachung nötig, z. B. Ziegel
- vorteilhaft ist eine oberseitige Holzverschalung
- verdeckte Sparren
- Brandschutzplatten in erforderlicher Dicke als Innenbekleidung
- Einhaltung der zulässigen Unterkonstruktions- und Befestigungsabstände
- Verwendung von Dämmstoffen der Baustoffklasse A mit einem Schmelzpunkt ≥ 1000 °C und ausreichender Schichtdicke, falls eine Dämmstoffeinlage brandschutztechnisch erforderlich ist

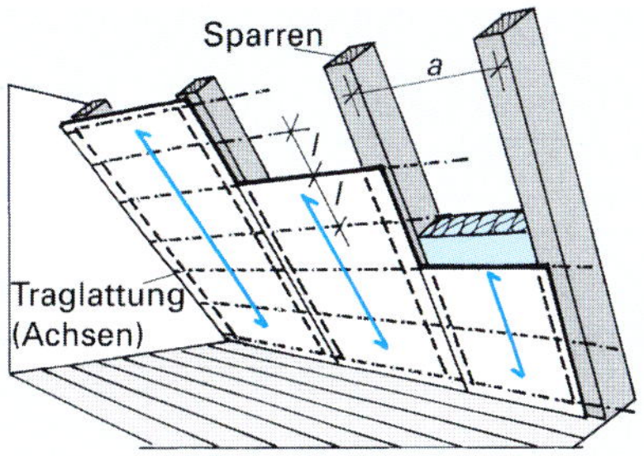

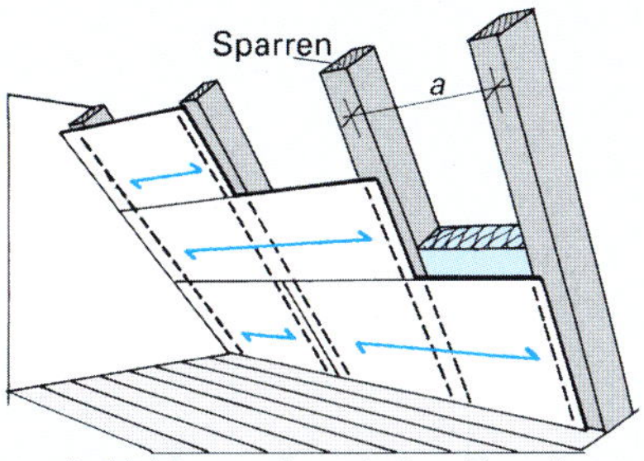

Sparrenbekleidung mit und ohne Unterkonstruktion

Dachgeschossausbau ohne Anforderungen an den Brandschutz Bekleidung von Dachschrägen Beispiele für verschiedene Plattenarten

Plattenart	Dicke *d* [mm]	max. Achsabstände der Tragprofile *l* [mm]		max. Sparrenabstand für Tragprofile bzw. Direktbefestigung *a* [mm]		
		Platten quer	Platten längs	Holz 50/30	Metall-profile	Direkt-befest.
GK-Platten	12,5	500	420	850	1000	–
GK-Platten	20/25	800 –	– –	750 –	1000 –	– 800
GK-Paneel-elemente	20	800 –	– –	750 –	1000 –	– 800
Gipsfaserpl.	10	400	400	850	1000	–

Dachgeschossausbau mit Anforderungen an den Brandschutz, Bekleidung der Dachschrägen Beispiele nach DIN 4102 Teil 4 bzw. mit Prüfzeugnissen Die Angaben gelten für Dachschrägen ohne oberseitige Holzverschalung der Dachsparren und mit harter Bedachung brandschutztechnisch erforderliche Dämmstoffe nach DIN 4102 Teil 4: Baustoffklasse A, Schmelzpunkt ≥ 1000 °C

Feuerwiderstandsklasse	Plattenart	Dicke *d* (mm)	Unterkonstruktion max. Achsabstand *l* (mm)	max. Sparrenabstand (abh. von Art der Tragprof.) *a* (mm)	brandschutztechn. erf. Dämmstoff *D* (mm)/*ρ* (kg/m³)
F 30-B DIN 4108	GKF-Platten	15	400 (420 mit Prüfzeug.)	750 (Traglattung 50/30) 1000 (Metalltragprofil)	≥60/≥50 oder ≥80/≥30
	Holzwerkstoffplatten +GKF-Platten	16 +12,5	625 400 auf Holzwerkstoffpl.	abhängig von der Art der Holzwerkstoffplatten	nicht erforderlich, sonst Baustoffkl. B2
	GKF-Platten	2×12,5	500	750 (Traglattung 50/30) 1000 (Metalltragprofil)	nicht erforderlich, sonst Baustoffkl. B2
F 30-B Prüfzeugnis	GKF-Platten	12,5	400	850 (Traglattung 50/30) 1000 (Metalltragprofil)	≥100 Prüfzeugnis
	Gipsfaserplatten	10	335	850 (Traglattung 50/30) 1000 (Metalltragprofil)	≥100 Prüfzeugnis
	GKF-Platten oder Paneelelemente	25 20	–	800 (Direktbefestigung)	nicht erforderlich, sonst Baustoffkl. B2
F 90-B Prüfzeugnis	GKF-Platte	25	400	900 (Metalltragprofil)	≥100/≥40
	Fibersilikatplatten	2×8	–	850 (Direktbefestigung)	≥120/≥35

7.2.4 Schallschutz

Um eine ausreichende Schalldämmung geneigter Dächer gegen Außenlärm zu erreichen, sollten folgende Punkte beachtet werden:

- Die Dachdeckung muss so dicht wie möglich sein. Geschlossene Systeme mit Faserzement-Wellplatten ergeben günstigere Werte als Falzziegel, die wiederum besser als Hohlpfannen sind.
- Eine oberseitige Holzverschalung statt einer Unterspannbahn verbessert die Luftschalldämmung.
- Eine Beplankung auf einer Unterkonstruktion (Tragprofile quer zu den Sparren) ist einer Direktbefestigung auf den Sparren vorzuziehen.
- Mit biegeweichen dünnen Trockenbauplatten sind bessere Schalldämmwerte als mit dicken zu erreichen. So sind zwei 12,5 mm dicke GK-Platten günstiger als eine 25 mm dicke GK-Platte.
- Als Dämmstoffe sind vor allem Faserdämmstoffe geeignet (geringe dynamische Steifigkeit, ausreichender längenspezifischer Strömungswiderstand, leichte Anpassung an Sparrenabstände, Schichtdicke ≥ 120 mm).

Bei nebeneinander liegenden Nutzungseinheiten, z. B. Wohnungen, muss im Bereich des Trennwandanschlusses die Innenbekleidung der Dachschräge getrennt werden, wenn eine Schalllängsleitung über die Dachfläche vermieden werden soll.

7.2.5 Anschlüsse

Die Anschlüsse an die angrenzenden Bauteile wie Kehlbalkendecke, Abseitenwand oder Kniestock, Trenn- und Giebelwände müssen sorgfältig ausgeführt werden.

In den Übergängen von der Dachschräge zu den anderen Bauteilen darf die Wärmedämmung nicht unter- oder durchbrochen werden, da sonst Wärmebrücken entstehen. Die Luftdichtigkeit im Anschlussbereich wird nur dann gewährleistet, wenn die eingebaute Dampfsperre oder -bremse über Eck gezogen und eine ausreichende Stoßüberlappung und -verklebung (Dichtungsbänder, Anpressleisten) durchgeführt werden.

Im Anschlussbereich von Dachschräge und Giebelwand bzw. Kniestock werden die aneinander grenzenden Bauteile beim Verspachteln getrennt, z. B. durch Einlegen eines Klebestreifens, um eine unkontrollierte Rissbildung zu verhindern.

Beispiele für Luftschalldämmwerte von Dachschrägen
(Die bewerteten Luftschalldämmmaße $R'_{w,R}$ gelten für Mineralfaserdämmschichten ≥ 120 mm und normale Dachziegeldeckung, z. B. Falzziegel)

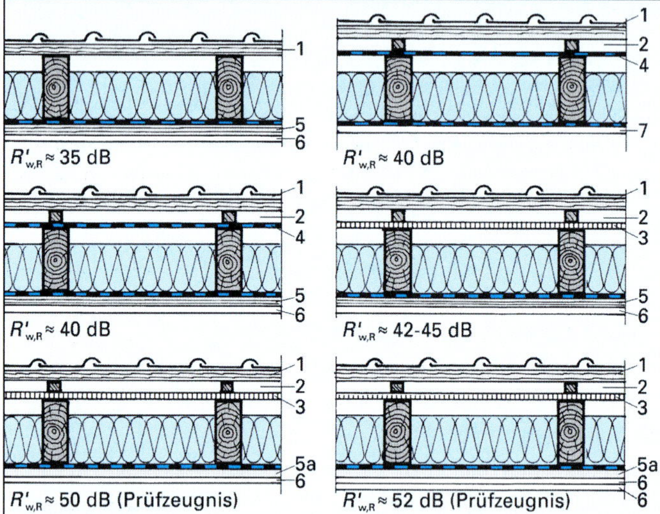

1. Dachdeckung einschl. Lattung
2. Konterlattung
3. Dachschalung
4. Unterspannbahn
5. Traglattung (Holz)
5a. Federschiene (Metall)
6. GK-Platten, d = 12,5 mm
7. GK-Platten, d = 20 bzw. 25 mm

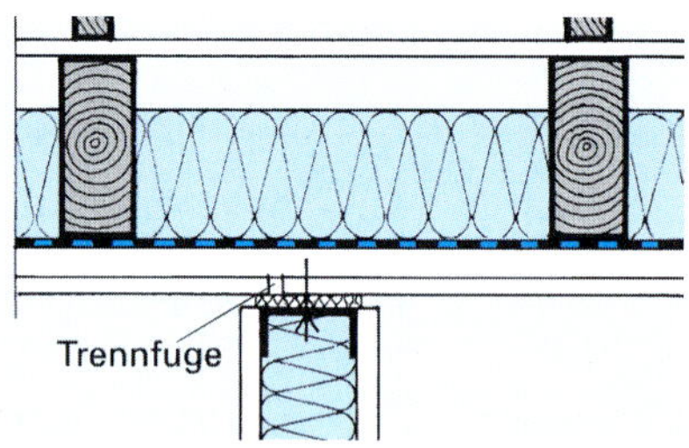

Verminderung der Schalllängsleitung durch Trennung der Innenbeplankung der Dachschräge

Anschlussdetails Dachschräge – angrenzende Bauteile

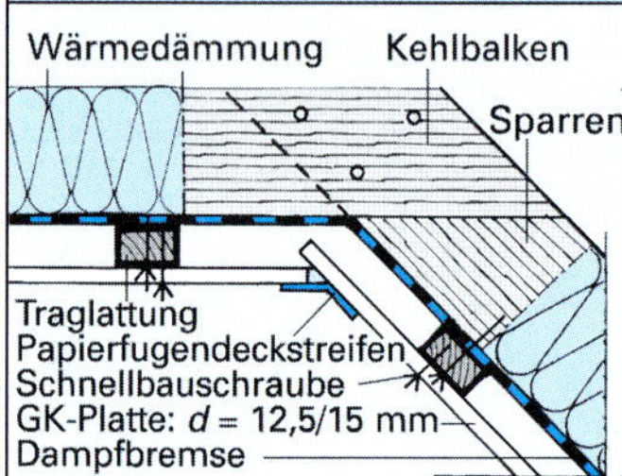

Anschluss Dachschräge-Kehlbalkendecke

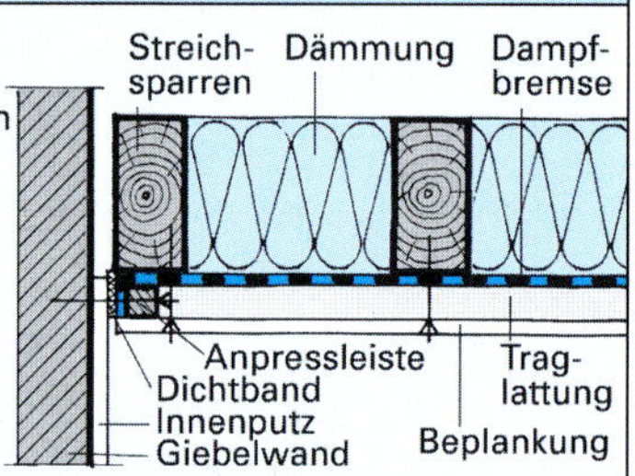

Anschluss Dachschräge-Giebelwand

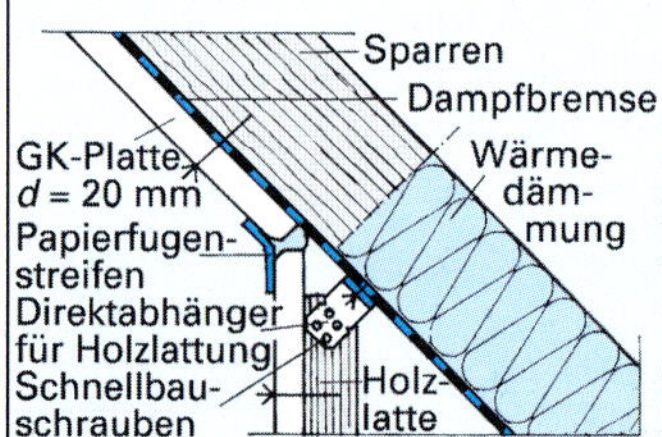

Anschluss Dachschräge-Abseitenwand (GK-Platten, d = 20 mm, direkt bef.)

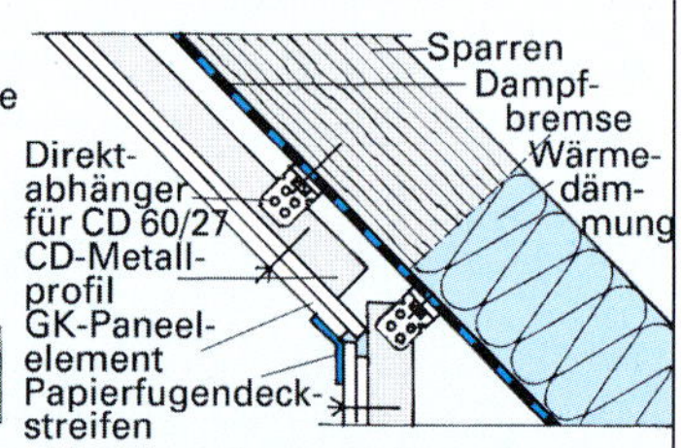

Anschluss Dachschräge-Abseitenwand (GK-Paneelelemente auf Metallunterkonstruktion)

7.3 Kehlbalkendecken

Ausbaumaßnahmen bei Kehlbalkendecken hängen von deren Funktion ab. Hierbei sind zwei Fälle zu unterscheiden:

- Trenndecke zwischen zwei übereinander liegenden Aufenthaltsebenen
- Abgrenzung des Dachgeschosses nach oben gegen einen nicht ausgebauten Dachraum (Abgrenzung gegen Außenluft)

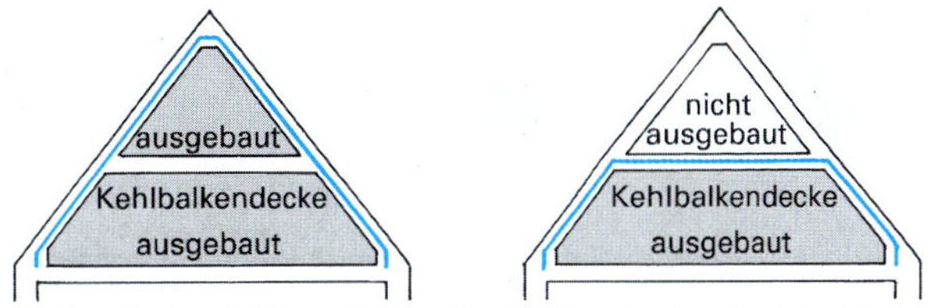

Kehlbalkendecke als Trenndecke zwischen Aufenthaltsräumen (Funktion wie Holzbalkendecken)

Kehlbalkendecke, die Aufenthaltsräume nach oben gegen Außenluft abgrenzt (Funktion wie Dachschräge)

Funktionsarten von Kehlbalkendecken

7.3.1 Decken, die übereinander liegende Aufenthaltsräume trennen

In diesem Fall entsprechen die Kehlbalkendecken den in Kapitel 5 behandelten Holzbalkendecken hinsichtlich Konstruktionsaufbau und bauphysikalischen Eigenschaften.

Liegt eine Wohnungstrenndecke im Dachgeschoss höher als 7 m über Gelände, muss sie in der Regel feuerbeständig (F 90-A, F 90-AB) ausgeführt werden. Dies ist bei Holzbalkendecken nur mit selbständigen Brandschutzunterdecken und entsprechenden Deckenauflagen zu erreichen. Bei Neubauten werden deshalb solche Dachgeschosstrenndecken meistens massiv ausgeführt.

Bei Kehlbalkendecken ist der Deckenzwischenraum ausreichend für die Aufnahme von Dämmstoffen für den Brand- und Schallschutz. Der Nachweis für den Schallschutz erfolgt nach DIN 4109 Beiblatt 1, Gebäude in Skelett- und Holzbauart. Die Anforderungen an den Wärmeschutz sind gering, wenn die übereinander liegenden Aufenthaltsräume normal beheizt sind.

Kehlbalkendecken, die übereinander liegende Aufenthaltsräume trennen
Konstruktionsaufbau einer Kehlbalkendecke mit Unterdecke

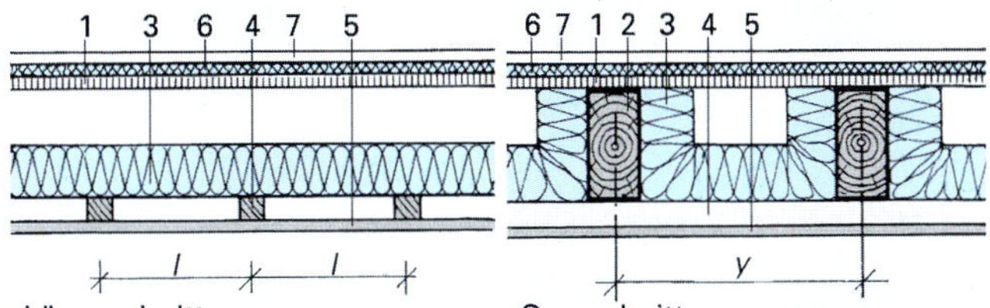

Längsschnitt

Querschnitt

Weitere Möglichkeiten:

- Zangen anstelle von einzelnen Kehlbalken
- Beplankung direkt an Kehlbalken (oder Zangen) befestigt

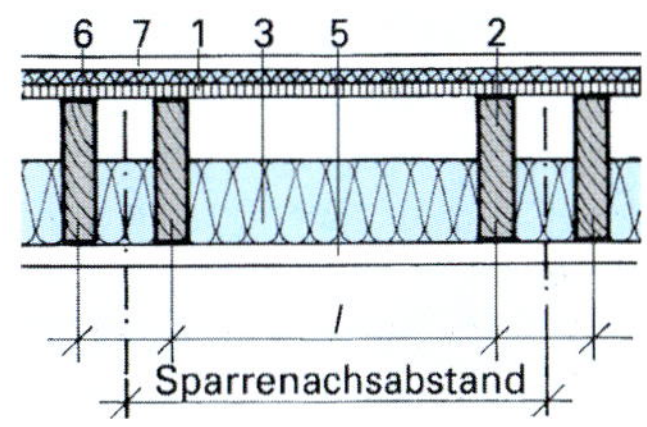

Ausführlichere Angaben siehe **Kapitel 5** (Materialien, Konstruktionsabstände, Maßnahmen für den Schall-, Brand- und Wärmeschutz)

7.3.2 Decken, die nach oben gegen nicht ausgebauten Dachraum abgrenzen

Bauphysikalisch sind solche Kehlbalkendecken wie Dachschrägen zu beurteilen.

Die Anforderungen an den Wärme-, Schall- und Brandschutz sind die gleichen wie bei Dachschrägen: Abgrenzung gegen Außenluft, Schutz gegen Außenlärm, Vermeidung eines Brandübersprungs auf angrenzende Räume und benachbarte Gebäude.

Kehlbalkendecken mit einer oberen Abdeckung aus 21 mm dicken gespundeten Brettern oder aus 19 mm dicken Spanplatten werden brandschutztechnisch wie Holzbalkendecken beurteilt, wenn die Verkehrslast auf dem Spitzboden ≤ 1,0 kN/m² ist.

Kehlbalkendecken, die nach oben gegen Außenluft abgrenzen

Kehlbalkendecke mit bzw. ohne obere Beplankung

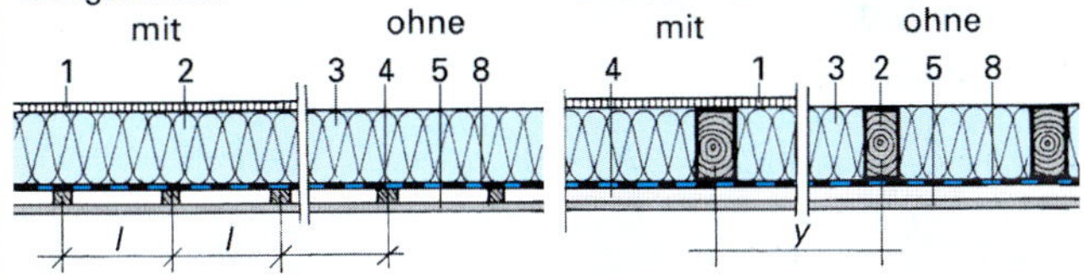

Kehlbalkendecke, Feuerwiderstandsklasse F 30-B, Bekleidung mit GKF-Platten

GKF Dicke *d* (mm)	Traglatt. 50/30 *l* (mm)	Tragprof. CD 60x27 *l* (mm)	Kehlbalken *y* (mm)	Mineralf., Schmelzpkt. ≥ 1 000 °C	Obere Beplankung *d* (mm)
12,5	400	–	850	brandschutztechnisch nicht erforderlich	Holzwerkstoff-Platten ≥ 19 oder Bretterschalung ≥ 21
12,5	–	400	1 000		
15	500	–	750		
15	–	500	1 000		
15	400	–	750	*D* ≥ 80 mm	nicht vorhanden
15	–	400	1 000	$\rho \geq 30$ kg/m³	

1. obere Beplankung
2. Kehlbalken
3. Dämmung (Schall, Brand, Wärme)
4. Unterkonstr. (Holz oder Metall)
5. untere Beplankung
6. Trittschalldämmung
7. Fertigteilestrich
8. Dampfbremse

7.4 Abseitenwand

Abseitenwände werden als traufseitiger Dachraumabschluss eingebaut, wenn kein ausreichend hoher Kniestock vorhanden ist. Ihre Konstruktion hängt von ihrer Höhe und damit von der Nutzbarkeit des Dachraums zwischen Abseitenwand und Traufe ab.

Anordnung der Wärmedämmung

Bei ausreichender Höhe ($h \geq 100$ cm) wird der Bereich hinter der Abseitenwand häufig als Abstellraum genutzt. In diesem Fall muss die Dachdämmung entlang dem Sparren bis zur Traufe geführt werden (Bild A).

Bei geringerer Höhe der Abseitenwand und bei steilen Dächern kann der Raum zwischen Wand und Sparren nicht sinnvoll genutzt werden. Somit bietet sich die Möglichkeit, die Wärmedämmung entlang der Abseitenwand und der Decke zur Gebäudeaußenwand zu führen (Bild B). Die erforderlichen Maßnahmen nach der EnEV sind in Kap. 7.1 beschrieben.

Innere Bekleidung

Trockenbauplatten können direkt auf den Pfosten befestigt werden, wenn deren Abstand (entspricht in der Regel dem Sparrenabstand) die zulässige Spannweite der Trockenbauplatten nicht überschreitet (Bild A), andernfalls ist eine horizontale Traglattung zu montieren (Bild B). Als Unterkonstruktion dienen sowohl Holz- als auch Metallprofile.

Die zulässigen Spannweiten der Trockenbauplatten entsprechen denen von Montagewänden bzw. Vorsatzschalen, wenn hinsichtlich des Brandschutzes keine Anforderungen gestellt werden. Sind Brandschutzforderungen zu erfüllen, gelten dieselben zulässigen Konstruktionsabstände wie bei Dachschrägen.

Brandschutz

Brandschutztechnisch sind Abseitenwände wie Dachschrägen zu behandeln, wenn die Brandschutzbekleidung der Dachschräge in der Abseitenwand fortgeführt wird. In diesem Fall dürfen keine Öffnungen in der Abseitenwand vorgesehen werden.

An Abseitenwände werden keine Forderungen gestellt, wenn die Brandschutzbekleidung in der Dachschräge bis zur Traufe geführt wird. Öffnungen, z. B. Türen und Klappen, sind dann erlaubt.

Anordnung der Wärmedämmung

Bild A

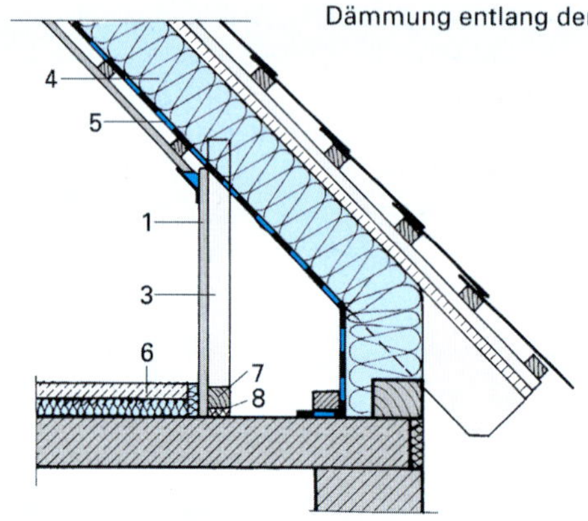

Dämmung entlang den Sparren

Bild B

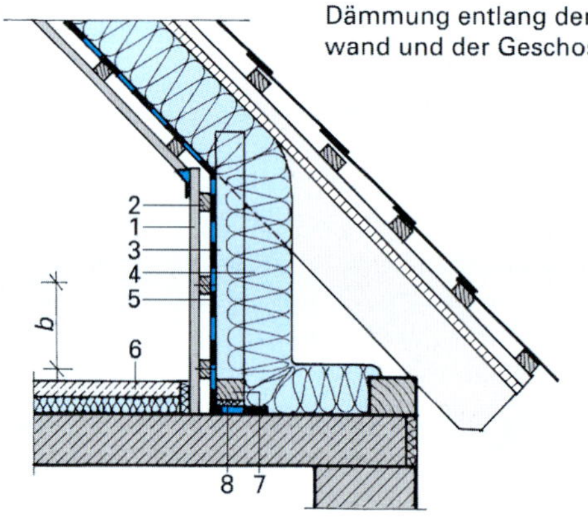

Dämmung entlang der Abseitenwand und der Geschossdecke

1. Trockenbauplatten
2. Traglattung
3. Pfosten 60/60 (oder CW-Profil)
4. Dämmung (Schall, Wärme, Brand)
5. Dampfbremse
6. schwimmender Estrich
7. Schwelle 60/40 (oder UW-Profil)
8. Dämmstreifen

Abseitenwände ohne Anforderungen an den Brandschutz
Befestigungsabstände von Trockenbauplatten (Direktbefestigung)

Plattenart	Dicke *d* (mm)	Ständerabstand (mm)
Gipskartonplatten	12,5	625 (Quer- u. Längsbefest.)
	15	750 (Querbefestigung) 625 (Längsbefestigung)
	20 bzw. 25	1 000 (Querbefestigung)
GK-Paneelelemente	20	800 (Querbefestigung)
Gipsfaserplatten	12,5	625

Abseitenwände mit Anforderungen an den Brandschutz

- brandschutztechnisch notwendige Bekleidung wie bei der Dachschräge
- Achsabstände der Traglatten oder Metalltragprofile (*l*) wie bei der Dachschräge (siehe Tabelle in Kapitel 7.2.3)
- Achsabstände der Holz- oder Metallständer (*a*) wie bei den Dachsparren (Dachschräge, siehe Tabelle in Kapitel 7.2.3)
- brandschutztechnisch notwendiger Dämmstoff entlang der Abseitenwand (Mineralfaser, Schmelzpunkt ≥ 1000 °C)
- Öffnungen in der Abseitenwand sind nicht erlaubt

Schallschutz

Der Anschluss eines schwimmenden Estrichs an die Abseitenwand muss ohne Schallbrücken, d. h. mit Stellstreifen ausgeführt werden. Bei Trennwandanschlüssen ist die Schalllängsleitung über die Abseitenwand oder den dahinter liegenden Dachraum zu vermindern. Dies geschieht, indem die Beplankung der Abseitenwand unterbrochen oder die Trennwand bis zur Dachschräge durchgezogen werden.

7.5 Trennwände

Das Prinzip, der Konstruktionsaufbau und die bauphysikalische Leistungsfähigkeit von nicht tragenden inneren Trennwänden werden in Kapitel 4.3 beschrieben.

Die Schalldämmung von Trennwänden im Dachgeschoss, z. B. Wohnungstrennwänden, ist im Zusammenhang mit den flankierenden Bauteilen zu beurteilen. Ein ausreichender Schallschutz durch diese Trennwände lässt sich nur dann erreichen, wenn die Schalllängsleitung über die flankierenden Bauteile gemindert wird.

Die Beplankungen der Kehlbalkendecke, der Dachschräge und der Abseitenwand dürfen ebenso wenig wie der Estrich auf Dämmschicht im Anschlussbereich der Trennwand durchlaufen. Falls die Abseitenwände ungedämmt sind, muss die Trennwand bis zur Traufe durchgeführt werden, um eine Schallübertragung über den Traufraum zu vermeiden.

Ein Nachweis der Schalldämmung erfolgt nach DIN 4109 Beiblatt 1, Gebäude in Skelett- und Holzbauart. Die Anforderungen, die schalltechnisch an Wohnungstrennwände zu stellen sind, werden im Dachgeschoss in der Regel nur von Metallständerwänden mit doppeltem Ständerwerk, doppelt beplankt, erfüllt.

Bei Brandschutzanforderungen ist zu beachten, dass kein Brandübertrag über den Decken- oder Sparrenzwischenraum auf angrenzende Aufenthaltsräume erfolgen kann.

7.6 Giebelwände und Kniestöcke

Giebel und Kniestöcke sind Teile der Gebäudeaußenwände und müssen damit die gleichen bauphysikalischen Anforderungen erfüllen. Möglichkeiten, den Wärme-, Schall- und Brandschutz (bei Fachwerkwänden) dieser Bauteile durch Vorsatzschalen zu verbessern, werden in Kapitel 4 erläutert.

Die Anschlüsse der Dachschräge, Abseitenwand und Kehlbalkendecke an die Giebelwand und der Dachschräge an den Kniestock sind entsprechend den konstruktiven und bauphysikalischen Anforderungen auszuführen. Sie müssen (wind-)dicht sein und es dürfen keine Wärmebrücken entstehen.

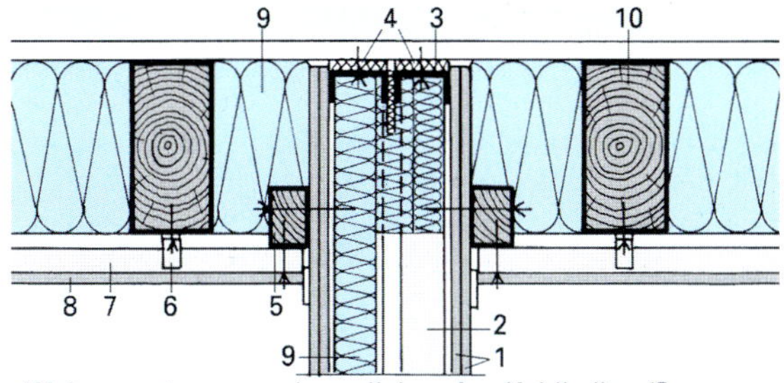

Wohnungstrennwand parallel zu den Kehlbalken/Sparren (mit oberseitiger Beplankung)

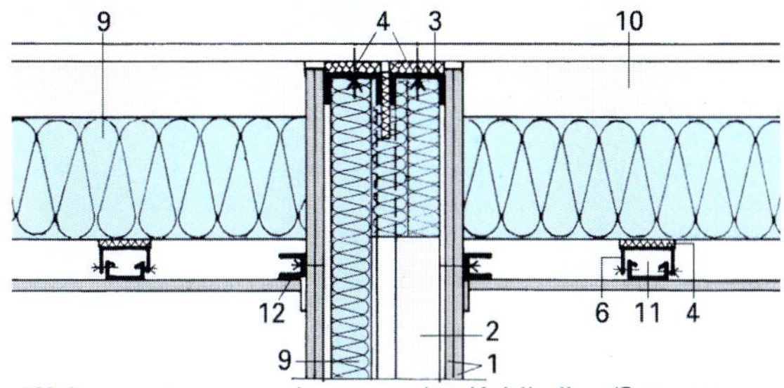

Wohnungstrennwand quer zu den Kehlbalken/Sparren (mit oberseitiger Beplankung)

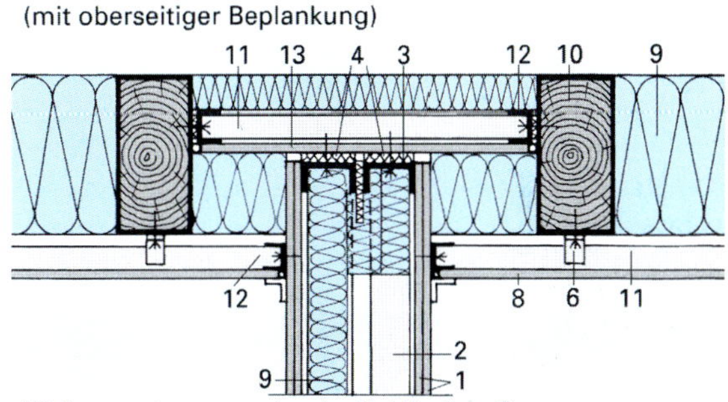

Wohnungstrennwand unter Kehlbalken/Sparren (ohne oberseitige Beplankung)

Trennwandanschlüsse

1. Beplankung Trennwand
2. CW-Profil
3. UW-Profil
4. Anschlussdichtung
5. Latte befestigt
6. Direktbefestiger
7. Traglattung
8. Beplankung
9. Dämmstoff
10. Kehlbalken
11. CD-Profil
12. UD-Profil
13. Trockenbauplatte
14. Fußpfette
15. Dampfbremse
16. Randstreifen
17. schwimmender Estrich

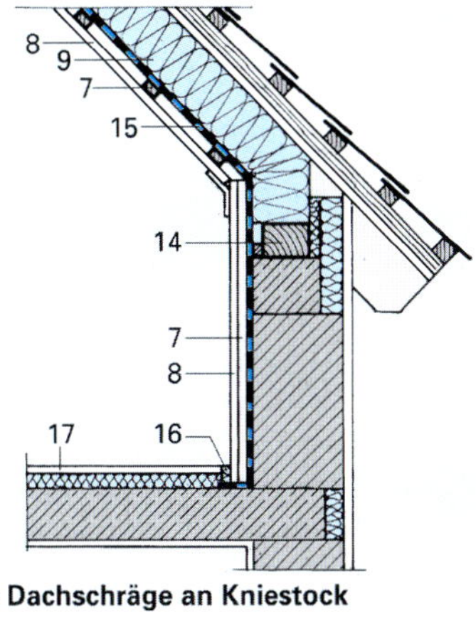

Anschluss Dachschräge an Kniestock

7.7 Dachflächenfenster und sonstige Durchdringungen

Wenn Dacheinschnitte oder -aufbauten (Gauben) baurechtlich nicht zulässig oder zu aufwendig sind, können Dachflächenfenster Belichtung und Belüftung ausgebauter Dachgeschosse sichern. Sie unterbrechen ebenso wie Kamine oder Leitungsrohre den konstruktiven Aufbau der Dachschräge und weisen ähnliche Anschlussprobleme auf.

7.7.1 Dachflächenfenster

Vorgefertigte Elemente werden in verschiedensten Formen, Öffnungsarten und Abmessungen (auf die üblichen Sparrenabstände abgestimmt) angeboten. Sie können vielfältig miteinander kombiniert werden.

Die Konstruktion besteht meist aus einem gut wärmegedämmten Holz-Alu-Flügelrahmen mit Isolier- oder Wärmeschutzverglasung und aus einem Futterkasten (Holzwerkstoffe oder Kunststoff), der an den Sparren montiert wird. Der Eindeckrahmen aus verzinktem Stahlblech wird auf den Dachlatten montiert, er muss den Übergang zu den verschiedenen Dachdeckungsarten herstellen. An den Futterkasten oder an das zum Fenster gehörende Innenfutter wird bauseits die innere Dachbekleidung angeschlossen.

Nachträglicher Einbau

Beim Neubau können Sparren- und Wechsellage bereits mit der Fensteranordnung koordiniert werden. Beim nachträglichen Einbau müssen Dachausschnitte durch Auswechseln der Sparren und Einziehen von Hilfssparren zur Montage der Futterkästen vorbereitet werden. Bei belüfteten Kaltdächern muss die Luftführung um den Futterkasten herum gesichert werden, z. B. durch Aussparungen in den Wechseln.

Anschlüsse

Die Futterkonstruktion von Leibung, Brüstung und Sturz bildet den Übergang zwischen Dachbekleidung und Futterkasten, sie hängt ab von Dachneigung, Fensterabmessungen und konstruktivem Dachaufbau (Lage der Wärmedämmung, Warmdach/Kaltdach). Entscheidend ist ein lückenloser Anschluß von Unterdach, Wärmedämmung und Dampfsperre an den Futterkasten. Hierzu muss die Folie in den Anschlussfalzen des Futterkastens oder an den Seitenflächen der Sparren mit Dichtungsbändern und Anpressleisten gesichert werden.

7.7.2 Kamin- und Rohrdurchdringungen

Wie bei Giebelwänden muss der wind- und luftdichte Anschluss der Dampfsperre durch Dichtungsbänder mit verschraubten Anpressleisten bzw. Folienmanschetten mit Spannringen erfolgen.

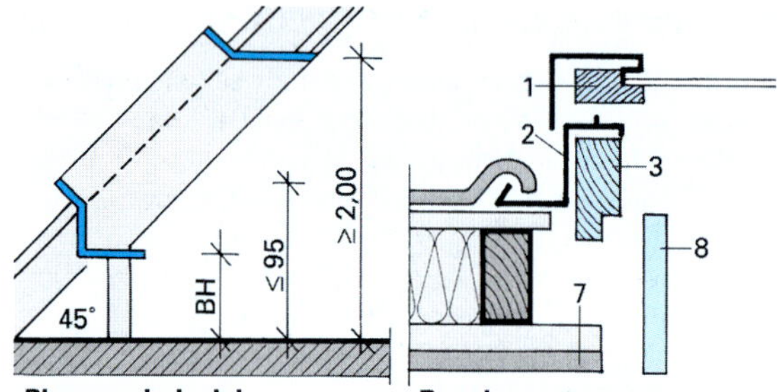

Planungsbeispiel **Bauelemente**

1: Flügelrahmen
2: Eindeckrahmen
3: Futterkasten
4: Wärmedämmung
5: Aufdoppelung
6: Traglattung
7: Beplankung GKB
8: Leibungsfutter
9: Dampfsperre
10: Anpressleiste
11: Dichtungsband
12: dauerelast. Verfugung
13: Folienmanschette
14: Spannring
15: Verklebung

Horizontalschnitt Anschluss Leibungsfutter

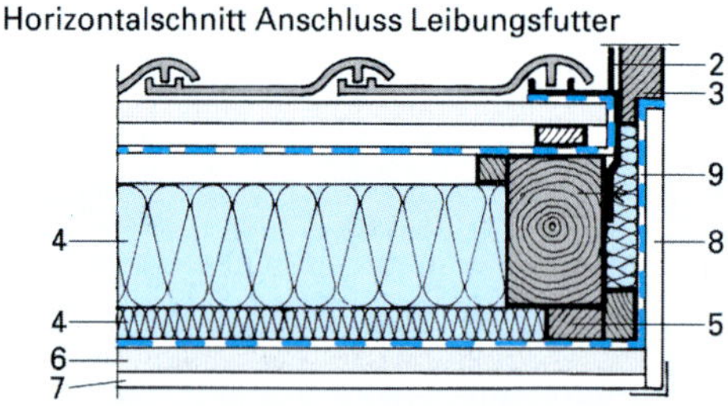

Vertikalschnitt Anschluss Sturzfutter

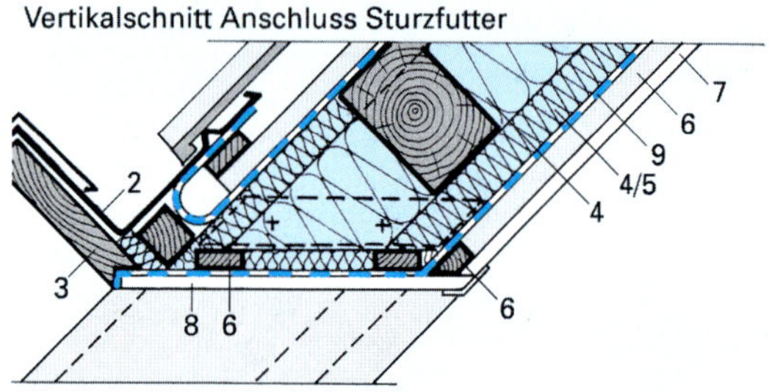

Vertikalschnitt Brüstungsfutter/Abseitenwand

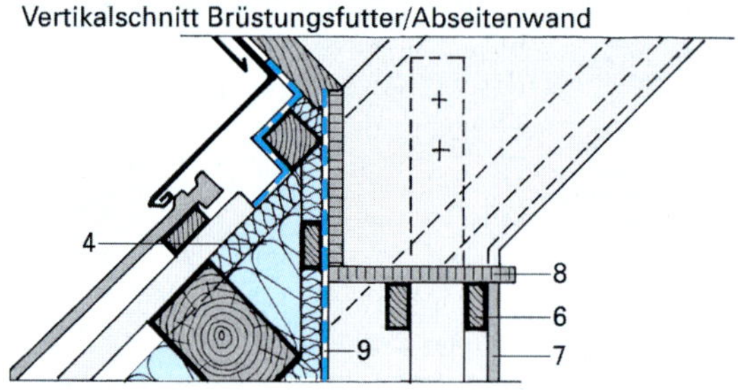

Beispiel nachträglicher Einbau mit Untersparrendämmung

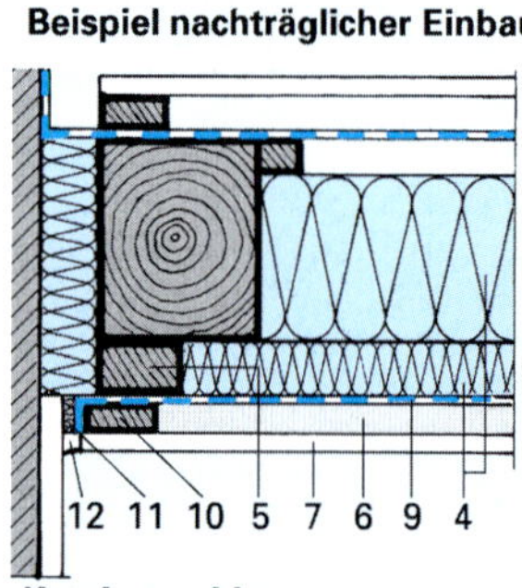

Kaminanschluss

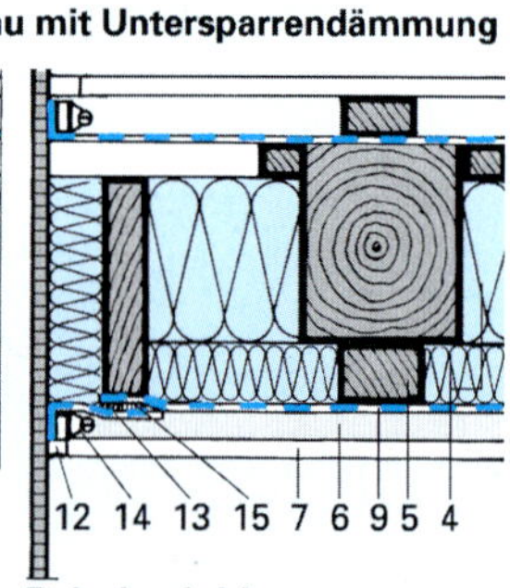

Rohrdurchdringung

8 Oberflächenbehandlung

Die planebenen Oberflächen der mit Trockenbauplatten konstruierten Bauteile sind gut geeignet für nachfolgende Beschichtungen mit Anstrichen oder Dünnschichtputzen sowie für Beläge mit Tapeten oder keramischen Fliesen.

Das konstruktive Hauptproblem für Beschichtungen und Beläge ist eine dauerhafte Untergrundhaftung. Um diese sicherzustellen, sind besondere Untergrund-Vorbehandlungsmaßnahmen, Verarbeitungsrichtlinien sowie Beschränkungen in der Materialwahl zu berücksichtigen.

Diese hängen ab von:

- Untergrundeigenschaften (Art Trockenbauplatten)
- Art und Eigenschaften von Beschichtungs-, Kleber- oder Belagsmaterialien
- Beanspruchung des Bauteils und seiner Oberfläche

Maßnahmen zur Oberflächenbehandlung

Beschichtungen | Beläge

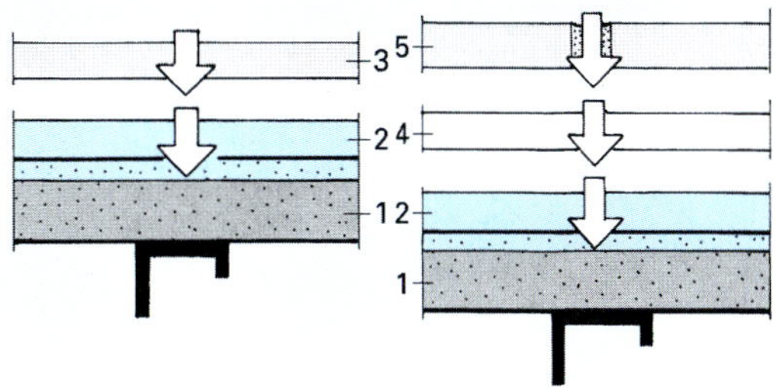

Beschichtungen	Beläge
– Verspachteln	– Tapezieren
– Imprägnieren	– Verfliesen
– Hydrophobieren	1: Trockenbauplatte
– Absperren	2: Grundierung
– Streichen	3: Beschichtung
– Lackieren	4: Kleber/Mörtel
– Verputzen	5: Belagsplatten

8.1 Vorbehandlungsmaßnahmen

Die vorgesehene Oberflächenbehandlung fordert von den verschiedenen möglichen Untergründen bestimmte Eigenschaften als Voraussetzung für schadenfreie Beschichtungen oder Beläge. Nach Prüfung der vorhandenen Eigenschaften sind daher je nach Trockenbauplatte unterschiedliche Vorbehandlungsmaßnahmen erforderlich.

8.1.1 Allgemeine Maßnahmen

- Verspachtelungen von Fugen, Schraubköpfen oder Klammern müssen trocken sein. Eventuell vorhandene Grate eben beischleifen.
- Staub und sonstige Verunreinigungen (Mörtel- und Kleberreste, Trennmittel Holzwerkstoffe) müssen entfernt werden.
- Hochwertige Anstriche (Lacke) oder Tapeten erfordern eine vollflächige Verspachtelung der Platten. Die speziellen Spachtelmassen (meist Dispersionsspachtel) sind auf den jeweiligen Untergrund abgestimmt. Sind keramische Beläge oder spannungsreiche Beschichtungen vorgesehen, darf nicht vollflächig verspachtelt werden.
- Zur Verfestigung weicherer Plattenoberflächen (gipshaltiger Platten) und zur Regulierung der Saugfähigkeit sind im Allgemeinen lösemittelhaltige Grundanstrichstoffe (Tiefgrundierung) oder wasserverdünnbare Grundierungen erforderlich (Pinsel, Bürste, nicht spritzen!).
- Bei Holzwerkstoffen muss nach jeder Maßnahme, die Lösemittel oder Wasser in den Untergrund einträgt, vor der folgenden Anstrichschicht ein Zwischenschliff erfolgen. Aufgequollene und damit aufgerichtete Holzfasern werden dadurch eingeebnet. Erst dadurch wird eine gleichmäßige Schichtdicke des Beschichtungssystems möglich.

Untergrundanforderungen und Fehlerquellen

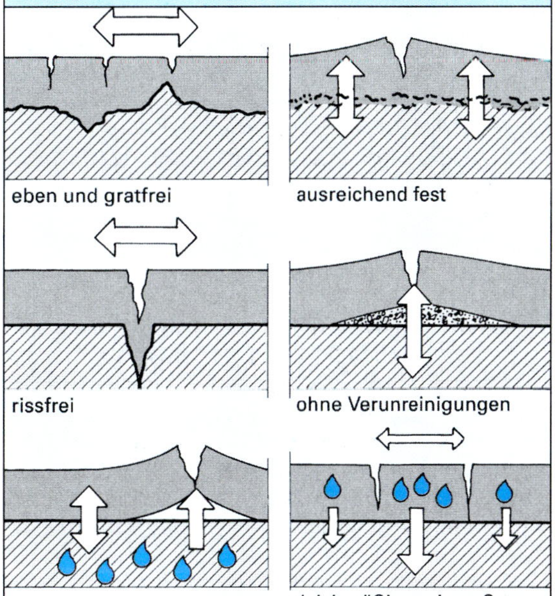

Untergründe und Vorbehandlungsmaßnahmen

	Spachteln	Schleifen	Säubern	Grundieren	Holzschutz
GK-Platten	(■)	■	■	■$_T$	
GV-Platten	■	■	■	■$_T$	
GF-Platten	(■)	■	■		
FS-Platten	(■)	■	■	■$_a$	
Perliteplatten	(■)	■	■	■	
Sperrholzplatten	(■)	■$_Z$	■	■	(■)
Holzspanplatten	(■)	(■)$_Z$	■	■	(■)

(■) = nur bei Bedarf; Z = Zwischenschliff; a = alkalibeständig
T = verfestigender Tiefgrund

8.1.2 Besonderheiten einzelner Trockenbauplatten

■ Gipskartonbauplatten

Beim Beischleifen keinesfalls Karton aufrauen! Wegen geringer Oberflächenhärte und starker Saugfähigkeit ist Tiefgrund nötig.

■ Gipsvliesplatten

Wegen rauer Oberfläche durch frei liegendes Glasvlies ist vollflächige Spachtelung mit Spezialspachtel nötig.

■ Gipsfaserplatten

Wegen hoher Festigkeit und Hydrophobierung ist nur Grundierung nötig, wenn es vom Beschichtungssystem gefordert wird.

■ Fibersilikatplatten

Wegen Alkalität und hoher Saugfähigkeit werden alkalibeständige, neutralisierende Grundanstrichmittel nötig.

■ Perliteplatten

Zur Haftungsverbesserung und Regulierung der Saugfähigkeit Grundanstrich mit Tiefgrund vor weiterer Beschichtung nötig. Für Anstrich oder Tapeten zuvor vollflächige Spachtelung mit Gewebeeinlage erforderlich.

■ Holzwerkstoffplatten

Wegen starker Saugfähigkeit und Quell-/Schwindgefahren ist Grundanstrich auf Bindemittelbasis des Beschichtungssystems nötig. Freiliegende Plattenkanten sind besonders sorgfältig zu grundieren. Aufgrund des starken „Arbeitens" der Holzwerkstoffe ist auch durch eine Fugenverspachtelung ein langfristig rissfreier, großflächiger, dünnschichtiger Anstrich kaum möglich. Konstruktionen mit sichtbaren Stoß-, Anschluss- und Bewegungsfugen sind vorzuziehen.

- **Holzspanplatten zementgebunden**: alkalibeständige Grundanstrichmittel nötig.
- **Sperrholzplatten**: Je nach Furnierqualität und Beschichtungssystem sind vollflächige Spachtelung bzw. mehrfache Grundierung nötig.
- **Holzfaserplatten**: Nur porenarme, harte Platten sind beschichtungsfähig. Wegen unterschiedlichen Saug-, Quell- und Schwindverhaltens zwischen glatter und Siebseite sowie möglicher Trennmittelrückstände sehr problematisch.

8.2 Beschichtungen und Beläge

8.2.1 Anstriche

Mögliche Anstrichsysteme hängen von den Eigenschaften der Trockenbauplatte und dem Anstrichstoff sowie von der Beanspruchung des Bauteils ab. Es sollten nur aufeinander abgestimmte Komponenten eines Herstellersystems verwendet werden.

8.2.2 Kunstharzputze

Kunstharzputze (P org1, P org2) sind verarbeitungsfertige, organische Beschichtungsstoffe auf der Basis von Kunstharzdispersionen (Bindemittel meist Acrylate, Styrole oder Mischpolymerisate), Füllstoffen und Zusätzen. Sie sind eingefärbt, haften sehr gut und ergeben einen vielfältig strukturierbaren, dichten und relativ elastischen Film in Kornstärke ($d \leq 5$ mm). Sie trocknen sehr spannungsreich und erfordern daher auf weicheren Untergründen (GK-, GV-Platten) und auf Holzwerkstoffplatten eine verfestigende Tiefgrundierung sowie grundsätzlich einen Voranstrich (oft im Putzfarbton).

Anstrichsysteme für GK-, GV-, GF-Platten
geeignet:
– Latexfarben – Dispersionsfarben – Öllackfarben – Alkydharzlackfarben – Polymerisatharzlackfarben – Polyurethanlackfarben – Epoxidharzlackfarben
ungeeignet:
– Leimfarben – Kalkfarben – Silikatfarben – Dispersionssilikatfarben nur bei absperrenden Grundanstrichen möglich

Anstrichsysteme für Fibersilikatplatten
geeignet:
– Silikonharzimprägnierung, farblos – mineralische Anstrichsysteme (Kalk-, Zement-, Silikat-, Dispersionssilikatfarben) – alle alkalibeständigen Dispersions-, Polymerisatharz-, PUR- und EP-Lackfarben
ungeeignet:
– alle nicht alkalibeständigen, insbesondere ölhaltigen Anstrichsysteme

Anstrichsysteme für Holzwerkstoffplatten
geeignet:
– Dispersionsfarben – Alkydharzlackfarben – Acrylharzlackfarben – Polyesterharzlackfarben – Polyurethanlackfarben – säurehärtende Lackfarben
ungeeignet:
– mineralische Anstrichsysteme – versprödende Ölfarben, Öllackfarben

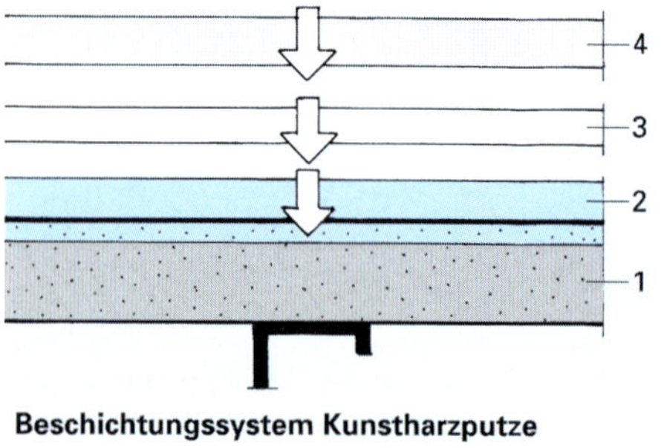

Beschichtungssystem Kunstharzputze

1: Trockenbauplatte
2: Tiefgrundierung
3: Grundanstrich
4: Putzbeschichtung

8.2.3 Tapeten

Es können nach entsprechender Grundierung alle handelsüblichen Papier-, Textil- und Kunststofftapeten einschließlich eines eventuell erwünschten Tapeten-Wechselgrundes verwendet werden. Bei GF-Platten ist wegen ihrer Hydrophobierung ein Wechselgrund unnötig, eine Grundierung nur bei schweren Vinyltapeten erforderlich.

8.3 Keramische Beläge und Sperrmaßnahmen

Keramische Beläge werden meist im Dünnbettverfahren mit kunstharzvergüteten Zementmörteln, Dispersions- oder Reaktionsharzklebern verlegt. Die Auswahl richtet sich nach Untergrundart, Belagsmaterial und Beanspruchung durch Verformung oder Feuchtigkeit. Die Untergründe müssen besonders verformungsarm ausgeführt sein (doppelte Beplankung, geringerer Abstand der Unterkonstruktion, geringe Zusammendrückbarkeit von Estrich-Dämmschichten).

Als Beläge sind handelsübliche Fliesen und Platten nach EN 87 geeignet. Auf Fertigteilestrichen sollten nur besonders belastbare, dichte Steinzeugfliesen der Gruppe B, EN 176 verwendet werden.

8.3.1 Sperrmaßnahmen

In häuslichen Feuchträumen müssen feuchtigkeitsempfindliche Trockenbauplatten (gipsgebunden, Holzwerkstoffe) insbesondere im Spritzwasser- und Bodenbereich durch besondere Abdichtungsmaßnahmen gegen nicht drückendes Wasser geschützt werden. Dabei sind in die dünnschichtigen Sperrschichten an den Ecken zusätzliche Dichtungsbänder einzubinden. Rissanfällige Innen- und Außenecken sowie Anschlussfugen der Beläge müssen im Verfugungsfarbton dauerelastisch verfugt werden.

8.3.2 Verlegetechnik

Der Dünnbettkleber wird auf den vorbehandelten Untergrund mit einer Glättkelle vollflächig aufgetragen (Floating-Verfahren). Die Schichtdicke hängt von der Plattengröße und der Profilierung der Rückseite ab. Der Kleber wird dann mit einem Zahnspachtel mit entsprechender Zahntiefe aufgekämmt, so dass auch in den Vertiefungen noch eine Kleberschicht stehen bleibt. Bei Wandfliesen sollte horizontal aufgekämmt werden, zumindest für die oberste Fliesenreihe.

Beim „Dichtklebersystem" wird zunächst mit dem wasserdicht vergüteten Dünnbettkleber eine Spachtelschicht ($d \geq 3$ mm) als Abdichtungsschicht aufgetragen. Erst nach dem Abbinden dieser Schicht wird dann der eigentliche Dünnbettkleber mit dem Zahnspachtel aufgetragen.

Die Fliesen werden nicht vorgenässt, vorsichtig in das Kleberbett eingelegt und kräftig eingeschoben, so dass eine Benetzungsfläche der Rückseite von ≥ 60%, bei Bodenfliesen von ≥ 80% erreicht wird. Die verbleibenden Fugenbreiten richten sich ebenfalls nach den Plattenformaten. Verfugt wird mit kunstharzvergüteten, elastifizierten, eingefärbten Fugenmörteln auf Zementbasis oder mit Reaktionsharzmassen.

Sperrmaßnahmen in häusl. Feuchträumen

- mineralische Dichtungsschlämme
- bituminöse Anstriche
- kunstharzvergütete bituminöse Anstriche
- kunstharzvergütete bituminöse Spachtelmassen
- Dichtklebersysteme

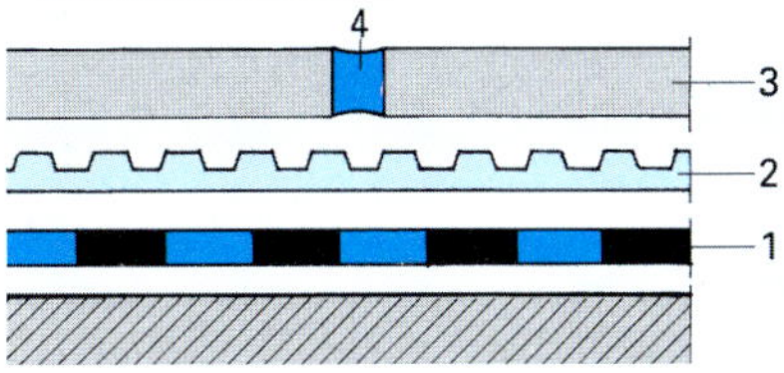

Dichtklebersystem, bestehend aus:
1: Abdichtungsschicht aus Dichtkleber
2: Dünnbettkleber mit Zahnspachtel
3: keramische Steinzeugfliese EN 176
4: wasserdichte elastifizierte Verfugungsmasse

Dünnbettmörtel und -kleber

- kunstharzvergütete Zementmörtel
  für mineral. Untergründe; feuchtigkeitsunempfindlich; relativ spröde, auf Fertigteilestrichen mit Elastifizierungsmitteln
- Dispersionskleber
  extreme Haftung auf allen Untergründen, sehr elastisch, bei starker Feuchtigkeitsbeanspruchung ungeeignet; Eignung auf Bitumenabdichtungen prüfen!
- Reaktionsharzkleber
  Zweikomponentenmaterial; EP hart und sehr beständig, aber spröde;
  PUR beständig, aber elastischer

Dünnbettkleber Schichtdicken *d*

Plattenlänge cm	≤5	5 ≤10,8	10,8 ≤20	>20
Schichtdicke mm	3	4	6	8

Fugenbreiten Steinzeugfliesen Gruppe B

Plattenlänge cm	≤10	10≤20	20≤60
Fugenbreite mm	2	3	4–8

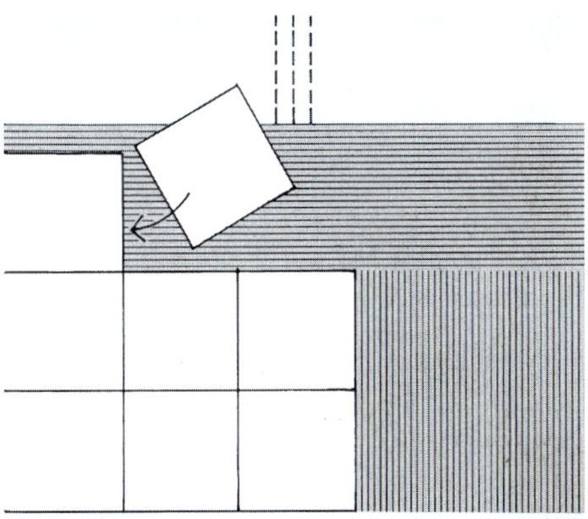

Dünnbettverlegung von Wandfliesen

9 Baustelleneinrichtung

9.1 Baustofftransport

Der Transport der Trockenbaumaterialien erfolgt vom Baustofffachhändler von der Industrie (Hersteller) zum Fachunternehmer (Verarbeiter) auf die Baustelle. Oftmals endet die Dienstleistung des Händlers mit dem Abladen vor der Baustelle. Der weitere notwendige Transport zum Einbauort erfordert nochmals Zeit und damit Geld. Gerade im mehrgeschossigen trockenen Innenausbau entstehen somit Transportkosten, die sehr schnell den ursprünglichen Quadratmeterpreis der Trockenbauplatten verdoppeln. Hinzu kommt, dass durch den Transport in die höheren Etagen Qualitätsmängel (z. B. abgeschlagene Kanten usw.) auftreten können. Diese beim Einbau zu beseitigen, kostet wiederum zusätzlich Zeit und Geld.

Maschinelle Hilfsmittel

Damit der Transport zügig und kostengünstig erfolgen kann, hat die Trockenbauplattenindustrie gemeinsam mit dem Baustofffachhandel eine spezielle Baustellenlogistik entwickelt. Mit einfachen technischen Hilfsmitteln lassen sich die Materialien (insbesondere die Beplankung und die Profile) mühelos in die Gebäude transportieren.

Der damit verbundene finanzielle Mehraufwand beträgt nur einen Bruchteil der manuellen Transportkosten.

So kann zum Beispiel beim Transport von Gipskartonplatten der Hochauslegerkran von der LKW-Standebene aus Bauöffnungen bis 21 m Höhe erreichen. Die Plattenstapel werden mittels Universal-Plattengreifer aufgenommen. Plattenbreiten von 1,25 m bzw. 0,625 m sind bei Längen bis zu 3 m problemlos transportierbar. Das Gewicht kann je nach Krantyp zwischen 600–1000 kg betragen. Der Plattenstapel (vom Hersteller baustellengerecht palettiert) wird vom LKW direkt durch die Gebäudeöffnung auf die Geschossdecke abgesetzt. Von dort erfolgt der Transport mit Hilfe des Langhubwagens zum Einbauort.

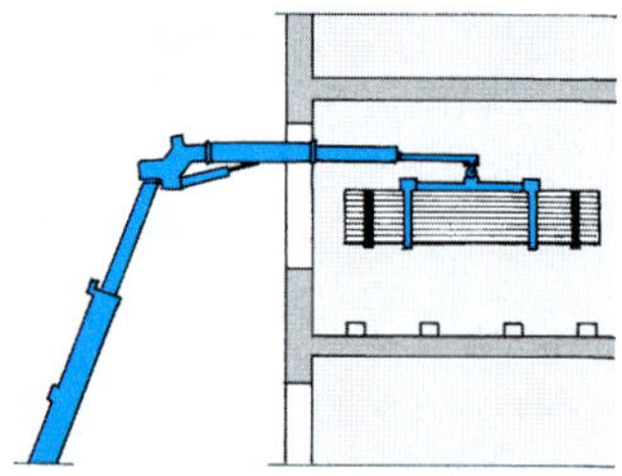

Plattenpaket durch die Gebäudeöffnung schieben (bis 21m)

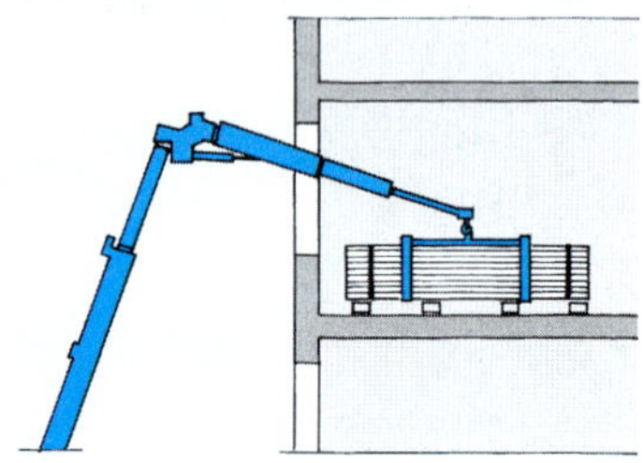

und auf der Geschossdecke absetzen

Optimale Bedingungen werden erreicht, wenn nachfolgende Voraussetzungen eingehalten werden:

- Befahrbarkeit der Baustellenstraße für den LKW.
- Einhalten des technologisch notwendigen Gebäudeabstandes von 4–6 m.
- Eventuelle Durchfahrten müssen mindestens 3,90 m hoch sein.
- Keine bzw. gesicherte Freileitungen im Arbeitsbereich.
- Sicherung der Gebäudeöffnung gegen Transportschäden.

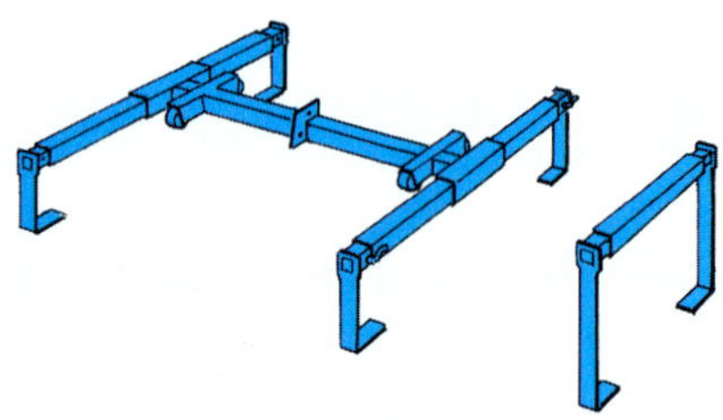

Universal-Plattengreifer für 62,5 - 90 - 125 cm breite Plattenpakete

Hinweis:

Ebenfalls möglich ist, die Palette vor die Gebäudeöffnung zu halten und dann von innen die Trockenbauplatten hereinzuziehen. Je nach Krantyp lassen sich auf diese Weise Höhen bis zu 27 m überwinden.

Bei größeren Baustellen, insbesondere bei höheren Gebäuden, empfiehlt sich der Baustellenkran (Autokran) in Verbindung mit der Plattenrutsche und dem Vierpunktseil. Die Plattenrutsche wird im Geschoss auf die erforderliche Brüstungshöhe eingestellt und mit 2 Sprießen zur Betondecke verspannt. Die Holme ragen aus dem Gebäude heraus. Belastbar ist die Plattenrutsche bis 1300 kg. Das Eigengewicht wird mit ca. 120 kg veranschlagt. Der Transport der vom Hersteller baustellengerecht konfektionierten Paletten erfolgt mittels Kran und Vierpunktseil ins Gebäude. Die Palette (Breite bis 1,30 m, Länge bis zu 4,20 m) wird auf die herausragenden Holme der Plattenrutsche gelegt und anschließend auf den bereitgestellten Langhubwagen abgelassen. Zum Einbauort kann dann die Palette mühelos bewegt werden.

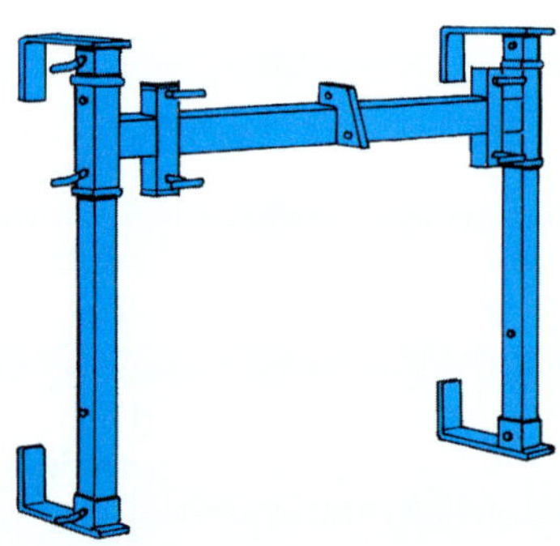

für Hochkanttransport Mitteltraverse verschieben und verriegeln

Für kleinere Mengen bis zu 400 kg Gewicht ist dazu ebenfalls der Plattenroller geeignet.

Hinweis:

Die Industrie bietet bei größeren Mengen Gipskartonplatten (in der Regel mindestens 1 Palette) den Service an, die Plattenlänge bereits entsprechend der Geschosshöhe zu liefern. Im konkreten Fall heißt das, der Verarbeiter kann die Beplankung raumhoch ohne Verschnitt und somit ohne zusätzlichen Zeitaufwand für die Entsorgung des Abfalls vornehmen.

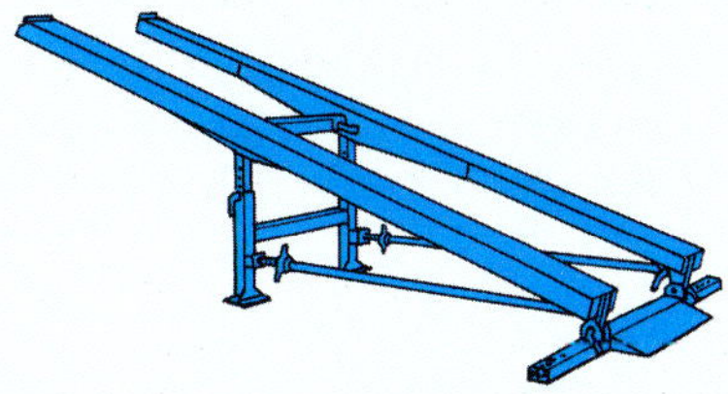

Bockhöhe bis 50 - 83 cm, Länge 220 cm

9.2 Baustellenlagerung

Nicht immer lässt sich ein optimaler Baustellentransport vom LKW direkt zum Einbauort gewährleisten. Die notwendige Zwischenlagerung der Paletten mit Trockenbauplatten erfolgt unter zwei Gesichtspunkten:

1. Palette immer eben lagern. Die Lagerung erfolgt auf Kanthölzern oder auf Euro-Paletten. Erforderlichenfalls ist ein planebener Untergrund herzustellen. Dieser ist notwendig, um Durchbiegungen bzw. Durchbrüche zu verhindern. Des Weiteren sind die Kanten gegen Beschädigungen zu schützen.
2. Vermeidung von Feuchtigkeitsaufnahme. Dazu ist die Palette neben einer erhöhten Lagerung (Kanthölzer/Palette) zusätzlich mit einer Folie abzudecken und diese gegen Wind zu sichern. Witterungseinflüsse wie Regen, Schnee oder Hagel sind auszuschließen.

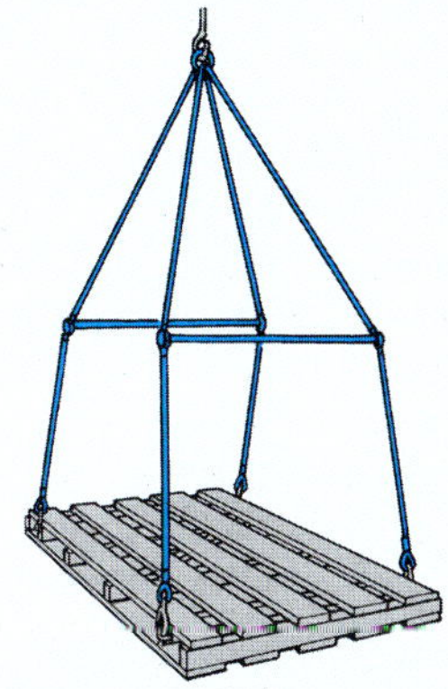

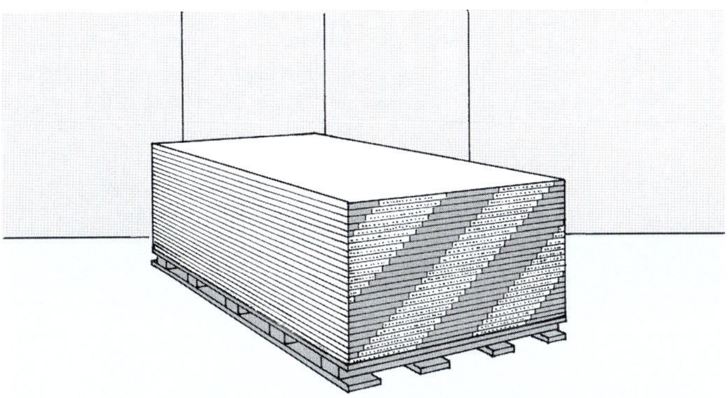

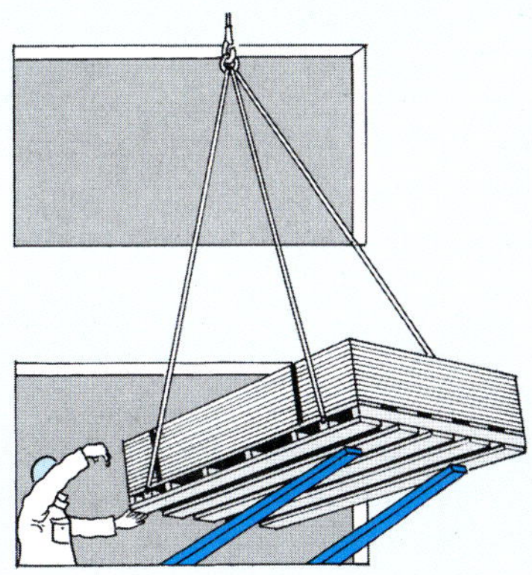

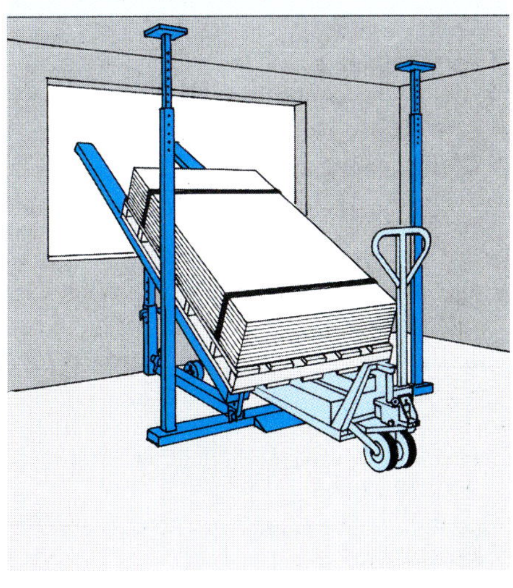

10 Fragensammlung Technologie

1. Gebäudeausbau mit Trockenbaumaßnahmen

1. Nennen Sie die wichtigsten Vor- und Nachteile von Trockenbaumaßnahmen gegenüber konventionellen Konstruktionen.
2. Warum ist bei Trockenbaukonstruktionen ein höherer Planungs- und Koordinationsaufwand erforderlich als bei konventionellen Baumethoden?
3. Nennen Sie die wichtigsten Bauteile bzw. Konstruktionen, die in Trockenbauweise ausgeführt werden können.

3.1 Trockenbauplatten

1. Nennen Sie die wichtigsten Materialgruppen von Trockenbauplatten und geben Sie je 1 Materialbeispiel an.
2. Beschreiben Sie stichwortartig die Herstellung von Gipskartonplatten.
3. Nennen Sie die wichtigsten Materialeigenschaften einer Gipskartonplatte (GKB).
4. Welche bandgefertigten Arten von Gipskartonplatten kennen Sie? Geben Sie jeweils die Abkürzungen und die äußeren Unterscheidungsmerkmale an.
5. Vergleichen Sie Zusammensetzung, Eigenschaften und Verwendungszweck der verschiedenen Arten von Gipskartonplatten.
6. Nennen Sie die Abmessungen genormter Gipskartonplatten.
7. Erläutern sie die folgenden Abkürzungen für die Kantenformen von Gipskartonplatten: AK, RK, HRK, HRAK, SK.
8. Warum sind bei der Querbefestigung von Gipskartonplatten größere Abstände der Unterkonstruktion möglich als bei einer Längsbefestigung?
9. Welche Abstände sind bei Gipskartonplatten für die Schnellbauschrauben einzuhalten (Plattenränder, Plattenbefestigung an Decken, an Wänden)?
10. Vergleichen Sie Zusammensetzung, Aufbau und wichtigste Eigenschaften von Gipsfaserplatten und GKB-Platten.
11. Wodurch unterscheiden sich GV- und GKF-Platten (Zusammensetzung, Eigenschaften, Verwendung)?
12. Welche Aufgaben haben die Bewehrungsfasern in GKF-, GF-, GV-Platten zu erfüllen? Um welche Faserart handelt es sich jeweils?
13. Welche Nachteile weisen Gipsvlies-Platten bei der Verarbeitung auf?
14. Beschreiben Sie Zusammensetzung, Eigenschaften und Verwendung von Fibersilikat-Platten
15. Nennen Sie 3 speziell für Brandschutzaufgaben geeignete Trockenbauplatten.
16. Nennen Sie 5 für höhere Feuchtigkeitsbelastung geeignete Trockenbauplatten. Welche sind auch für dauernde Feuchtigkeitsbeanspruchung geeignet und warum?
17. Nennen Sie 6 unterschiedliche Holzwerkstoff-Trockenbauplatten.
18. Erläutern Sie die 3 Verleimungsarten für Holzwerkstoffplatten und die jeweiligen Folgen für die Platteneigenschaften und Verwendbarkeit.
19. Nennen Sie die wichtigsten Eigenschaften von Flachpressplatten und beschreiben Sie ihre Anwendungsbereiche.
20. Erläutern Sie die Zusammensetzung, Herstellung und Verwendung von Perliteplatten.
21. Welche Abmessungen haben Gipswandbauplatten?
22. Beschreiben Sie die wichtigsten Eigenschaften und die Verwendungsmöglichkeiten von Gipswandbauplatten.
23. Vergleichen Sie die mechanische Belastbarkeit von GKB-, GF-, FS-, BFU-, FP-, HFH-Platten.
24. Vergleichen Sie die feuchtetechnischen Eigenschaften von GKB-, GF-, FS-, BFU-, FP-, HFH-Platten.

3.2 Dämmstoffe

1. Nennen Sie 5 verschiedene Dämmstoffe sowie jeweils ihre Abkürzungen und Anwendungsmöglichkeiten.
2. Beschreiben Sie Zusammensetzung und wichtigste Eigenschaften von Mineralfaserdämmstoffen.
3. Welche Anwendungstypen für Min-Dämmstoffe kennen Sie (Abkürzungen!)?
4. Erläutern Sie folgende Abkürzungen: MinP-T 25/20; MinP-TK 13/10; MinP-WD 040; MinP-WV 035;
5. Wodurch unterscheiden sich Herstellung, Eigenschaften und Verwendung von EPS- und XPS-Platten?
6. Wodurch unterscheiden sich Eigenschaften und Verwendung von EPSP-WD und EPSP-TK?
7. Nennen Sie die wichtigsten Eigenschaften von PUR-Dämmstoffplatten.
8. Welche Dämmstoffplatten sind für Luftschalldämmung ungeeignet? Begründung!
9. Welche Dämmstoffe besitzen eine besonders geringe Wasseraufnahmefähigkeit?
10. Nennen Sie 3 Dämmstoffe mit besonders hoher Druckfestigkeit.
11. Welche Dämmstoffe sind für Brandschutzaufgaben besonders gut geeignet?

3.3 Verbundplatten

1. Erläutern Sie den Begriff „Verbundplatten". Welche Vorteile bieten sie für die Anwendung?
2. Welche Dämmstoffe werden für Verbundplatten verwendet?
3. Erläutern Sie die Abkürzung und Verwendung folgender Verbundplatten: VBMinP; VBEPSP; VBPURP; HS-ML/2
4. Welche Arten von Verbundplatten stehen für Fertigteilestriche zur Verfügung? Vergleichen Sie ihre wichtigsten Eigenschaften.

3.4 Unterkonstruktionen und Zargen

1. Nennen Sie die verschiedenen Abmessungen von Holzlatten, die für Unterkonstruktionen von Unterdecken und Wandvorsatzschalen verwendet werden.
2. Welche Abmessungen haben Kanthölzer für Ständer von Montagewänden und Wandvorsatzschalen? Welche Abmessungen haben die jeweils dazugehörigen Kanthölzer für den Boden- und Deckenanschluss dieser Ständer?
3. Nennen Sie die Kurzzeichen der Metallprofile, die für Metallständerwände üblicherweise verwendet werden. Erklären Sie die Bezeichnungen.
4. Wodurch unterscheiden sich die Metallprofile UW 75 und CW 75?
5. Welche Höhe und Breite haben CD 60-Metallprofile? Wofür werden sie verwendet?
6. Auf welche Weise ist bei CW-Profilen die Führung von Installationsleitungen vorgesehen?
7. Mit welchen Befestigungsmitteln werden Trockenbauplatten auf Holz-, mit welchen auf Metallunterkonstruktionen montiert?
8. Nennen Sie den Einsatzbereich und die besonderen Eigenschaften einer Federschiene.
9. Welchen Zweck erfüllen Traversen, welchen Tragständer?

3.5 Verbindungs- und Befestigungsmittel

1. Für welchen Zweck werden Justierschwingbügel verwendet?
2. Erläutern Sie die verschiedenen Hilfsmittel zur Verbindung von CD-Profilen untereinander.
3. Welchen Vor- und welchen Nachteil bietet ein Federbügel gegenüber einem Direktabhänger?
4. Nennen Sie die 2 wichtigsten Arten von Abhängern für Deckenunterkonstruktionen und vergleichen Sie ihre Vor- und Nachteile.
5. Worauf ist bei den Dübeln zur Verankerung von Unterdecken in der Rohdecke zu achten?
6. Welche Befestigungsmittel werden zur Verankerung von Montagewänden an angrenzenden Wänden, Decken und Böden verwendet?
7. Welchem Zweck dienen Ansetzbinder?
8. Mit welchen Mitteln können Trockenbauplatten auf Metall-, mit welchen auf Holzunterkonstruktionen befestigt werden?
9. Auf welche Weise können CW- und UW-Profile miteinander verbunden werden?

3.6 Weitere Hilfsmittel

1. Begründen Sie die Notwendigkeit von Anschlussdichtungen zwischen Trockenbaukonstruktionen und angrenzenden Bauteilen.
2. Nennen Sie 3 unterschiedliche Materialien für Anschlußdichtungen von Metallprofilen an angrenzende Bauteile.
3. Nennen Sie 4 verschiedene Materialien zur Fugenverspachtelung von Trockenbauplatten.
4. Nennen Sie 5 Gesichtspunkte, von denen die Auswahl der Materialien zur Fugenverspachtelung von Trockenbauplatten abhängig sein kann.
5. Erläutern Sie die Aufgabe von Fugenbewehrungsstreifen. Welche Voraussetzungen müssen zur Erfüllung dieser Aufgabe gewährleistet sein?
6. Vergleichen Sie Eigenschaften und Anwendung der 3 verschiedenen Arten von Fugenbewehrungsstreifen.
7. In welchen Fällen werden Trockenbauplatten großflächig verspachtelt?
8. Für welche Konstruktionen im Trockenbau werden Dünnbettmörtel benötigt?

3.7 Werkzeuge

1. Nennen Sie die Werkzeuge, die zur Herstellung einer einfach mit GKB-Platten beplankten Metalleinfachständerwand erforderlich sind.
2. Welchen Verwendungszweck hat ein Surformhobel?
3. Mit welchen Werkzeugen können Steckdosenöffnungen in GK-Platten hergestellt werden?
4. Nennen Sie die verschiedenen Arten von Spachtelwerkzeugen und ihre Verwendung.

4.1 Wandkonstruktionen Übersicht

1. Erklären Sie den Unterschied von Trockenputz und Wandvorsatzschalen.
2. Beschreiben Sie 2 unterschiedliche Möglichkeiten zur Herstellung direkt befestigter Wandvorsatzschalen.
3. Welche allgemeinen Vorteile bieten Wandvorsatzschalen mit frei stehender Unterkonstruktion gegenüber direkt befestigten Konstruktionen?

4. Erläutern Sie stichwortartig den Begriff „Montagewände".

5. Nennen Sie geeignete Materialien für die Unterkonstruktion von Montagewänden.

6. Erklären Sie den Unterschied zwischen Ständerwänden und Riegelwänden.

4.2 Wandbekleidungen und Vorsatzschalen

1. Welche Trockenbauplatten werden für das Ansetzen von Trockenputz verwendet?

2. Nennen Sie 5 Eigenschaften, die ein für Trockenputz gut geeigneter Untergrund aufweisen sollte.

3. Beschreiben Sie in Stichworten die Herstellung eines Trockenputzes aus GK-Platten auf unverputztem Mauerwerk.

4. Wodurch unterscheidet sich das Ansetzen von Trockenputz aus 9,5 mm dicken und 12,5 mm dicken GK-Platten? Begründen Sie Ihre Aussage.

5. Beschreiben Sie das Ansetzen eines Trockenputzes mit GK-Platten
   a) auf sehr unebenem Mauerwerk
   b) auf sehr ebenen Porenbetonplatten

6. In welchen Fällen muss ein Trockenputz vollflächig angesetzt werden?

7. Welche Bedeutung hat die Kantenform von GK-Platten auf die Fugengestaltung?

8. Beschreiben Sie stichwortartig 2 verschiedene Möglichkeiten für das Verspachteln von GK-Platten mit HRAK-Kanten.

9. Welche Spachtelmaterialien können Sie zum Nachspachteln verwenden, wenn a) mit Fugengips, b) mit Joint-Füller vorgespachtelt wurde?

10. Beschreiben Sie stichwortartig die Verspachtelung von Eckanschlussfugen von GK-Platten an a) vorhandenen Nassputz, b) vorhandene GK-Platten.

11. Wodurch unterscheidet sich die Fugenverspachtelung von GF-Platten von der bei GK-Platten?

12. Beschreiben Sie stichwortartig die Arbeitsschritte bei der Herstellung einer wärmedämmenden Wandvorsatzschale aus VBEPSP.

13. Wodurch unterscheidet sich das Ansetzen von Verbundplatten und Trockenputz?

14. Skizzieren Sie a) die Innenecke b) die Außenecke einer Wandvorsatzschale aus Verbundplatten auf einer Stahlbetonwand.

15. Beschreiben Sie stichwortartig die Herstellung einer ungedämmten, hinterlüfteten Wandvorssatzschale mit Holzunterkonstruktion und waagerechten Nut- und Feder-Brettern.

16. Wodurch unterscheidet sich die Konstruktion bei Frage 15, wenn zusätzlich eine Wärmedämmung berücksichtigt werden muß?

17. Beschreiben Sie stichwortartig die Herstellung einer schalldämmenden Wandvorsatzschale aus GK-Platten mit Metallunterkonstruktion und Wandmontage.

18. Welche Faktoren bewirken bei einer Wandvorsatzschale mit Unterkonstruktion eine bessere Luftschalldämmung gegenüber einer Konstruktion mit VBEPSP?

19. In welchen Abständen werden bei Vorsatzschalen mit Unterkonstruktion und GK-Platten die Ständer gestellt? Begründen Sie Ihre Aussage!

20. Welche Vor- und Nachteile besitzen freistehende Wandvorsatzschalen gegenüber solchen mit Unterkonstruktion und Wandmontage?

21. Warum sind die Abmessungen freistehender Wandvorsatzschalen im Gegensatz zu solchen mit Unterkonstruktion und Wandmontage begrenzt?

22. Beschreiben Sie stichwortartig die Herstellung einer schall- und wärmedämmenden Wandvorsatzschale aus GK-Platten und freistehender Unterkonstruktion.

23. In welchen Fällen können bei Wandvorsatzschalen Dampfsperren notwendig werden und warum?

24. Welche Maßnahmen können das Risiko von Tauwasserbildung bei Wandvorsatzschalen vor Außenwänden mindern?

25. Erläutern Sie die Ursachen von Wärmebrücken bei innenliegenden Wandvorsatzschalen von Außenwänden. Welche Gegenmaßnahmen sind möglich?

26. Beschreiben Sie stichwortartig Ursachen von Schallbrücken und Gegenmaßnahmen bei T-förmig an Wandvorsatzschalen anschließenden Montagewänden.

27. Erläutern Sie 5 Gesichtspunkte, von denen die luftschalldämmende Wirkung von Wandvorsatzschalen abhängen kann.

28. Welche Verbesserungsmaße für R_w sind durch Wandvorsatzschalen von Massivwänden bestenfalls erreichbar? Sind diese Werte erreichbar bei a) 25 cm dicken Stahlbetonwänden b) 8 cm dicken Wänden aus Gipswandbauplatten? Begründen Sie ihre Aussage.

29. Welche Auswirkungen hat die flächenbezogene Masse der Massivwand auf die Luftschalldämmung einer Wandvorsatzschale, welche die flächenbezogene Masse der flankierenden Bauteile?

4.3 Nichttragende innere Trennwände

1. Nennen Sie 8 besondere Merkmale bzw. Aufgabenstellungen, die nichttragende innere Trennwände von sonstigen Wandkonstruktionen unterscheiden.

2. Erläutern Sie die Auswirkungen des Begriffes „Einbaubereich" für die Konstruktion von nichttragenden inneren Trennwänden.

3. Auf welche Weise kann die Durchbiegung einer Stahlbetondecke von einer darunter angeordneten Montagewand aufgenommen werden?

4. Beschreiben Sie stichwortartig die Herstellung einer massiven Trennwand aus Gipswandbauplatten (elastischer Randanschluss).

5. Welche Aufgaben kann der Randdämmstreifen bei Trennwänden aus Gipswandbauplatten erfüllen?

6. Erläutern Sie stichwortartig die Maßnahmen, die bei der Herstellung von Türöffnungen bei Trennwänden aus Gipswandbauplatten zu ergreifen sind.

7. Nennen und skizzieren Sie die 3 unterschiedlichen Arten von Deckenanschlüssen für Trennwände aus Gipswandbauplatten.

8. In welchen Fällen sind starre, in welchen Fällen gleitende Anschlüsse von Trennwänden aus Gipswandbauplatten möglich bzw. erforderlich?

9. Erläutern Sie 5 Faktoren, von denen die zulässige Wandhöhe von Metallständerwänden abhängt.

10. Nennen Sie die 3 möglichen Hohlraumtiefen von Metalleinfachständerwänden.

11. Erläutern Sie folgende Abkürzungen für Montagewände: HW 60/85; HW 80/130;
CW 50/75; CW 75/125; CW 100/150;
CW 100 + 100/255; Inst. 50 + 50/220;

12. Erläutern sie die Abkürzung Min 80/30 im Zusammenhang mit den Kurzbezeichnungen von Montagewänden.

13. Beschreiben Sie stichwortartig die Arbeitsschritte bei der Herstellung einer Montagewand CW 75/100, Min 40/50.

14. In welchen Abständen werden UW- und CW-Profile von Metallständerwänden an angrenzenden Bauteilen verankert?

15. In welcher Länge schneiden Sie die CW-Ständer bei einer Metalleinfachständerwand zu, wenn die Raumhöhe 2,65 m beträgt? Begründen Sie Ihre Aussage.

16. In welchen Abständen werden die Metallständer bei einer Metalleinfachständerwand gestellt? Begründen Sie ihre Aussage.

17. In welcher Länge schneiden Sie eine GK-Platte für eine Metallständerwand zu, wenn die Raumhöhe 2,75 m beträgt? Begründen Sie Ihre Aussage.

18. Welchen Abstand der Schnellbauschrauben halten Sie bei der Beplankung von Metalleinfachständerwänden mit GK-Platten ein? Welche Abstände werden bei doppelter Beplankung erforderlich?

19. Warum werden bei Metallständerwänden die obersten Schnellbauschrauben der Beplankung nicht mit dem UW-Profil verschraubt? Wo findet diese Verschraubung stattdessen statt?

20. Beschreiben Sie Anordnung und Ausführung von Horizontalstößen der GK-Platten von Metalleinfachständerwänden, wenn die Platten nicht raumhoch zugeschnitten sind.

21. Auf welche Weise wird eine Mineralfaserdämmung zwischen die Ständer einer Metalleinfachständerwand befestigt?

22. Worauf ist bei der Anordnung der Plattenstöße von GK-Platten bei der Beplankung von Metallständerwänden zu achten?

23. Erläutern Sie stichwortartig die verschiedenen Möglichkeiten, wie die Unterkonstruktion bei der Anordnung von Türöffnungen von Metalleinfachständerwänden ausgeführt werden kann.

24. In welchen Fällen werden UA-Profile bei Metalleinfachständerwänden verwendet?

25. Worauf ist bei der Beplankung von Metallständerwänden im Bereich von Türöffnungen zu achten?

26. Auf welche Weise werden Türzargen mit der Konstruktion von Metalleinfachständerwänden verbunden?

27. In welchen Fällen müssen bei Montagewänden Dehnfugen ausgeführt werden?

28. Skizzieren Sie den Aufbau einer Dehnfuge für eine Montagewand CW 75/100, Min 40/50
(b = 20 mm, Ausführung ohne Dehnfugenprofil, Brandschutzanforderung F 30).

29. Nennen Sie die 2 unterschiedlichen Arten von Anschlüssen von Montagewänden an angrenzende Bauteile.

30. In welchen Fällen werden gleitende Deckenanschlüsse von Montagewänden erforderlich?

31. Skizzieren Sie maßstäblich den gleitenden Deckenanschluß einer Montagewand CW 50/75, Min 40/50.

32. Welche Vorteile bitten LW-Inneneckprofile für die Konstruktion von Metallständerwänden?

33. Wie lassen sich beim Anschluss von Metallständerwänden an Estriche auf Dämmschicht oder Unterdecken Schallbrücken vermeiden?

34. Welche Vorteile bieten doppelt beplankte Metallständerwände gegenüber einfach beplankten Wänden?

35. Wodurch unterscheiden sich die Herstellungsschritte einer Montagewand CW 75/125, Min 40/50 von denen einer Wand CW 75/100, Min 40/50?

36. Warum ist eine doppelt mit 12,5 mm dicken GK-Platten beplankte Metallständerwand schalltechnisch günstiger als eine mit 25 mm dicken Platten einfach beplankte Konstruktion?

37. Welche Maßnahmen sollten Sie bei der Konstruktion einer Metallständerwand ergreifen, wenn eine Verfliesung vorgesehen ist? Begründen Sie die Maßnahmen und vergleichen Sie die Wirksamkeit.
38. In welchen Fällen werden doppelt beplankte Metalldoppelständerwände angewendet?
39. Erklären Sie, welche besonderen Anforderungen an Metallständerwände in Feuchträumen wie Bädern oder Duschen gestellt werden.
40. Beschreiben Sie die konstruktiven Maßnahmen, die bei Installationswänden zur Standsicherheit getroffen werden müssen.
41. Auf welche Weise werden bei Installationswänden hohe Konsollasten von Waschtischen oder wandhängenden WC's aufgenommen?
42. Welche maximalen Abmessungen können Aussparungen für Installationsleitungen in Metallständern erhalten?
43. Nennen Sie die besonderen Anforderungen, die Brandwände gegenüber sonstigen brandschützenden Montagewänden erfüllen müssen.
44. Beschreiben Sie die Besonderheiten bei der Konstruktion einer Brandwand gegenüber einer „normalen" brandschützenden Metallständerwand.
45. Erläutern Sie stichwortartig 6 Faktoren, von denen die Luftschalldämmung von Montagewänden im Massivbau abhängt.
46. Worauf ist bei der Ausführung von Randanschlüssen von Montagewänden zu achten, wenn Schallschutzanforderungen gestellt werden?
47. Erklären Sie den Einfluss flankierender Bauteile auf die luftschalldämmende Wirkung von Montagewänden.
48. Von welchen konstruktiven Besonderheiten ist die luftschalldämmende Wirksamkeit von Montagewänden im Skelettbau abhängig?
49. Beschreiben Sie die Konstruktion einer Montagewand, die die Anforderungen an die Luftschalldämmung von Wohnungstrennwänden im Massivbau erfüllt.
50. Erläutern Sie stichwortartig 6 Faktoren, von denen die brandschutztechnische Leistungsfähigkeit von Montagewänden abhängt.
51. Welche Anforderungen müssen brandschutztechnisch notwendige Dämmstoffe für Montagewände erfüllen? Nennen Sie ein Materialbeispiel.
52. Welche Besonderheiten sind beim Einbau von Steckdosen in Montagewände mit brandschutztechnischen Anforderungen zu beachten?
53. Beschreiben Sie die 2 Möglichkeiten, mit denen die brandschutztechnische Wirksamkeit von Anschlussdichtungen von Montagewänden an angrenzende Bauteile gesichert werden kann.
54. Beschreiben Sie die Konstruktion einer Montagewand, die die Anforderungen an den Brandschutz von Wohnungstrennwänden in Mehrfamilienhäusern (F 90-A) erfüllt.
55. Welche konstruktiven Maßnahmen sind bei Montagewänden zur Erfüllung höherer Strahlenschutzanforderungen notwendig?
56. Welche Befestigungsmittel stehen für die Befestigung von leichten Konsollasten an Montagewänden zur Verfügung?

5.1 Deckenbekleidungen und Unterdecken

1. In welche 3 Teile gliedert sich der Schichtenaufbau einer Deckenkonstruktion?
2. Erklären Sie den Unterschied der Begriffe „Deckenbekleidung" und „Unterdecke".
3. Nennen Sie 6 unterschiedliche Aufgaben, die Deckenbekleidungen oder Unterdecken gegebenenfalls erfüllen sollten.
4. Nennen Sie 5 unterschiedliche Gestaltungssysteme von Decklagen bei Unterdecken.
5. Welche Materialien stehen für die Decklage von Bandrasterdecken zur Verfügung?
6. Beschreiben Sie die Besonderheit von Paneeldecken im Vergleich zu Rasterdecken.
7. Erläutern Sie den Begriff „Integrierte Unterdeckensysteme".
8. Nennen Sie die 5 Konstruktionselemente, die bei Deckenbekleidungen und Unterdecken unterschieden werden.
9. Welche Dübel dürfen zur Verankerung von Unterdecken an Massivdecken verwendet werden?
10. Auf welche Weise werden Unterkonstruktionen von Unterdecken oder Deckenbekleidungen an Stahlprofilen befestigt?
11. Nennen Sie 3 unterschiedliche Abhängertypen und ihre speziellen Vorteile.
12. Welche Mindestquerschnitte gelten für Grund- und Traglattungen von Deckenbekleidungen, welche für Unterdecken?
13. Welche Metallprofile eignen sich für die Unterkonstruktion bei Unterdecken mit GK-Platten?
14. Beschreiben Sie stichwortartig die Herstellungsschritte für eine Deckenbekleidung aus GK-Platten mit Holzunterkonstruktion unter einer Massivdecke.
15. Welcher Schraubabstand ist bei der Beplankung von Deckenbekleidungen oder Unterdecken mit GK-Platten zu beachten? Worauf ist bei der Anordnung von Plattenfugen zu achten?
16. In welchen Fällen kann bei der Bekleidung von Holzbalkendecken auf die Anordnung einer Grundlattung verzichtet werden?

17. Von welchen Faktoren ist das Abstandsmaß zwischen Rohdecke und Unterkante Beplankung bei einer Unterdecke abhängig?

18. Nennen Sie die Konstruktionsabstände für Trag-, Grundlattung und Dübelverankerung bei Unterdecken mit Holzunterkonstruktion (Beplankung einfach, 12,5 mm dicke GK-Platten).

19. Nennen Sie die Konstruktionsabstände für Trag-, Grundlattung und Dübelverankerung bei Unterdecken mit Metallunterkonstruktion (Beplankung einfach, 12,5 mm dicke GK-Platten).

20. Beschreiben Sie stichwortartig die Herstellungsschritte für eine fugenlose Unterdecke mit Metallunterkonstruktion und einlagiger Beplankung aus GK-Platten unter einer Stahlbeton-Massivdecke.

21. Worauf ist bei der zweilagigen Beplankung einer Unterdecke aus GK-Platten zu achten?

22. Mit welchen Elementen werden Grund- und Tragprofile der Unterkonstruktion von Unterdecken miteinander verbunden?

23. Welche Randabstände sind für Tragprofile von Metallunterkonstruktionen von Unterdecken einzuhalten? Welche bei Verwendung eines UD- oder L-Wandanschlußprofiles?

24. Beschreiben Sie 2 unterschiedliche Maßnahmen, mit denen bei Randanschlüssen von Unterdecken an angrenzende Wände Anforderungen an den Brandschutz erfüllt werden können.

25. Skizzieren Sie schematisch den gleitenden Anschluss einer Unterdecke an eine vorhandene Montagewand CW 75/50, Min 40/50.

26. In welchen Fällen wird ein gleitender Anschluss einer brandschützenden Unterdecke an eine Montagewand notwendig? Welche Folge hat diese Konstruktion für die luftschalldämmende Wirkung der Montagewand?

27. In welchen Fällen ist in Unterdecken eine Dehnfuge vorzusehen?

28. Beschreiben Sie 2 unterschiedliche Maßnahmen, durch die beim Anschluß von Montagewänden an schalldämmende Unterdecken die Schalllängsleitung im Unterdeckenbereich gemindert werden kann.

29. Erklären Sie den Begriff „Deckenschott“. Welche Aufgaben können diese Bauteile erfüllen?

30. Nennen Sie 4 Vorteile von Rasterdecken gegenüber fugenlosen Unterdecken.

31. Durch welche Maßnahmen bei der Konstruktion und Materialwahl von Unterdecken kann eine die Raumakustik verbessernde Wirkung erzielt werden?

5.2 Deckenauflagen

1. Nennen Sie 6 unterschiedliche Schichten, die innerhalb der Deckenauflagen von Deckenkonstruktionen auftreten können, sowie ihre jeweiligen Aufgabenstellungen.

2. Nach welchen Merkmalen können Estriche unterschieden werden? Nennen Sie jeweils Beispiele für die sich daraus ergebenden Estrichbezeichnungen.

3. Skizzieren Sie schematisch die 3 unterschiedlichen Estrichkonstruktionen und erläutern Sie die Unterscheidungsmerkmale.

4. Erläutern Sie den Begriff „Estrich auf Dämmschicht“. Welche Aufgaben kann er erfüllen?

5. Beschreiben Sie den Schichtenaufbau eines schall- und wärmedämmenden Estrichs auf Dämmschicht auf einer frischbetonierten Stahlbeton-Massivdecke.

6. Welche Anforderungen muss die Estrichplatte eines Estrichs auf Dämmschicht gegebenenfalls erfüllen?

7. Nennen Sie 6 unterschiedliche Materialien, aus denen die Estrichplatte eines Estrichs auf Dämmschicht hergestellt werden kann.

8. Welche Anforderungen muss der Dämmstoff eines Estrichs auf Dämmschicht gegebenenfalls erfüllen?

9. Nennen Sie 4 unterschiedliche Materialien, aus denen der Dämmstoff eines Estrichs auf Dämmschicht bestehen kann.

10. Welche besonderen Anforderungen muss die Dämmschicht eines Estrichs auf Dämmschicht bei Fußbodenheizungen oder bei harten, eventuell großformatigen Bodenbelägen wie Keramikplatten erfüllen?

11. Warum ist bei Estrichen auf Dämmschicht mit Fliesenbelag eine Dämmplatte MinP-TK 13/10 günstiger als eine MinP-T 25/20?

12. Erläutern Sie 5 Faktoren, von denen die luftschalldämmende Wirkung von Estrichen auf Dämmschicht bei Massivdecken abhängen kann.

13. Erläutern Sie 5 Faktoren, von denen die trittschalldämmende Wirkung von Estrichen auf Dämmschicht bei Massivdecken abhängen kann.

14. Welche Maßnahmen an welchen Stellen sind zur Vermeidung von Schallbrücken bei Estrichen auf Dämmschicht notwendig?

15. Warum weisen Fertigteilestriche auf Dämmschicht aus GF-Platten eine geringere trittschalldämmende Wirkung auf als 45 mm dicke AE-Fließestriche auf Dämmschicht?

16. Welche besonderen Vorteile bieten Fertigteilestriche auf Dämmschicht im Vergleich mit ZE-Estrichen auf Dämmschicht? Welche Nachteile haben sie?

17. Nennen Sie 5 Materialien, die für Fertigteilestriche auf Dämmschicht auf dem Markt sind.

18. Welche Materialien stehen für schwimmend auf Lagerhölzern verlegte Trockenestriche zur Verfügung? Welche besonderen Eigenschaften weisen diese Baustoffe auf?

19. Welche Vorteile bieten Estriche auf Dämmschicht aus Verbundplatten gegenüber konventionell verlegten Fertigteilestrichen? Welche Nachteile haben sie?

20. Welche Maßnahmen sind bei Fertigteilestrichen notwendig, um aus den Einzelelementen eine homogene Estrichplatte herzustellen?

21. Welche Maßnahmen sind bei der Herstellung von Fertigteilestrichen auf besonders unebenen Rohdecken möglich?

22. Durch welche Maßnahmen können besonders feuchtigkeitsempfindliche Fertigteilestriche gegen Schäden geschützt werden?

23. Beschreiben Sie stichwortartig die Herstellung eines Fertigteilestrichs aus Verbundplatten auf einer frisch betonierten Stahlbeton-Massivdecke.

24. Beschreiben Sie stichwortartig die Herstellung eines vollflächig schwimmend verlegten Fertigteilestrichs aus Spanplatten auf einer Holzbalkendecke mit altem, aufgeschüsseltem Dielenbelag.

25. Erläutern Sie die Faktoren, von denen die Dicke der Spanplatten bei schwimmend auf Lagerhölzern verlegten Fertigteilestrichen abhängt.

26. Warum dürfen bei schwimmend auf Lagerhölzern und Holzbalkendecken velegten Spanplattenestrichen die Lagerhölzer nicht mit den Deckenbalken verschraubt werden?

27. Welche Vor- und Nachteile bieten Fußbodenheizungen mit Fertigteilestrichen im Vergleich zu solchen mit ZE-Estrichen?

28. Beschreiben Sie die besonderen Maßnahmen, die im Bereich der Dämmschicht bei einem Fertigteilestrich mit Fußbodenheizung erforderlich sind.

29. Welche Bodenbeläge sind besonders gut für Fertigteilestriche mit Fußbodenheizungen geeignet?

30. Erläutern Sie die Begriffe „Hohlraumboden" und „Doppelboden". Welche Zielsetzungen werden mit solchen Konstruktionen verfolgt?

31. Welche Nachteile bieten Hohlraum- oder Doppelböden gegenüber konventionellen Deckenkonstruktionen mit Estrichen auf Dämmschicht?

5.3 Bauphysikalische Eigenschaften von Deckenkonstruktionen

1. Beschreiben Sie stichwortartig Maßnahmen, die die luftschalldämmende Wirkung von Massivdecken verbessern.

2. Welche Maßnahmen verbessern die trittschalldämmende Wirkung von Massivdecken?

3. Erklären Sie, warum Holzbalkendecken nur eine unzureichende Luftschalldämmung erreichen.

4. Durch welche Maßnahmen können bei Holzbalkendecken im Massivbau die Anforderungen an die Luft- und Trittschalldämmung von Wohnungstrenndecken erfüllt werden?

5. Welche Ziele verfolgt man mit Maßnahmen der Raumakustik?

6. Welche Wirkung hat eine schalldämpfende (absorbierende) Wandbekleidung für den Schallpegel des Raumes? Nennen Sie mehrere Anwendungsbeispiele.

7. Durch welche Maßnahmen kann die Schallausbreitung von der Bühne eines Versammlungsraumes in hintere Raumbereiche verbessert werden?

8. Nennen Sie die Faktoren, von denen das Ausmaß der Absorption schallschluckender Flächen abhängt.

9. Vergleichen Sie den Schallabsorptionsgrad folgender Baustoffe: verputztes Mauerwerk; Teppichbelag $d = 7$ mm; GKB-Lochplatten mit Mineralfaserauflage; Mineralfaserplatten $d = 5$ cm, direkt befestigt.

10. Beschreiben Sie stichwortartig die Wirkungsweise poröser Schallschluckmaterialien.

11. In welchen Frequenzbereichen sind poröse Schallschlucker besonders wirksam, in welchen weniger?

12. Erläutern Sie die Faktoren, von denen der wirksame Frequenzbereich poröser Schallschlucker abhängig ist.

13. Nennen Sie 5 unterschiedliche Baustoffe, die als Abdeckungen für poröse Absorberstoffe zur Verfügung stehen.

14. Beschreiben Sie stichwortartig die Wirkungsweise von Resonanzabsorbern. In welchen Frequenzbereichen sind sie besonders wirksam?

15. Welche Lastfälle können bei einer Brandbeanspruchung von Deckenkonstruktionen unterschieden werden?

16. Die Beurteilung des Brandschutzes von Deckenkonstruktionen hängt von der Art der Rohdecke ab. Nennen Sie die 4 Deckenbauarten mit je einem Konstruktionsbeispiel, die hierbei zu unterscheiden sind.

17. Welche Bedeutung hat eine Unterdecke brandschutztechnisch für ein Deckensystem?

18. Warum sind in Unterdecken bei bestimmten Deckenbauarten Dämmstoffe unzulässig?

19. Beschreiben Sie den Aufbau einer Unterdecke unter einer Stahlbetondecke, die die Anforderung F 90-A erfüllt (Materialien und Konstruktionabstände).

20. Beschreiben Sie stichwortartig den Aufbau einer Holzbalkendecke mit Deckenbekleidung, die die Feuerwiderstandsklasse F 30-B erfüllt.

21. Beschreiben Sie den Aufbau einer Unterdecke mit GKF-Platten, die als selbständige Konstruktion nach DIN 4102 die Anforderung F 30-A bei Brandbeanspruchung von unten erfüllt.

22. Beschreiben Sie den Aufbau einer Unterdecke, die als selbständige Konstruktion die Anforderung F 90-A bei Brandbeanspruchung von unten und von oben (Deckenhohlraum) erfüllt.

23. In welchen Fällen ist bei Deckenkonstruktionen ein besonderer Wärmeschutz erforderlich?

24. Welche verschiedenen Anordnungsmöglichkeiten gibt es für die Lage der Wärmedämmschicht bei Kellerdecken gegen unbeheizte Kellerräume?

25. Beschreiben Sie 2 unterschiedliche Fälle, in denen die Anordnung einer Dampfsperre im Schichtenaufbau wärmegedämmter Deckenkonstruktionen notwendig werden kann.

26. Warum müssen bei Decken gegen unbeheizte Dachräume höhere Anforderungen an die Wärmedämmung erfüllt werden?

27. Welche Dämmstoffdicke ist nach EnEV 2002 bei einer Altbausanierung für Decken gegen Außenluft erforderlich (λ_R des Dämmstoffes = 0,04 W/(m·K))?

28. Welche besonderen Maßnahmen werden bei Strahlenschutzanforderungen von Unterdecken erforderlich?

6. Bekleidungen und Ummantelungen von Stützen, Trägern, Kanälen und Schächten

1. Nennen Sie Beispiele, in denen Stützen oder Träger eine besondere brandschützende Ummantelung durch Trockenbaukonstruktionen erhalten.

2. Warum werden Installationskanäle oder -schächte oft mit besonderen brandschützenden Ummantelungen versehen?

3. Welche Materialien stehen für die brandschützende Ummantelung von Stützen oder Trägern zur Verfügung?

4. Erläutern Sie 5 Faktoren, von denen die brandschutztechnische Leistungsfähigkeit von Stützenummantelungen abhängig sein kann.

5. Beschreiben Sie die brandschutztechnische Ummantelung einer Massivholzstütze durch Gipsvliesplatten (Feuerwiderstandsklasse F 30-B).

6. In welchen Fällen können die Platten von brandschutztechnischen Ummantelungen von Stützen oder Trägern ohne Unterkonstruktion an den Stirnseiten geklammert statt auf einer Unterkonstruktion verschraubt werden?

7. Beschreiben Sie stichwortartig die brandschutztechnische Ummantelung einer Stahlstütze durch GKF-Platten mit Unterkonstruktion (Feuerwiderstandsklasse F 90-A).

8. Worauf ist bei der Anordnung von Plattenstößen bei der brandschutztechnischen Ummantelung von Stützen oder Trägern zu achten?

9. Welche besondere Maßnahme ist bei Plattenstößen von brandschutztechnischen Ummantelungen von Kabelkanälen durch FS-Platten zu ergreifen?

7. Dachgeschossausbau

1. Welche Bauteile spielen beim Ausbau eines Dachgeschosses eine besondere Rolle?

2. Welche Anforderungen können an die Konstruktionen beim Ausbau eines Dachgeschosses gestellt werden?

3. Welche U-Werte sieht die EnEV 2002 beim Ausbau eines beheizten Dachgeschosses für die einzelnen Bauteile vor?

4. Durch welche konstruktiven Maßnahmen soll die Kondenswasserbildung innerhalb des Schichtenaufbaus von Dachschrägen beim Ausbau von Dachgeschossen gemindert werden?

5. In welchen Fällen müssen durch die Bauteile eines Dachgeschossausbaus auch brandschutztechnische Anforderungen erfüllt werden?

6. Welche besonderen Schwierigkeiten ergeben sich beim Nachweis des Schallschutzes der einzelnen Bauteile bei einem Dachgeschossausbau?

7. Beschreiben Sie die 3 unterschiedlichen Anordnungsmöglichkeiten der Wärmedämmschicht von Dachschrägen. Erklären Sie Vor- und Nachteile.

8. Beschreiben Sie stichwortartig die Arbeitsschritte bei der Herstellung der Bekleidung einer Dachschräge eines Dachgeschosses (GK-Platten, Holzunterkonstruktion, keine Brandschutzanforderungen, Sparrenabstand ca. 70 cm).

9. Welche Besonderheiten sind gegenüber 8.) zu berücksichtigen, wenn für die Dachschräge die Feuerwiderstandsklasse F 30-B gefordert wird?

10. Welche Besonderheiten sind gegenüber 8.) zu berücksichtigen, wenn die Dachschräge auch Anforderungen an den Schallschutz gegen Außenlärm erfüllen soll?

11. Beschreiben Sie die Maßnahmen, mit denen beim Dachgeschoßausbau der winddichte Anschluss von Bekleidungen an angrenzende Bauteile wie Giebel, Schornsteine, Entlüftungsrohre oder Dachflächenfenster sichergestellt wird.

12. Beschreiben Sie die 2 Anordnungsmöglichkeiten der Wärmedämmung im Bereich von Abseitenwänden.

13. Beschreiben Sie stichwortartig die Unterkonstruktion einer ca. 1 m hohen Abseitenwand beim Ausbau eines Dachgeschosses.

14. Erläutern Sie die konstruktiven Besonderheiten einer Abseitenwand, wenn sie brandschutztechnische Anforderungen erfüllen muss.

8. Oberflächenbehandlung von Trockenbauplatten

1. Warum sind Trockenbauplatten besonders gut für Anstriche oder dünne Beschichtungen oder Beläge geeignet?

2. Nennen Sie 5 Faktoren, von denen die dauerhafte Untergrundhaftung von Beschichtungen oder Belägen von Trockenbauplatten abhängen kann.

3. Nennen Sie 3 unterschiedliche Vorbehandlungsmaßnahmen, die vor der Beschichtung von Trockenbauplatten erforderlich werden können.

4. Welche Anstrichsysteme sind für gipsgebundene Trockenbauplatten geeignet, welche nicht?

5. Welche Anstrichsysteme sind für Holzwerkstoffplatten geeignet, welche nicht?

6. Beschreiben Sie stichwortartig die Herstellungsschritte und Materialien beim Verlegen keramischer Wandfliesen auf Montagewänden in häuslichen Bädern.

9. Baustofftransport

1. Nennen Sie verschiedene maschinelle Hilfsmittel, die beim Transport von Trockenbaumaterialien zum Einsatz kommen können.

2. Welche Regeln sind bei der Lagerung von Trockenbauplatten im Gebäudeinneren einzuhalten?

Verzeichnis wichtiger Normen

96	Holzschrauben
97	Holzschrauben
EN 121	Stranggepresste ker. Fliesen und Platten Gr. A
EN 159	Trockengepresste ker. Fliesen und Platten Gr. B
EN 176	Trockengepresste ker. Fliesen und Platten Gr. B
EN 177	Trockengepresste ker. Fliesen und Platten Gr. B
EN 178	Trockengepresste ker. Fliesen und Platten Gr. B
EN 186	Stranggepresste ker. Fliesen und Platten Gr. A
EN 187	Stranggepresste ker. Fliesen und Platten Gr. A
EN 188	Stranggepresste ker. Fliesen und Platten Gr. A
267	Mechanische Verbindungselemente
274	Asbestzementplatten
280	Parkett
281	Parkettklebstoffe
1045	Beton und Stahlbeton
1052	Holzbauwerke
1053	Mauerwerk
1055	Lastannahmen für Bauten
1060	Baukalk
1101	Holzwolle-Leichtbauplatten/ Mehrschichtenplatten
1102	Holzwolle-Leichtbauplatten/ Mehrschichtenplatten
1104	Mehrschicht-Leichtbauplatten aus Schaumkunststoff
1151	Drahtstifte
1152	Drahtstifte
1164	Zement
1168	Baugipse
4070	Nadelholz, Kantholz und Dachlatten
4072	Gespundete Bretter
4073	Gehobelte Bohlen und Bretter aus Nadelholz
4074	Sortierung von Nadelholz
4078	Sperrholz, Maße
4102	Brandverhalten von Baustoffen und Bauteilen
4103	Nicht tragende innere Trennwände
4108	Wärmeschutz im Hochbau
4109	Schallschutz im Hochbau
4165	Porenbeton-Blocksteine
4166	Porenbeton-Bauplatten
4208	Anhydritbinder
4211	Putz- und Mauerbinder
7504	Bohrschrauben
7864	Elastomerbahnen für Abdichtungen
16729	Kunststoffdachbahnen, -dichtungsbahnen aus ECB
16736	Kunststoffdachbahnen, -dichtungsbahnen aus PE
16737	Kunststoffdachbahnen, -dichtungsbahnen aus PE
16935	Kunststoffdichtungsbahnen aus PIB
16937	Kunststoffdichtungsbahnen aus PVC
16938	Kunststoffdichtungsbahnen aus PVC
16926	Dekorative Hochdruck-Schichtpressstoffplatten
17100	Warmgewalzte Erzeugn. a. unlegierten Stählen
17162	Flachzeug aus Stahl (feuerverz. Band und Blech)
18152	Vollsteine aus Leichtbeton
18156	Stoffe f. ker. Bekleidungen im Dünnbettverfahren
18157	Ausführung keramischer Bekleidungen im Dünnbett
18158	Bodenklinkerplatten
18161	Korkerzeugnisse als Dämmstoffe
18162	Wandbauplatten aus Leichtbeton
18163	Wandbauplatten aus Gips
18164	Schaumkunststoffe als Dämmstoffe für das Bauwesen
18165	Faserdämmstoffe für das Bauwesen
18168	Leichte Deckenbekleidungen und Unterdecken
18169	Deckenplatten aus Gips
18174	Schaumglas als Dämmstoff für das Bauwesen
18180	Gipskartonplatten
18181	Gipskartonplatten im Hochbau
18182	Zubehör für die Verarbeitung v. Gipskartonplatten
18183	Montagewände aus Gipskartonplatten
18184	Gipskarton-Verbundplatten
18190	Dichtungsbahnen für Bauwerksabdichtungen
18195	Bauwerksabdichtungen
18334	VOB Teil C; Zimmerarbeiten
18337	VOB Teil C; Abdichtungen gegen nicht drückendes Wasser
18350	VOB Teil C; Putz- und Stuckarbeiten
18352	VOB Teil C; Fliesen- und Plattenarbeiten
18352	VOB Teil C; Estricharbeiten
18354	VOB Teil C; Asphaltbelagarbeiten
18355	VOB Teil C; Tischlerarbeiten
18363	VOB Teil C; Anstricharbeiten
18365	VOB Teil C; Bodenbelagarbeiten
18366	VOB Teil C; Tapezierarbeiten
18516	Außenwandbekleidungen
18531	Dachabdichtungen
18540	Abdichten von Außenwandfugen im Hochbau
18550	Putze aus Mörteln mit mineral. Bindemitteln
18557	Werksmörtel
18558	Kunstharzputze
18559	Wärmedämm-Verbundsysteme
18560	Estriche im Bauwesen
52117	Rohfilzpappe
52129	Nackte Bitumenbahnen
52131	Bitumen-Schweißbahnen
52133	Polymerbitumen-Schweißbahnen
52143	Glasvlies-Bitumendachbahnen
61126	Profilbretter mit Schattennut
66095	Textile Bodenbeläge, Merkmale f. Produktbeschreibung
68122	Fasebretter aus Nadelholz
68705	Sperrholz
68740	Paneele
68750	Holzfaserplatten (porös, hart)
68751	Kunststoffbeschichtete dekorat. Holzfaserplatten
68752	Bitumen-Holzfaserplatten
68754	Holzfaserplatten (hart, mittelh.) f. d. Bauwesen
68761	Spanplatten, Flachpressplatten f. allg. Zwecke
68762	Spanplatten für Sonderzwecke im Bauwesen
68763	Spanplatten, Flachpressplatten f. d. Bauwesen
68764	Spanplatten, Strangpressplatten f. d. Bauwesen
68765	Spanplatten, kunstoffb. dekor. Flachpressplatten
68771	Unterböden aus Holzspanplatten
68800	Holzschutz

Sachwortverzeichnis